作者简介

卿文光　1963年12月出生于安徽省蚌埠市，先后毕业于清华大学、中国科学院、武汉大学，武汉大学外国哲学博士（导师杨祖陶、邓晓芒先生），现为黑龙江大学哲学学院副教授。主要研究领域：希腊哲学、德国古典哲学、中西哲学比较。迄今出版专著两部：《论黑格尔的中国文化观》（社会科学文献出版社，2005）、《思辨的希腊哲学史（一）：前智者派哲学》（人民日报出版社，2015），在《哲学研究》《德国哲学》等刊物发表论文多篇。

卿文光◎著

黑格尔《小逻辑》解说（第一卷）

人民日报学术文库

人民日报出版社

图书在版编目（CIP）数据

黑格尔《小逻辑》解说. 第一卷 / 卿文光著. —北
京：人民日报出版社，2017.5
ISBN 978 - 7 - 5115 - 4559 - 6

Ⅰ. ①黑… Ⅱ. ①卿… Ⅲ. ①黑格尔（Hegel,
Georg Wehelm 1770 - 1831）—辩证逻辑—研究②《小逻辑》
—著作研究 Ⅳ. ①B811.01②B516.35

中国版本图书馆 CIP 数据核字（2017）第 041043 号

书　　名：黑格尔《小逻辑》解说. 第一卷
著　　者：卿文光

出 版 人：董　伟
责任编辑：宋　娜
封面设计：中联学林

出版发行：人民日报出版社

社　　址：北京金台西路 2 号
邮政编码：100733
发行热线：(010) 65369527　65369846　65369509　65369510
邮购热线：(010) 65369530　65363527
编辑热线：(010) 65369521
网　　址：www. peopledailypress. com
经　　销：新华书店
印　　刷：北京欣睿虹彩印刷有限公司

开　　本：710mm×1000mm　1/16
字　　数：448 千字
印　　张：25
印　　次：2017 年 5 月第 1 版　　2017 年 5 月第 1 次印刷

书　　号：ISBN 978 - 7 - 5115 - 4559 - 6
定　　价：78. 00 元

谨以此书纪念

《哲学全书》发表 200 周年

目 录
CONTENTS

导　论

——黑格尔《逻辑学》的起源、奥秘与意义

一

《小逻辑》是黑格尔最著名的著作之一,也是黑格尔著述中传播和影响最大的著作之一。我们知道黑格尔还有一部俗称"大逻辑"的大部头著作,其正式名称是《逻辑学》。"小逻辑"这一称呼也是俗称,其正式名称是《哲学科学全书纲要·第一部·逻辑学》。黑格尔哲学全书体系的第二、三部是《自然哲学》和《精神哲学》,也都已有中译本。《小逻辑》和"大逻辑"的内容完全一样,但篇幅不同。国人熟悉的《小逻辑》贺麟译本,其原著是黑格尔的弟子在其去世后编辑出版黑格尔全集时,对其生前已出版的哲学全书纲要第三版的逻辑学部分补充以部分学生的听课笔记,成为最早的那部黑格尔全集中的一卷。《小逻辑》由于是授课讲义或纲要,故可看做是"大逻辑"的简写本。"大逻辑"是黑格尔在1816年去海德堡大学任教前完成并出版的,而哲学全书体系是他在1816年后在海德堡大学和柏林大学任教时出于讲课需要搞出来的,生前出了3版。《逻辑学》分上下两卷,中译本近70万字,而《小逻辑》贺译本的字数是29万字。其实,《小逻辑》的译者和作者的5篇序言和两篇导言就占了这全部29万字的四成多,《小逻辑》的正文部分:从存在论到概念论也就15万字多一些。《逻辑学》的序言、导论这些东西的篇幅远没有《小逻辑》大,这使得《逻辑学》的正文字数远比《小逻辑》多,这表明《逻辑学》的内容比《小逻辑》要详细丰富。

但"大逻辑"内容的详细丰富首先是质而不是量的,"大逻辑"比《小逻辑》更晦涩深奥,并且不少在"大逻辑"中得到详细深入论述的内容在《小逻辑》中都省略了。撰写"大逻辑"时黑格尔心中是完全没有读者的,丝毫不想为顾及凡夫俗子的理解力而牺牲内容本身的纯粹与深刻。但黑格尔在撰述和讲授哲学全书纲要第一部逻辑学时是顾及听众的理解力的,在不损害内容本身的纯粹与深刻的前提

下他尽其所能地做到明白易晓,同时举了不少哲学史、科学史和经验中的事例来帮助听众理解。黑格尔在授课时的这些较通俗的讲解及所举的例子很多都被他的弟子编进了我们今天读到的《小逻辑》中,这使得直接看去,《小逻辑》比"大逻辑"好读不少。但《小逻辑》这种相对的好读一些只是表面的。《小逻辑》和"大逻辑"的内容完全一样,前者是后者的纲要或简写本,这表明,读者若读不懂"大逻辑",《小逻辑》也是不可能读懂的;或者说,真能读一点《小逻辑》的人,也必定能读一点"大逻辑","大逻辑"读不懂的地方,《小逻辑》的相应部分是不敢说真正读懂了的。

二

《小逻辑》或《逻辑学》是黑格尔哲学中最晦涩难懂的著作之一,亦是西方哲学史上最难懂的著作之一。对这本天书,以及对整个黑格尔哲学,人们面临的一个窘境是,从常人熟知的经验常识及种种有限科学的立场到黑格尔哲学无路可通。哲学史上常把康德与黑格尔并列,但二者的差异其实还是很大的。如果说康德是半神半人,是赫拉克力士的话,黑格尔则是完全的神,是奥林匹斯山上的宙斯①。康德的书已经很晦涩了,近乎天书一样难读,但与黑格尔哲学不同,从经验常识和有限科学到康德哲学有路可通。不错,马克思说过,黑格尔的《精神现象学》是黑格尔哲学的真正诞生地和秘密②,似乎《精神现象学》是帮助我们这些凡夫俗子进入《逻辑学》的方便法门。黑格尔自己也有类似说法,他说《精神现象学》提供了一部从感性意识或常识立场通达绝对知识(亦即《逻辑学》)的梯子③。但对黑格尔哲学有所知的人都知道,这种梯子其实是不存在的,《精神现象学》同《小逻辑》或《逻辑学》一样难读。形式上看,《精神现象学》从对感性意识的描述开始,在其终结时才达到了绝对知识的立场,但这本书自始至终的哲学立场和叙述方法却完全是基于绝对知识:《逻辑学》的,《精神现象学》即便对感性意识的叙述都是站在《逻辑学》的立场或高度进行的。故可知,表面看去《逻辑学》以《精神现象学》为前提,事实却相反,《精神现象学》以《逻辑学》为前提,黑格尔在著述《精神现象学》时其逻辑学思想原则上已基本成熟,黑格尔是自觉站在《逻辑学》

---

① 《马克思恩格斯选集》第4卷第214页。人民出版社,1972。
② 《马克思恩格斯全集》第42卷第159页。人民出版社,1972。
③ 黑格尔《精神现象学》上卷第16页。贺麟、王玖兴译,商务印书馆,1976。又,除非特别说明,本书对《精神现象学》的引文全部出自此译本和版本,故本书后涉及《精神现象学》的引文注释就只说明来自《精神现象学》X卷XX页。

的绝对知识立场和高度去著述《精神现象学》的。

《精神现象学》事实上是以《逻辑学》为前提的,黑格尔对此是承认的。在《小逻辑》中他有言:"在我的《精神现象学》一书里,我是采取这样的进程,从最初、最简单的精神现象,直接意识开始,进而从直接意识的辩证进展逐步发展以达到哲学的观点(即《逻辑学》所是的绝对知识立场。笔者注),完全从意识辩证进展的过程去指出达到哲学观点的必然性。因此哲学的探讨,不能仅停留在单纯意识的形式里。因为哲学知识的观点本身同时就是内容最丰富和最具体的观点,是许多过程所达到的结果。所以哲学知识须以意识的许多具体的形态,如道德、伦理、艺术、宗教等为前提。意识发展的过程,最初似乎仅限于形式,但同时即包含有内容发展的过程,这些内容构成哲学各特殊部门的对象。但内容发展的过程必须跟随在意识发展的过程之后,因为内容与意识的关系,乃是潜在〔与形式〕的关系。因此对于思维形式的阐述,较为烦难,因为有许多属于哲学各特殊部门的具体材料,都部分地已经在那作为哲学体系的导言里,加以讨论了"①。黑格尔这里说"哲学知识的观点本身同时就是内容最丰富和最具体的观点",其中的"哲学知识"是指《逻辑学》,故可知上述这一大段文字所说的"内容"是指绝对内容:《逻辑学》要考察的纯粹概念。"内容与意识的关系,乃是潜在〔与形式〕的关系",这句话中的"与形式"三个字是译者补的,补的对,因为前面把"意识"亦即诸意识形态看作是形式,它们的内容只能是《逻辑学》所说的纯粹概念。在《小逻辑》中黑格尔一贯认为意识或意识的诸形态是形式,它们的内容是纯粹概念,比如在《小逻辑》导言中他有言:"充满了我们意识的内容,无论是哪一种内容,都是构成情绪、直观、印象、表象、目的、义务等等,以及思想和概念的规定性。依此看来,情绪、直观、印象等就是这个内容所表现的诸形式。这个内容,无论它仅是单纯被感觉着,或参杂有思想在内而被感觉着、直观着等等,甚或完全单纯地被思维着,它都保持为一样的东西。在任何一种形式里,或在多种混合的形式里,这个内容都是意识的对象"(《小逻辑》§3)。在这段话中,黑格尔明确地把意识或意识的诸形态认作是形式,而把它们的内容认作是《逻辑学》的对象:纯粹概念,诸意识只是这一绝对内容的表现形式罢了。

明白了这一大段话中的"形式"和"内容"所指为何,这段话要表达的意思就很清楚了。"意识发展的过程,最初似乎仅限于形式,但同时即包含有内容发展的

① 《小逻辑》第93~94页。贺麟译,商务印书馆,1980。又,除非特别说明,本书对《小逻辑》的引文全部出自此译本和版本,故本书后面涉及贺译《小逻辑》的引文注释就只说明来自《小逻辑》XX页。

过程,这些内容构成哲学各特殊部门的对象"。这里的"意识发展的过程"是指《精神现象学》所描述的诸意识形态的运动,它们的内容是在《逻辑学》中才能得到真正考察的纯粹概念,故这里的"哲学各特殊部门"只能是指《逻辑学》的三个部门:存在论、本质论、概念论。"哲学的探讨,不能仅停留在单纯意识的形式里。因为哲学知识的观点本身同时就是内容最丰富和最具体的观点,是许多过程所达到的结果。所以哲学知识须以意识的许多具体的形态,如道德、伦理、艺术、宗教等为前提。意识发展的过程,最初似乎仅限于形式,但同时即包含有内容发展的过程,这些内容构成哲学各特殊部门的对象。但内容发展的过程必须跟随在意识发展的过程之后,因为内容与意识的关系,乃是潜在〔与形式〕的关系"。这段话是说,在哲学知识亦即《逻辑学》之前必须有考察诸意识形态的《精神现象学》,所以黑格尔曾把《精神现象学》看作是其哲学体系的第一部。但如此就导致了一个尴尬,这就是下面所言:"因此对于思维形式的阐述,较为烦难,因为有许多属于哲学各特殊部门的具体材料,都部分地已经在那作为哲学体系的导言里,加以讨论了"。这里"思维形式"就是"内容",即《逻辑学》要考察的纯粹概念,"具体材料"也只能是指"内容"即纯粹概念,须知形式与内容这对范畴与形式与质料(或材料)基本是一回事,所以下面所说的"哲学体系的导言"只能是《精神现象学》,而不是《小逻辑》的那两篇导言。这里黑格尔坦承,把《精神现象学》放在《逻辑学》前面作为《逻辑学》的前提是有尴尬或"烦难"的,因为严格说来那属于《逻辑学》的"内容"或"具体材料"的诸纯粹概念许多已经在《精神现象学》中"加以讨论了",而《精神现象学》作为通向考察真正的内容的《逻辑学》的"梯子"或"导言"原本是不应该涉及内容的。黑格尔所以说那属于《逻辑学》的"内容"的纯粹概念许多已经在《精神现象学》中加以讨论了,是因为《精神现象学》对诸意识形态的考察是站在《逻辑学》的立场或高度进行的,这从《精神现象学》中那频繁使用的诸多术语就看得出来,这些术语都是《逻辑学》要考察的纯粹概念。

　　以上讨论充分阐明,绝对地说,《精神现象学》事实上是以《逻辑学》为前提的;若读不懂《逻辑学》,无能掌握黑格尔的概念辩证法,《精神现象学》是没法读的。更何况,即便一个人能读《精神现象学》,也只是到达了《逻辑学》的门口,就是说对理解《逻辑学》来讲,他也只是明白有纯粹的绝对的精神亦即绝对知识这种东西罢了,至于绝对知识的具体内容为何,《精神现象学》还完全没有涉及。诚然,黑格尔说《精神现象学》的一个意义是,它是对纯粹概念亦即绝对知识的演绎(亦即证明)①,但这个演绎也只是证明有抽象的纯粹概念或绝对知识这种东西而已,只是把读者的常识意识提高到绝对知识的立场而已。这好比胡塞尔先验的纯粹意识这一立场与其先验现象学的关系,要想进入先验现象学须先达到先验的纯粹意识这一立场,但这一立场与先验现象学的内容不是一回事,这一立场只是保证了研究者站在了先验现象学的门口,有资格去做先验现象学的研究罢了。

三

《精神现象学》与《逻辑学》的关系类似于笛卡尔的普遍怀疑与他所洞见到的那奠定了近代哲学的逻辑开端的"我思故我在"这一命题的关系。直接看去,笛卡尔是通过他的普遍怀疑而洞见到近代理性的我思原则的;但只是因为笛卡尔洞见到了近代理性的这一绝对原则,洞见到这一原则在某种意义上的充分或自足,他才意识到为通达真理而对全部的现成知识、全部的感性世界和客观世界予以普遍彻底的怀疑或否定的必要,他才有勇气有能力进行这种怀疑和否定,而不至于使这种怀疑否定的结果成为一纯然的消极或虚无。以上对笛卡尔之所言对黑格尔亦完全成立。黑格尔只是因为洞见到了那超感性超自然的纯粹理性或理性本身,洞见到纯粹理性在感性经验和现实世界之上之外的独立自在和自由,他才有信心有能力对全部经验现象——不仅仅是狭隘的认识论意义上的经验现象——进行一种独特的却同样是普遍彻底的怀疑和否定。《精神现象学》所是的这一怀疑或否定的独特性在于,黑格尔对纯粹理性的洞见超越了此前的全部哲学家,这使得他对纯粹理性及其与感性经验和现实世界的关系的洞见亦远远超出此前的全部哲学家。

《精神现象学》的另一独特性在于,它不仅仅是由对纯粹理性或绝对知识的独特洞见而来的对感性经验和全部现实世界的怀疑和否定,它同一地亦是基于这一独特的绝对的纯粹理性立场而对纯粹理性之内在于一切经验和现实东西的一种陈述。只是由于这一陈述方式的独特,更是因为黑格尔对纯粹理性的洞见超越了此前的全部哲学家,才使得那只是对诸经验科学和现实世界有种种熟知的人们对《精神现象学》完全无法进入,无论是作为对感性经验和现实世界的普遍彻底的怀疑否定,还是作为对纯粹理性之内在于一切经验和现实东西的一种陈述,人们对

---

① 《逻辑学》上卷第 30 页,杨一之译,商务印书馆,1966。又,除非特别说明,本书对黑格尔《逻辑学》的引文全部出自此译本和版本,故本书后面涉及《逻辑学》的引文注释就只说明来自《逻辑学》X 卷 XX 页。

《精神现象学》都是无法进入。

从常识经验和有限科学到《小逻辑》或《逻辑学》无路可通,黑格尔提供的那部梯子:《精神现象学》对此又是无用的,那么,通过哲学史能否帮助我们进入《逻辑学》呢? 黑格尔之前的西方哲学史对我们理解《逻辑学》确乎能有不小帮助。黑格尔哲学是此前全部西方哲学的集大成和完成,这意味着,黑格尔哲学是以此前的全部西方哲学为前提的。黑格尔有言,那最后的哲学体系一定是最丰富的,此前所有哲学的精华都必定保存在这一体系中①。黑格尔的体系作为这最后的体系,《逻辑学》作为绝对知识,作为这一体系的灵魂,其内容的一个方面或意义就是,它乃是对此前全部西方哲学史的一种理想化和纯粹化的表述。这一点也是与黑格尔所说的历史与逻辑的同一相一致的。黑格尔的历史与逻辑的一致首先就是哲学史与《逻辑学》的一致。以上讨论表明,读懂《小逻辑》的一个必要前提是通晓从泰勒斯到谢林的全部西方哲学史。这是一很高的要求;在黑格尔之后,没人敢说达到了这一要求。

使问题变得更绝望的是,通晓全部哲学史只是通达《逻辑学》的一必要条件而非充分条件,通晓黑格尔之前的全部哲学史仍不足以使人能理解黑格尔读懂《小逻辑》或《逻辑学》。除黑格尔外,迄今为止哲学史造诣最高的或许可说是谢林,黑格尔哲学在不少方面受到谢林的重大启示,前者接受了后者的不少东西,但谢林对黑格尔《逻辑学》仍是进不去,比如他就不明白《逻辑学》的概念为何能先于意识、先于自然? 概念又如何能变成自然②。与黑格尔思想最为接近的谢林对《逻辑学》已是如此的隔阂,遑论他人。依笔者的研究体会,黑格尔对其伟大的前辈和同辈的超越太大,黑格尔事实上超出了在他之前的从希腊到近代的全部哲学家的总和,所以说,通晓黑格尔之前的全部哲学史对人们理解黑格尔读懂《小逻辑》是必要的,却仍是很不够的。

从常识经验有限科学到《逻辑学》无路可通,这一困境与《逻辑学》内容的某种无限性有关。黑格尔称《逻辑学》是考察真理的③,而真理是无前提的(《小逻辑》§237),类似于一个自身循环的圆圈④,这就是黑格尔著名的圆圈比喻。《逻辑学》所是的这种圆圈当然不是形式逻辑所说的那种恶性循环,而是全体在部分

---

① 黑格尔:《哲学史讲演录》第一卷第45页,贺麟、王太庆译,商务印书馆,1959。又,《哲学史讲演录》迄今只有上述这一译本和版本,故除非特别说明,本书对《哲学史讲演录》的引文全部出自此译本和版本,本书后面涉及《哲学史讲演录》的引文注释就只说明来自该书的第 X 卷 XX 页。

② 〔苏〕阿尔森·古留加:《谢林传》第257~259页,贾泽林、苏国勋等译,商务印书馆,1990。

③ 《小逻辑》第37页。

④ 同上,第56页。

之先全体决定部分的那种无限东西,《逻辑学》的内容及其陈述乃是最严格意义的这种无限,这使得人们在读《逻辑学》时陷入无法解决的困境:想理解《逻辑学》的任何一个概念,都须以理解通达《逻辑学》内容的全体为前提;但想理解通达这一全体又只有通过对这一全体中的每个概念逐一钻研理解方有可能,这个困境直接看去是无解的!

四

从经验常识或诸有限科学到黑格尔哲学无路可通,但藉此途径到康德哲学却有路可通。通达康德哲学之所以有这种方便,首先是因为康德哲学以思维与存在、主观与客观的二元分裂、对立为前提,康德哲学始终没有超越这一近代理性的二元论,而这种分裂、对立亦是近代科学及近现代人的常识立场。但黑格尔哲学却是一开始就站在思维与存在或主观与客观的同一性立场上。按朴素的常识见解,克服思维与存在的分裂达到二者的统一并不难,近代科学、唯物主义反映论、思考问题时实事求是,这不都克服了思维与存在的分裂达到二者的统一了么? 近现代科学自在地是克服了思维与存在的分裂达到了二者的统一,甚至可以说它是以二者的某种在先统一为前提的。但理解近现代科学自在地所达到的这种统一,可不是如唯物论反映论认为的那么简单轻易,否则休谟的怀疑论就不会在哲学史上享有如此高的地位,须知千古伟哲康德的哲学也没有克服近代理性的这一对立。唯物主义和反映论经不起哲学的反思,近代科学的哲学基础或前提也不是唯物主义和反映论,否则这种科学不会迟至 16、17 世纪才诞生,须知在此之前西方的理性哲学和科学已有两千年的辉煌历史,近代科学事实上是以近代西方人的精神消化和扬弃了此前两千年的理性主义这一点为前提的[①]。

近代科学自在地是以思维与存在的统一为前提,但其自觉的认识立场却是思维与存在的分裂对立,这与近现代人的常识立场一致,所以人人都能学一点近代科学,这同不少人经过努力多少都能读一点康德的缘由是一样的。但黑格尔哲学却不是仅凭个人的聪明、努力就能进入的,这首先是因为这一哲学的立场是近代理性很难理解、近现代人很难进入的思维与存在或主观与客观的统一或同一性,这是黑格尔哲学极度晦涩难懂的一重要原因。这一点亦部分地解释了人们在面

---

① 黑格尔指出,理性在近代的充分觉醒是以路德的宗教改革为前提的。路德的宗教改革思想扬弃了古代和中世纪的精神,有最深的精神内涵,近代理性的科学和哲学是以之为前提的。对此可参阅《哲学史讲演录》第三卷最后关于宗教改革的论述。

对《小逻辑》或《逻辑学》时都会产生的另一严重困惑:这本书在说什么?很多人,即便是研习西方哲学专业的人,包括西方哲学史领域的不少专家学者,面对《逻辑学》都有这种困惑。当然,如前所述,《小逻辑》的一个内容乃是对黑格尔之前的全部哲学史的一种纯粹而理想化的表述,但《小逻辑》的主题或内容远不止于此,如同《精神现象学》并不仅是辩证法一样①。当然可以说《小逻辑》的主题是思维与存在的统一或同一性,这个回答不差,但丝毫没有减轻人们的上述困惑,因为这一困惑首先就源于很少有人知道思维与存在的同一意味着什么。

前面说过,《精神现象学》类似于笛卡尔的普遍怀疑,但它的内容和意义远远超出了这种普遍怀疑,这首先是因为笛卡尔藉此进行他的普遍怀疑的哲学立场是近代理性的主观确定性,一种主观唯心主义。但理性本身或真理却是主观思维与客观存在的统一或同一。近现代人的常识意识及近代科学的立场都是"我思"这一理性的主观确定性,同一地也都是近代理性的主观与客观或思维与存在的无限分裂、对立这一二元论。我思是无限的主观性。主观性或思维在近代成为无限的,客观性或存在必然亦同一地成为无限的。无限的东西就是自身规定的独立东西,近代理性由此成为一种无限的二元论,所以说近代理性的我思原则与近代理性所是的思维与存在的二元论是一致的同一的。由于近代理性的这两个环节每一个都已是无限的,二者的分裂、对立亦成为无限的了,致使近代哲学克服这一二元对立、建立或通达思维与存在的统一就有无限的困难,这种统一或同一对近现代人来说必然是极端的陌生。《逻辑学》和《精神现象学》的立场和方法都是思维与存在的统一乃至同一,《逻辑学》的内容还是对这种纯粹的绝对的同一性的具体内涵的叙述,仅此一点,就足以使黑格尔哲学尤其是《逻辑学》对近现代人显得近乎是完全不可理喻无法通达的了。

思维与存在的统一或同一意味着什么?黑格尔对这个问题有一个简单扼要而彻底的回答:《逻辑学》作为对思维与存在的纯粹的统一的陈述,这一陈述实际说的是上帝创造世界的计划②。这个回答令人困惑,但更令人震撼。震撼的是,这个回答显露出黑格尔对自己思想的极度自负,他竟把自己的思想与那无限超越的造物主相等同;困惑的是,由于基督教的上帝是无限的绝对的超越,人的有限的理性如何能认识上帝?不管《逻辑学》的内容是否如黑格尔的回答那么吓人,黑格尔如何能胜过人的有限性而达到上帝的思维?在一切方面皆有限的吾人如何能得

---

① 《精神现象学》无论就内容还是方法来说都是辩证法与先验现象学的一种统一。辩证法为何能与现象学相统一?在《精神现象学》中二者是如何统一的?拙文《论作为一种先验现象学的精神现象学》(《德国哲学》2007 年卷,中国社会科学出版社)对此有详尽论述,可以参阅。

② 《逻辑学》上卷第 31 页。

知或评判黑格尔这一回答的是非真假？与此相关的困惑还有很多。比如,黑格尔哲学属于古典理性主义,上帝则是基督教信仰的对象,属于非理性或超理性的信仰和启示。理性与基督教信仰或启示的对立自中世纪晚期以来就成为绝大部分哲学家的共识,黑格尔如何能跨越理性与信仰的无限鸿沟而声称自己达到了二者的统一？黑格尔这样做岂不是混淆了理性与信仰这两个截然不同的精神领域？

黑格尔声称《逻辑学》的内容就是创世造物的上帝的思维,这在宗教与哲学两个领域都必然会遭到强烈质疑和拒斥。基督教的上帝有绝对超理性或非理性的方面,基督教的核心信仰或教义中不少是完全非理性或超理性的,比如耶稣的母亲玛利亚无垢受孕,耶稣的死后复活、升天。把基督教的这些非理性或超理性的方面拿掉,基督教作为宗教的独特价值和魅力就会消失,甚至不再是一种宗教了。黑格尔虽然声称自己是路德宗信徒①,却认为不宜将耶稣的死后复活看作是与宗教信仰无关的客观中立的历史事实②。显然黑格尔不是一个正统基督徒,更没有一个正统基督徒会接受黑格尔的这一说法:有死的凡人能达到对上帝的充分认识。

大部分哲学家对黑格尔关于《逻辑学》主题的上述骇人回答的反应与正统基督徒的反应是一样的。康德后的近现代哲学家大都接受康德的见解:基督教的上帝属于人们对之只能信仰而无能认识的绝对的超越物,黑格尔声称理性能充分认识上帝,这在几乎所有哲学家看来都是不能接受的,绝对是无知和狂妄。

其实,认自己的哲学与上帝相同一,这在哲学史上并非黑格尔独有,亚里士多德、新柏拉图主义者、近代的斯宾诺莎事实上都是如此看待自己的哲学的。比如亚氏把自己的第一哲学或形而上学称之为神学,称这种学问原是为神所独有的知识(《形而上学》983ª610),而他的前辈苏格拉底和柏拉图就不敢这么说。苏格拉底和柏拉图认为只有神才有完全的智慧(《斐德罗篇》246A～D,《国家篇》517B,《蒂迈欧篇》68D),人至多只能算是爱智者(《斐德罗篇》277D)。近代的康德也是如此,他认为真正的存在或存在本身是不可知的本体或自在之物,人没有通达自在之物所需的那种理智直观能力(《纯粹理性批判》B72)。人们把康德比作为柏拉图,把黑格尔比作为亚里士多德,就此来说是很恰当的。

康德所以认为理性无能把握真实的存在或自在之物,无能认识上帝,是因为他认为理性无能跨越主观思维与客观存在之间的无限深渊。但如果人们的理性观不那么狭隘,如果理性并非仅是人的理性,如果理性并非仅是主观的,如果思维

---

① 《哲学史讲演录》第一卷第 72 页。

② 黑格尔《宗教哲学讲演录》第二卷第 216 页。燕宏远、张松、郭成译,人民出版社,2015。

与存在或主观与客观从根本上说是不可分离的,如果基督教那无限超越的造物主确乎有相当的理性内涵,如果这一无限的理性内涵在哲学之外早已被启示给人类,黑格尔称理性能够对上帝有知识,这一论断就未必像它初看上去的那样不可思议和佞妄。

五

《小逻辑》或《逻辑学》的一个意义是对至黑格尔为止的全部西方哲学史的一种理想化纯粹化的表述,但黑格尔之前的全部哲学史对理解黑格尔读懂《逻辑学》仍是不够的。依笔者之见,《逻辑学》超出此前全部哲学史的地方,除了来自黑格尔本人非凡的创造力外,主要来自其对某些宗教启示的非凡洞见。这里所说的宗教不仅是基督教,还包括从原始民族到希腊人和犹太人的诸多宗教,黑格尔的宗教哲学讲演所描述的精神或绝对精神从原始巫术到基督教的发展运动对我们理解《逻辑学》具有莫大的意义。

所有宗教都有非理性或超理性的方面,但理性仍是大部分宗教的一本质方面。宗教是精神和绝对精神,理性作为这种绝对精神的一本质方面,这意味着真正的理性是精神和绝对精神,而不仅仅是意识、自我意识、认识能力及希腊人所谓不变的存在之类。精神这个概念是黑格尔哲学最核心最重要的概念,具有极丰富极深刻的内涵。这篇导言不可能论及黑格尔精神概念的全部内涵,而仅能简略论述其中不多的几点,希望藉此能对人们克服在读《逻辑学》时必然会遇到的若干重大障碍有所帮助。

基督教的一个基本教义或信仰是上帝从无中创造世界:自然和人类。黑格尔洞见到,基督教的这个信仰道出了理性的一最高内涵:理性是创造性,这个创造是理性从主观思维向客观存在的过渡。注意,这里所说的主观与客观不是彼此相对的那种主观与客观。理性所是的这一创造作为那抽象的主观思想向客观存在的过渡其实就是思维与存在的一种最高的统一或同一,这种同一是一种创造或运动:主观思想创造出客观的实存世界,或者说使自己成为客观的实存世界:自然和人类社会。创造这个词是人们熟知的,木匠造家具鞋匠做鞋子都是创造,这种创造用希腊哲学的话说就是把形式赋予质料。人的这种创造当然远不能与上帝创世的那一创造相比,但它已是理性的,自觉的理性思想须发展到很高阶段才能理解这种创造。人不仅能创造,有发达理性的人还知道自己能创造。人能创造是因为人是精神,毫无理性的原始人及哲学产生前的希腊人都是某种精神,所以都能创造。动物不能创造,因为动物没有精神,或者说不是精神。故可知理性并非是人与动物或自然的唯一本质区别,二者的一更基本的区别,甚至可说是首要区别在于人是精神,而动物没有精神。原始人和精神病人没有理性或丧失了理性,但他们仍是精神,故仍不宜把他们与动物同等看待。由此可知,除理性外,精神是人道主义的另一本质和来历。

上述讨论表明,精神不仅仅是意识、自我意识、心理这些仅仅主观的东西,精神超出这些仅仅主观的精神的一本质方面就是,它能现实地或客观地超出自己,并且在超出自己成为自己的异在或他在时仍在自身中,这就是创造。但精神如果没有理性,或者说精神如果不同时是理性,它就不知道自己是创造,不知道它所创造的这个实在东西来它自己,它就会把它所创造的东西看作是来自它之外,看作是某个异己的神灵所赐,原始人和哲学产生前的希腊神话诗人都是如此看待自己的创造的:希腊神话诗人把自己创造的神话看作是缪斯女神所赐,原始人把自己所做的器物看作是自己幻想出来的异己的神灵所赐。

理性是自觉的思想或知,但它最初所是的知还不是对自身的知,自然哲学或科学形式上看就是这种理性,希腊哲学最初是朴素的自然哲学,缘由在此。理性进一步会达到自知,这个自知不仅是能说出"我",成为抽象的自我意识,而同时是对理性自身的能动性的知或自觉,亦即对我的能动性的自觉,这种自觉的一个方面就是对我有创造性、能客观地创造实在事物的自觉。希腊人是在柏拉图那里其理性才发达到能初步意识到这一点,在亚里士多德那里希腊理性才初步理解了这一点。以上讨论告诉我们,理性不仅是明白的知,还是自知,不仅是不变的存在,还是能动性或创造,还是对自己所是的这种能动性创造性的知或自觉。又,说理性是明白的知,"明白的"这一限定在此并非多余。如果没有这一限定,则"知"这个词甚至都可以用于原始人的精神,因为精神本身就是知和创造知。原始人籍其野蛮放肆的想象力——这是无理性的精神的主要方面——所创造的神话也可说是一种知,这种知赋予他们的诸感觉感受以意义,只是这种知不是理性的,亦即不是自觉的、明白的和客观的。

能意识到自己有现实的能动性和创造性的理性已是内涵很高的理性了,但这个理性的能动性创造性仍是有限的,或者说仅是主观的,因为它的创造需要事先给予的材料或质料,质料是在它之外的现成东西,是它造不出来的,是人的理性不能充分理解消化的。这就是希腊哲学的理性观,希腊理性就是这种形式与质料的二元论。

如果理性意识仅仅停留在希腊哲学阶段,如果没有基督教的启示,理性就仅会被认作是有限的,甚至仅被认作是属人的,主观的。希腊哲学出于其对思维与存在的同一性的朴素信念,还没有把理性仅看作是属人的,主观的,但近代哲学家囿于近代理性的思维与存在的无限分裂、对立,大都把理性仅看作是主观的或属人的,连有史以来最有创造力的千古伟哲康德都是如此。康德对理性是精神、是能动性和创造性有相当深刻的洞见,但还是未能超越认理性仅是主观的这一近代理性的根本局限。

黑格尔超出此前所有哲学家的一非凡之处在于,他洞见到,犹太教和基督教所启示的上帝其实具有相当的理性内涵;甚至是,通常被认为是绝对的非理性或超理性的那一最高启示:上帝从无中创造世界①,其本质是一最高的理性,是理性或精神对自己的一种绝对的最高的自觉或知,只是这个知是以感性表象的形式而非概念或理性思想的形式启示出来的。理性是知,理性是现实的能动的创造,理性是对自己的能动性创造性的知,所以理性就是理性的精神,就是知道自己就是理性及其创造性的精神。明白了理性或精神的上述所是,就会明白基督教的上帝创造世界显然是一件理性的事情,就会明白上帝是理性的精神。这启示我们,理性并不仅仅属于人,精神并非仅是人的精神。但在人的理性或主观理性看来,上帝创造世界这一理性事情有一非同寻常不可思议之处:上帝是从无中创造世界的,亦即上帝创造世界不需要质料。上帝创造自然,当然也创造质料或物质。人的理性创造需要质料,这种质料是由上帝创造的。显然,上帝所是的那一理性不是主观的,不是人的理性,不是希腊理性,不是希腊哲学所说的形式和纯形式,也不是近代种种先验唯心主义所说的先验理性先验自我,因为这种先验的理性或许可说是超出了人的理性,但仍是主观的。

上帝是理性亦是精神,因为真正的理性是能知和自知的创造性精神。上帝这种理性对常识理性而言的那一不可思议亦发生在上帝是精神这一点上。通常的观念认为精神仅是属于人的,顶多可把其外延扩展到人事和历史上,认为精神是外在于自然与自然不相干的。但基督教的上帝这一精神东西不仅创造人类精神亦创造物质自然,不仅创造物质东西的形式亦创造质料亦即物质本身,这表明上帝所是的那一精神涵盖了通常观念认其是与精神无关的自然,这是常人的理性观和精神观完全不能理解的。依照常识的、希腊人的或近现代人的种种理性观精神观,基督教的上帝及上帝从无中创造世界的信仰只能被认作是绝对的非理性。

黑格尔却洞见到,基督教的上帝及上帝从无中创造世界的启示之所以被认作是非理性的,不是因为上帝及这一启示本身的非理性,而是因为人的理性观的有

---

① 据和合本圣经,上帝未创造之前的世界是"空虚混沌";据新修订标准本(NRSV)英文圣经,上帝未创造之前的世界是"formless void(无形式的虚空)"(《创世纪》1:2)。混沌是无任何规定性,空虚或虚空是无,故可知,尽管上帝从无中创造世界是教父时代才提出的教义,却完全符合犹太先知所得到的圣经启示。

限性或狭隘,是因为近代理性所是的思维与存在主观与客观的无限分裂,而基督教则向我们启示,理性或精神的这一分裂是可以超越或扬弃的。黑格尔哲学所以是西方古典哲学的顶峰和完成,黑格尔所以能超越、扬弃那折磨了西方理性两千多年、令千古伟哲亚里士多德和康德都对之无可奈何的理性的二元分裂,即在于他的这一洞见。这一洞见极大地拓展了西方哲学的理性观,终结了理性主义哲学本身,予其以最辉煌的完成,并藉此辉煌地完成了西方形而上学的最高理想:从一个无条件的最高概念或原则出发纯粹地推演出自然和精神世界的全部本质性实存,一种最辉煌最深刻的客观唯心主义的一元论。当然,并非只有黑格尔哲学是客观唯心主义一元论,近代的斯宾诺莎及与黑格尔同时期的谢林均是这种哲学,并由此得到黑格尔的高度评价。但这两人对基督教的诸启示要么是不理解(如斯宾诺莎),要么是无能用理性去充分消化它们(如谢林),都未能摘取理性精神的最高果实。

六

黑格尔对上帝从无中创造世界这一启示的洞见或许能使我们原则上明白,《逻辑学》的内容为何是抽象的纯粹思维,这种抽象的纯粹思维为何能产生客观实存的世界。纯粹思维所说的纯粹是指不包含任何感觉或经验内涵,抽象是指这种思维并不以实存的自然或精神为内容或对象,就是说自然和人的精神及其产物在这里都抽象掉了。但这个抽象不是人为的事后的,而是绝对的事情本身的抽象,并且事情本身会走出这种抽象而成为具体的①。基督教的上帝从无中创造世界这一神圣启示向我们启示了这一抽象,并启示了这一绝对的抽象从抽象到具体——即客观实存的自然和精神——的发展,就是说这一抽象反倒是绝对在先的。

《逻辑学》的内容是从希腊到黑格尔的全部西方哲学最基本最核心的概念,这意味着,基督教上帝的内涵就是从希腊到黑格尔的全部西方哲学最基本最核心的概念。对此有人可能会奇怪,基督教那无限超越的上帝与西方哲学的这些抽象概

---

① 关于黑格尔哲学所说的抽象及从抽象到具体的运动都属于客观的事情本身,这里不妨举个例子。黑格尔洞见到,空间和时间是对运动着的物质的抽象,但这二者都是客观的,物质及其运动是空间和时间这两种客观的抽象物的统一和真理,这一真理同时是一发展运动:空间和时间发展成为物质及其运动,这一从抽象到具体的发展自然亦是一客观东西。对此可参阅黑格尔《自然哲学》第一章(梁志学、薛华等译,商务印书馆,1980)。又,这种从抽象到具体的发展当然不是表象意识能意识到的,它更不是时间空间中的事情。又,除非特别说明,本书对黑格尔《自然哲学》的引文全部出自此译本和版本,故本书后面涉及《自然哲学》的引文注释就只说明来自《自然哲学》第 X 页。

念或范畴有何关系？更何况这些概念大都是有限的，如数、尺度、因果范畴、同一律、判断和推理的诸形式等，为何说它们的总和或全体就是基督教的上帝？这篇导言后面及本书后面对《小逻辑》正文的解说都会论及这一点。这里，笔者想要提及一下黑格尔对宗教——不仅仅是基督教——与哲学或理性的同一性的另一洞见，这一洞见可以帮助我们理解，为何基督教上帝的理性内涵就是《逻辑学》那些抽象的纯粹概念，就是作为一个全体的从希腊到黑格尔的西方古典哲学的那些最核心最纯粹的概念。

黑格尔的宗教哲学有一个重要思想：宗教的本质是绝对精神；各民族各文明的宗教表现出绝对精神有一个从低到高的发展，这一发展是内在目的论的，它从原始人的巫术意识开始，在基督教中达到最高和完成。在巫术意识中，以及在东方民族尤其是传统中国人的精神和宗教中，精神尚处于与自然的直接合一中，精神不知道自己是精神，亦即不知道自己的本质或概念是超自然的自由精神，是自由的人格。精神不知道这一点，它就仅把自己看作是属于自然，与自然相同一（比如道家的"人法地，地法天，天法道，道法自然"）。精神从这种自然意识中觉醒而开始回到自身，开始意识到自己是无限地高于自然的自由精神，这种觉醒是从希腊人和犹太人的精神开始的，在这里精神开始意识到自己的自由（在希腊宗教中），自觉到自己是超感性超自然的，感性物或自然反倒是从属于精神受精神规定和支配的（在犹太教中）。基督教则是精神的这种觉醒或超越的完成，是这种从自然返回自身的运动的完成，是自由意识的完成。

黑格尔的这一洞见能决定性地帮助我们理解东方哲学（如中国哲学）与西方或希腊哲学的本质差异，可以帮助我们理解：为何各民族的宗教与其哲学——如果该民族有哲学的话——是一致的同一的。中国哲学的一根本局限是，它从没有自觉到任何一个理性概念，不管是纯粹概念还是经验概念，不管是客观概念（如巴门尼德的"存在"）还是主观观念（如近代英国经验论所考察的观念）。中国哲学的这一局限是与如下两点相联系的：中国哲学的几乎所有范畴都有某种神秘性，也都没有摆脱感觉的束缚。气、阴阳、五行（金、木、水、火、土），这些范畴都被认为是流变不居的，并且都有某种神秘性。比如阴阳，它的一个意思是变易，这并不神秘；但阴阳并不仅是变易，它还与神秘的鬼神相通："阴阳不测之谓神"（《易传·系辞传》）。气、五行都是如此，既是流变不居又都颇为神秘，以至于人们不能确切明白地说它们是什么，所以说它们不是近代人近代科学所说的气、金、木、水、火、土等物质东西，因为后者都有理性的确定性和规定性，可以明白地说是什么，毫无神秘之处，本质上更不是流变不居，因为它们都有某种超感性的不变的本质，科学——甚至是古希腊的科学——都能告诉我们它们的本质是什么，比如，与中国五行说表面看很相似的希腊四根说或四元素说就毫无神秘之处。故可知为何说中国哲学没有抓住任何一个理性概念，因为理性概念必然有确定性，有其确定的不变的本质或规定性，可以确切明白地说它是什么，即便是具有经验内涵的经验概念亦是如此。理性的东西可以深奥，但不可能神秘。康德黑格尔哲学、《小逻辑》、胡塞尔现象学、量子力学都很深奥，但不能说神秘，因为这违反理性的本性。西方哲学，无论是希腊哲学还是近代哲学，在其开端初都首先自觉到了理性东西的这一本性：确定性。巴门尼德说理性是可说的（巴门尼德残篇 2、6），笛卡尔说真正的理性东西一定是清楚明白的，这两人所说的都是理性的那一最基本方面：理性的确定性。

中国哲学的上述严重缺陷源于黑格尔的那一洞见：东方宗教是自然宗教，东方民族的精神停留在与自然的合一中，没有能力摆脱直接的自然东西的束缚而自觉到精神在自然之上之外的独立自在和自由。精神的这一缺陷在哲学上表现为，哲学范畴基本都是自然范畴，并且不能摆脱感觉的束缚，还都具有某种神秘性。精神认自己的本性是自然，属于自然，这种精神在理性意识未萌发时，主要是靠野蛮放肆的想象力所创造的神话幻想来表达自己，赋予自己的种种感觉感受以意义。在理性意识萌发后，由于这种精神在最根本最内在的方面认自己属于自然与自然同一，故其所能具有的理性思想只能是徒具形式，不可能摆脱认自己与自然同一这一根本精神的支配，不可能意识到理性对感性东西或自然的超越、独立，这种所谓的理性思想必然是束缚在与直接的自然东西同一这一根本精神下的，摆脱不了感觉束缚，必然被认为是流变不居的。

感觉是理性与自然的一种直接统一，是对自己无真知、认自己的本质仅是直接的自然东西那种空虚的理性。每个民族理性意识萌发时都会产生这种空虚的理性，希腊哲学也不例外，赫拉克利特万物皆流的朴素辩证法道出的就是这种空虚的理性的本性。如果这个民族精神是超自然的自由精神，其宗教所崇拜的神是自由的人格神（人格的本性或概念就是精神的概念：自由），这个民族的理性意识必然会超越理性最初的这种被感觉等直接的自然东西所束缚的那一空虚，这种精神必定会自觉到理性在感觉等直接的自然东西之上之外的独立自在和自由，比如希腊哲学在巴门尼德那里就达到了这一点。相反，如果该民族精神是一种崇拜自然、认精神的本性是自然的精神，这个民族的理性意识就不可能成熟，只能停滞在认理性的内容只是来自感觉等直接的自然东西那一幼稚阶段，中国哲学就是如此。

自然宗教的民族理性意识萌发后所抓住的理智范畴不仅是感觉水平的，也必然是神秘的，其缘由是一样的。该民族的理性意识不独立，被认为是从属于直接的自然东西,这种直接的自然形式上看却是精神,这种精神解释和表达自己的方式主要是籍无理性的野蛮放肆的感性的想象力。理性是能清除一切混乱无序黑暗混沌的理性之光,一切确定的明白的本质、秩序或规律乃至客观的存在都只能来自理性。神秘则来自无理性的精神。迷信自然崇拜自然的原始民族的文化都是神秘的,因为精神中没有理性,野蛮放肆的想象力就大行其道。显然,神秘来自非理性的想象力及其幻想,并无自在的神秘,神秘无非是理性精神的缺失,神秘东西神秘文化的瓦解只能是发达的理性意识的结果。但如果理性意识不成熟,亦即理性不知道自己的本性是在感觉等直接的自然东西之上之外的独立自在的东西,那种认精神的本质是自然的精神就不可能瓦解,与它相一致相伴随的神秘就不可能消失。由于这种精神中的理性意识是束缚于其中的,这种理性意识也必然摆脱不了与这种精神相同一的野蛮放肆的想象力的纠缠,如同它摆脱不了流变不居的感觉的束缚一样,这种所谓的理性意识或哲学的诸范畴必然带有神秘性,中国哲学的诸范畴就是如此。

　　与古代汉民族的这种停留在与自然的直接统一中的精神相反,希腊人、犹太人和基督教精神是或开始是从自然中超出而返回自身的自由精神,这种精神必然自觉到自己在感觉等直接的自然东西之上之外的独立自在,自觉到自己对直接的自然的超越乃至否定,自由的人格神就是精神的这一超越和自由对自己的表象和自觉。这种精神就会自觉到自然反倒是从属于自己为自己所规定、支配的,甚至是由自己无中生有地建立的。这种为超自然的自由精神所建立的自然就是近代人近代科学所说的自然,它是毫无精神性的。希腊宗教、犹太教和基督教都是——至少开始是或部分地是——这种超自然的自由精神,近代人的这种自然观最初和根本上就来自这几种宗教,它们也是近现代科学得以产生的一必要前提。

　　自然宗教的民族认为精神的本质是自然,这种自然观是上古各民族原初皆有的,所以称为直接的自然。显然这种直接的自然本身是一种精神,这种精神认为自己的本质是自然,近代人的那种无精神性的自然在这里是没有的。不少民族精神长期停滞在这种直接的自然精神中,汉民族就是如此。显然,那能够超越和否定这种直接的自然精神的自由精神或人格是绝对的和纯粹的,一切感觉及直接的自然或精神东西在这里自在地消失了,如同神秘东西在理性之光的照耀下必然会消失一样。近代人近代科学所知的那毫无精神性的外部自然由于是这一超感性超自然的自由精神建立的,故根本上讲这一超自然的精神无须从这种自然中获取内容;事情倒是相反,这种自然本身的存在及其内容反倒是来自这一绝对的自由精神。同理,这一超感性超自然的自由精神也不需要从诸实存着的自由精神——即人的自由精神及其产物:自由的道德、伦理和国家等——获取内容,事情反过来才是真理。故可知,这一绝对的自由精神首先一定是纯粹而抽象的。

　　这一绝对、纯粹而抽象的自由精神的内涵是什么? 从希腊到黑格尔的西方哲学事实上告诉了我们。希腊诸神及犹太教和基督教的上帝的个体性的人格神形式及上帝从无中创造世界的启示,乃是这一绝对的纯粹精神以感性表象的方式表现和自觉自己。但它也必定会以纯粹思想的形式表现和自觉自己,因为自由精神的本性就是思维,如黑格尔所言,上帝或精神只有在思维中,或作为思维时才具有真理性(《小逻辑》19 节附释二),才真正是自由的。如此可知,从希腊到黑格尔的西方古典哲学在其意识到自己的自由和纯粹——即不依赖感性经验和对象世界,超越感性经验和对象世界——时,这一哲学实际是那被表象为上帝的绝对的纯粹的精神——亦即黑格尔所说的绝对理念——在藉哲学家的思维自觉自己,就像它曾藉希腊的神话诗人、希伯来先知和基督教的使徒来启示自己一样。故可知,直接看去,《小逻辑》或《逻辑学》的内容取自从希腊到黑格尔的西方古典哲学,但绝对说来,这一内容仅来自绝对理念,即那被表象为上帝的绝对、纯粹而能动的自由精神或思维①,历史上那些有不朽意义的哲学家的思维,其内容如同外部自然一样根本上来自这一仅以自身为对象的绝对理念。

　　以上讨论至少原则上阐明,《逻辑学》作为对全部西方哲学史的内容的一种理想化和纯粹化的表述,与它作为对统治西方人的精神达两千年的基督教的上帝的理性内涵的表述,这二者是完全统一的,可以说是一回事。理性和信仰是西方文明的两大基石,《逻辑学》洞见到了这两大基石的同一性,并具体阐述了其深刻而丰富的内容,这是黑格尔对西方哲学及整个西方文明的无与伦比的伟大贡献。黑格尔哲学被看作是西方古典哲学的终结,但这个终结是完成,这个完成是攀上顶峰,故可知作为黑格尔哲学体系的基石和灵魂的《逻辑学》不仅是西方形而上学的巅峰之作,也是整个西方古典文明的最高和最伟大的产物或结晶。

七

　　《小逻辑》或《逻辑学》的内容是客观的绝对的纯粹思维,自然和理性的人类精神人类社会是这一绝对的纯思的产物。显然,《逻辑学》亦即黑格尔哲学的立场是一种客观唯心主义。读过休谟、康德或胡塞尔的中国人,对主观唯心主义至少都有一些了解,甚至能有一些同情的理解,但对客观唯心主义就感到相当困难了。今天人们读巴门尼德、斯宾诺莎、黑格尔这些客观唯心主义哲学时,所面临的主要

---

　　①　黑格尔有云:"逻辑学中的思维规定是一些纯粹的精神力量"(《小逻辑》第 84 页)。

困难来自近代理性的那一根本特征：思维与存在或主观与客观的分裂对立。近代理性把思维看作是仅仅主观的我思，把存在看作是在主观思维之外的仅仅客观的东西，故近现代的学者学习康德、胡塞尔这些主观唯心主义哲学时经过努力大都可以入门，因为这些主观唯心主义哲学的立场或前提就是近代理性那一根本的二元对立。但如果把近代理性思维与存在的分裂对立看作是不言而喻理所当然的，想去理解从希腊到黑格尔的客观唯心主义哲学就是不可能的了。

对中国人来说，学习、理解西方的客观唯心主义哲学还有一特别的不利之处：中国没有真正的宗教，即黑格尔所说的精神宗教。以犹太教和基督教为代表的精神一神论的宗教其哲学性质完全是客观唯心主义，西方哲学史上的客观唯心主义哲学与这些精神宗教——尤其是精神一神论的宗教——有极密切的关系。即便在基督教产生前，在希腊人和犹太人还没有交往时，根本上由于希腊宗教的缘由，希腊哲学的最核心最深刻的内容也已是毕达哥拉斯、巴门尼德、阿那克萨戈拉、亚里士多德这些客观唯心主义哲学①。希腊宗教固然不是一神论，但它已完全是黑格尔所说的精神宗教，这些宗教所崇拜的神已开始是超感性超自然的精神个体和实体。中国没有黑格尔所言的精神宗教，道教佛教都不是精神宗教。形式上看道教佛教似乎可说是客观唯心主义性质的，但就其内容或实质来说它们不是。无论是道家的道还是佛教的涅槃（佛教所谓的诸法实相），其本质都是空或无，而希腊宗教、犹太教和基督教所崇拜的神及所说的不朽的灵魂，其哲学内涵首先是绝对的有或存在。西方宗教所崇拜的神的内容是黑格尔所言的超越了自然意识返回自身的超自然的精神，精神正是籍这一超越自然返回自身的运动而把自己建立为绝对的有，建立为其本质乃是思维的绝对的精神实体和个体。以道教和佛教为代表的东方宗教没有超越直接的自然意识，故其本质乃是纯理性的思维的那绝对的有或存在是它们不可能达到的。显然，由于缺乏精神宗教这一文化背景，中国人学习黑格尔这种客观唯心主义哲学、学习研读《逻辑学》就比西方学者有额外的困难。

精神宗教尤其是精神一神教的内涵是客观的绝对的思维，一切实存的东西，一切实存的全体：自然和精神的宇宙都是这一客观思维的产物（在犹太人和基督教那里），至少是由这一客观思维规定的（在希腊人那里）。显然，不仅由这一客观思维建立或规定的实存的世界是客观的有或存在，这一绝对的客观思维本身就是

---

① 希腊宗教（奥林匹斯多神教和奥菲斯教）是希腊哲学——尤其是那些客观唯心主义哲学——的精神源头，拙著《思辨的希腊哲学史（一）：前智者派哲学》（人民日报出版社）第一章对此有详细论证，可以参阅。

一客观的甚至是绝对的有,宇宙自然所是的那一客观的有或存在来自这一在自然和人类精神这两个宇宙之先的绝对的纯粹的有,黑格尔《逻辑学》考察的正是这一绝对的有,西方哲学史上的诸客观唯心主义哲学所言的皆是这一绝对在先的作为客观思维的绝对的纯粹的有的内容。以中国和印度为代表的东方精神由于没有超越自然意识达到超自然的精神,不仅自然等一切实存在这种精神中必然缺乏真正的有:客观的肯定的实体性的存在,而且根本上会被看作是空或无,这种视一切实存根本上是无或空的认识正源于东方精神在其最高最深处是缺乏任何积极肯定的东西的虚无,东方宗教东方哲学的这一情状恰好从反面证明了黑格尔的洞见:自然和精神领域中一切客观的东西、一切积极肯定的有只能来自超自然的精神,只能为以这种精神为对象的精神宗教的民族所意识到。

精神宗教精神一神教所信仰的神的内容是客观的能动的思维,这启示我们,真正的思想或思维不是心理学意义的,也不是狭义的认识论意义的,它首先是客观的绝对的。近代人所说的自然:那合乎理性法则的无精神的自然是由这一客观的绝对的纯思籍思维建立的,而人的精神或思维从时间上说是在自然之后的,这启示我们,那绝对在先的客观思想或思维是不依赖人的理性或思维的。人的理性思维若想上档次,若想有客观的积极的成就,这种思维必须从那绝对的客观思维中获取规定或内容。传统东方人由于没有精神宗教,不知道精神宗教所是的那客观的绝对的思维,才仅把思维看作是有限的、自然的、主观的和心理学意义的(如佛教的法相唯识学),这种只是人的自然的有限的心理活动的主观思维必然缺乏真正的有,缺乏客观性实体性,必然被认为其本质是无或空,如同东方精神对一切有限物的认识一样。同样是对作为一种心理活动的人的有限的主观思维的研究考察,希腊人(如亚里士多德)和近代西方人(如近代英国经验论者)并不会如东方哲学那样把这种心理学意义的主观思维根本上看作是虚无,其缘由即在于西方人的表象水平的主观思维的背后有作为积极的肯定东西的客观思维在支持,不管研究者是否意识到这一点。

把思维仅看作是有限的、主观的和心理学意义的,甚至看作是自然的,对思维的这种认识属于朴素的自然意识,人人皆有,甚至在一些伟大的客观唯心主义哲学家那里我们也能见到对思维的这种朴素见解。比如,巴门尼德洞见到那客观的纯粹思维的最初概念:存在,洞见到思维与存在的绝对同一,但他同时又认为思想的本质是热和冷这两种感觉的混合(巴门尼德残篇 A46)。同样,亚里士多德在其本体论或形而上学这种对客观思维的考察之外,还籍其卓越的抽象思维能力建立了传统形式逻辑。显然,当巴门尼德说思想的本质是热和冷这两种感觉的混合时,当亚里士多德在建立他的认其只是认识的工具的逻辑学时,他们不是作为客观唯心主义者在言说那客观的纯思,而是作为朴素的自然意识在论说人的有限的主观思维。只是,与大部分人、与近代主观唯心主义者及传统东方哲学不同,根本上是由于种种精神宗教的精神自在地绝对地起作用,哲学史上这些伟大的客观唯心主义者能超越自己某些时候会停留于其中的朴素的自然意识,而洞见到那客观的绝对的纯思。

八

《小逻辑》或《逻辑学》的内容是基督教上帝的理性内涵,这一内涵简单说来就是客观的绝对的思维,从希腊到黑格尔的全部西方哲学乃是这一绝对的思或知对自己的一种自觉。但不可认为西方古典哲学是这一自觉或知的唯一形式,甚至那被认为在实存的精神(有理性的人)之先的自在存在的自然亦可说是绝对理念自觉自身的一种形式。上帝创造自然,其思想内涵乃是黑格尔所言的,绝对理念直观自己使自己成为自然(《小逻辑》§244),这种理智直观既是一种客观的纯思,又是这一纯思对自己的一种自觉,自然作为这种纯思或自觉的产物由此证明自己亦是绝对理念自觉自己和实现自己的一种形式。但我们须把绝对理念在自然和精神等实存东西中自觉和实现自己与绝对理念自身——亦即绝对理念在自身内对自身的思或知——区别开,绝对理念在自身内对自身的思或知就是黑格尔所说的抽象的绝对的纯粹思维,《逻辑学》考察的就是这一抽象的绝对的纯粹思维,就是作为一运动和发展过程的那绝对的能思对自己的思或知。

历史上对这一绝对的纯思的第一次自觉是犹太教的《创世纪》,即《创世纪》开篇上帝籍话语创造世界这一启示。上帝为什么籍说话创造世界?哲学史给了我们答案。赫拉克利特选择了"逻各斯"即话语或说话这个词来表示他对超感性的理性本身亦即那绝对的纯思的预感,巴门尼德把第一个超越的纯思"存在"表述为"可说的",近代的笛卡尔用"清楚明白"来表述理性本身,这昭示我们,可理解和传达的明白的话语与理性本身或纯思有一种内在的同一性,这种同一性乃是:普遍可理解和传达的明白的话语的内容根本上只能来自那绝对超越的理性本身,这就是为何那些最早对纯思或理性本身有所知的人,无论是犹太先知还是希腊哲学家,都用话语来表述其对理性本身或纯思的最初自觉的根本原因。其实,无论在犹太先知那里还是在希腊哲学家那里,在这件事情上起作用的都不是人的聪明智慧,而是客观的事情本身亦即理性本身,是理性本身或纯思自在地绝对地起作用,才使得犹太先知和希腊哲学家在这件事情上具有这种先天的一致。

撒开宗教启示与哲学思维这两者的形式差异不谈,应当说,至少在亚里士多德之前,犹太先知对理性本身的自觉比希腊哲学更高更充分。赫拉克利特和巴门尼德丝毫没有自觉到理性本身或纯思的能动性;在亚氏之前,阿那克萨戈拉对理性本身的自觉是最高的,他意识到理性是能思者,称之为"奴斯"(亦即心灵),是能动的行规定者。但阿那克萨戈拉的奴斯还不是绝对的能思者,它只是行规定者或赋形者:把形式亦即理性的诸规定赋予在它之外有待规定的作为质料的宇宙。其实这也是亚里士多德对理性本身或纯思的认识的缺点。亚氏对理性的最高认识是纯形式:以自身为对象的纯思,整个宇宙在它之外,故可知形式与质料的二元论是希腊哲学始终无能克服的,希腊哲学知道理性本身作为纯思是能动者,而不知其亦是绝对者,这根源于希腊理性的某种直接性或自然性,须知唯有超自然的绝对精神才是绝对的一,才能超越一切区别或有限性,自然的直接的理性只能是停留在相对待的有限性上。相比之下犹太先知对理性本身之事实上的自觉就超出了希腊哲学:上帝不仅是能思,不仅是能动的行规定者,亦是绝对的一,是绝对的创造者,作为纯思的上帝创造世界不需要质料,就是说犹太先知事实上或自在地自觉到上帝是绝对的能思者。只是由于亚里士多德意识到纯形式亦即理性本身根本上只是以自身为对象(纯形式是思想自身的思想),而犹太先知完全不知道这一点,才不能说犹太先知对上帝或理性本身的知超出了亚里士多德。

但无论是犹太先知和后来的使徒,还是希腊哲学和近代哲学,都不知道上帝作为理性本身或绝对的纯思是一发展过程,这个发展是这一纯思或绝对理念逐步认识自己和规定自己的过程,故可知上帝作为绝对理念,作为绝对的纯思并不是一个现成不变的能思者或心灵,不是什么先验的绝对的我思,须知先验的绝对的我思亦是一现成东西。比如,黑格尔哲学受到谢林的很多启示,但谢林就不知道上帝自身或绝对的理智本身是一运动和发展的过程。谢林知道真理是具体的,是从自然到精神的一种发展,但那超越的绝对理智或上帝作为思维与存在的无差别的绝对同一却在这一发展之外,是只能籍艺术直观或理智直观才能达到的,这事实上是把那作为超越的绝对理智的上帝看作是一个现成不变的东西。谢林都是如此,哲学史上的其他人就更不用说了。阿那克萨戈拉关于奴斯(心灵,亦即超越的绝对的能思者)的说法,亚里士多德关于纯形式的说法,事实上都把那超越的绝对的纯思或上帝看作是一现成东西,类似于表象意识所说的人的心灵。哲学是这样,对上帝的宗教表象或启示亦是如此,犹太教和基督教关于上帝的几乎所有的启示、教义或说法都是如此,事实上是把那绝对的纯思看作是一个现成不变的能思的主体或心灵。故可知,黑格尔把那绝对超越的纯思或上帝看作是一种运动和发展的过程,亦即认上帝自身是一从抽象到具体的发展或形成过程,无论在哲学史上还是在宗教启示上都是革命性的。

　　但不能说黑格尔关于那绝对超越的上帝是一运动和发展过程的认识完全是他个人的天才洞见,其实黑格尔的这一革命性认识无论在哲学史上还是在宗教中都有踪迹可寻。就哲学史来说,黑格尔洞见到,亚里士多德的内在目的论思想道出了这一真理:能动的目的并非仅存在于生命和有理性的精神东西(如人的有意识的实践或创造)中,它是普遍存在的,无机自然亦是受能动的内在目的支配的。只是,虽说在无机自然中目的仍是绝对地起作用,却仅是自在地起作用,或者说,这一绝对地起作用的目的在无机自然中仅是内在的,这不仅使得在这一领域中目的不仅远未达到自觉,如在精神东西(有理性的人)中那样,亦使得它甚至没有能力使目的的实现与这一实现过程统一为一客观的自为的实存,如在生命个体中那样。显然,洞见到无机自然中的目的需要有卓越的思维能力,在黑格尔之前的近代哲学家中只有谢林达到了这一洞见。

　　但洞见到一切实存——无论是自然还是精神,无论是有生命还是无生命——都是一种内在目的论的运动和发展,这离认那作为超越的绝对纯思的上帝本身亦是一运动和发展的过程这一点还不是一回事。黑格尔对那超越的绝对纯思能产生这一思想,这不仅来自他对亚里士多德内在目的论思想的真理性的自觉,亦来自他对基督教的三位一体信仰或教义的绝对真理性的洞见。具体说来就是,黑格尔的洞见:那作为超越的绝对纯思的上帝本身是一运动和发展的过程,来自他对亚里士多德的内在目的论思想与基督教三位一体思想的天才综合。

　　圣父、圣子、圣灵的三位一体是基督教最核心的一个思想。黑格尔却洞见到,三位一体思想的意义绝非局限在狭隘的宗教领域,它蕴含有更高更普遍的意义,甚至是绝对的意义。这一意义就是:三位一体是无时无刻不发生在上帝及一切有限物那里的永恒的运动或过程。依黑格尔,圣父上帝作为绝对的超越的纯思是绝对的普遍性,圣子代表一切有限物(包括人这种有限的精神),圣灵则代表一切有限物对上帝所具有的肯定意义:上帝在有限化特殊化自己——在宗教表象上这就是上帝创造世界——时并未牺牲自己的普遍性超越性,有限物作为上帝的有限化特殊化同一地亦是上帝所是的那一绝对的普遍性的实现,这表明上帝在有限物那里同时是在自身中,或者说,无限在自身中就是其与有限物的肯定关系或同一性。依黑格尔的这一洞见,与有限物的肯定关系亦即有限物的概念是上帝自身内的一积极肯定的环节,虽说同时是一被扬弃的环节。显然,黑格尔的这一洞见表明,那超越的绝对的纯思必然在自身中包含一切有限的纯思或概念(这里暂不论概念或纯思作为思维与存在的一种统一到底意味着什么)。结合上面所言的黑格尔对内在目的论的绝对真理性的洞见,我们就不难理解黑格尔的那一卓见:上帝所是的那超越的绝对的纯思必然是一内在目的论的运动和发展,那唯一的绝对纯思中的所有概念皆为这一运动所规定、支配,皆是这一内在目的论的运动中的环节。

九

传统上被表象为上帝的那超越的绝对纯思在自身中包含一切有限的纯粹概念,上帝在自身中就是其与有限物的肯定关系或同一性。显然,上帝对有限物的这一肯定关系意味着上帝不仅是超越的,亦是内在的,它内在于一切有限物中①,甚至可说有限物在某种意义上分享了上帝的神性。有人据此批评黑格尔哲学是一种泛神论,黑格尔在世时就有这种批评②,如同斯宾诺莎哲学所受的批评那样。但黑格尔哲学同斯宾诺莎哲学一样都不是泛神论。泛神论是一种多神论,而多神论根本上就是自然崇拜:视有限的自然东西为神圣,其本质乃是视有限的自然东西具有精神性,这是一种精神与自然的直接统一,这种统一是东方宗教(儒教道教印度教佛教等)东方哲学的特点和缺点,这是前面已经阐明的。可以说东方民族的自然宗教的本质就是只有内在性没有超越性,所以有限的自然东西就被看作是神(圣)。在黑格尔哲学中,上帝或绝对是既内在又超越;说黑格尔哲学是一种泛神论,这一批评没有看到在黑格尔那里上帝或绝对同时是超越的:上帝超越一切有限物,是一切有限物的绝对本质或实体;由于上帝的绝对超越性,一切有限物都不是上帝,不具有神圣性。

但在黑格尔哲学中,以及在从希腊到近代的西方文明中,有限物确乎在某种意义上分享上帝的神性,这一点的一个表现是,从希腊到近代,西方人有对有限物的肯定的具体的知,此即科学。真理、绝对或上帝是既内在又超越,这表明,对有限物的认识对认识上帝来说是有积极意义的,甚至可以说,科学作为对有限物的认识乃是为对上帝的信仰和认识所绝对要求的,西方科学与西方的客观唯心主义哲学及宗教的一致性乃至同一性其根源就在这里。与基督教相比,犹太教这一超越的精神宗教的一主要缺点即在于,它充分认识到了上帝的超越性,但对上帝的内在性认识的不够,以至于在犹太教那里上帝与人的关系主要是愤怒(上帝对人)和恐惧(人对上帝)而不是爱;犹太人没有产生自由的思维:哲学和科学,也没有美的艺术,根本缘由亦在这里。犹太教的这一缺点也可以说是:犹太教缺乏自由精神,因为自由不仅仅是对有限物的超越,真正的自由是既超越又内在,生活在有限事物中同时又超越有限物,西方宗教、哲学、科学以及传统的美的艺术都是如此。

---

① 黑格尔有云:"逻辑学中的思维规定……就是事物内在的核心"(《小逻辑》第84页)。

② 〔美〕特里·平卡德《黑格尔传》第626页。朱进东、朱天幸译,商务印书馆,2015。

　　明白了真理、自由是既内在又超越,即可知以中国和印度为代表的东方文明的一主要缺点可说是,它们不知道真理、自由是既内在又超越。东方宗教、哲学不是没有超越,但这种超越是抽象的,东方宗教和哲学根本上只把真理看作是抽象的绝对本质,儒教的天、道家的道、印度教的梵及佛教的涅槃皆是如此。这种绝对本质空无内容或规定性,所以被认作是空或无。所以说这是一种虚假的超越,因为它缺乏内容,而内容首先就是对有限物的知识。这种所谓的超越或真理所以缺乏内容,正源于它缺乏内在性,就是说感性物有限物在东方宗教和哲学所认的真理之外。其实东方文明或文化并不缺乏内在性,东方文明的根本缺点在于超越性与内在性的分离,致使真正的超越性和真正的内在性在这里皆不存在,使得传统东方文明所有或所是的超越和内在都仅只是形式的抽象的,这使得东方文化要么沉浸在对空洞的抽象本质的神秘直观中,一种空虚的超越或自由,要么就放纵于感性物中成为其奴隶,甚至迷信其为神而毫无自由。无内在性的超越性与无超越性的内在性是一体两面不可分离的,传统东方文明正是这种可悲状况的不幸证明。

　　值得注意的是,中国禅宗和道家似乎发展出了一种既内在又超越的东西:中国的某些传统艺术,如以自然为对象的山水画和诗词之类。直接看去这类艺术确乎达到了一种既内在又超越的自由,但这种艺术所达到的自由仅是形式的,它缺乏现实的内容,只是一种主观心境,中国禅宗本身所达到的真理也只是这样的主观心境,完全不是现实的自由,因为产生这种宗教思想及相关艺术的现实是绝对的异己性或不自由,而从希腊到近代的西方文明所是的那种既内在又超越的真理或自由并不仅是主观的,亦是现实的。比如,科学自在地就是一种精神在对有限物感性物的关系中既内在又超越的现实的自由,古希腊城邦国家及近现代西方人的社会生活更都是现实的客观的自由,所以说,从希腊到近代的西方文明在其宗教和哲学中所是的那种既内在又超越的自由并不仅是主观的,更是现实的客观的,因而是绝对的。

　　其纯粹内容乃是《逻辑学》所表述的那超越的纯粹理性或纯思的上帝或真理是既超越又内在,由此可知上帝不是我思,不是种种先验唯心主义所说的先验自我,康德、费希特、胡塞尔等主观唯心主义哲学的缺点因此可说是,它们只知道上帝的内在性,不知道上帝的超越性。上帝是内在的,上帝当然在我心中,在一切有理性的人的心中①,上帝无限地内在于我,我就是无限的主观性。但上帝或真理可

---

　　① 这与是否人人都能意识到这一点不是一回事。上帝内在于一切有理性的人的心中,这种内在首先是潜在,它是否能发展为现实,亦即人是否能意识到这一点,则是另一回事。

不仅是无限的主观性,它亦是无限的客观性,因此是无限的绝对的超越,上帝无限地超越了我。所以说上帝内在于我,我却不是上帝;上帝是一种能思,却不是如人的理性心灵或我思那样的能思者。

　　说种种先验唯心主义只知道上帝或真理的内在性不知道它的超越性,联系到前面所言就会发生一个问题:东方宗教和哲学作为内在性与超越性的分裂,亦可说是只知道真理的内在性而对超越性无真知,它因此陷入认真理只是空或无这种绝对的空虚中(因为真理首先是超越的),为何康德、费希特、胡塞尔这些主观唯心主义者并没有陷入宣称真理只是无的这种空虚?答案是,西方的主观唯心主义固然对上帝或真理的超越性无真知,但那既内在又超越的绝对在这些先验唯心主义哲学中并非不起作用。这些主观唯心主义哲学考察的都是人的理性心灵,须知这种理性心灵都是为那既内在又超越的绝对或上帝所规定、塑造的,故这种理性心灵或我思是具有丰富内容的,只是这些先验唯心主义者不知道这一点、不知道这一绝对的中介罢了。在东方哲学和宗教中,不仅是东方圣贤不知道真理是既内在又超越,那既内在又超越的真理在东方精神中亦是绝对的缺失,这使得在传统东方人那里一切有限物,不管是自然东西还是人的心灵,都缺乏那客观的绝对的有的中介,根本上只能被认作是无。

十

　　《逻辑学》所说的是既内在又超越的纯粹、抽象而绝对的自由精神,它同时又是一种内在目的论的运动,《逻辑学》的内容就是既内在又超越的纯粹而绝对的自由与绝对的内在目的论的统一。这种统一的根据在于,既内在又超越的自由与内在目的论实际是一致的同一的。自由同目的一样都首先是对感性物有限物的超越,但真正的自由同时亦是内在于有限物,内在目的论所是的目的同样亦是这种在有限物中的内在性,所以说内在目的论的运动就是一客观的真实的自由,既内在又超越的真实的自由与内在目的论的运动发展必然是统一的。

　　上帝作为纯粹的绝对的真理是一种运动和发展,是一个从抽象到具体的发展过程,所以说上帝不仅不是如人的我思那样的主观心灵,也不是任何客观而现成的能思的心灵或精神实体,如阿那克萨戈拉的奴斯或亚里士多德的纯形式那样,故可知,希腊哲学所说的奴斯和纯形式严格说来只是对那纯粹而绝对的真理的一种不够真的表象,更不用说,犹太教和基督教所说的上帝,亦即在《圣经》中被启示的上帝,皆是真实的上帝的不够真的表象①。那么上帝作为绝对的超越的纯思,作为思维与存在的绝对统一或同一到底意味着什么? 上帝所是的纯思不是像人的思维或我思这样的思,那它到底是如何思的?

那绝对的纯思只能是对自身的思,这种思作为思维与存在的绝对统一或同一类似于一种康德和谢林所说的理智直观。理智直观乃是思维与存在的这样的同一,它作为思维同时为自己提供思维的对象,所以它亦是一种直观;理智直观作为对某种存在的直观,这种直观同时是关于这种存在的思维或知识,故可知理智直观可说是一种心想事成的思维或认识,这种思维能产生存在,它如何思维事情就如何存在,或者说它在认识或思维时对象或存在就如它所认识的那样被提供出来。但黑格尔的绝对知识只能说类似于理智直观,严格说来它不是康德、谢林所说的理智直观,黑格尔反对把《逻辑学》的主题:绝对知识说成是理智直观②。黑格尔为何反对把思维与存在的绝对统一或同一称之为理智直观? 谢林对此百思不解③。黑格尔的上帝作为绝对知识绝对的纯思不是一种如我思、努斯(亦即心灵)之类的能思的主体,因为这种能思的主体都是一现成的东西。所谓理智直观的说法仍不过是把真理或纯思看作是一种现成的能思的心灵这样的东西,这种心灵思维什么什么就存在,康德、谢林对理智直观的说法都明确蕴含这一点。不仅康德、谢林是这样,阿那克萨戈拉、亚里士多德、斯宾诺莎这些最伟大的客观唯心主义者都是如此。阿那克萨戈拉把那全知全能的上帝称为在宇宙外面的心灵(音译为奴斯),亚里士多德则把纯形式,那最高的绝对自足的理性神说成是在宇宙外面的(《物理学》267b69)、仅以自身为对象的思想(《形而上学》1072b2024)。斯宾诺莎认为上帝亦即绝对实体具有一种"对自身的无限的理智的爱",这种爱是"神自己观察自己的主动的行为"(《伦理学》第五部分命题 35 及其证明),这只能是绝对实体对自身的理智直观,显然斯宾诺莎如阿那克萨戈拉和亚里士多德那样,事实上把上帝看作是一种现成的静态东西。

如此可知为何黑格尔反对把思维与存在的绝对统一或同一称之为理智直观了,这一反对的缘由首先就是我们前面提到的黑格尔的那一洞见:绝对纯思不是一种如心灵或我思这样的现成东西,而是一运动和发展,那绝对的纯思是一在自身中形成自身的发展过程或运动,这一形成自身就是思维自身,思维自身同一地就是使自己成为如思维所思的那样的存在。显然。如果说理智直观的说法有某

① 注意,这仅是对基督教上帝的理性内涵说的。
② 《精神现象学》上卷第 12 页。
③ 〔苏〕古留加《谢林传》第 189 页。贾泽林、苏国勋等译,商务印书馆,1990。

种合理性的话,那它只是道出了思维使自己成为如其所思的那般存在这一点罢了。同样,心想事成的思维这一说法用于描述康德和谢林的理智直观是恰当的,用于描述黑格尔的绝对纯思至少是不充分的。

绝对纯思或绝对理念是对自身的思,这种思使自己成为如其所思的那样的存在。或者说,绝对理念是那唯一的无条件的绝对的存在,这一存在是对自身的思,这一存在的所是或规定性来自它对自身的思。但绝对理念又是一绝对的内在目的论的运动,在它未达到完成时,亦即未达到其理想时,这一理想亦自在地绝对地起作用。这一理想作为理性的全体性和最高目的,在理性对其自身的知尚未达到这一理想时,它必然作为且首先是作为对理性当前对自身的知的否定的东西呈现出来。为何在理性未达到其理想或概念时,亦即理性不知道自己是绝对的自身否定时,理性总是摆脱不了否定方面的纠缠,根本缘由在此。故可知,在达到完成前的纯粹理性就是它的自觉其所是与它自在地所是——此即那作为理性的全体性或完成的理想或目的——这二者的矛盾,这一矛盾就是理性发展的动力。比如,在纯粹理性仅认自己是存在时,由于这种知不符合理性的最高目的或理想,并且理性的这一目的是绝对起作用的,这样它就必然同一地作为存在的否定:非存在而呈现出来,存在与非存在的矛盾就是纯粹理性当前的真正所是,解决这一矛盾就构成了纯粹理性向前发展的动力。又比如,理性认自身是形式时,理性自在地所是的那一目的或理想就必然显现为与之相关并相对立的质料。理性现在作为形式知道自己处于与自己的否定方面:质料的相互关系中,仅认自己为形式的理性会对此满意并停留于其中,但理性自在地所是的那一绝对目的或理想不会让理性停留于此,因为理性的理想是自由,是绝对的自身否定或自身规定,是绝对的一,它不可能安于作为两个东西的关系这样的理性,故在那绝对地起作用的理性的理想看来形式与质料是矛盾的,理性必然会扬弃形式与质料这对概念而继续发展。

纯粹理性是对自身的思,黑格尔把这一纯粹思维的发展分为存在论、本质论和概念论三个阶段,这三阶段既是纯粹理性逐步建立起自身的过程,也是理性深入自身逐步认识自身、最终知道并建立自身为绝对的自身否定这一绝对主观性的过程。纯粹理性是对自身的思或知,但起初它并不知道它的知是对自身的知,甚至不知道自己是知,它仅认自己是无中介的单纯的自在存在。但纯粹理性是思维与存在的绝对同一,故它之认自己是单纯的自在存在,它就还不是那具有自身同一性并在他物的否定面前能保持自身同一性的真正的自身,而只是一抽象的自在存在和为他存在,这是存在论阶段的纯粹理性。纯粹理性具有某种自身性,开始成为具有某种自身同一的本质和主观性的自身,是在本质论阶段。在这一阶段,纯粹理性深入自身，认自身是某种不变的本质，那在存在论阶段只是作为直接的简单的自在存在——同一地亦是为他存在——的理性由此被规定为——亦即被建立为——非本质的现象，比如质料被认为是本质，形式就被认作是现象，原因被认为是本质，结果就被认作是现象，本质论阶段的理性皆是这种本质与现象的映现关系。

本质是存在论阶段的那作为直接的自在存在的纯粹理性深入自身建立的。作为直接的自在存在的纯粹理性同一地亦是为他存在，并没有自身，它的深入自身这一运动才开始建立自身，因为这一深入自身是思维的深入自身，而纯粹理性是思维与存在的绝对同一。深入自身建立起作为某种本质东西的自身的纯粹理性，同一地亦是纯粹理性建立自身为某种内在的主观的东西，因为真正的主观东西或内在性首先就是在他物的否定面前能保持自身同一的某种本质，故可知主观东西与本质是具有同一性的，本质东西与主观东西都是内在的，这种内在性是那原先作为直接的自在存在的纯粹理性深入自身建立的。但这种主观或内在东西还不是真正的主观性内在性，真正的主观性是无限的绝对的主观性，是自身否定亦即自身规定这种无限的绝对的一，比如近代理性所说的我思形式上看就是一种无限的主观性，纯粹理性的理想：绝对理念就是最高的绝对的主观性。在这种无限的自由的主观性看来，只有它自己及源于它的自身否定而来的东西——比如那可作为判断的谓词的种种抽象共相，以及判断和推理本身——才称得上是主观的，那停留在两个东西的关系中且只是在这一关系中得到规定的本质东西就不能说属于主观性，并且在这种关系中的东西仍有扬弃不了的自在存在方面，故可知在本质论阶段固然某种主观性被建立起来了，但由于那作为纯粹理性的理想的无限的绝对的主观性自在地起作用，本质论阶段的主观性就认为作为主观东西的自身是空的，无内容的，认自己的内容或规定是客观的，所以说本质虽已不是如存在论阶段的自在存在那样是外在的，但仍是客观的，故黑格尔把本质论和存在论同归为客观逻辑。

纯粹理性发展的最高阶段是概念论，在这里理性达到了对自身的真知，开始知道自己是无限的绝对的主观性，知道自己根本上说是仅以自身为对象的思，是自身否定亦即自身规定的绝对的一。纯粹理性是思维与存在的绝对同一，它认自己是什么，自己就作为如此所是的东西而被建立起来，成为如此的存在；纯粹理性在这里认自己是绝对的主观性，自己现在就作为绝对的主观性而被建立起来，纯粹理性的自在存在——即其理想地所是——与纯粹理性的自为存在——即其现实地所是，亦即认其自身所是——开始统一起来了，概念论就是纯粹理性知道自己是绝对的主观性，并藉此成为绝对的主观性，同一地亦是把作为绝对的主观性的纯粹理性自身的内容充分展示或实现出来。显然，只是在概念论阶段，纯粹理性才把自身充分地绝对地建立起来，纯粹理性才成为真正的绝对的自身，纯粹理性从存在论到概念论的发展运动就是纯粹理性证明自己是——同一地亦是建立自己为——绝对的主观性的过程。这一过程是不可或缺的，纯粹理性并非如种种先验唯心主义所认的那样是一现成的直接的绝对主观性，这一绝对主观性的形成过程对纯粹理性来说亦是本质性的，属于纯粹理性自身，如同一个体生命的成长过程对这一个体来并非外在，而是属于个体本身一样。"真理是全体。但全体只是通过自身发展而达于完满的那种本质"①，就是说真理是结果连同其产生过程。真理或纯粹理性所以是如此，是因为一切配称为真理的东西都是内在目的论性质的，故都是一形成或发展的过程，为亚里士多德洞见到的内在目的论道出了真理的这一绝对本性。

十一

对以上所言的思维与存在的绝对同一在《逻辑学》三阶段中的发展，有一点需要特别说一下。有一种说法，说在《逻辑学》第一阶段：存在论中只有存在没有思维，在那里思维或思想尚未发生，它只是潜存着，如同在自然中没有意识，意识在自然中只是潜存着一样。说在自然中没有意识，意识在自然中只是潜存着，这没错，但说在《逻辑学》存在论阶段没有思维，思维在那里只是潜在，这一说法是对是错就须分辨一番了。这一说法所说的思维如果是指那知道自己是主观性或自身否定性的思维，这个说法就是成立的；如果这一说法是说在存在论阶段只有抽象的孤立的诸直接存在而完全没有思维，或者说思维在存在论阶段完全不起作用，则大错特错。须知思维与存在的同一性是绝对的无条件的；同理，根本上讲思维只是以自身为对象，这也是绝对的无条件的。只是在存在论阶段，在这一阶段的诸概念那里，思维只认自己是无中介的直接存在，亦即只把自己思维为无中介的直接存在，存在论阶段的诸存在或概念就是由这种仅认自己是无中介的直接存在的思维建立的。由于仅认自己是无中介的直接存在，这种思维就还不知道自己，或者说还没有真正的自己或自身，这种思维在这里只是显现为诸直接存在，表现为只知道存在而不知道作为思维的自己或自身，亦即在这里那能思的思维对作为思维的自己或自身还没有自觉。须知思维与存在的同一性是绝对的无条件的，心想事成的思维在这里不知道作为思维的自己，并不意味着能思的思维在这里不存

_____

① 《精神现象学》上卷第 12 页。

在。思维把自己思维为存在是一种对象化，是绝对的对象化，这表明在《逻辑学》存在论阶段思维或理念的对象化已经开始了，只不过与绝对理念藉着对自身的思或直观把自己对象化为自然相比，与有理性的人的精神把自己对象化为外在的感性现象相比，《逻辑学》存在论阶段的对象化更抽象而已，它是最抽象的对象化。

以上讨论亦告诉我们，说在无精神的自然中没有意识，这绝不是说在自然那里没有思维，绝不是说自然与思维不相干。意识是一种具体的实存着的思维，而《逻辑学》中的概念或思想仅是抽象而纯粹的客观思维，它们不是一回事。自然是最高的纯粹思想：绝对理念直观或思维自身而来，这表明自然是绝对理念的对象，绝对理念就是在自然那里与自然不可分离的思维或思想，这一点与《逻辑学》存在论阶段的情况相类似。有理性的人的感性意识不是抽象的纯粹思想，它是以绝对理念为中介的抽象纯思——这种抽象纯思就是存在论阶段的诸概念——的一种定在或实存。以绝对理念为中介的抽象纯思乃是自然领域中的空间时间中的感性物，这种纯思作为空间时间中的感性物超出自己所属的外在自然而回到自身，就成为有理性的人的感性意识这种实存。以上所言的以绝对理念为中介的抽象纯思乃是《逻辑学》存在论阶段的诸概念藉抽象的绝对理念向自然的过渡而达到的，而它之超越自己的外在自然性成为有理性的人的感性意识，这是藉自然向精神的过渡达到的。故可知，说在自然那里没有意识与说在自然那里没有思维或思想可不是一回事。

但上述那一认在《逻辑学》存在论阶段只有存在没有思维的说法还有进一步深究的必要，因为它似乎能得到黑格尔的某些话语支持，并且这一深究能深化我们对《逻辑学》的总体认识。《逻辑学》正文前有一篇相当于引言的"必须用什么做科学的开端"，在那里黑格尔有云：《精神现象学》的最后结果：绝对知识或纯知作为知识与对象或思维与存在的纯粹的绝对的统一，这一统一最初"扬弃了与他物和与中介的一切关系；它是无区别的东西；于是这无区别的东西自己也停止其为知；当前现有的，只是单纯的直接性"①。这一单纯的直接性就是《逻辑学》的开端：纯存在。黑格尔这里不是明白地说在存在论及存在论的开端纯存在那里只有单纯的存在而没有思维或知吗？否！黑格尔的这段话不能做这种理解。从字面上看，这段话的意思似乎就是上面所言的，但如此理解与黑格尔关于《逻辑学》、关于纯粹概念、关于思维与存在的同一性的一贯认识是矛盾的，故是错误的。

《逻辑学》是绝对的纯粹的知识，《逻辑学》的每一个概念都是思维与存在的纯粹的绝对的统一或同一，是思维与存在的不可分离，这对包括纯存在在内的存

---

① 《逻辑学》上卷第54页。

在论阶段的所有概念都是成立的,本文前面对此已有充分论证,这里不妨再说一下。《逻辑学》作为纯粹而绝对的知识是客观的自由的纯粹思维,是纯粹理性或理性本身,它既是思维又是存在,因为它仅以自身为对象,所以说是思维与存在的不可分离和绝对同一,这是可以从多方面予以证明的。绝对知识是《精神现象学》诸意识形态的运动发展的最高最后的结果。此前所有阶段的意识或精神形态都具有作为认识的意识或精神本身与其对象或实体的关系这种形式,一切实存的意识或精神都是这种形式的东西,它们的真理乃是认识与对象、知与被知或思维与存在的不可分离和绝对同一,这一绝对同一或纯粹知识就是诸意识形态的发展最后达到的东西,故可知《逻辑学》作为这一纯粹而绝对的知识,它的每一阶段每一概念都是思维与存在的这种不可分离和绝对同一。

《精神现象学》描述的是自由的精神从抽象到具体的逻辑发展,这一逻辑发展的结果与现实精神的历史发展是一致的。从精神或绝对精神的历史发展来看,希腊哲学在巴门尼德那里达到的存在概念,及由这一概念开始的纯粹思维,是在历史中显现的精神或绝对精神长期发展的结果。精神最初沉浸在自然中,认自己只是自然或属于自然,这就是东方诸民族所是的与自然同一的精神。希腊民族的自由精神则是精神超出了与自然同一的自然性阶段而返回自身,由此精神开始成为仅以自身为对象的自由的精神,从巴门尼德开始的希腊哲学的纯粹思维就是这一自由精神对自身的知,因为精神的本性就是知,而只有自由的精神才会有摆脱了一切传统、幻想、感觉等外在东西束缚的自由而纯粹的知,这种知只能是以自身为对象,它既是存在又是思维,是二者的不可分离和绝对同一。希腊哲学自其开端始就知道这一点,这就是为巴门尼德道出的那一绝对命题:思维与存在是同一的。希腊人在巴门尼德那里所以能道出这一纯粹理性和形而上学的最高最伟大的命题,是因为它亦是自由的思维的最基本的命题。这一命题不仅对自由的精神或思维成立,它对一切精神东西形式上看都成立,它甚至对不自由的精神亦是成立的,因为这一命题形式上道出了一切精神东西的绝对本性。东方民族的认自己是自然的精神亦可说是一种思维与存在的不可分离和绝对同一,在这里认自己是自然的精神相当于思维,自然相当于存在。由于这种精神或"思维"仅认自己是自然,所以这种与自然合一的精神是不知道自己是精神的精神,亦可说是不知道自己是思维的"思维"。显然,即便是东方民族的不自由的精神亦向我们启示,思维与存在的绝对同一这一命题所说的"同一"是什么意思。思维与存在的绝对同一所是的这一绝对同一性乃是,思维认自己是什么,自己就作为如此的东西而存在。传统东方民族的精神认自己只是自然或属于自然,这种精神的现实存在就是完全不知道自由的绝对异己的自然水平的精神。

　　以上讨论亦启示我们，思维与存在的绝对同一固然是理性、精神和真理的一绝对原则，但它首先是一形式原则，因为这一绝对同一性的具体内容或规定性可以很不相同。正因为这一纯粹的绝对命题是对一切思维、一切精神东西都成立的形式命题，故它能在自由的纯粹思维的发端处就被自觉；也同样是因为这一点，所以这一命题的内容是可以与这一命题本身相矛盾的，比如在传统东方人的自然水平的精神中，我们就完全见不到精神或思维本身，见到的只是种种属于自然的东西如不自由、专制、奴役、恐惧、奴性、自然崇拜等。即便在自由的精神或思维中，我们也能见到思维的内容与这一绝对命题不一致或相矛盾这种情况。希腊哲学作为自由的纯粹思维，作为这种自由思维的发端，它自觉到了思维与存在的绝对同一这一伟大原则，但希腊哲学的内容却是与这一命题不一致的，甚至是矛盾的。比如，巴门尼德自觉到了思维与存在的绝对同一这一伟大命题，但在他把握的存在概念中，思维本身却消失了。在巴门尼德和爱利亚派那里，我们见到的只是存在、一、多这些直接的仅仅自在存在的概念，见不到对思维本身的自觉，更见不到以自身为对象的思维。诚然可以说存在、一、多都既是存在又是思想，但《逻辑学》的所有概念都是如此，须知《逻辑学》自始至终都是思维与存在的绝对同一，所以说思维与存在的绝对同一仅是一形式命题。构成《逻辑学》诸概念的内容及其区别的，乃是这一绝对同一性的具体规定性，此即：在这一绝对同一中思维认为自己是什么，亦即思维把自己思维为什么。存在论阶段的诸概念是思维与存在的这样一种绝对同一，在其中思维仅认自己是无中介的直接存在，不知道自己同时是与诸直接存在有别的作为主观性的思维！所以在存在论阶段就只有诸直接存在或自在存在，而没有对作为思维的思维的自觉。所以说《逻辑学》存在论阶段的诸概念不仅是思维与存在的绝对同一，亦是思维与存在的绝对矛盾，而《逻辑学》的发展就是要解决这一矛盾，所以说思维仅认自己是存在，这既是思维与存在的一种绝对同一，又是二者的绝对矛盾。故可知，在《逻辑学》存在论阶段不是没有思维，不是没有思维与存在的绝对同一，而是，在这一阶段这一绝对同一尚仅是形式，在这里思维不知道自己是有别于存在的思维，仅认自己是直接的存在。由于客观的纯粹思维是心想事成的思维，故思维仅认自己是无中介的直接存在，它就仅作为这种存在而被知被自觉。明白了以上所言，就会明白《逻辑学》的引言"必须用什么做科学的开端"中的那段话是什么意思了，那段话只能是指，在《逻辑学》的开端存在概念那里，思维仅认自己是无中介的直接存在，思维在这里还不知道自己同时是有别于存在的能思的思维，"这无区别的东西自己也停止其为知"这句话说的就是这个意思。

　　思维与存在的绝对同一首先是一无涉于内容的形式命题，但它也应是内容方面的实质命题,就是说在这一绝对同一的形式中思维不能仅认自己是无中介的直接存在,也应知道或认为自己是作为主观性的思维,乃至更高:思维知道自己是思维与存在的绝对同一。这也是《逻辑学》或纯粹思维发展的一个意义:《逻辑学》作为绝对而抽象的纯粹思维的运动和发展,这一发展可看做是思维与存在的绝对同一性的发展,是这一绝对同一性从仅仅是无涉于思维内容的形式发展为绝对的内容,亦即发展为在思维与存在的同一性这一形式中思维不仅知道自己是作为主观性的思维,还知道自己是思维与存在的绝对同一。在存在论阶段,思维与存在的同一性就仅是形式的,在这一同一性中思维不知道思维自身,仅认自己是无中介的直接存在。思维开始知道思维自身是在本质论阶段,在这里思维开始知道自己是主观的,思维与存在的区别开始被自觉到。不过在这一阶段思维对自身亦即对自己的主观性的自觉还是初步的,因为在这里思维根本上仍把自己认作是自在的或客观的。在概念论阶段,思维对作为主观性的思维自身的自觉达到了充分和绝对的水平,因为在这里,思维不仅达到了对自己的主观性的充分的知,它对自己的自觉还更高:思维在这里还知道自己是思维与存在的绝对同一,这种绝对同一乃是,思维知道存在或客观东西乃是作为主观性的思维自身建立起来的,故可知在概念论中,思维与存在的绝对同一不仅是形式,亦是绝对的内容。

　　思维与存在的绝对同一性从形式到内容的发展亦充分表现在哲学史上。思维知道自己是思维,是主观性,这一点严格说来是希腊哲学未达到的。不仅仅巴门尼德和爱利亚派未达到或不知道这一点,至新柏拉图主义为止的全部希腊哲学严格说来都不知道这一点。直接看去,希腊哲学有主观性或自我意识的自觉,如智者哲学就是希腊人自我意识的觉醒,似乎可以说这是对思维本身亦即思维的主观性的自觉;同样,"认识你自己"作为苏格拉底和柏拉图哲学的原则,这似乎表明这两人亦意识到思维本身或思维的主观性。但思维在苏格拉底和柏拉图那里回到主观性、反观自身深入自身而达到作为自我意识的某种本质的理念或抽象共相这种东西时,他们都忘了在这里思维是在作为主观性的自身中,在自我意识中,都把理念看作是仅仅自在存在的客观东西。亚里士多德和新柏拉图主义者根本上也都是如此,这里就不具体讲了。所以说,根本上讲,希腊哲学只知道存在的概念不知道思维的概念,因为思维的概念是主观性。纯粹理性在希腊人那里不知道自己是思维的主观性,仅认自己是自在存在,希腊哲学的这一缺点根源于在哲学产生前就已成熟的希腊的民族精神。希腊人的精神是自由的,但又是自然的,故希腊理性就停留在这种自由思维的自然性或直接性阶段,整个希腊哲学根本上讲都是这种只知道存在,亦即仅认自己是存在而不知道思维本身亦即思维的主观性的存在论水平的理性。

真正自觉到思维本身亦即思维的主观性的哲学最早是笛卡尔,这就是他的"我思故我在"这一伟大命题,它乃是思维对其自身的自觉。思维本身就是思维的概念,就是主观性的概念,它被笛卡尔表述为我思,因为我的概念就是主观性的概念,就是无限的主观性。故可知,在思维的内容方面自觉到思维本身,亦即自觉到思维的主观性,这是笛卡尔的伟大贡献。但思维在笛卡尔那里还不知道自己同时是思维与存在的绝对同一,这一自觉最初是康德达到的。康德意识到作为我思的思维不仅仅是能思的主观性,客观东西亦是它建立的。但康德在思维的内容方面对思维与存在的同一性的自觉是束缚在主观唯心主义的限度内的,那真正的存在或客观东西就被这种思维认作是它达不到的自在之物,所以说康德哲学还不是对思维与存在的绝对同一性的充分的绝对的知。在内容方面对思维与存在的绝对同一性的绝对的知是黑格尔达到的,这就不用多说了。

十二

《逻辑学》所陈述的纯粹理性的发展运动首先是本体论意义的,超自然超现世的纯粹理性是无条件的绝对的存在。但它也是认识论意义的,并且这一意义首先是绝对的。纯粹理性是思维与存在的绝对同一,它既是绝对的认识又是绝对的存在。绝对的纯粹理性的认识论意义也是属人的,人的理性认识与纯粹理性对自身的认识或知应当区别开,但二者又有同一性,人的理性不过是进入了意识这种实存的纯粹理性,是实现在人的认识中的纯粹理性,故人的理性认识的发展过程与《逻辑学》所描述的纯粹理性自身的发展运动必然是同一的。比如,感性意识,亦即对空间时间中的个别的感性物的感性直观与存在论阶段的纯粹理性在形式上是同一的。感性意识超出自身上升到属于知性的反思意识阶段,则与本质论阶段的纯粹理性大体相同一,在这一阶段人的理性开始意识到思维的主观性,但却认为这一主观性是空的,不真的,认为主观性若想有真实的内容,这一内容只能来自客观的存在和本质东西。朴素的反映论及自然科学家对认识的见解都是如此。真正哲学水平的认识论认识到理性是绝对的主观性,(人的)理性思维作为这种绝对的主观性能够为自然立法,感性意识、朴素的反映论及知性水平的反思意识都被超越了,种种先验唯心主义的认识论基本达到了这一阶段,这种认识论与概念论阶段的纯粹理性在形式上显然是一致的。更不用说,阿那克萨戈拉的奴斯概念的认识论意义①及亚里士多德的理性灵魂学说都是与概念论阶段的纯粹理性相一致的。

《逻辑学》又被看作既是逻辑学又是辩证法。提起逻辑学人们首先想到的就是传统形式逻辑，还有就是现代数理逻辑。数理逻辑是传统形式逻辑的发展，本质上属于形式逻辑。人们总以为形式逻辑是一种先天自明不言而喻的现成东西，不知道它是哲学发展到一定阶段才会产生的东西。希腊哲学史告诉我们，形式逻辑是亚里士多德本体论的一个副产品，亚里士多德的形式、本体与第一本体、本体与属性、种、属与个别（或个体）等概念是这种形式逻辑得以产生的前提。希腊哲学还告诉我们，传统形式逻辑并不是本真的原初的逻辑，真正的逻辑是从巴门尼德开始的客观的纯粹思维。我们知道，"逻辑（logic）"一词来自古希腊语的"逻各斯（logos）"一词，原意指说话，赫拉克利特第一次赋予它以理性意义，用它来指称他对之只是有预感的超感性的纯粹理性或理性本身。超感性的"逻各斯"亦即纯粹理性是什么？从巴门尼德到亚里士多德的诸家客观唯心主义哲学及后来的新柏拉图主义给出了答案，"逻各斯"就是超感性超自然超现世的纯粹理性，就是从巴门尼德到新柏拉图主义的各家客观唯心主义哲学所把握的纯粹概念，是这些纯粹概念的全体和统一，黑格尔《逻辑学》所说的就是这些纯粹概念及其统一。所以说，西方哲学史上的诸家客观唯心主义哲学与黑格尔《逻辑学》的主题是一样的，就是那唯一的绝对的逻各斯，传统形式逻辑乃是这一客观的绝对的逻各斯发展到一定阶段的产物，哲学史上它是亚里士多德哲学的一副产品，在《逻辑学》中它亦有其地位，是客观的纯粹思维发展到一定阶段的产物。故可知，黑格尔的这部伟大著作称之为"逻辑学"是当之无愧的，它比传统形式逻辑更配得上"逻辑"一词，它才是真正的逻辑或逻辑学。又，我们知道哲学史上除了黑格尔的思辨逻辑学外还有种种先验唯心主义哲学所说的先验逻辑，如康德和胡塞尔的先验逻辑，这两种逻辑都在一定程度上意识到传统形式逻辑不是真正的逻辑，真正的逻辑是先验逻辑。这种说法当然是合理的，因为先验唯心主义亦是一种能动的纯粹思维，它在我思这一无限的主观性限度内意识到了纯粹思维，它自然会对传统形式逻辑不是原初的真正的逻辑、真正的逻辑是能动的客观的纯粹思维这一点有自觉。这种先验逻辑的缺点就是先验唯心主义本身的缺点，它只是与主观的我思相同一和相关联的关于现象的逻辑或纯思，那客观的绝对的思维本身和存在本身是它未达到的。

---

① 拙著《思辨的希腊哲学史（一）：前智者派哲学》（人民日报出版社）对阿那克萨戈拉的努斯概念的认识论意义有充分阐释，可以参阅。

《逻辑学》所是的这一真正的逻辑学亦是辩证法。传统形式逻辑被称之为"逻辑学（logic）"是亚里士多德之后的事情，在亚氏及其门徒那里它被称为工具或工具论；在此之前，哲学上的理性论证被称为"辩证法（dialectics）"。这个词的原意是谈话、对话，但在柏拉图那里"辩证法"一词的主要意思已不是对话，而是诉诸超感性的纯粹理性概念的理性的推演或证明，比如柏拉图把在数学之上的这门仅诉诸超感性的理念的最高的无条件的理性科学称为"辩证法"（《国家篇》511C）。由此可知辩证法的本真意义就是考察超感性的纯粹概念及其关系和运动的纯粹思维，真正的辩证法与真正的逻辑学是一个东西，这种辩证法是从巴门尼德的存在概念开始的，客观的纯粹思维亦是从这里开始的，故可知纯粹理性、逻辑学、辩证法原本是一个东西，它们都发源于巴门尼德。传统形式逻辑这种逻辑学由于抽掉了纯粹思维中的思辨东西：纯粹思想的运动，才与辩证法有别，甚至是对立，所以说真正的逻辑学只能是纯粹思维的辩证法，黑格尔《逻辑学》作为客观的纯粹思维必然同一地既是真正的逻辑学又是真正的辩证法，是本体论、认识论、逻辑学与辩证法的统一乃至同一。

十三

《小逻辑》或《逻辑学》的内容是客观的绝对的纯粹思维，这种纯粹思维对人的主观思维来说是无限的超越。那么，人如何能超越有限的主观思维达到这种类似于心想事成的作为思维与存在主观与客观的绝对同一的客观思维呢？尽管黑格尔反对康德、谢林的理智直观的说法，尽管理智直观这一概念不足以表达《逻辑学》所言的那绝对的纯粹思维的全部内涵，但若想超出人的思维的主观性有限性达到上帝的思维：那客观的绝对的思维本身，就非得有某种理智直观能力不可。不仅从有限的主观思维上升到《逻辑学》所是的客观的绝对的纯粹思维的立场需要理智直观，追随《逻辑学》所描述的这种纯粹思维的运动，通达理解这一运动所产生的每一概念，亦需要理智直观能力，就是说读《逻辑学》处处需要理智直观。比如，洞见到无机自然亦是一内在目的论的过程或运动，这只能是一种理智直观。黑格尔反对理智直观的说法，其合理性就是前面所说的，这一说法不知道那客观的绝对的纯粹思维不是一现成的能思的理智或心灵。但就理智直观是一种主观思维与客观存在的同一这样的思维或直观来说，《逻辑学》的立场和内容只能籍理智直观达到。其实，声称人不可能有理智直观的康德，其哲学并不缺少理智直观，比如康德的范畴表，每组三个范畴，前两个相互对立，第三个是前两个范畴的综合或统一，他洞见到只有范畴的这种三一体形式才是完备的，每一实存领域的内涵皆可由这样的三个范畴所穷尽,这一洞见只能是一种不凡的理智直观。

显然,不仅通达理解黑格尔哲学和《逻辑学》需要理智直观能力,通达理解一切思辨哲学、一切客观唯心主义哲学都需要有某种理智直观能力。哲学史上的那些伟大的客观唯心主义哲学家无一不具有这种能力。巴门尼德洞见到那作为客观的纯粹思维的开端的存在概念,洞见到思维与存在的绝对同一性,就是籍理智直观,用他自己的话说是女神的启示。同样,阿那克萨戈拉洞见到宇宙万物的井然有序是一客观的能思的理智使然、柏拉图自觉到共相或理念不仅是个别的感性物的本质,亦是支配着它们的目的(《斐多篇》75A)、亚里士多德自觉到宇宙万物之所以井然有序是因为它们向往那最高的客观的纯思:仅以自身为对象的纯形式(《形而上学》Λ卷第7~9章)、斯宾诺莎洞见到那唯一的无限的绝对实体具有一种对自身的理智的爱(《伦理学》第五部分命题35),这些哲学家的上述洞见皆是、只能是理智直观。故可知,谢林说理智直观是哲学家的官能①,说的没错。

理智直观近似于中国禅宗所说的顿悟,一种对超越的——不仅超感性亦超越人的知性思维——真理的直接把握,但二者还是有本质区别的。禅宗等东方哲学或宗教所说的顿悟或觉悟形式上看是一种超越的直接的知,佛教、道教等对它们所认的最高真理:"无"或"空"的直观都是如此。形式上看,作为东方宗教和哲学的最高真理的"无"或"空"既不是一种单纯的自在存在,也不是一种仅仅主观的思想或境界,而是这二者不可分离或同一,所以是一种超越的绝对的直观,这与西方哲学所说的理智直观似乎是一回事。但它们不是一回事。东方宗教和哲学的神秘直观与西方哲学的那作为思维与存在的同一性的理智直观的区别在于,东方精神在这一直观中完全不知道自己是思维,因而没有任何确定性,不具有任何肯定、区别或规定,因为一切客观的肯定、区别和规定只能来自自由的思维。传统东方人的精神事实上已是精神,但它不知道自己是精神,它把自己仅看作是自然东西,所以也就不知道自己的本质是思维,故东方精神的这一超越的直观就没有思维,不是思维,这种直观也就没有任何确定性,必然是一种纯然否定性的神秘的空洞直观,神秘和空洞即在于它没有任何确定性、区别或规定,所以它不是理智直观。理智直观的本质是思维,故理智直观是有确定性的,是具有明白而客观的区别和规定的。所以说东方宗教和哲学的这种纯然否定性的空洞直观徒具思维与存在的绝对同一这一形式,只是形式上看它才似乎是一种理智直观。西方哲学则不然。从希腊开始的西方人的精神是自由的,其哲学是自由的思维,所以西方哲学所说的理智直观作为思维和存在的绝对同一就具有确定性,具有明白而客观的

---

① 谢林《先验唯心论体系》274页注释1。梁志学、石泉译,商务印书馆,1976。

区别和规定,它知道自己是思维和存在的绝对同一,思维、存在及二者的同一性就是一切理智直观共同具有的区别和规定。

超越的理智直观能力当然不是人人都有的,但即便是天才也不是生来就有这种能力的。如黑格尔所言,一切都是有中介的,作为一种直接知识的理智直观是以诸多知识为前提的,不经长期艰苦的学习思考,想获得对诸思辨哲学、客观唯心主义哲学所说的真理的理智直观是不可能的。理智直观是有中介的,理智直观所达到的真理亦是有中介的,由中介而达到这一真理的运动较之于这一真理本身是更高更真的真理,而这一运动是客观的思维。理智直观的说法不知道或未表达出直接性与间接性的辩证法,黑格尔不赞成理智直观说法的缘由即在这里。

十四

《逻辑学》所说的那客观的绝对的纯粹思维是万事万物的绝对本质和充分根据。那么,能否问它存在在哪里? 它又是如何产生实存着的万事万物的? 客观的绝对的纯粹思维是超感性超自然的东西,不是时间空间中的存在,在自然或空间中没有它的位置。但相反的话也是成立的,绝对理念是无时无处不在的,可以说它存在于一切有限物和感性物之内,因为它既是绝对的超越又是绝对的内在。说绝对理念存在于一切有限物和感性物之内,这个"内"是绝对的逻辑意义的,无非是说绝对理念作为万事万物的绝对本质和充分根据乃是对一切有限物感性物的绝对肯定。这种绝对肯定不可能在有限物感性物之外,不管是感性的外还是关系的外,否则自己就是一有限物了,这样它对有限物就是一种外在的否定而非肯定了,所以说绝对理念作为对一切有限物的绝对肯定只能是在一切有限物之内,就此说来,说绝对理念或上帝内在于每一粒沙子中也不为过。一切具体的本质东西都是如此,对在它之下的有限物感性物必然都是既内在又超越;比如,万有引力定律就是既超越时空中的一切有限物,又内在于一切有限物中,完全可说它存在于每一粒沙子中。

绝对理念不仅是对一切有限物的绝对肯定,也是对它们的绝对否定,因为绝对理念不仅是绝对的内在性亦是绝对的超越性,一切有限物都被它否定和超越了。绝对理念的这种既绝对内在又绝对超越的秉性由基督教的三位一体思想恰当地表象出来了。

一般说来,宗教对最高真理或绝对理念的把握主要在其超越性方面,而对其内在性方面的自觉就不够,甚至是不知道①。比如,旧约圣经表明犹太教对上帝或绝对理念的认识就是只知道其超越性不知道内在性。与此相反,一般说来哲学——尤其是近现代哲学——对真理或最高真理的认识主要在其内在性方面,对其超越性方面的认识则常常不够,比如种种先验唯心主义就是如此。先验唯心主义中的"先验(transzendental)"一词有超越之义,但先验唯心主义把作为最高真理的纯粹思维称之为我思,这表明它实际只知道真理的内在性而对其超越性无真知。先验的我的超越性仅是现象水平的,根本上是主观的有限的,先验的(或超越的)我思是仅仅内在的和主观的纯粹思维,是局限于主观的我思限度内的纯粹思维,不是真正的客观的超越的纯思。

不仅康德、胡塞尔这些先验唯心主义哲学有这个缺点,不少黑格尔学者在对黑格尔的研究中亦有此缺点。比如,《黑格尔的观念论——自意识的满足》②这部优秀著作的作者、当代著名的黑格尔专家罗伯特·皮平(Robert B. Pippin)就是如此。这部著作的优点这里不提,但其缺点也很明显,它完全是把黑格尔还原为康德,就是说作者只是在主观的先验唯心主义限度内理解黑格尔,对黑格尔哲学的超越性无能真正理解③。又比如,一位优秀的黑格尔学者,其所著的黑格尔导论是我读过的此类著作中最优秀的。但这本书的一遗憾之处是,作者完全意识不到那最高真理的超越性,把黑格尔的绝对理念仅看作是内在的。他有言:"自然并没有任何实存于自然'之外'或'之先'的超验基础或原因。理性是通过证明自身不外就是自然本身而为自然'奠基'的。借用斯宾诺莎的话说,理念是'一切事物内在的,而非外在的原因'。……在《逻辑学》的最后,下面这一点就变得很清楚了:就自然全部的或部分的界定特性都被剥离掉了而言,只思考纯粹的存在或理念……这不是在思考某个不同于自然的东西,而是在思考自然本身。"④首先,该书作者对斯宾诺莎这句话的理解有误。斯宾诺莎这句话是说其哲学的最高概念:实体或上帝的。斯宾诺莎认实体是一切有限物的内在的而非外在的原因,这里所说的外因不是超越之义,而是指有限的知性思维所说的原因,如有限的因果范畴,这样的原因是在结果之外的有限物,本身亦有在自身之外的某个有限物为自己的原因,是一有限的本质。斯宾诺莎的上帝或实体其逻辑内涵是黑格尔所说的绝对实体这个东西。绝对实体是唯一的绝对本质和现实东西,故斯宾诺莎称之为自因。黑格

①　基督教的三位一体思想证明在这方面基督教是一罕见的例外,这是基督教的一卓越之处。

②　*Hegel's Idealism: The Satisfaction of Self-Consciousness*。中译本由陈虎平译,华夏出版社,2006。

③　对此可参阅笔者对这部著作的评论:《能把黑格尔还原为康德吗?》,《博览群书》2007 年第 7 期。

④　〔英〕斯蒂芬·霍尔盖特《黑格尔导论:自由、真理与历史》第 172 页。丁三东译,商务印书馆,2013。

尔称一切有限物只是绝对实体的展示①，这与斯宾诺莎说一切有限物在它之内而非在它之外是一个意思。有限物与绝对实体不是两个东西，二者不是两个东西的关系。有限的因果性是一种关系，这种关系已不是如不同的感性物那样不相干的彼此外在，而是有某种内在关联，但根本上仍是两个东西的关系，仍有外在性，所以说因果联系的内在性是有限的。这种外在性和关系在绝对实体那里消失了。绝对实体是唯一的绝对物，没有不来自它或在它之外的东西，故可知，在把绝对实体与有限物放在一起思考时，关系一词在这里是不合适的。显然绝对实体是绝对的内在性，它绝对地内在于一切有限物中，是对一切有限物的绝对肯定，是它们的绝对本质和实体。但绝对实体之所以是如此，恰是因为它对有限物又是绝对的超越，作为这种超越它又是对一切有限物的绝对否定。有限物的消失或被否定乃是绝对物对自己乃是绝对的超越、是无条件的唯一真实的存在的一客观证明。

　　绝对真理是既超越又内在，真正的内在必然同时是超越，反之亦然。前面说过，基督教的上帝及黑格尔的绝对理念都是这样的绝对真理，显然斯宾诺莎的实体已开始是这种东西。斯宾诺莎在哲学史上第一次较纯粹地把握了绝对实体这个东西，这是他的一伟大功绩。但他对绝对实体或上帝亦是绝对的真正的超越这一点所知有限，他把超越性等同于外在性，故错误地认为上帝只是内在的。其实基督教的三位一体这一思想已经明白道出了上帝或绝对理念的既超越又内在这一真理的绝对本性；如果否定上帝的超越性，三位一体的"三"就不成立了，就不是三位一体了。

　　上帝或绝对理念当然不是某种实存的东西，却绝对在一切实存东西之先、在一切实存东西的全体：自然和精神这两个世界之先。绝对理念的抽象性与它的超越性不是一回事，那部优秀的黑格尔导论的作者显然是把二者混为一谈了。绝对理念是抽象的，绝对理念向自然的过渡是一种从抽象到具体的发展，但这一发展与绝对理念自身中的一环节向更高环节的发展运动不是一回事。后一种发展运动是抽象的纯粹思想向更高更真的纯粹而抽象的思想的发展，而绝对理念向自然的过渡是纯粹而抽象的绝对理想向一种实存的过渡，犹如《逻辑学》概念论所说的概念本身向判断——不是人的判断——的过渡。概念向判断的过渡乃是作为绝对的主观性的纯粹概念进入到作为一种有限的特殊实存的判断中，这既是一种发展又是一种有限化，绝对理念向自然的过渡亦是一种有限化②。绝对理念是纯粹

---

① 《逻辑学》下卷第179页。
② 自然本身亦即自然的全体虽说是无限的，但亦是有限的，这首先是因为精神在它之上之外构成对它的限制。

的绝对的自由,自然则只是必然,自由在自然中只是潜存着,并且绝对理念向自然的过渡仍是一种超感性的纯思对自身的思或知,这种思是一种思维与存在的绝对同一,自然就是作为这一纯粹的绝对的思的产物由这一对自身的思建立的。作为自然的建立者,作为扬弃一切必然东西于自身中的绝对的纯粹的自由,绝对理念怎能不是对自然的绝对超越? 黑格尔说自然是绝对理念的他在(《自然哲学》§247),亦即自然并无独立自在的存在,而只是为他——为绝对理念和精神——的存在,这同一地意味着绝对理念是对自然的绝对超越。

　　不仅仅绝对理念或绝对精神是如此,即便是人的有限意识也都已是对自然的某种超越,因为对象化就是一种超越。把自然对象化就是人的精神从其与自然的直接统一中超出而回到自身,这一超越的运动就是精神把自身建立为超自然的,自然则被建立为无精神的、无真正的自在存在而仅是为精神——这首先是人的理性意识——而存在的东西,这就是自然的对象化过程,自然科学就是以精神对自然的这一超越或对象化为前提的,因为对象化就是把某物建立为一种知的对象,知本身就已是对对象的超越。东方民族没有科学,原因正在于其精神没有超越其与自然的直接统一,至少是没有完成这一超越。人的理性精神在超越自然使自然对象化这一点上还是有限的,如康德所言,作为人的理性的对象的自然只是现象,自然本身——它属于康德的不可知的自在之物——不是人的理性的对象。但自然本身却是那超越的绝对的纯粹理性的对象,自然在成为人的对象之前——这个“前”首先不是时间意义的——早已是绝对理念的对象,因为绝对理念对自然的超越是绝对的。黑格尔说自然是绝对理念的他在,这个说法的一个意义即是说自然是绝对理念的对象。同样可以说自然是人的理性精神的他在,但成为这种他在的自然只是自然的现象而不是自然本身。绝对理念还不是现实的绝对的超自然的精神,但它是纯粹的抽象的绝对精神,这意味着它在自身中同时是一种关于自然的纯粹而抽象的绝对的知①,并且这种知会发展为对真实的自然的纯粹而绝对的知②,如阿那克萨戈拉所言:奴斯有对自然的完全知识(阿那克萨戈拉残篇 B12),基督教亦启示说上帝是全知,这种对自然的纯粹的绝对的知是绝对理念的一个环节,这都意味着绝对理念是对自然的绝对超越。又,上述讨论告诉我们,严格地说,上帝创造的自然亦即黑格尔《自然哲学》所说的由绝对理念过渡而来的自然,

①　《逻辑学》概念论中的“客观概念”和生命理念的一个意义就是,它是绝对理念对自然的一种抽象而纯粹的绝对的知。这当然不是说在绝对理念之外有一现成的自然,绝对理念对它有一种知,而是说,“客观概念”和生命理念作为关于自然的一种纯粹概念、作为绝对理念对自身的一种知或思是绝对理念的一个环节。

②　这种知同时是对自然的创造,这就是《逻辑学》最后绝对理念向自然的过渡。

与自然科学所说的自然不是一回事,前者是在上帝看来的自然而不是在人的理性看来的自然,黑格尔称他的《自然哲学》"是上帝的认识对自然的关系的科学"①就是这个意思。自然科学所说的自然只是作为现象的自然,它是在《精神哲学》主观精神部分的"精神现象学"阶段中的"意识"环节中得到附带的简略考察的。

又,前面把《逻辑学》中的概念向判断的过渡与《逻辑学》最后绝对理念向自然的过渡相提并论,说它们都是抽象而无限的纯粹概念向有限实存的过渡,这个说法可能会引起一些误会,故有必要多说几句。概念向判断的过渡与《逻辑学》最后绝对理念向自然的过渡还是有重大区别的。说作为全体的自然是有限的只是由于它与精神的对立。自然本身由于是绝对理念自身的一种定在或实在化,故同时是无限的,而判断则是绝对的有限。又,概念向实存东西的过渡并非仅发生在《逻辑学》的终了处,《逻辑学》中的概念向判断的过渡已是一种概念向实存的过渡了,这种过渡甚至发生的更早,从存在论到概念论,很多地方所说的纯粹概念的运动或过渡都有从概念向实存过渡的意义,比如《逻辑学》开端处的存在概念向非存在的过渡就有这一意义,在这里实存被认作是非存在。之所以这么说,是因为实存的一个意义无非是指那些在自觉的肯定的思想之外的东西,比如在自觉的思维仅认自己是空虚的纯存在时,全部实存就显现为——亦即被认作是——非存在。《逻辑学》纯粹概念的运动发展的一个意义乃是,原先被认作是与自觉的肯定的思想对立的实存东西逐渐地愈来愈多愈来愈深刻地被思想理解消化,最终,自觉的肯定的思维知道自己是绝对的自身否定,没有在自己之外的东西,就是说,一切原被认为在自身之外的东西——此即一切实存——都不在自己之外,都来自自觉的肯定的思维的绝对的自身否定。这是《逻辑学》最后达到的绝对认识,这一认识同一地是作为抽象的纯粹思想的逻辑理念向作为具体的实存着的纯粹思想的自然的过渡。显然,《逻辑学》最后所说的概念向实存的过渡是能动的,有中介的,这个中介是逻辑理念的全体,藉此而来的实存对思维是毫无异己性的,而在《逻辑学》开端处的那一概念向实存的过渡则是被动的直接的,由此而来的实存——此即非存在——对思维来说是绝对的异己性。其实,由于《逻辑学》中的每个抽象而纯粹的概念都是思维与存在的一种绝对统一,深思这一点就会明白,《逻辑学》中的每个纯粹概念都具有从思维向实存过渡的意义。比如,《逻辑学》最后绝对理念向自然的过渡,这一过渡的根据是:绝对理念是思维和存在的完成了的绝对统一或同一,这一绝对同一就是绝对理念对自身的思或直观,被直观的绝对理念在这一直观中就成为作为全体的自然这一实存。又,前面说实存是与思想或思维对立

––––––––––––––––––

① 《逻辑学》下卷第 553 页。

的方面,这里说实存是思维与存在的绝对同一中的存在这一环节,这两个说法并不冲突,实则是一致的,因为思维与存在的同一性固然是绝对的,但不是抽象的,所以说思维与存在的绝对同一地亦是思维与存在的绝对差异和对立,故可知,实存作为思维与存在的同一性中的存在方面,同一地亦是与思维对立的方面。比如,在纯粹思维的开端处,思维认自己是存在,思维的这一思使自己过渡为自己的对立方面:存在,故存在就是那认自己是存在的思维的否定方面,这就是非存在,所以存在就是非存在,二者是同一个东西,都是与思维对立的实存,只不过"存在"这一概念主要表达了实存中的与思维同一的方面,"非存在"则主要表达了同一实存中的与思维对立的方面。所以说,绝对地说,真实的实存与真实的思维一样是思维与存在——亦即实存——的不可分离和绝对同一,就是说真正的实存与真正的思维是同一个东西,这个东西就是黑格尔所说的概念,概念就是思维与存在或实存的不可分离和绝对同一,而常识意识所说的与思维分离的存在或实存及与存在或实存分离的思维都只是对真实的存在或思维的抽象罢了。故可知,绝对地说,如果说真理是实存的话,这个实存同时是对自身的思;如果说真理是思维的话,那么这个思维同时是这一思维所指向的存在。

十五

绝对理念是万事万物的绝对本质和充分根据,它既超越又内在,无时无处不在。那它是如何产生实存世界、实存着的万事万物的?上一节的最后对此已有言及,这里有必要更深入具体地说一下。绝对理念是思维与存在的绝对同一,作为存在的纯思是由作为思维的纯思思维出来的,而存在的规定性亦来自纯思对自己的思维。在纯思领域的理念是如此,在实存领域中亦是如此:实存的世界如自然亦是由作为对自身的知或思的绝对理念思维出来的,如黑格尔在《小逻辑》的最后所言,作为纯思的绝对理念达到完成时,它知道自己是思维与存在的绝对同一,完全是、根本上是仅以自身为对象,自知这一点的绝对理念作为对自身的理智直观,把自己直观为实存的自然,黑格尔的话就是:"直观着的理念就是自然"(《小逻辑》§244)。有必要说的是,有学者认为,绝对理念向自然的过渡并不是向思想之外的作为实存的自然的过渡,而仍停留在思想中,这一过渡只是向关于自然的思想的过渡①。这一说法不仅仅是糊涂,更是错误。这一说法暴露出这位学者不知道或不懂得黑格尔的概念乃是思维与存在的不可分离和绝对同一,不知道没有脱

---

① W. T. 斯退士《黑格尔哲学》第 268 页。鲍训吾译,河北人民出版社,1986。

离某种思维或知的自在存在,也没有不与任何存在相关联的思维。

这里就有个问题:为什么此前的纯思对自身的思其结果只是作为非实存东西的抽象纯思,而现在纯思的结果却是实存的世界(这首先是自然)? 首先我们应知,黑格尔哲学全书中的《自然哲学》和《精神哲学》这两部分的内容仍是以自身为对象的、作为思维与存在的绝对同一的纯思,只是现在这一纯思不再是抽象的而是具体的,《自然哲学》和《精神哲学》所说的实存的自然和精神中的本质东西都仍是纯思。黑格尔所说的纯粹思维,纯粹是指不包括感觉、经验等表象东西;在黑格尔那里,实存的东西可以是纯粹的,《自然哲学》和《精神哲学》所说的实存世界:自然和精神中的本质东西都是纯粹的。在黑格尔哲学全书体系中,实存不是与纯粹相区别相对立,而是与抽象相区别相对立。《逻辑学》所考察的纯粹思维的运动发展是从抽象到具体,但《逻辑学》后面的那些较为具体的纯粹概念仍是抽象的,不是具体的实存东西,而《自然哲学》和《精神哲学》中的纯粹东西不是抽象的纯概念而是作为具体的实存东西的纯概念。为什么是这样? 为什么《逻辑学》中的以自身为对象的纯思的结果只是抽象的纯粹概念,而在黑格尔称为"应用逻辑学"的《自然哲学》和《精神哲学》中,同样的纯思结果却是实存着的诸本质东西? 其实,《自然哲学》和《精神哲学》中的纯思与《逻辑学》中的纯思只是形式上看是同样的:都是以自身为对象的心想事成的纯粹思维,但二者已有重大差异。在《逻辑学》的最后,绝对理念自身的发展达到完成,知道自己是仅以自身为对象的思维与存在的绝对同一,这一达到了理想的绝对自知的理念由于这一绝对的自知而必然会继续发展,这一发展仍是以自身为对象的思维与存在的绝对同一这种绝对的纯思,只是这种纯思现在都是被这一达到了完成的绝对自知的绝对理念绝对中介了的,这种由绝对理念绝对中介了的纯粹思维就是《自然哲学》和《精神哲学》中的诸本质性的实存东西。

当然,《逻辑学》中那些未达到完成的纯粹概念也都是由绝对理念中介了的,因为逻辑理念的发展是黑格尔所说的圆圈似的,是内在目的论性质的,在这里绝对理念作为内在于它之前一切纯概念中的目的绝对地、但也只是潜在地起作用。但作为抽象的纯概念的绝对理念达到完成亦即达到绝对自知时,绝对理念在此后的发展中则是绝对地现实地起作用,或者说绝对理念是此后的纯思发展中的绝对中介,而不是如《逻辑学》中的那样,只是纯思发展中的自在的中介。何谓绝对理念是某个东西的绝对中介? 何谓绝对理念在某个东西中绝对地现实地起作用? 黑格尔有言,《自然哲学》所说的自然"是上帝的认识对自然的关系的科学"①,这

---

① 《逻辑学》下卷第 553 页。

句话不仅对自然本身成立,对《自然哲学》和《精神哲学》中的一切有限的实存东西皆成立。说绝对理念是某个东西的绝对中介,说绝对理念在某个东西中绝对地现实地起作用,这种说法的一个意义乃是说,这个东西是绝对理念对自身的这样一种知,绝对理念在其中知道这个东西只是绝对理念自身在有限实存中的一种显现或实现;绝对理念作为这种显现或实现,以及作为对这一显现的现实的知,就不会停留在这一显现中,而必然会否定这一显现作为一有限实存的有限性,并由此向其否定方面或更高实存过渡,并且它知道这一过渡,从而显现为或实现自身为另一实存着的本质东西,这就是《自然哲学》和《精神哲学》的诸实存东西及其发展运动的绝对来历。故可知,《自然哲学》和《精神哲学》中的诸实存东西的“实存性”来自在这些实存东西中绝对地现实地起作用的那一绝对中介。

以上讨论表明,《自然哲学》和《精神哲学》中的诸实存东西与通常人们所说的实存不是一回事。前者所说的“实存”是上帝或绝对理念的对象,而后者所说的“实存”只是有限的意识或精神的对象;换句话说,前者所说的“实存”是实存本身,后者所说的“实存”只是真正的实存或实存本身的现象。当然,完全可以说,实存本身作为绝对理念或上帝的对象亦是一种现象或显现,但它们是无限的绝对的现象①,这种现象就是实存本身。对只是真正实存或实存本身的现象这种实存东西,它们中的本质东西黑格尔是在《精神哲学》中的主观精神的某些环节予以考察的,因为这些实存东西作为表象或现象是从属于表象着它们的有限的精神:意识和自我意识的,比如自然科学所说的自然作为一种现象就是在“精神现象学”阶段中的意识环节予以简略考察的。

十六

黑格尔的绝对理念是基督教的上帝的纯粹的理性内涵,黑格尔哲学是站在上帝的立场看待、认识一切事物。本导言至此的讨论表明,黑格尔非常认真地看待基督教的诸启示:三位一体、上帝从无中创造世界、上帝全知全能等,黑格尔哲学的一个旨趣就是努力揭示这些启示的理性内涵,并在此方面取得了惊人的成就。其实,为黑格尔认真对待的、认其具有真理性的基督教的启示并非仅是上述所言的那些。比如,传统基督教除了创造论外还有所谓的护理论:上帝不仅创造世界,

---

① 故可知,似乎可以说黑格尔的《自然哲学》《精神哲学》乃至《逻辑学》亦是一种现象学,但却是绝对的现象学:关于显现在绝对理念或上帝面前的现象的科学,有别于仅显现在有限的意识或精神面前的那种大家熟知的现象学。

还无时无刻不在维系这个世界的运行；上帝一旦停止这种维系或护理，这个世界就会顷刻间消失。比如下面这些启示："我父做事直到如今"（《约翰福音》57：1）、"其实祂离我们各人不远，我们生活、动作、存留，都在乎祂"（《使徒行传》17：28）、"万有都是本于祂，依靠祂，归于祂"（《罗马书》11：36）、上帝"常用祂全能的命令托住万有"（《希伯来书》1：3）。黑格尔认识到了上述启示的真理性，只是在黑格尔哲学中，创造论和护理论是统一起来的。黑格尔有云："永恒性并不是存在于时间之前或时间之后，既不是存在于世界创造之前，也不是存在于世界毁灭之时；反之，永恒性是绝对的现在，是既无'在前'也无'在后'的'现时'。世界是被创造的，是现在被创造的，是永远被创造出来的，这表现在保存世界的形式中。创造是绝对理念的活动。"①。"创造"、"护理"都是感性表象，其理性内涵是绝对理念在自身内的对诸实存或世界的绝对的肯定关系，这一关系就是超越的绝对理念向有限实存的过渡，这一过渡首先是超越的永恒的，不在空间时间中。但真理是既超越又内在，真正的永恒是既超越又内在，所以这一永恒的过渡或创造又是内在于一切感性物有限物中，内在于空间和时间中，就是说绝对理念无时无刻不在创造：上帝已经创造、正在创造、一直在创造、永远在创造。故这一创造同一地亦是护理，这一永恒的创造或护理无时无刻不内在于一切有限物中，无时无刻不在维持世界的存在和运行，所以说绝对理念作为绝对的永恒和永恒的创造永远是现在②。

但我们不要因此以为黑格尔哲学是一种宗教世界观。黑格尔的立场是纯粹理性的，黑格尔之所以如此重视宗教，尤其是基督教，缘由在于黑格尔的理性观。黑格尔认为那能思的绝对的纯粹理性在成为哲学的主题之前，亦即被人的思维自觉之前，已经籍感性表象的形式进入人的意识了，纯粹而绝对的自由思维就是希腊宗教、犹太教和基督教这些自由的精神宗教的诸表象或启示的理性内涵。尤其是基督教，黑格尔认为它是最高最后的宗教，有最高最纯粹的理性内涵，所以最受重视。本导言至此的讨论告诉我们，黑格尔为何视理性为绝对。在黑格尔之前，没有人能把那些被公认是非理性或超理性的启示或教义充分地理性化，也没有人能把人的精神完全理性化；比如，黑格尔批评康德和费希特对理性的认识停留在精神的现象水平，批评他们不知道理性是精神③。把理性绝对化包含着把理性精神化；大致可以说，客观唯心主义哲学比主观唯心主义深刻的地方在于它（们）至少事实上是知道理性是精神这一点。但黑格尔之前的古代和近代的客观唯心主

---

① 《自然哲学》第 22 页。
② 永恒是永远的现在，柏拉图最早意识到这一点，见《蒂迈欧篇》37E～38A。
③ 《精神哲学》§415"说明"，《哲学史讲演录》第四卷第 329 页。

义对理性是精神的认识皆未达到黑格尔那般的深刻、充分和彻底。精神首先就是人之为人所是、所知、所有和所能的一切，还包括人被给予的一切（如宗教）。黑格尔成功地统一了认理性是存在的希腊理性和认理性是作为我思的主体的近代理性，这在哲学史上已经是划时代的伟大成就；黑格尔还进而把基督教信仰相当充分地理性化了，统一了此前公认是分属完全对立的两个领域的理性哲学与非理性的启示或信仰，这一成就更是无与伦比。但黑格尔把精神理性化的成就还更高，他的绝对一元论的理性精神还相当成功地消化了以中国和印度为代表的东方文明，展示了黑格尔哲学对几乎一切文明、一切精神东西的无与伦比的理解力解释力。黑格尔相当彻底地把精神理性化或者说把理性精神化，这是对理性是既超越又内在的绝对普遍性、是普遍的人性这一点的最深刻最充分的证明，黑格尔之后的种种文化多元论或文化相对主义的浅薄或无思想性在此可说是暴露无遗。显然，把理性绝对化与把理性精神化是不可分的，只有成功地把理性精神化，才可能做到把理性绝对化。

　　在黑格尔哲学面前暴露其浅薄的不仅仅是种种文化哲学、文化多元论或文化相对主义，还有诸多现代哲学。黑格尔的《精神现象学》对现代哲学的启发、馈赠颇多，但黑格尔更看重的是其以《逻辑学》为开端的成熟时期的哲学体系而非《精神现象学》，这一点值得深思。根本上讲，现代哲学源自近代西方理性主义文化的超越性的缺失，源于近代西方文明走向了无神论。近代西方文明走向无神论是有合理性必然性的，这根本上源于近代理性认理性是作为我思的主体性这一点。近现代世界与古代世界的一个重大区别是，古人的世界充满了神，而从近代西方开始，人们逐渐地不再有任何神的观念。神是什么？人为什么会信神？苏格拉底对人何时应信神、何时不应信的下述认识对解答这个问题有不小启示。苏格拉底认为，想要熟练于建筑、金工、农艺工作，或者做一个精于推理、善于持家的人，这些事情完全可由人的智力来掌握；但把田地耕种得好的人未必能收获果实，善于将兵的人做将军对他本人未必有利，这种事情是神向人隐晦的，在这种事情上人只有求问神（色诺芬《回忆苏格拉底》一卷一章79）。苏格拉底的这一认识启示我们，把人的生活或精神中的某个东西视为神，其必要前提是它对自我意识是异己的陌生的，自我意识还没有在它那里认出自己；而当这个东西的异己性陌生性显得是不可克服的时候，它必然会被视为神。古人普遍信神，甚至理性本身亦被看作是神，因为这种理性还不是由自我意识渗透或中介了的，亦即古人、希腊人不知道理性是内在于自我意识中的。这种状况在近代完全改变了。如黑格尔所言，开端于笛卡尔的认理性是作为我思的思维的近代理性根源于宗教改革①。宗教改革后，为新教达到的认自我意识具有绝对性的精神洞见逐渐进入现实的自我意识。由此，理性成了自我意识，自我意识则渗入到精神的一切领域，自然、社会和人的精神中的一切东西，不管是已知的还是未知的，对自我意识都不再有不可克服的异己性陌生性，自我意识由此在一切东西面前都会有一种黑格尔所说的"自我感"②，即绝对的自由感。在这个具有绝对的自由感的自我意识这里，如果某个东西对自我意识显得是异己的，自我意识就坚信自己能够克服这种异己性，使其成为为我的。自我意识的这种自信源于它已经在最内在的精神中赢获了精神的全部领域，自我意识由此取得了绝对的自由，它有信心且有能力让整个世界都变成为我的，近代西方文明之逐步走向彻底的无神论，根源在此。

　　但无神论的理性文明未必就是没有超越性神圣性的，超越性神圣性未必只有通过宗教信仰的形式才能达到。黑格尔哲学已经证明，理性可以具有精神性，甚至是最高的精神性：超越性或神圣性。意识到理性具有某种超越性神圣性，这是希腊哲学已经达到的，但希腊哲学的这一洞见是与希腊理性的某些严重局限相联系的，比如希腊哲学不知道理性是我思，是无限的内在性或主观性，这使得希腊理性达到的那种神圣性超越性有严重缺点，不可能被近代人接受。但近现代人对理性的认识走向了另一个极端。近代以来的理性的逐渐工具化根源于近代人认为理性只有内在性主观性没有超越性神圣性，亦即理性仅被认作是我思，这种只是彻底内在化主观化的理性之导向虚无主义可说是必然的，如同它必然导致理性的工具化一样。但黑格尔却证明，理性的彻底化内在化未必只会导致理性的工具化，被认作是我思的彻底内在化主观化的理性可以是同时具有精神性超越性神圣性的；认彻底内在化的理性不具有超越性神圣性，这是在黑格尔之前和之后的近代和现代哲学的局限，而不是理性本身使然。

　　黑格尔有言，人天生是形而上学的动物（《小逻辑》§98附释一）。如同只是为了生存、钱财、名利等外在目的而无伦理或精神意义的职业活动是极其可悲和可怕一样，人的生活、认识若无超越的形而上学意义，这种生活和认识就仅是可悲的虚无。人的本质是理性，理性使人超越于动物。但这一超越若只是形式的，亦即这一"超越"不具有精神性或超越性，那么人同马戏团里沐猴而冠的禽兽就很难说得上有多大区别。仅仅内在的也就是仅仅外在的，认理性仅是内在的、仅仅内在于人的意识中，这种理性观与那认理性仅存在于外部自然中的理性观是一致

---

① 具体见《哲学史讲演录》第三卷最后一节的论述。

② 《哲学史讲演录》第三卷第295页。

的,这种理性观必然导致精神的空虚乃至自甘堕落,比如那主张什么都行的后现代主义就是如此。这种理性观的消极后果并非仅是文化上的,两次世界大战的浩劫与现代人的这种理性观的内在关联已被不少人认识到。现代哲学当然并非仅是非理性主义和虚无主义,它也有属于理性的东西。如果说现代哲学的非理性主义表现出对理性和精神的肆意曲解和完全无知的话,现代哲学的理性派则陷入仅只是工具理性的知性或分析的理性,如黑格尔所言的那样满足于在泥水中娱乐①,自甘于鸡零狗碎般的渺小和肤浅②,同样是一种对理性的绝对无知,更是一种对精神东西的绝对无知。这些属理性派的哲学的鸡零狗碎和自甘渺小肤浅无疑证明了如下真理:无视历史的人,最好的情况不过是重复前人,大部分时候是连前人都不如。显然,现代哲学应对工具理性和虚无主义的失败从反面彰显了黑格尔哲学对现代人的价值,黑格尔哲学对生活在无神论、工具理性和虚无主义时代的现代人如何能战胜工具理性和虚无主义、使生活和认识具有神圣性超越性这一点来说无疑具有重大启示。

现代西方文化的另一重大缺陷是文化的分裂,不同文化领域或学科没有内在关联,甚至彼此对立,其中最大的一个分裂对立就是现代人文学术与自然科学的分裂对立。自然科学是理性的,数学化的,而以人为对象的人文学术则是主观主义和非理性主义盛行,甚至是自甘堕落。理性是一不是多,人性是不能也是不甘停留在分裂中的。对现代文化的这一弊端不少人早就知道,也曾做过不小努力去克服这一弊端,比如胡塞尔现象学的一个旨趣就在于此。但这些努力基本都是失败的,其失败的根源首先在于它们的思维基本都停留在文化或观念层面上,无能超出观念层面进入精神层面,更谈不上像黑格尔那样真正达到精神与理性、人与自然的统一,比如胡塞尔现象学基本就是如此,黑格尔对康德费希特哲学的那一批评:停留在精神的现象水平上而无能进入精神本身,对胡塞尔现象学亦是成立的。显然,今天的面对现代科学和现代文化的自觉理性其思维如何能超越表象或观念层面达到精神,这是建立理性与精神的统一的关键,是弥合现代文化的那一分裂、重建人与自然的统一的关键,以《逻辑学》为开端和灵魂的黑格尔哲学在这一点上对现代人现代文化同样具有重大启示。

对不甘于落后的中国人来说,黑格尔哲学还有另外一种价值。中国的现代化主要靠的是向西方学习,而精神层面的学习则是其基本而必要的一个部分,也是

---

① 《精神现象学》上卷第 5 页。

② 至于现代哲学中的那些不配称为哲学的东西(如所谓的交往理论),其浅薄和毫无思想使其不配在正文中被提及。

最困难的部分,须知中西差异和差距首先和决定性地是在文明而非文化层面上的。文明不是文化,"文明"一词的含义更广更深;与文化相比,它更多地包含了内在的精神层面的东西,而"文化"一词则较多地指向外在或表面的、通常都能意识到的观念层面的东西,比如技术、民俗(如围棋、桥牌、西服、春节、圣诞节之类)等就属于"文化"而非"文明"①。还有,应该说尼采哲学属西方文化范畴,鲁迅思想属中国文化范畴,而若说尼采哲学属于西方文明,鲁迅思想属于中华文明,就不恰当。但完全可以说,希腊哲学属于西方文明,先秦哲学属于中华文明,因为希腊哲学和先秦哲学在这两个文明中都是根基性的东西,而尼采哲学和鲁迅思想在各自的文明中就不具有这种地位。鲁迅思想如果算是一种哲学的话,它就属于所谓文化哲学,尼采哲学也是如此。但各民族的古典哲学则是属于文明层面的,因为它们参与塑造了各民族文明的根基;对这些根基性的东西,一个人若没有较高的思维能力、未经长期艰苦的学习思考,是不可能意识到的。显然,文化是表面的、观念性的、主观的和多变的,文明则是内在的、精神性的、客观的和稳固的。明白了"文明"和"文化"的概念差异就不难明白,现代西方哲学基本属于文化而非文明层面,而中国与西方的差异和差距首先和根本上是文明而不是文化层面上的。显然,文化上的学习、交流较为容易,文明层面的学习、融合则非常困难。比如,佛教的中国化历时千年,但这一融合其实主要发生在文化层面上,基本未涉及文明层面,当今中国人的与两千年前并无二致的根深蒂固的感觉主义、情感主义、家族主义、专制主义、实用主义、功利主义、机会主义、病态地要面子等证明了这一点。显然,不甘落后的中国人若想弄明白中国和西方的差异和差距在哪? 中华文明落后的根源在哪? 他对西方的学习及对中西差异的思考就不能停留在文化层面上,而必须上升到文明层面。故可知,无论是出于更深地了解西方,还是出于克服中华文明的弊端而企图真正现代化,中国人向西方的学习、研究都必须超出技术性观念性的文化层面而上升到精神性的文明层面,就此说来,学习、研究西方古典哲学就是必不可少的,它远比学习现代西方哲学有意义,也远比后者困难得多,因为古典哲学属触及灵魂的文明层面。故可知,黑格尔哲学——尤其是其《逻辑学》——作为西方文明最高最深刻的产物和结晶,作为西方文明西方哲学—最坚硬的内核,对其的学习研究是一切勇于正视中华文明弊端、有志于对中西差异和差距进行穷根究底地追索的思想者不可回避的。

---

① 甚至科学、语言都可说首先属于文化而非文明。有语言天赋的人可以把外语学得近乎母语一样,但这与领会产生这种语言的那一民族精神不是一回事。同理,学习、掌握科学知识同具有科学精神也不是一回事。以上所言可简略概括为:产生科学和语言的是文明或精神,科学和语言作为某种文明或精神的产物则属于文化。

原著导言

§1

【正文】哲学缺乏别的科学所享有的一种优越性:哲学不似别的科学可以假定表象所直接接受的为其对象,或者可以假定在认识的开端和进程里有一种现成的认识方法。哲学的对象与宗教的对象诚然大体上是相同的。两者皆以真理为对象——就真理的最高意义而言,上帝即是真理,而且唯有上帝才是真理。此外,两者皆研究有限事物的世界,研究自然界和人的精神,研究自然界和人的精神相互间的关系,以及它们与上帝(即二者的真理)的关系①。

【解说】"别的科学"指真正的哲学之外的一切学科,一切实证科学如各门自然科学、社会科学就不用说了,很多哲学在不同程度上也属于这种"别的科学",比如康德哲学。"别的科学"还包括数学、形式逻辑(包括数理逻辑)这两门表象水平的先天科学。简单说来就是,除黑格尔自己的哲学外,其他所有知识或学科都属于——或是在某种程度上属于——"别的科学",因为除了黑格尔哲学外,其他所有曾有或现有的知识、科学或哲学都未达到——或者是未彻底达到——他认为真正的哲学应达到的那一标准:不需要任何假设或前提的无条件的绝对科学。黑格尔这个思想在他之前和之后都有哲学家提出过,比如柏拉图,他认为最高的知识是以不变而唯一的理念为对象的辩证法科学,这门科学是无前提的,不需要任何假设,故这门科学比数学高,因为数学是以假设为前提的,数学至少是假设了它的研究对象的存在(《国家篇》510C ~ 511C)。现代的胡塞尔亦有同样的认识,他认为先验现象学是为一切科学奠基的无条件的绝对科学,是最严格意义的科学。柏拉图、黑格尔和胡塞尔这里所言的就是西方形而上学的那一最高理想:有一门

---

① 本书所引《小逻辑》原文均用楷体。又,除非有特殊说明,本书所解说的《小逻辑》原文均是贺麟译本,商务印书馆 1980 年版。

绝对的最高的理想科学，它不以任何东西任何科学为前提，其他科学则以它为前提，其他的一切存在和知识都可以由此出发逐步推演出来，由此形成囊括一切本质存在的理性知识的大厦，这就是西方哲学的第一科学或形而上学的理想，这一理想由柏拉图提出，亚里士多德的哲学体系原则上算是这一理想的最初实现。亚氏之后的不少哲学家都企图实现这一理性的最高理想，至少希望能够为这一理想的实现打下坚实基础，胡塞尔称之为"奠基"，比如笛卡尔的"我思故我在"就是他提出的认其是能为形而上学和一切科学奠基的那一最初和最根本的无条件的知识原点，费希特的知识学亦是一种无条件的第一哲学。显然，黑格尔的哲学体系乃是这一科学和形而上学的最高理想的一个实现，并且迄今为止是这种形而上学体系中最成功的，他的《逻辑学》就是一种能够为一切存在和科学奠基的绝对的无条件的第一哲学。

若想理解西方哲学或形而上学的这一最高理想的合理性，首先必须超越黑格尔所言的表象思维。德国古典哲学所说的"表象"是指一切为意识所知的东西，意识指向的一切东西，一切显现在意识面前的东西，甚至意识本身亦可说是一种表象，因为它亦可成为意识的对象：意识反思自身，以自身为对象。表象思维是一种朴素的思维，它对它所意识到的一切持朴素的信任态度，比如我意识到有一个外部空间，有一个外部自然，空间和外部自然的存在就被认为是不言而喻毫无问题的，自然科学家对空间、自然、自然律及其存在都是这种朴素态度。数学家则认为数学对象的存在是毫无问题的，因为数学对象：自然数、无理数、抽象的点、线、面、体、各种抽象的几何形的存在是被一切有理性的人直接意识到的。这就是黑格尔所说的除真正的哲学外所有科学都有的那一"优越性"，这一"优越性"就是表象思维对意识所直接意识到的一切东西及其存在的朴素的信任态度。显然，对表象思维的不信任就是对几乎所有的已有和现有的科学和哲学的不信任，因为几乎所有科学都是这种朴素的表象思维，这就是为何真正的哲学不以任何现成的科学为前提、不接受任何现成知识或观念的根本原因。为什么哲学不能接受表象思维？为什么表象思维没有真理性？这是在进入《逻辑学》之前必须解决的问题，《精神现象学》的一个意义就是向朴素意识亦即表象思维提供了一条逐步超越表象思维以达到无条件的绝对的概念思维的道路，《逻辑学》作为无条件的原初的绝对知识其立场是绝对的概念思维。

为什么说表象意识认其是毫无问题的东西只是"假定"或假设？因为它们未经纯粹理性的证明。为巴门尼德、柏拉图、黑格尔等绝对的客观唯心主义者所达到的洞见是：那绝对的超越的纯粹理性在一切感性东西现成东西之外之上有其独立自在的存在，一切感性的现成的直接的东西在它面前都会暴露出其虚妄不真，比如感觉东西的流变不居就是在理性面前其虚妄不真的暴露。感性东西的相互外在亦是其有限和不真的证明，所以说数学是没有真理性的，因为理性是一不是多，真理是一不是多，这是在巴门尼德那里就已被自觉的理性真理。理性是一不是多这一真理贯彻到底，就会意识到那些处于超感性的关系中的本质东西也不具有真理性，因为关系是诸不同东西的关系，诸不同东西是第一性的，它们的关系是第二位的，这里根本的东西仍是多而不是一，这就是为何知性思维不具有真理性的根本原因。表象思维是感性和知性水平的思维，这是它的又一严重缺点，这种思维如康德所言，只能认识现象，无能认识真理，因为表象意识认为显现在意识面前的感性东西的相互外在、诸多东西的关系等都是没有问题的。知性思维就停留在不同东西的关系这一有限反思的水平上，所以说知性思维达不到真理。

表象思维还有一个缺点：它认为存在与思维不相干，对象与意识不相干，前者可以脱离后者而独立存在；认为真实的东西是存在或对象，思维或意识是可有可无的，非本质的。这是一种朴素的意识，它不知道没有脱离某种认识或知的自在之物，存在与思维是不可分离的，真实的存在和思维是二者的不可分离或同一，这也是在哲学的开端处：巴门尼德那里就被自觉到的一绝对真理。其实，思维与存在的同一性或不可分离也是为理性是一不是多这一原则所要求的，朴素的表象思维割裂思维与存在、意识与对象，这违反了理性是一不是多的原则，仅此就足以证明表象思维没有真理性。

如何能超越表象思维达到作为思维与存在的绝对同一的无条件的概念思维？黑格尔说可以通过读他的《精神现象学》。但在"导论"中我们已经阐明这条途径事实上不可行。一个可行的途径是读希腊哲学，也可以通过读胡塞尔的先验现象学。胡塞尔说进入先验现象学之前须超越自然态度，自然态度就是朴素的常识意识，就是黑格尔说的表象思维。不过胡塞尔先验现象学所是的那种思维与存在的同一——胡塞尔称之为先验的纯粹现象——是有缺点的，因为它根本上仍是主观的。所以说克服表象思维达到概念思维的较可行的方式是读希腊哲学。但实话说来，如果没有一定的先天素质，也就是思辨思维能力，亦可说是某种理智直观能力，那么无论什么途径都是没用的。读客观唯心主义哲学必须有一定的理智直观能力。没有人天生就有，但理智直观的先天素质或者说潜能必须有，否则是不行的。在这点上思辨哲学与艺术类似。不是每个人都能作艺术家；别说是艺术创作，就是艺术鉴赏都需要一定的先天禀赋，就是人们通常说的艺术细胞。

黑格尔对真正的哲学所要求的那种无前提性的自觉非常彻底，彻底到连最基本的先天的逻辑东西都不能认为是自明的无问题的。以黑格尔的这一洞见，对康德哲学就可以批评。康德哲学的那种先验或超越的思维对表象意识的超越已经不小了,但康德对传统形式逻辑基本是现成接受,比如他对传统逻辑所言的判断就是如此;还有,他的"自在之物"之说也是应当批评的,康德没有证明有认识达不到的自在之物,这都是违反真正的哲学思维所要求的一切都要通过纯粹理性的证明而推演出来这一彻底的无前提性的。所以说不仅一切以实存东西——不管是自然的实存还是精神的实存——为对象的现有的科学对真正的哲学是无效的,就是那人们认其是一切可能的思维必须遵守的、其本身绝对不可证明也无须证明的先天自明的逻辑公理也不是真正的哲学可以不经批评就能接受的,因为人们熟知的形式逻辑仍属于一种表象意识。故黑格尔说,哲学之外的"别的科学"的缺点不仅在于它们假定了它们的研究对象,还在于它们假定"在认识的开端和进程里有一种现成的认识方法"。数学或形式逻辑的演绎推理、经验的归纳,这都是表象思维水平的诸科学的常用方法,这在哲学中都是无效的。在真正的哲学那里,无论是思维的内容还是思维的方法都必须由哲学本身来提供和证明。

"哲学的对象与宗教的对象诚然大体上是相同的。两者皆以真理为对象——就真理的最高意义而言,上帝即是真理,而且唯有上帝才是真理"。在黑格尔哲学中,理性、理念、真理、上帝这些东西都是可以画等号的。上帝一词只是一个表象,上帝作为基督教信仰的对象,其理性内容就是真理。黑格尔所说的真理并非仅是认识论意义的,甚至首先不是认识论意义的。真理是思维与存在的统一,传统那种相互区别开的本体论和认识论是没有真理性的。真理是思维与存在的统一,所以真理只能是哲学思维的内容或对象,也是基督教信仰的最高内容。基督教上帝的理性内涵就是思维与存在的最高的绝对的统一。《圣经》启示说上帝从无中创造世界,这一表象形式的启示其理性内涵乃是说,创世之前的上帝是思维与存在的抽象而纯粹的绝对统一,这个统一必然会超出自己的抽象性而过渡为一实存的全体,所以黑格尔说哲学的内容与上帝、真理是一回事。又,真理必然是唯一的,因为理性是一不是多,这正是理性超出感性和知性的地方。黑格尔把真理与正确区别开,正确的东西很多,但正确不是真理,真理是唯一的。1+1=2是正确的,但不是真理。正确不正确的问题属于表象意识表象思维,但真理却是那唯一的最高的理念,所以说真理是哲学的对象而不是表象水平的诸科学的对象,只有上帝才是真理。

"此外,两者皆研究有限事物的世界,研究自然界和人的精神,研究自然界和人的精神相互间的关系,以及它们与上帝(即二者的真理)的关系"。哲学和宗教的内容是同一的,是同一个唯一的真理。但真理是具体的,是黑格尔所说的具体的普遍性,是"导论"中已阐明的既超越又内在的东西。真理作为绝对的普遍性,作为绝对的超越物,是无限的,但它又是内在于一切有限物中,具体的普遍性是落实或实现在一切有限物中的,上帝或绝对理念对感性物有限物是既超越又肯定。所以说哲学作为对最高和唯一真理的研究必然包括对诸实存着的有限物的研究,在黑格尔哲学中这就是他称之为应用逻辑学的《自然哲学》和《精神哲学》。这种对有限物的研究与诸表象水平的科学不是一回事,因为后者没有真理,不知道真理,表象水平的诸科学对有限物感性物的研究不是从真理出发的,而黑格尔的《自然哲学》和《精神哲学》是从真理出发的。显然,这种从真理出发的对有限物的研究不仅要研究有限物本身:自然界和人的精神中的诸实存,也要考察"它们与上帝(即二者的真理)的关系",在黑格尔哲学中这一考察首先就是要阐明《逻辑学》结束时纯粹理念为何会过渡为自然。

这种真理高度的对有限物的研究还要"研究自然界和人的精神相互间的关系",这是什么意思呢?从真理立场出发的对有限物的研究不是表象思维水平的诸科学,后者如黑格尔所言,直接假定了它们的对象,亦即把自然和人的精神这两大实存领域及其中的诸有限实存无思想地看作是现成的、直接的和不言而喻的。但站在真理立场上的哲学不能这么做,哲学必须证明或推演出它的对象。这里所言的"自然界和人的精神相互间的关系",其内涵与二:一是指从自然向人的精神的过渡,二是指自然在人的精神中的地位。从自然向人的精神的过渡是从作为实存的自然东西的全体的自然概念推演出实存着的精神亦即人的精神,这发生在《自然哲学》的最后及《精神哲学》的最初,此即从自然的概念推演出精神。注意,"自然的概念"中的"概念"是黑格尔意义上的,是一种思维与存在的绝对同一,所以这种自然的概念包括了实存的自然。自然的概念是一种思维与存在的绝对同一,从这一概念推演出实存的自然是没有问题的,《逻辑学》最后向《自然哲学》的过渡其缘由在此。但从自然的概念如何能推演出实存着的人的精神?在"导论"中已经阐明,黑格尔的"概念"作为思维与存在的绝对同一同时是内在目的论性质的。精神是自然的目的,所以精神是潜存于自然中的,这一潜存到一定阶段会发展成为现实,这就是为何从自然或自然的概念能推演出实存的精神的缘故。

"自然界和人的精神相互间的关系"的另一方面是自然在人的精神中的地位。在"导论"中我们还阐明,黑格尔《自然哲学》所说的是自然本身,是作为上帝或绝对理念的对象的自然。自然的另一意义是作为现象的自然,这种自然是表象思维水平的诸自然科学的对象,是显现在人的意识面前的自然。这种意义的自然在黑格尔哲学中亦有其地位,是在《精神哲学》中,因为这种自然作为人的意识看去的东西属于人的精神的某个阶段,故从真理高度出发的对这种意义的自然的考察必然是考察人的精神的《精神哲学》的一部分。这种考察是在《精神哲学》第一部分主观精神中的精神现象学阶段的"意识"环节中进行的。

哲学和宗教的内容根本上说是同一的,作为最高最后的宗教的基督教的内容与黑格尔哲学是同一的,故那真正哲学的具体内容也是传统基督教神学的内容,传统基督教神学也是要"研究有限事物的世界,研究自然界和人的精神,研究自然界和人的精神相互间的关系,以及它们与上帝(即二者的真理)的关系"的。传统基督教神学的"创造论"和"护理论"就是站在上帝的立场基于上帝的启示而研究上帝创造的两种有限实存:自然和人的精神及二者与上帝的关系的。"自然界和人的精神相互间的关系"也是其研究对象。比如,原罪说就包含从自然向有理性的人的精神过渡的意义,基督教的反偶像崇拜就包含有人的理性精神对自然所应有的关系的意义。

【正文】所以哲学当能熟知其对象,而且也必能熟知其对象,——因为哲学不仅对于这些对象本来就有兴趣,而且按照时间的次序,人的意识,对于对象总是先形成表象,后才形成概念,而且唯有通过表象,依靠表象,人的能思的心灵才进而达到对于事物的思维的认识和把握。

【解说】黑格尔有句名言:"熟知非真知"。熟知是表象水平的知。各门科学自然都很熟知它们的对象,它们对其对象也仅有熟知,比如数学家对数只有熟知,除非他知道何谓数的概念,而这就意味着必须读懂毕达哥拉斯、柏拉图、黑格尔关于数的认识。同样,科学家对自然和自然律也只有熟知没有真知。真知作为"对于事物的思维的认识和把握",这里所说的思维是概念思维,真知是概念水平的知,而概念是思维与存在的绝对同一,是内在目的论的运动,是既超越又内在的具体共相。显然,完全可以说,真知作为概念水平的知是上帝的知,是站在上帝的立场看事物,而熟知作为表象水平的知是人的知,是站在人的立场看事物;同样可以说,真知是对事情本身存在本身的知,熟知则只是对现象的知。某种实存,如果我们不知道站在思维与存在的绝对同一的立场上去思维它,不知道那高于它又潜存于它之中作为它的目的的东西,不知道它在那超越的绝对理念中处于什么环节或地位,就是对它没有真知。比如,对数的真知起码要求知道,数是一种不变的观念,作为不变者它无限地超越了一切感觉水平的东西;但这种观念却是绝对的自相矛盾,因为每一个这样的观念都有任意多个,没有达到理性存在的那一基本理想:唯一性,因为理性是一不是多,比如柏拉图的理念就达到了这种理想,故柏拉图的理念开始是理性存在,属于本质,而数属于量而不是质,更不是本质,数只是超越了感觉,而没有达到理性或本质,本质是无限地超越了数或量的。我们知道,柏拉图是达到对数的概念的较充分的知的第一人①,他的那一卓越认识:数是介于

---

① 毕达哥拉斯第一次对数的概念有所知,但不充分。

感性物和理念之间的东西(转引自《形而上学》987ᵇ15~18)充分证明这一点。

哲学是对事物的真知,在真知之前必须先有熟知,亦即在人们形成对事物的概念的知之前必然先有对事物表象的知。比如,在巴门尼德认识到存在的概念之前,人们对存在早已有诸多熟知;在毕达哥拉斯第一次对数的概念有所知之前,人们对数都自以为有所知,每一个知道计数能作算术的人对数都是自以为有所知,熟知就是自以为有所知。在近现代,人们对事物的熟知很多是通过学习各门有限的科学达到的,而哲学作为对事物的真知只能在熟知之后,这就意味着,学习哲学必须在学习诸多具体科学之后,对事物的真知只能以对大量有限事物的熟知为前提。中国大学的哲学系都从本科开始招生,这是胡闹。本科生的任务是通过学习诸表象水平的有限科学而熟知事物,所以本科只宜学习文史、外语、数理化这些东西,不适合学哲学。

【正文】但是既然要想对于事物作思维着的考察,很明显,对于思维的内容必须指出其必然性,对于思维的对象的存在及其规定,必须加以证明,才足以满足思维着的考察的要求。于是我们原来对于事物的那种熟知便显得不够充分,而我们原来所提出的或认为有效用的假定和论断便显得不可接受了。但是,同时要寻得一个哲学的开端的困难因而就出现了。因为如果以一个当前直接的东西作为开端,就是提出一个假定,或者毋宁说,哲学的开端就是一个假定。

【解说】"对于思维的内容必须指出其必然性",这个必然性不是因果必然性,也不是形式逻辑或数学的演绎推理那种只遵循抽象的同一律的空洞的必然性,而是指概念思维所是的那种必然性:从无条件的纯粹理性推演出它的内容或规定性,比如从某个东西的概念推演出它的具体内容,或是推演出它的实存;也可以是从某个东西的概念推演出超越了它并作为它的真理的东西。第一种推演基于概念是作为普遍和特殊的统一的具体共相这一点,从作为普遍性的概念推出它的特殊规定或内容。第二种推演基于概念是思维与存在的绝对同一这一点,从概念推出存在或实存,第三种推演是基于内在目的论这一绝对原则,从内在于某个东西的概念中的目的而推演出超越了它并作为它的真理的东西。黑格尔的概念的思辨运动或推演还有一种,也是最常见的,就是依据肯定、否定、否定之否定这一概念运动的绝对形式进行推演。黑格尔的思辨推演可能还有其他一些类型,但最主要的是这四种。

正文下面说的是哲学开端的特殊困难。哲学不能像别的科学那样以假定的亦即直接被给予的东西为开端,但哲学思维有其开始故必有其开端,作为开端它必然是直接的,亦即是假定的。这显然是个矛盾,哲学如何解决这个矛盾呢?

§2

【正文】概括讲来,哲学可以定义为对于事物的思维着的考察。如果说"人之所以异于禽兽在于他能思维"这话是对的(这话当然是对的),则人之所以为人,全凭他的思维在起作用。不过哲学乃是一种特殊的思维方式,——在这种方式中,思维成为认识,成为把握对象的概念式的认识。所以哲学思维无论与一般思维如何相同,无论本质上与一般思维同是一个思维,但总是与活动于人类一切行为里的思维,与使人类的一切活动具有人性的思维有了区别。这种区别又与这一事实相联系,即:基于思维、表现人性的意识内容,每每首先不借思想的形式以出现,而是作为情感、直觉或表象等形式而出现。——这些形式必须与作为形式的思维本身区别开来。

【解说】哲学所是的概念思维与通常所说的思维固然不同,但二者都属理性思想。黑格尔说,最广泛意义的理性或思想渗透了人之为人的一切,人的行为、情感、感觉、直觉等其本质都是某种理性思想。这是黑格尔一个非常重要的洞见,对我们理解黑格尔哲学非常重要。黑格尔主张万事万物的本质都是理性思想,这就包括这里所说的,人的一切行为、情感、感觉、欲望、直觉、动机等等的本质都是思想。注意,黑格尔这里所说的人是文明人,理性或思想只在这种人的人性中起作用。显然这不包括不知人我之别和物我之别的婴孩和野蛮人,须知理性在婴孩和野蛮人中只是潜存着,而非现实地起作用。注意,这里说的人我之别物我之别的"别"一是指客观的区别,二是指对这个区别的明确意识,婴孩和野蛮人是生活在主客不分的混沌的感觉和野蛮放肆的幻想中,精神病人也是如此。"人之所以为人,全凭他的思维在起作用",人知道物我之别和人我之别,只是因为理性或思想进入了他的精神,这使得文明人的行为、情感、欲望、感觉等与婴孩和野蛮人有重大区别,与动物更是不同。对物我之别和人我之别的意识是内在于文明人的一切行为、情感、感觉、欲望、直觉中的。比如,在动物的感觉或欲望中没有对感觉或欲望的对象的意识,亦即动物不知道感觉与感觉对象、欲望与所欲望的对象的区别,知道这种区别就意味着人们会把感觉的内容看成是来自感觉之外的对象。动物的欲望与欲望所指向的对象的区别只是在我们看来才有,动物不知道这个区别。在婴孩和野蛮人的感觉与欲望中也没有或不知道这个区别,这个区别只存在于脱离了野蛮蒙昧状态的文明人的精神中。诚然文明人在欲望冲动时常常没有明确意识到欲望与所欲望的对象的区别,但稍加反省他就会知道,而动物、婴孩和野蛮人则无论如何都不会知道这一区别。物我之别就是意识,而意识则是进入了人的精神并在其中其支配作用的理性思维最基本的表现或实现。

提到理性或思维，人们想起的只是形式逻辑、科学、抽象观念这类东西。逻辑、科学、抽象观念这类东西只是一种表象，它们不是真正的理性或思想。形式逻辑、科学、抽象观念这种表象是意识的对象，它们与意识到或思维着它们的意识是不能分离的。意识是黑格尔《精神哲学》第一阶段主观精神中的一个环节，这意味着意识的对象：物与意识本身是不能分离的。一般人不知道这一点，认为意识的对象是第一性的，原本是独立存在，而意识本身或思维则是可有可无。意识不仅仅是知道物我之别，意识本身就是对象化或物我之别的建立。意识所是的物我之别来自进入了人的精神的那真正的理性或思维。理性或思维的一个最基本方面就是对象化，亦即自己否定自己，使自己成为自己的对象，这在文明人那里就表现为他有意识，他知道物我之别，并且这种对象化或物我之别的意识必然渗透进他的一切行为、情感、感觉、欲望等东西中，使得他的一切行为、情感、感觉、欲望都既与婴孩和野蛮人有别，更与动物有别。

有物我之别就有人我之别，物我之别属于意识，人我之别属于自我意识，二者是不可分离的。知道前者而不知道后者，或者是知道后者而不知道前者，都是不可能的。固然自我意识以意识为前提，把他人看作是与我不同的人，其前提是把他人看作是在我之外的物，但二者时间上是同时发生的；幼儿知道物我之别的时候，也是他第一次能说出我的时候。人我之别属于自我意识的最基本方面，人我之别的意识内在于一切文明人的行为中，内在于人与人的一切交往中，而在动物、野蛮人和婴孩的行为中就完全见不到这一点。物我和人我的客观区别在我们看来存在于野蛮人的行为、感觉、情感、欲望中，甚至存在于动物中，但它们不知道这一点。知道这一点就是意识，意识的有无构成了人与动物、文明人与野蛮人的莫大差异，这一差异是渗透进文明人的一切行为、感觉、情感、欲望中的。这一差异是那进入了人的精神的理性思想造成的，这个原初的第一性的理性思想就是那纯粹而抽象的绝对精神或绝对的知，否定自己使自己成为自己所知的对象是绝对精神的一基本环节。

以上所言的道理不仅黑格尔知道，康德、费希特、谢林、胡塞尔都知道，一切先验唯心主义或绝对唯心主义者都知道。一般人不知道，"基于思维、表现人性的意识内容，每每首先不借思想的形式以出现，而是作为情感、直觉或表象等形式而出现。——这些形式必须与作为形式的思维本身区别开来"。"作为形式的思维"指具有思想的形式的思想。人们熟知的思想的形式是观念性的共相，比如柏拉图的理念：美本身、善本身、存在本身，都是抽象观念抽象思想。近代经验论者如洛克、休谟所说的"观念"也都是这种作为抽象共相的思想。思想的更高更真的形式是黑格尔所说的概念,每一个这样的概念都是思维与存在或认识与对象的一种绝对的统一。黑格尔这里说"哲学乃是一种特殊的思维方式,——在这种方式中,思维成为认识,成为把握对象的概念式的认识",说的就是这种形式的思想或思维。

有理性的文明人的情感、感觉、欲望其本质皆是思想,这一点亦表现为:文明人的情感、感觉和欲望的内容和对象至少原则上讲都是可说的,亦即其内容或规定是可以普遍、客观、明白地表达、理解和传达的,比如因为什么愤怒,欲求什么,这里的"什么"都是具有可以客观、明白地表述、理解和传达的规定性的,这就是为巴门尼德最早自觉到的理性东西的一最基本方面:理性的直接确定性①。理性的直接确定性是说,一切理性的存在或思想都是可说的,亦即是具有可客观、普遍地理解和传达的规定性的。这不是说文明人就绝不会有某些不可言说的神秘感受,而是说,当一个有理性的文明人陷入某种不可言说的神秘感受或直觉时,这个时候他是丧失理性的。

【正文】〔说明〕说人之所以异于禽兽由于人有思想,已经是一个古老的成见,一句无关轻重的旧话。这话虽说是无关轻重,但在特殊情形下,似乎也有记起这个老信念的需要。即使在我们现在的时代,就流行一种成见,令人感到有记起这句旧话的必要。这种成见将情绪和思维截然分开,认为二者彼此对立,甚至认为二者彼此敌对,以为情绪,特别宗教情绪,可以被思维所玷污,被思维引入歧途,甚至可以被思维所消灭。依这种成见,宗教和宗教热忱并不植根于思维,甚至在思维中毫无位置。作这种分离的人,忘记了只有人才能够有宗教,禽兽没有宗教,也说不上有法律和道德。

那些坚持宗教和思维分离的人,心目中所谓思维,大约是指一种后思(Nach-denken),亦即反思。反思以思想的本身为内容,力求思想自觉其为思想。忽视了哲学对于思维所明确划分的这种区别,以致引起对于哲学许多粗陋的误解和非难。须知只有人有宗教、法律和道德。也只有因为人是能思维的存在,他才有宗教、法律和道德。所以在这些领域里,思维化身为情绪,信仰或表象,一般并不是不在那里活动。思维的活动和成果,可以说是都表现和包含在它们里面。不过具有为思维所决定所浸透的情绪和表象是一回事,而具有关于这些情绪和表象的思想又是一回事。由于对这些意识的方式加以"后思"所产生的思想,就包含在反思、推理等等之内,也就包含在哲学之内。

【解说】黑格尔这里所说的宗教主要是基督教。黑格尔认为宗教的本质是理

---

① 理性的直接确定性是巴门尼德存在概念的一最基本意义,洞见到这一点是巴门尼德的一伟大贡献。拙著《思辨的希腊哲学史(一):前智者派哲学》的相关部分有对此的详细考察,可以参阅。

性思想,认为理性思想被人们以较纯粹的形式自觉——这就是哲学——前,已经籍感性表象的形式进入人的意识了,这就是宗教。宗教本质上所是的那种理性思想是具有某种无限性绝对性的,这种理性思想都是或开始是某种超越有限物、甚至是超越自然本身的无限的理念或自由。这种无限的绝对的理性思想以感性表象的形式进入人的心灵,必然会产生精神上的反映,如自由感敬畏感顺服感,所以说宗教情感的本质是某种理性思想。黑格尔这里说的那种成见,"将情绪和思维截然分开,认为二者彼此对立,甚至认为二者彼此敌对,以为情绪,特别宗教情绪,可以被思维所玷污,被思维引入歧途,甚至可以被思维所消灭",首先说的是德国新教的虔信派,亦指向黑格尔在柏林大学的同事著名新教神学家施莱尔马赫。黑格尔在《小逻辑》的第二、三版序言中对虔信派都有批评,《中国大百科全书·宗教卷》(1988年版)有一条目"虔敬主义"可以参阅。黑格尔对新教是高度评价,对天主教则批评较多;但他对新教神学主要持批评态度,对传统天主教神学则有一定好感。黑格尔批评新教神学放弃哲学乃至反对哲学,赞赏天主教神学以柏拉图主义等希腊哲学为基础①。显然,仅就施莱尔马赫的新教神学家身份,黑格尔对其神学的态度就可想而知了。黑格尔对施莱尔马赫的一个神学思想有一个尖刻的评论。施莱尔马赫认为依赖感是基督教的一主要特点,黑格尔评论说,这样狗就是最好的基督徒②。

黑格尔不是反对虔敬等宗教情感,而是反对虔信派及某些新教神学家把虔敬等情感看作是基督教信仰的本质。显然虔信派不知道宗教信仰与宗教情感的本质是某种特定内容的理性思想,不知道非基督徒及无神论者也可以有类似的情感。所以说问题不在于虔信,而在于虔信什么,不在于情感,而在于因为什么而产生此情感,这个情感由此而生的"什么"才是本质的东西,才是真正的内容,情感则只是形式。黑格尔指出,"只有人才能够有宗教,禽兽没有宗教,也说不上有法律和道德",因为只有人才有思维,才能思维。前面说过,物我之别与人我之别根源于人有理性能思维,黑格尔这里进一步指出,宗教、法律、道德的本质及产生的根源亦是思维。这里无须深入考察宗教、法律、道德与思维的关系,只需提及如下事实:善恶分别与物我之别具有同一起源,伊甸园的知识之树亦是善恶之树,亚当夏娃吃知识之树的果实从而具有物我之别人我之别的意识之时,亦是他们知道善恶之别产生了基本的道德观念之时(《创世纪》3:5、22)。道德意识与物我之别当然不是一回事,二者的思想内涵是不同的,但二者具有同一个根源,是不可分离的,

---

① 《哲学史讲演录》第3卷第381页。
② 〔苏〕阿尔森·古留加《黑格尔传》第107页,刘半九、伯幼等译,商务印书馆,1978。

我们找不到一个有物我之别人我之别的意识却没有基本的善恶观念的人。

黑格尔还善意地理解那些坚持宗教和思维分离的人,说那些人"心目中所谓思维,大约是指一种后思(Nachdenken),亦即反思。反思以思想的本身为内容,力求思想自觉其为思想"。这种后思就是前面说的具有思想形式的思想,这种在反思或哲学中才会出现的具有思想形式的思想与"化身为情绪,信仰或表象"的思想的区别仅仅是思想的不同形式的区别。"不过具有为思维所决定所浸透的情绪和表象是一回事,而具有关于这些情绪和表象的思想又是一回事",前者是人人皆有,后者是有思维能力反思能力的人才有。黑格尔后面要说,人不应当停留在前一种状况中,而应当达到对具有思想形式的思想的自觉,因为这才是真知,而只有有真知,才会有自由。

【正文】忽略了一般的思想与哲学上的反思的区别,还常会引起另一种误会:误以为这类的反思是我们达到永恒或达到真理的主要条件,甚至是唯一途径。例如,现在已经过时的对于上帝存在的形而上学的证明,曾经被尊崇为欲获得上帝存在的信仰或信心,好象除非知道这些证明,除非深信这些证明的真理,别无他道的样子。这种说法,无异于认为在没有知道食物的化学的、植物学的或动物学的性质以前,我们就不能饮食;而且要等到我们完成了解剖学和生理学的研究之后,才能进行消化。如果真是这样,这些科学在它们各自的领域内,与夫哲学在思想的范围里将会赢得极大的实用价值,甚至它们的实用将升到一绝对的普遍的不可少的程度。反之,也可以说是,所有这些科学,不是不可少,而是简直不会存在了。

【解说】这里"一般的思想"就是"化身为情绪,信仰或表象"的那种不具有思想形式的仅仅自在存在自在地起作用的思想。黑格尔这里指出,达到永恒或真理并不要求非具有反思能力或哲学思维能力不可,是否理解对上帝存在的形而上学证明与宗教上信不信上帝不相干。同样,人们无需学习解剖学生物学生理学都能饮食和消化食物,解剖学生理学不具有这种人们须臾不可离的实用价值。但不能因此就说,因为一切科学和哲学没有这种使用价值,它们就没有存在的必要了。这里说的还是思想或思维的两种形式的区别:仅仅自在存在的形式与自为存在的形式,前者化身为情绪,信仰、消化活动等表象和实存东西,后者则作为思想本身而被意识所自觉。

§3

【正文】充满了我们意识的内容,无论是哪一种内容,都是构成情感、直观、印象、表象、目的、义务等等的规定性,以及思想和概念的规定性。依此看来,情感、直观、印象等,就是这个内容所表现的诸形式。这个内容,无论它仅是单纯被感觉着,或参杂有思想在内而被感觉着、直观着等等,甚或完全单纯地被思维着,它都保持为一样的东西。在任何一种形式里,或在多种混合的形式里,这个内容都是意识的对象。但当内容成为意识的对象时,这些不同规定性的形式也就归在内容一边。而呈现在意识前面。因此每一形式便好像又成为一个特殊的对象。于是本来是同样的东西,看来就好像是许多不同的内容了。

【解说】正文的第一句话贺麟译本有问题,我们这里的正文已经据原文改过来了。这一节说的还是上一节的内容。黑格尔自觉到,表象意识表象水平的科学(如心理学伦理学等)认其是内容的东西如情感、直观、印象、行为、目的等,真正说来是属于形式,它们真正的内容是思想。这里"规定性"指思想的规定性,即具体规定了的思想。"充满我们意识的内容……构成情感、直观、印象、表象、目的、义务等等的规定性",这句话中的"规定性"说的就是内在于情感、直观、表象、目的、义务这些表象东西中的思想的规定性。这里所说的"思想"当然不是常识等表象意识所说的思想,而是黑格尔所说的概念。常识等表象意识所说的思想其实只是一种表象。黑格尔所说的"表象"有广义和狭义两种意义,前者包括观念、情感、直观、印象、行为、动机等等一切意识到的东西,后者则仅指观念,即近代英国经验论所说的观念,它是做静观的理论思维时意识所指向的对象,比如形式逻辑的那些思维形式就全是观念。前面说过,表象和黑格尔所说的思想或思维的主要区别是,表象意识表象思维是朴素的,它一般只知道意识的对象,对指向这个对象的意识通常意识不到,更不知道真理亦即真实的东西是思维和存在或意识与对象的不可分离。即便某些表象水平的科学如经验心理学能意识到能思的主体或意识本身,它的这种自觉或意识也仅仅是经验水平的,它对思维和存在的不可分离或同一仍是无知的,更不知道二者的不可分离或同一是无条件的、绝对的,这个绝对在先的思维和存在的同一内在于一切表象所是的那种意识及意识所指向的对象中,并规定着这个表象。黑格尔这里所说的思想就是这种作为思维与存在的绝对同一这种东西,思想的规定性就是这种不可分离或绝对同一所是的具体规定性。这里不妨举个例子。新教虔信派所说的"虔信"这种情感,其所具有的思想内容之一就是《小逻辑》概念论主观概念所说的普遍、特殊、个别的统一。虔信派虔诚地相信尽管自己是个有罪的人(个别性),但仍能得救。特殊性在这里表现为有罪,罪就是在普遍性(即超越的上帝)之外的特殊性,得救指每个基督徒(个别性)由于信耶稣而坚信自己即便有罪(即作为特殊东西)也能被上帝接纳,这就是个别性与特殊性被提高为普遍性,普遍、特殊、个别的统一这种三位一体由此就实现了。

明白了上面所言,下面的话就很好理解了。"参杂有思想在内而被感觉着、直观着等等",这里所说的"思想"只能是指表象意义的思想,即观念这种狭义的表象。"完全单纯地被思维着",这里"思维"应该是指黑格尔所说的概念思维,不是表象。黑格尔下面说,当真正的内容亦即思想被表象意识意识到时,这个内容连同其形式如情感、欲望、动机等在表象意识中都被统一为表象所说的内容或对象,这样,同一个内容和不同形式统一在一起,在表象意识看来就是不同的内容或对象。

【正文】〔说明〕我们所意识到的情绪、直观、欲望、意志等规定,一般被称为表象。所以大体上我们可以说,哲学是以思想、范畴,或更确切地说,是以概念去代替表象。象这样的表象,一般地讲来可看成思想和概念的譬喻。但一个人具有表象,却未必能理解这些表象对于思维的意义,也未必能深一层理解这些表象所表现的思想和概念。反之,具有思想与概念是一回事,知道符合这些思想和概念的表象、直观、情绪又是一回事。

这种区别在一定程度内,足以解释一般人所说的哲学的难懂性。他们的困难,一部分由于他们不能够,实即不惯于作抽象的思维,亦即不能够或不惯于紧抓住纯粹的思想,并运动于纯粹思想之中。在平常的意识状态里,思想每每穿上当时流行的感觉上和精神上的材料的外衣,混合在这些材料里面,而难于分辨。在后思、反思和推理里,我们往往把思想参杂在情绪、直观和表象里。(譬如在一个纯是感觉材料的命题里:"这片树叶是绿的",就已经参杂有存在和个体性的范畴在其中。)但是把思想本身单纯不杂地作为思考的对象,却又是另外一回事。至于哲学难懂的另一部分困难,是由于求知者没有耐心,亟欲将意识中的思想和概念用表象的方式表达出来。所以假如有一个意思,要叫人用概念去把握,他每每不知道如何用概念去思维。因为对于一个概念,除了思维那个概念的本身外,更没有别的可以思维。但是要想表示那个意思,普通总是竭力寻求一个熟习的流行的观念或表象来表达。假如摒弃熟习流行的观念不用,则我们的意识就会感觉到原来所依据的坚定自如的基础,好象是根本动摇了。意识一经提升到概念的纯思的领域时,它就不知道究竟走进世界的什么地方了。因此最易懂得的,莫过于著作家、传教师和演说家等人所说的话,他们对读者和听众所说的,都是后者已经知道得烂熟的东西,或者是甚为流行的,和自身明白用不着解释的东西。

【解说】这两段正文,第一段意思前面已经说过。第二段说的是与表象思维相比真正的哲学思维的特点和困难所在。一般人对表象思维很熟悉,但没有能力进行哲学所是的那种纯粹思维。表象意义的思维是不纯粹的,掺杂很多感觉和经验的东西。常人所说的反思和推理也只是一种经验表象,是感觉、情感、观念等经验表象与纯粹思想的混合,不是真正的反思和思维,真正的反思和思维首先必须是纯思。黑格尔这里举例:这片树叶是绿的。这是一个感觉或知觉判断。"绿"是感觉到的,树叶是知觉到的一经验表象。但这个判断又在纯粹思维中有根据。比如,这个判断是质的判断,这个判断以个别性、特殊性、存在、是等纯粹概念为前提。"这片"是个别性,"树叶"是"属"这种特殊性,甚至"绿"都不单纯是感觉,而具有抽象普遍性的形式。判断的系词则既有"存在"意义又有"是"的意义,在判断中"存在"意义扬弃在"是"的意义下。表象或经验思维就是这种感觉经验与纯粹思维的混合,真正的哲学则是纯粹思维,哲学难懂的第一个原因在此。

哲学思维的第二个特点和困难是,一般人由于不懂纯粹思维,所以碰到真正的哲学所是的纯粹思维纯粹概念,他们就急于找一个经验表象来帮助理解,否则就无能理解。对不懂纯粹思维的人来说,如果不借助经验表象的帮助,思维就丧失了坚固的基础,完全不知道自己身处何方了。但概念思维不是表象思维,二者有无限的质的差异,用经验表象代替纯粹概念来思维,只能是歪曲纯粹思维。关于借助经验表象来理解纯粹思维,还有一点黑格尔这里未提,但有必要说一下。不少纯粹概念有与其相近的经验表象,比如因果概念,但有的纯粹概念则没有任何相应或相近的表象,比如《逻辑学》开端的前三个概念"存在"、"无"、"变易"就是如此。对这种纯粹概念,借助经验表象来帮助理解的方式就完全不可能了。

§4

【正文】对于一般人的普通意识,哲学须证明其特有的知识方式的需要,甚至必须唤醒一般人认识哲学的特有知识方式的需要。对于宗教的对象,对于真理的一般,哲学必须证明从哲学自身出发,即有能力加以认识。假如哲学的看法与宗教的观念之间出现了差异,哲学必须辩明它的各种规定何以异于宗教观念的理由。

【解说】一般人不理解为何要有纯粹思维概念思维这种东西。如果说宗教信仰有其必要的话,纯粹思维这种哲学的必要性何在呢? 固然种种经验科学没有真理性,但宗教信仰的东西就是上帝这最高的真理。有宗教信仰去达到真理,为何还需要纯粹思维这种哲学呢?

§5

【正文】为了对于上面所指出的区别以及与这区别相关联的见解,(即认为意识的真实内容,一经翻译为思想和概念的形式,反而更能保持其真相,甚且反而能更正确的认识的见解),有一初步的了解起见,还可以回想起一个旧信念。这个信念认为要想真正知道外界对象和事变,以及内心的情绪、直观、意见、表象等的真理必须加以反复思索(Nachdenken)。而对于情绪、表象等加以反复思索,无论如何,至少可以说是把情绪表象等转化为思想了。

【解说】黑格尔这里是肯定这个旧信念的。《小逻辑》的第二导言考察的思想对客观性的四种态度,第一种是旧形而上学。黑格尔对旧形而上学主要持批评态度,但他肯定旧形而上学有一个优点,就是知道只有籍反思或思维才能达到真理。

【正文】[说明]哲学的职责既以研究思维为其特有的形式,而且既然人皆有天赋的思维能力,因此忽视了上面第三节所指出的区别,又会引起另一种错误观念。这种观念与认哲学为难懂的看法,恰好相反。常有人将哲学这一门学问看得太轻易,他们虽从未致力于哲学,然而他们可以高谈哲学,好象非常内行的样子。他们对于哲学的常识还无充分准备,然而他们可以毫不迟疑地,特别当他们为宗教的情绪所鼓动时,走出来讨论哲学,批评哲学。他们承认要知道别的科学,必须先加以专门的研究,而且必须先对该科有专门的知识,方有资格去下判断。人人承认要想制成一双鞋子,必须有鞋匠的技术,虽说每人都有他自己的脚做模型,而且也都有学习制鞋的天赋能力,然而他未经学习,就不敢妄事制作。唯有对于哲学,大家都觉得似乎没有研究、学习和费力从事的必要。——对这种便易的说法,最近哲学上又有一派主张直接的知识、凭直观去求知识的学说,去予以理论的赞助。

【解说】前面第三节指出了哲学思维作为概念思维与经验思维表象思维的区别。但有人忽视这个区别,对这个区别无知。有这种无知就会把哲学看得太容易。哲学就是思维,人人都有思维能力,所以人人都可以对哲学说几句,就像无须学习形式逻辑人人都能判断和推理一样。黑格尔说有些人为宗教情绪所感动去谈论哲学,在中国没有这种情况。在中国常见到的是,由于几乎人人都受过披着哲学外衣的某种意识形态的灌输,这种意识形态是一种庸俗化的常识哲学,所以不少国人以为哲学不过如此,没有必要专门去学习,人人都能谈几句。没有人敢对数学物理学说这种话,却有不少人如此看待哲学。比如某些混学历学位的特权人物不敢去数学系物理系去混学位,而都热衷到那门庸俗哲学专业中去混学位。这种对哲学的无知和轻视甚至在某些哲学学者那里都能见到。19世纪实证主义思潮的创立者孔德把人类历史分为神学、形而上学和科学三个时代。神学时代人的认识是完全的蒙昧,所以陷入宗教迷信神话幻想中;形而上学时代有一些认识能力,但不成熟,故这时的认识陷入无根据的玄想中,这就是哲学。科学时代认识才成熟,知道感性经验是理性知识的充分根据和基础,这就是科学,这时候哲学就无存在必要而开始没落了。孔德的这种思想自诞生以来一直颇有影响,比如马克思就深受到其影响[1],他认为一门科学只有成功地运用数学才算成熟[2]。根据这种说法,哲学是无定论不确定的东西,它只能在还没有科学或科学还没有成熟时凭着猜测和玄想说几句,但在科学成熟后哲学就该下台了,科学开始的地方就是哲学应当闭嘴的地方。很多未学过哲学或哲学未学明白的人对哲学都是这种看法。黑格尔这里言明了对哲学的轻视产生的一个原因:不知道纯粹的概念思维,不知道表象思维——科学是一种表象思维——与真正的哲学所是的概念思维的莫大区别,不知道表象思维达不到真理,真理只有籍概念思维才能达到。

黑格尔最后说的直接或直观知识,批评的是雅可比、谢林派和浪漫派的主张:认识真理或上帝不能通过思维、只能通过种种直观。雅可比(1748～1819),歌德的朋友,从狂飙时期到浪漫主义时期的一个典型人物,宗教伤感主义的主要代表[3]。《小逻辑》的第二导言有对直接知识这一主张的批评。不过黑格尔这里的批评不大公正。雅可比、谢林派和浪漫派主张认识真理或上帝不能通过思维、只能通过直观,这个直观是理智直观,所说的思维是知性思维,而知性思维属于表象思维。说知性思维不能认识真理,这完全正确。说认识真理的途径是理智直观,这有相当的合理性。理智直观不是感性直观,雅可比、谢林派和浪漫派也不可能无知到说人们可以不经努力、只是凭着人人都有的那种常识思维就能认识真理的程度。

§6

【正文】在另一方面,同样重要的是,应将哲学的内容理解为属于活生生的精神的范围、属于原始创造的和自身产生的精神所形成的世界,亦即意识的外在和内在世界。简言之,哲学的内容就是现实。我们对于这种内容的最初的意识便叫做经验。只是就对世界的深思熟虑的观察来看,也已足能辨别在广大的外在和内在世界中,什么东西只是飘忽即逝、没有意义的现象,什么东西是本身真实够得上冠以现实的名义。对于这个同一内容的意识,哲学与别的认识方式,既然仅有形式上的区别,所以哲学必然与现实和经验相一致。甚至可以说,哲学与经验的一致至少可以看成是考验哲学真理的外在的试金石。同样也可以说,哲学的最高目

---

[1] 对此可参阅鲁克俭《马克思实证方法与孔德实证主义关系初探》一文,《社会科学》1999 年第 4 期。

[2] 《回忆马克思恩格斯》第 73 页,人民出版社,1957。

[3] 转引自〔德〕文德尔班《哲学史教程》下卷第 778 页。罗达仁译,商务印书馆,1993。

的就在于确认思想与经验的一致，并达到自觉的理性与存在于事物中的理性的和解，亦即达到理性与现实的和解。

【解说】这一节的上述正文贺译本不如梁译本忠实，现在这段正文是笔者根据原文及参考梁译本对贺译本有所修订而来。黑格尔所言的这种客观的纯粹概念纯粹思维是纯粹而绝对的精神。黑格尔的精神概念内涵极其丰富，这里所言的主要指精神作为能动的心想事成的思维或知这一点。精神是一种自身否定性，一种能动的生命，当然是活生生的。"原始创造"中的"原始"不是时间上的原始，而是绝对理念及其创造的绝对在先，就是所谓的逻辑在先，这个"逻辑"是黑格尔的概念逻辑。"原始创造"指绝对理念这一纯粹而抽象的绝对精神或知作为思维与存在的绝对同一，同一地就是向作为实存东西的全体的世界的过渡。这种过渡已经发生、一直在发生，无时无刻不在发生，永恒地在发生，在宗教上这就是上帝从无中创造世界的信仰。"自身产生的精神"指绝对理念自身，即《逻辑学》考察的纯粹概念的全体，它本身是一从抽象到具体的发展，这一发展仅源自其自身。"自身产生的精神""所形成的世界"就是实存的自然和精神这两个宇宙。黑格尔称这两个宇宙为"意识的外在和内在世界"。意识的外在世界首先是自然，还包括黑格尔称之为客观精神的东西：法、社会、国家、历史之类。意识的内在世界包括主观精神和绝对精神这两个领域。前者大致是传统心理学和认识论的对象，后者指艺术、宗教、哲学这三种东西。艺术、宗教和哲学与心理学和认识论的内容当然大为不同，但就其不同于法律、国家、历史这些外在的客观东西而言，说它们属于精神自身亦即精神或意识的内在方面是没问题的。精神的全体，亦即精神的外在和内在两方面内容的总和就是现实。注意，自然属于精神的外在方面，因为自然是绝对理念这一抽象而纯粹的绝对精神的产物，是绝对理念在自身——这一自身是抽象而纯粹的概念——外的实存。以上所言简单说来就是，哲学的内容不仅仅是抽象的纯粹概念，还包括由这种概念或理念产生的实存东西的全体：自然和精神这两大宇宙。

经验是人们对自然和精神这两大宇宙中的东西的原初意识。显然这里所说的经验内涵很广，不仅包括对外在的自然东西的原初的意识或知，亦包括精神或心灵对自身的意识（传统心理学和认识论研究的就是这种经验），还包括精神对法、国家、历史这些外在的精神东西的原初或直接意识。简单说来就是：经验是精神或心灵对一切实存东西的原初或直接意识。《精神现象学》有一个副标题：意识的经验科学，这里的"经验"就是这种最广泛意义的经验。显然，这一经验概念穷尽了精神的一切领域，经验就是精神对自身的原初的意识或知。

精神就是精神对自身的意识和知，这种知直接来说就是经验，真正说来是现实。现实乃是经验中的真东西，是经验的本质，而经验作为精神或心灵对自身的原初或直接意识就是现象，所以说精神的现象就是精神对自身的经验，精神现象学就是意识或精神的经验科学。

　　哲学的内容或对象是一切经验东西的本质，其他形式的认识亦即哲学外的其他科学——当然这些科学或认识都是表象思维水平的——的目的也都是认识本质，所以黑格尔说哲学与其他科学或认识具有同一内容，它们的差异仅是形式的。"所以哲学必然与现实和经验相一致。甚至可以说，哲学与经验的一致至少可以看成是考验哲学真理的外在的试金石"。所谓哲学与经验和现实一致，是说哲学必然能充分理解、解释其他科学或认识对事情的经验，充分理解、解释其他科学对经验中的本质东西的认识。哲学如果做不到这一点，它就不是真的哲学，就不是对经验、对事情本身——即本质——的客观的知或真知，而只是某种主观的聪明罢了。所以说"哲学的最高目的就在于确认思想与经验的一致，并达到自觉的理性与存在于事物中的理性的和解，亦即达到理性与现实的和解"。哲学是自觉的理性，它的目的是认识真理，但真理作为精神的东西必然会显现，这就是经验，经验就是精神的内容显现在作为意识或知的精神自身面前。经验和现实东西乃是理性的自在存在，亦即理性是内在于其中的，故哲学作为自觉的理性，作为精神对自身的真知，必然与在事情中自在存在的理性相一致，即与现实——即经验的本质——和经验一致，这可看作是评判哲学是否达到真理的一外在标准。

　　【正文】在我的《法哲学》的序言里，我曾经说过这样一句话：凡是合乎理性的东西都是现实的，凡是现实的东西都是合乎理性的。这两句简单的话，曾经引起许多人的诧异和反对，甚至有些认为没有哲学，特别是没有宗教的修养为耻辱的人，也对此说持异议。这里，我们无须引用宗教来作例证，因为宗教上关于神圣的世界宰治的学说，实在太确定地道出我这两句话的意旨了。就此说的哲学意义而言，稍有教养的人，应该知道上帝不仅是现实的，是最现实的，是唯一真正地现实的，而且从逻辑的观点看来，就定在一般说来，一部分是现象，仅有一部分是现实。在日常生活中，任何幻想、错误、罪恶以及一切坏东西、一切腐败幻灭的存在，尽管人们都随便把它们叫做现实。但是，甚至在平常的感觉里，也会觉得一个偶然的存在不配享受现实的美名。因为所谓偶然的存在，只是一个没有什么价值的、可能的存在，亦即可有可无的东西。

　　【解说】"就定在一般说来，一部分是现象，仅有一部分是现实"。这里所说的"定在"指规定了的实存东西，但与《小逻辑》存在论中所说的"定在"不同，后者的规定性仅是感性的质，如冷、热、干、湿之类，而前者的规定性还包括原因、实体、必然性等本质的规定性。

　　凡是合理的都是现实的,凡是现实的都是合理的,这是黑格尔非常有名的两句话。由于无知,不知道区分现实与现存或存在,这句话经常被无意识地歪曲成:凡是合理的都是存在的,凡是存在的都是合理的。存在、定在、实存、现实,对这些范畴常识意识是不加区别混为一谈的,但在《小逻辑》中它们有不同的逻辑或思想内涵,彼此间有质的差异,不容混淆。一般人由于不知道区别现实与现存,故他们所说的现实常常只是指那可有可无的偶然的现存东西。一切东西,即便是幻想、错误、罪恶的东西,腐败的东西,都是存在的,但它们未必是现实,常常不是现实。黑格尔所说的现实是指具有客观必然性或实体性的实存,比如变动不居的自然现象是自然中的现存东西,是仅仅存在的东西,不变的自然律则是自然中的现实东西,是必然存在的本质和永恒东西。在精神领域,同样有仅仅存在而已的偶然的现存东西与必然的现实东西的区别。比如,在北欧和北美这些新教国家,至少原则上可以说,腐败、不法的事固然存在,但只是仅仅存在偶然存在而已,而良善、公义才是这些国家的社会生活的现实。"宗教上关于神圣的世界宰治的学说,实在太确定地道出我这两句话的意旨了"。基督教民族相信上帝创造世界,上帝无时无刻不在维系这个世界的运行,上帝也是世界历史的主宰,就是说上帝是自然和精神领域的一切实存东西的绝对本质,黑格尔哲学对此作了有力的论证、辩护,所以黑格尔说上帝亦即他的绝对理念或绝对精神才是万事万物的最高的绝对的现实。

　　注意,黑格尔说"在日常生活中,任何……罪恶以及一切坏东西、一切腐败幻灭的存在,尽管人们都随便把它们叫做现实。但是,甚至在平常的感觉里,也会觉得一个偶然的存在不配享受现实的美名"。在《小逻辑》第二导言中亦有类似的话:"如果我们认恶为固定的肯定的东西,那就错了。因为,恶只是一种否定物,它本身没有持久的存在,但只是想要坚持其独立自为存在,其实,恶只是否定性自身的绝对假象"(《小逻辑》§35附释)。显然,黑格尔这里是说一切罪恶、腐败都不是现实东西,它们没有独立自为的存在。但历史和经验告诉我们,在很多民族中,在很多时候,事情是反过来的:公义、良善是偶然的、不常见的、仅仅存在的东西,而罪恶和腐败却是现实和本质。比如,鲁迅说中国历史的本质是吃人,很不幸他说的是事实;自春秋战国以来,迄今为止中国社会的现实就是如此。又比如,智者哲学兴起后的希腊城邦亦是如此①。

　　为何某些民族在某些历史时期其社会现实是恶而非善? 黑格尔对此有解答。

---

　　①　对此可参阅汪子嵩、范明生、陈村富、姚介厚《希腊哲学史》第二卷(人民出版社)第306~307页的叙述。

他有云,每个文明民族都有世界精神赋予其的特定伦理原则,这种原则在其国家制度和社会生活的全部范围内获得它的解释和现实性(《法哲学原理》第344节),为这一原则支配的民族的历史发展首先是"从幼年潜伏状态起发展到它全盛时期,此时它达到了自由的伦理性的自我意识;另一方面,它包含着衰颓灭亡的时期"(《法哲学原理》第347节附释)。中华文明的全盛时期是从西周至春秋战国。春秋战国时周文衰败、礼崩乐坏、天下大乱,其根源在于汉民族有了理智意识,这种理智意识一方面是一种"自由的伦理性的自我意识",这是中华文明的伦理原则:儒教精神在儒家那里自觉到了自己,另一方面它又是中华文明的走出伊甸园,这使得中国人有了理智的自我意识,这同一地是中国人理智的一己之私的自觉,这一自觉使得以儒教精神为伦理原则的中华文明开始丧失真理性。从概念上讲,除了那达到了伦理或文明的理想的新教精神之外,每个文明作为一种特定的伦理原则都有它的局限,都经不起理智反思或自我意识的觉醒,这种反思或觉醒必然使得它丧失真理性。所谓一个文明或伦理精神丧失真理性,是说这一文明的伦理原则已无能对已有理智的一己之私自觉的个人的社会生活予以充分规定,这意味着很多时候、大部分时候个人的自觉了的一己之私得不到有效约束或规定。对伦理精神丧失了真理性的文明或民族来说,这一民族的社会生活中的现实东西必然东西是恶,良善和公义则是偶然的、不常见的。相反,在一个文明未有自我意识的觉醒前,人们是生活在对这一文明的伦理原则的朴素天真的信仰中,理智的一己之私尚未萌发,这时对这一文明或民族就可以说,其社会生活的现实东西是善或公义。显然,只有对西周时的中华文明我们才能说良善和公义是其社会生活中的现实东西①。

以上所言源于黑格尔的法哲学和历史哲学,无疑是具有真理性的,但为何黑格尔在《小逻辑》中却无条件地宣称恶不是现实,不配称为现实?其实,这两个看似矛盾的说法并无冲突。《小逻辑》说恶任何时候都不是现实,这个现实是指具有客观性实体性的普遍物,而恶从来都不是、也不可能是这种东西。我们得区分潜在的恶与现实的恶。潜在的恶是指,恶作为某个仅仅特殊的或有限的实存并不与普遍物或善对立,因为这个实存还没有与普遍物或善相联系,比如不知善恶之别的幼儿的任性就是潜在的恶而非现实的恶。这种任性如果发生在知善恶的成年人身上,它就构成了与普遍物或善的对立,就是现实的恶。显然,"现实的恶"所说

---

① 中华文明到底有何根本局限使得它经不起理智或自我意识的觉醒?拙文《从中国人的称谓看儒教伦理的缺陷及其社会历史后果》[《同济大学学报(社会科学版)》2009年第4期]对此有详细讨论,可以参阅。

的"现实"仅是指存在而已,与真正的现实:那作为客观的实体性的普遍物不是一回事;"凡是合理的都是现实的,凡是现实的都是合理的"这句话说的"现实"是后者而非前者。但《小逻辑》§35附释对恶的说法并不涉及这种区分。"恶只是一种否定物,它本身没有持久的存在","恶只是否定性自身的绝对假象"。这里所说的"否定物"或"否定性"就是指没有持久存在的东西,仅仅特殊仅仅有限的东西都是不能持久存在的东西,但这种东西至少是一种存在,一种实存,有其抽象的肯定的规定性,这种抽象肯定的规定性或实存就是黑格尔这里说的"绝对假象",说它是假象是因为它是一种实存,这种实存会暂时遮蔽它的否定性,这种否定性就是:这种实存不久就会消失,必然会消失,因为它不是实体性的实存,没有现实性。

但仅仅特殊仅仅有限的实存没有现实性,并不意味着善或普遍性就一定具有现实性,善或普遍性完全可以只停留在观念层面上而不具有现实性的实存。所谓善或普遍物具有现实性的实存,是说有限物或特殊东西得到了普遍物的规定,这样它们与普遍物或善就不是对立的关系,善现在由于是与一切有限实存的统一因而具有现实性,不再仅是抽象的观念。显然,在善或普遍性只是抽象观念而不具有现实性的时候,实存的东西就是与善或普遍性对立的仅仅特殊的东西,这就是现实的恶,这个时候无论是善还是恶都不具有实体性或现实性。这个时候由于善大部分时候只是观念而非实存,但恶大部分时候却是实存,所以完全可以说这时候是恶而非善是现实的东西,这个"现实"当然不是具有实体性的必然实存这种现实性,那真正的现实东西现在是缺失的。故可知,在人已有理智意识已经知善恶时,社会生活中具有客观实体性的普遍性的缺失只能意味着是恶而非善现在是现实的东西。

【正文】但是当我提到"现实"时,我希望读者能够注意我用这个名词的意义,因为我曾经在一部系统的《逻辑学》里,详细讨论过现实的性质,我不仅把现实与偶然的事物加以区别,而且进而对于"现实"与"定在","实存"以及其他范畴,也加以准确的区别。

认为合理性的东西就是现实性这种说法颇与一般的观念相违反。因为一般的表象,一方面大都认理念和理想为幻想,认为哲学不过是脑中虚构的幻想体系而已;另一方面,又认理念与理想为太高尚纯洁,没有现实性,或太软弱无力,不易实现其自身。但惯于运用理智的人特别喜欢把理念与现实分离开,他们把理智的抽象作用所产生的梦想当成真实可靠,以命令式的"应当"自夸,并且尤其喜欢在政治领域中去规定"应当"。这个世界好象是在静候他们的睿智,以便向他们学习什么是应当的,但又是这个世界所未曾达到的。因为,如果这个世界已经达到了"应当如此"的程度,哪里还有他们表现其老成深虑的余地呢?如果将理智所提出的"应当",用来反对外表的琐屑的变幻事物、社会状况、典章制度等等,那么在某一时期,在特殊范围内,倒还可以有相当大的重要性,甚至还可以是正确的。而且在这种情形下,他们不难发现许多不正当不合理想的现状。因为谁没有一些聪明去发现在他们周围的事物中,有许多东西事实上没有达到应该如此的地步呢?但是,如果把能够指出周围琐屑事物的不满处与应当处的这一点聪明,便当成在讨论哲学这门科学上的问题,那就错了。哲学所研究的对象是理念,而理念并不会软弱无力到永远只是应当如此,而不是真实如此的程度。所以哲学研究的对象就是现实性,而前面所说的那些事物、社会状况、典章制度等,只不过是现实性的浅显外在的方面而已。

【解说】《逻辑学》的对象是理念,但不是柏拉图的理念。柏拉图的理念基本都是抽象共相,属于今人所说的抽象观念,都仅是主观的。柏拉图说理念是客观的,其合理性是指这些抽象共相的内涵是客观的。黑格尔所说的理念是具体共相或具体的普遍性。具体的普遍性是这样的普遍性,它能走出自身进入特殊的实存中,或者说能使自己成为诸特殊实存,并且它在这样做时仍在自身中,仍是超越特殊东西的普遍性。显然,理念作为具体的普遍性是既超越又内在。作为普遍性它是超越,作为与特殊东西相同一的东西它是内在。如黑格尔所言,理念作为具体的普遍性才是真正的绝对的现实,其他东西都是它的显现或实现罢了。比如,上帝或绝对理念就是最高的绝对的具体共相,自然和精神领域的一切实存都是它的特殊定在。又,每一种生命都是一种具体的普遍性,比如鳄鱼。鳄鱼作为种是普遍性,鳄鱼的众多亚种、鳄鱼的生活习性、生理特征、性别及每一个别的鳄鱼等就是鳄鱼这个种的特殊实存,是种的普遍性的具体实现。

作为具体共相的理念最早是亚里士多德意识到的,亚氏的"形式"概念的最深刻意义就是这种具体共相。亚氏的"形式"与柏拉图的"理念"在古希腊文中是一个词,都是 eidos,但二者的内涵不是一回事。亚里士多德的"形式"概念内涵很广,柏拉图的理念亦即抽象共相也是其意义之一。柏拉图的理念有理想之义,理念作为超越性和普遍性也必然具有理想之义。在柏拉图那里,理念作为普遍性或共相是个别的感性物向往的目的和理想,但感性世界永远达不到它的理想,就是说柏拉图的理念或理想是与感性世界现实世界外在对立的抽象的彼岸世界。柏拉图哲学的这个缺点同样发生在康德那里;并且,如黑格尔所言,人们对理念或理想的认识都是柏拉图式的①,认为理念作为理想只是主观的,是与现实不相干的彼岸世界的东西,认为现实世界总是不够理想,达不到理想。当然人们也认为理想或理念应当在现实中实现,但这个"应当"已经表明这种理念或理想与现实东西是对立的,它并没有也无能在现实中实现,只是应当实现罢了。

黑格尔这里关于"应当"的那些话首先是批评康德的。无论在理论理性还是实践理性中,康德所说的理念和理想都是与现实世界对立的主观东西。在理论理性中,理念是超越的,并且康德证明理性必然会产生理念。但理念由于其超越性没有现实对象,所以康德认理念及产生这种理念的理性都仅是主观的,现实中永远不可能有与超越的理念相对应的实存。在实践理性中,理念是纯粹的主观的道德理想,它是现实的人应当达到但又永远可望不可即的彼岸东西。黑格尔指出,纯粹道德这种理想东西确乎是与现实世界现实的人对立的主观东西,但这不是理念或理想本身的缺点,而是道德这种理想东西的缺点。道德理想不是真正的理想,它所以不能在现实中实现不是因为它太高而是因为它还不够高,或者说它的理想性超越性并不像人们以为的那么高。康德的理论理性中的那些理念或理想如上帝、灵魂、自由形式上看倒是真正的理念或理想,但由于康德的思维没有真正超出知性,由于对真正的理性或精神东西无知,康德只能用知性来思维本身乃是超越知性的理性东西的理念,这就把作为思维与存在的真正统一的理念弄成与客观存在或现实不相干的仅仅主观的思想了。

真正的理念或理想是具有现实性的,因为它是具体的普遍性,亦可说是具体的超越性,或者说是具有内在性的超越性,现实世界是它的必然的客观化或定在,是实存着的理念和理想。指出和证明这一点是真正哲学的任务,能做到这一点的是最高的 idealism。idealism 通常译为唯心主义或观念论,字面上看亦有理想主义之义。理念或理想是哲学的真正和最高对象,所以真正的哲学只能是考察理念或理想的 idealism,理想主义确乎是真正的 idealism 的应有之意。真正的哲学以理念或理想为对象,但它同样是以现实东西为对象,因为真正的理念或理想是思维与存在的统一,是理念自身与现实东西的统一,这种统一乃是理念或理想走出自身成为现实东西,或者说进入实存世界把实存东西建立为合乎理念或理想的现实世界;比如。宗教改革之后的西方历史就是上帝与世界(自然与精神)的统一这一为新教所达到的理想——它是理性的一最高理想——在现实世界中的实现过程。

————————————

① 注意,这里对柏拉图理念论的批评只是就柏拉图对理念的确切或现实认识而言。但柏拉图哲学有更高的方面,比如柏拉图明确意识到感性世界现实世界来自真正的理念,只是他无能在其理念论中具体实现这一点,这是柏拉图理念论向往而未达到的理想。就这一点来说,柏拉图对理念的认识是超出了康德的。

　　黑格尔还指出，站在"应当"这种抽象理想的立场上去找现实世界的不足，批评现实，这有其合理的一面，但这个工作很容易，谁都能做。真正困难的也是真正有价值的不是批评现实，而是理解或解释现实，指出并证明现实的必然性或合理性，证明现实世界是理念或理想的客观化或定在，这才是哲学的任务。即便是批评现实，这种批评如果不想流于肤浅，而真想使现实受益的话，它就只能以对现实的真正理解为前提，比如黑格尔对中国文化的批评就是如此。哲学的任务是——至少首先是——解释或理解世界，黑格尔为哲学所规定的任务是不是太保守？这是不是太低估哲学的使命了？我们知道有人不甘于此，认为以往的哲学只是解释世界，而问题在于改变世界；此人还弄出了一种企图改变世界的哲学，这种哲学也确乎被许多人用来改变世界。但众所周知，这种努力最终失败。这种试图改变世界的哲学折腾了一个世纪，结果并没有使世界有真正改变，而只是使世界历史有所动荡罢了，须知真正的改变是发展，而不是变化或动荡。哲学不是不可以用来改变世界，比如法国启蒙哲学确乎使世界有一些积极的改变。但应知，启蒙哲学的那些真正有价值的东西：自由、平等、博爱等是建立在基督教和宗教改革的基础上的，而基督教和宗教改革的内容是最高最深刻的理念，并因此是对现实世界最高最深刻的认识，这乃是启蒙哲学能在改变现实方面确有所成就的真正原因。故可知，任何企图改变现实的思想，如果它只凭个人聪明，不理解不尊重那些深刻地理解了现实的哲学和宗教，其结果最多不过是给现存世界制造一些动荡、给后人增加一些笑柄罢了，而丝毫无能触动现实。

§7

　　【正文】由此足见后思（Nachdenken 反复思索）——一般讲来，首先包含了哲学的原则（原则在此处兼有原始或开端的意义在内）。而当这种反思在近代（即在路德的宗教改革之后），取得独立，重新开花时，一开始就不是单纯抽象的思想，如象希腊哲学初起时那样和现实缺乏联系，而是于初起之时，立即转而指向着现象界的无限量的材料方面。哲学一名词已用来指谓许多不同部门的知识，凡是在无限量的经验的个体事物之海洋中，寻求普遍和确定的标准，以及在无穷的偶然事物表面上显得无秩序的繁杂体中，寻求规律与必然性所得来的知识，都已广泛地被称为哲学知识了。所以现代哲学思想的内容，同时曾取材于人类对于外界和内心，对于当前的外界自然和当前的心灵和心情的自己的直观和知觉。

　　【解说】"后思（Nachdenken 反复思索）"是在对有限实存的直观或经验之后的思维，黑格尔哲学就是最严格意义的这种"后思"。当然并非只有黑格尔哲学才是这种后思,原则上讲一切哲学都属于这种反思或后思,虽说不少哲学所是的那种反思或后思严格说来属于表象而非概念。黑格尔甚至把实只是一种表象思维的近代科学的思维亦看作是一种反思或后思。说"哲学一名词已用来指谓许多不同部门的知识",说"这种反思在近代……初起之时,立即转而指向着现象界的无限量的材料方面",说的就是近代科学。把科学与哲学区别开,这在近代都是较晚的事;在古代及近代相当长的时期,哲学都是指一切理论思维,一切理论科学都属于哲学,比如牛顿那部伟大著作叫做"自然哲学的数学原理"。即便在今天,数理化等理工专业的博士在西方都称为哲学博士(Ph. D)。尽管哲学与科学不同,但二者都是超越了对事物的直接表象或经验的自觉的反思或思维,一切理论科学都是这种自觉的思维,它们事实上都认为只有思维才能达到真理,就此说来哲学与科学确乎是一类。

这种自觉的反思或后思"首先包含了哲学的原则(原则在此处兼有原始或开端的意义在内)",因为哲学首先就是自觉的反思或思维,哲学的原则简单说来就是:真理只存在于理性思想中,只有理性思维才能把握真理。当然也可以把这里所说的"原则"理解为哲学的最高和唯一对象:绝对理念。这两种理解其实是一回事,因为真理就是理念或绝对理念,真正的理性思想就是绝对理念。"原则在此处兼有原始(Anfang,译为'起源'更好——笔者注)或开端的意义在内"。这里所说的"原始(或起源)"不是时间上的,而是黑格尔所说的绝对在先:绝对理念或真正的理性思想在自然和精神的一切实存之先;一切实存,包括自然与精神这两个宇宙本身,都是那真正的理性思想的客观定在。这种理性思想或绝对理念源于它自身,所以说哲学的原则:绝对理念是绝对在先的原始东西。理念或真正的理性思想首先是一种在自身中的发展,《小逻辑》考察的就是纯粹理念或理性思想的这一发展。这一发展既是向前进展又是深入自身向自身的返回。这一发展达到完成时,绝对理念就回到了自身,才知道原来它与作为这个发展的开端的那最初的抽象思想:纯存在是同一的,绝对理念自身的丰富内容原来是潜存于作为开端的纯存在中,所以说不仅是理念或理性思想来自它自身,那真正的理性思想的发展也是从自身开始的,所以说那作为哲学的原则的真理、理念或理性思想是它自己的绝对开端,也是万事万物、一切实存的绝对开端。

黑格尔进而说,这种反思是宗教改革之后才达到成熟取得独立的。之所以是在宗教改革之后,是因为宗教改革的精神实质就是那既超越又内在的自由的思维,充分实现在近代哲学和近代科学中的这一自由的思维最初是在宗教改革中以信仰的形式萌发的。基督教三位一体教义的实质就是这种自由的思维,本书导论对此已有充分阐释;黑格尔在《哲学史讲演录》第三卷最后关于宗教改革的论述及

第四卷的开始对近代哲学精神的论述都是对这种自由思维的极精彩而深刻的阐述,可以参阅。有必要说的是,不少人把文艺复兴看作是近代理性精神自由精神的最初萌发,因而对它高度评价。黑格尔则不然。黑格尔对文艺复兴的看法具体见《哲学史讲演录》第三卷的相关部分。文艺复兴可以认为是西方人试图走出中世纪,但它破坏性有余而建设性很不够。文艺复兴停留在文化或观念层面上,它没有足以开创世界历史新纪元的精神或文明层面的东西,这种东西就是内在于宗教改革的那种既超越又内在的自由精神。所以说是宗教改革而非文艺复兴才是近代精神的萌发。

黑格尔还指出,近代这种自由的思维在其开始时就与希腊哲学不同。希腊哲学——包括希腊科学,因为希腊科学从属于希腊哲学——从其开始起的相当时期内,只是一种"和现实缺乏联系"的"单纯抽象的思想"。希腊哲学的诸概念都是相当抽象的,如本原、存在、一、原子、(赫拉克利特的)逻各斯、(柏拉图的)理念等,甚至亚里士多德哲学的诸概念在相当程度上亦是如此。但希腊哲学这种状况是合理的必然的,甚至可说是优点。为什么希腊哲学和现实缺乏联系?因为希腊哲学诞生于其中的现实,无论是自然还是精神,都是未经理性思想中介的,这种现实在自觉到了纯粹理性的希腊哲学家看来是非理性的,并且希腊哲学所把握的纯粹概念不是如中世纪经院哲学的概念那样只是毫无内容的抽象观念。希腊哲学的纯粹概念是不涉及现实内容,但它有自己的纯粹内容,这个内容有其独立自在的存在,自巴门尼德始希腊哲学就自觉到了这一在感性东西及现成世界之上之外的独立自在的理性本身。这一抽象的纯粹理性是在亚里士多德那里才具体起来,有了一些现实内容,不过这种现实内容完全来自亚氏哲学本身,是由希腊哲学所把握的纯粹理性在自身中发展起来的。我们知道亚里士多德的哲学体系亦是他的科学体系,分门别类的诸自然科学和精神科学是从他开始的,这都是源于纯粹理性在亚氏那里已发展的较为具体所致。同样,亚里士多德创立的各门科学不少都有经验科学的特点,亚氏的研究方法相当程度上是经验主义的,这也完全是因为纯粹理性在亚氏那里已发展的较为具体所致。这种具体性的一主要表现就是,科学或哲学研究的对象开始成为具有较丰富的思想内涵的经验东西,此亦即是,经验表象的对象或内容已开始具有较丰富的思想内涵,因为这种经验表象或对象乃是诸多纯粹思想的统一之作为直接的东西。亚氏的诸科学所以具有一定的经验科学特点,亚氏的研究方法之所以与经验方法颇有些类似,缘由在此,虽说亚氏的方法大体上还是思辨的。由此亦可知,经验科学和经验方法在亚里士多德之前严格说来是没有的,亚氏之前的希腊科学和希腊哲学一样都仅是独断的、思辨的,因为亚里士多德之前的希腊哲学所达到的纯粹概念还太抽象,致使这些概念还不足以达到一种较具体的统一（种、属及个体性的直接实存都是这样的具体统一），而具有较丰富的思想内涵的经验表象或对象是这种具体统一之作为直接的东西。故可知，在亚氏之前，那种具有较丰富的思想内涵的经验表象或对象在希腊人的表象世界中是不存在的。

但亚氏科学所是的这种类似于经验科学和经验方法的东西远不能与近代科学相比，近代科学才是真正的经验科学，近代科学的方法才是真正的经验方法，因为近代理性所面对的现实世界亦即近代人所表象的经验世界经验对象所具有的理性或思想内涵比亚里士多德所表象的世界或对象还要高，这种思想内涵根本上来自基督教。基督教精神的实质是那最高最深刻的理性，它既是最高的超越又是最深入的内在。这种既超越又内在的理性精神藉着基督教教化西方人一千多年，使得显现在理性思维觉醒了的近代人面前的现实世界或经验对象事实上具有最高最丰富的思想内涵，近代理性精神所以对现实充满兴趣，缘由在此，因为内在于这一现实世界中的丰富而发达的理性思想吸引了它，须知根本上说理性只是以自身为对象。故可知近代科学是经验科学，近代科学的方法是经验方法，这是必然的，并且是优点。以上讨论告诉我们，近代科学所是的那种经验科学和经验方法其来历或根据完全不在感觉经验上，而在内在于近代人的意识中的那内容丰富而发达的超感性的纯粹理性上。

黑格尔最后指出，近代理性所面对的经验对象有两类：外在的自然对象与内在的亦即主观心灵中的东西。外在经验与内在经验的区别在亚里士多德那里已经有了，考察内在经验的心理学就是亚里士多德建立的。但这两类经验的区别和对比在亚氏那里远没有像近代这样明确和强烈，因为希腊人没有主客观对立的意识，而近代理性和近代人的意识却是建立在主观思维与客观存在的无限分裂和对立这一基础上的。

【正文】〔说明〕这种经验的原则，包含有一个无限重要的规定，就是为了要接受或承认任何事物为真，必须与那一事物有亲密的接触，或更确切地说，我们必须发现那一事物与我们自身的确定性相一致和相结合。我们必须与对象有亲密的接触，不论用我们的外部感官也好，或是用我们较深邃的心灵和真切的自我意识也好。

【解说】近代理性的经验原则包含的这一无限重要的规定就是自我意识的确定性，此即笛卡尔的我思原则。这里所谓与事物的亲密接触，是说无论是籍感官去直观对象，还是籍思维去认识对象，这个对象必须与我有内在的一致或统一，亦即对象对我没有陌生性异己性，这就是为笛卡尔发现的近代理性的我思原则。这一原则乃是说，对近现代人来讲，无论是感性直观还是思维，事情的本质首先不在对象及对象的规定性方面,也不在于是直观还是思维,而在于是我在直观我在思维,换句话说,事情的首要本质是我能在表象或对象那里发现或证实我自己,康德的话就是"我思伴随着我的一切表象"。我思原则不是笛卡尔创造的,而是他发现的,我思原则的有无构成了近代理性与希腊理性、近代意识与古人的意识的重大区别。希腊人希腊哲学有感性直观、有思维,甚至有自我意识和某种经验科学,如智者哲学就是希腊人自我意识的觉醒,亚里士多德的生物学就大致可说是一种经验科学。但在希腊人的直观、思维、自我意识和经验那里没有近代人近代理性所说的那个"我",就是说严格说来希腊人不知道感觉是我的感觉,思维是我在思维,经验是我的经验,对象是我的对象。比如智者哲学的那个伟大命题:人是万物的尺度,与康德的命题"人为自然立法"颇类似颇有可比之处,但康德明确地把这个"人"理解为知道思维是我思的那个我,"人为自然立法"意思是那知道思维是我思的我为自然立法,而希腊智者派对其所说的"人"不可能有这种理解。如果问希腊人是什么东西在感觉在思维,其回答是灵魂,比如亚里士多德认为是感觉灵魂在感觉理性灵魂在思维,他那部奠定了真正哲学的认识论和心理学基础的伟大著作 Psychology,中文译为"论灵魂"是很准确的,按这个词在今天的意思译成心理学就不大合适。今人所说的"心理学"与亚氏的 Psychology 的区别不仅在于前者只知道只研究某种精神东西的现象而后者研究的是这种精神东西本身,亦在于近现代人知道或认为一切心理现象都是属我的,而亚氏及希腊人不知道这一点。精神只是其自觉自身所是的东西,知不知道感觉、直观和思维都属于我,皆内在于我,这一点意义重大。诚然希腊哲学所说的灵魂其内容是理性的,亚氏的《论灵魂》充分揭示了希腊哲学的灵魂概念的全部理性内涵,但这种理性不是近代的认理性是我思的那种理性,希腊理性不是近代理性。

以上所言表明,哲学所说的我与日常表象思维所说的我不是一回事。希腊哲学不知道思维是我思,但古希腊语有"我"这个词,古希腊人同今天的人一样在日常生活中频繁地说"我",但这个我只是我的表象而不是我的概念,我的概念或概念之我就是笛卡尔所说的我思的我,就是黑格尔所说的自我意识的确定性。所谓我的概念,是说我无论怎样深入自身反观自身,甚至是无限深入自身,我都知道都认为所达到所认识的东西都是属于主观的我的,都在主观的我之内,康德、胡塞尔的先验哲学就是如此。希腊人希腊哲学就没有或不知道这种无限的主观性或概念之我①。如果问希腊人我是什么？我的本质或实体是什么，希腊人的回答是灵魂，并且有意无意地认为灵魂是客观的。希腊人希腊哲学不知道我思之我或概念之我，同一地意味着他们不知道我的无限性，亦即不知道我的主观性或内在性的无限性。比如，"认识你自己"是苏格拉底和柏拉图哲学的原则，这表明这两人反对智者派只是反对他们把主观自我意识的内容仅看作是偶然的主观的，并不反对认真理存在于主观性或自我意识中。但思维在苏格拉底和柏拉图那里回到主观性、返观自身深入自身而达到作为自我意识的某种本质的理念或抽象共相这种东西时，他们都忘了在这里思维是在主观性中，在自我意识中，都把理念仅看作是客观的东西。希腊人希腊哲学有某种自我意识的自觉，却不知道我思或概念之我这一无限的主观性，希腊哲学的这一缺点根源于在哲学产生前就已经成熟的希腊的民族精神。希腊人的精神是自由的，但又是自然的，亦即是朴素的直接的，精神的无限分裂和超越，那彻底地走出伊甸园，是这一精神没有达到的，故无限的主观性及由此而来的主观与客观或思维与存在的无限分裂、对立就是希腊理性希腊哲学不知道或未达到的。希腊人的自由精神的这一直接性自然性给予了希腊人及后人许多美好的东西，比如希腊的民主政治，以及那达到了美的理想的希腊史诗、神话等希腊艺术。但缺点也是明显的，希腊人对其哲学和科学所考察的东西就缺乏黑格尔这里所说的亲密感，这种亲密感就是对象或内容的为我或属我性，故希腊科学和哲学的内容对希腊人来说始终有一种陌生性乃至某种异己性。希腊人信神，即便是希腊哲学的某些内容希腊哲学家都视其为神，其缘由即在于希腊理性的这种陌生性，须知不管神的内容是什么，信神或认某个东西为神，其一必要前提就是这一内容或对象对我有某种陌生性异己性；近代理性近代文化最终走向彻底的无神论，其根本缘由即在于近代理性是知道思维是我思的理性，在这种理性面前一切对自我意识有某种陌生性异己性的东西都是不被承认的。故可知，近代科学和哲学之所以要抛开古代科学和哲学重新开始，其首要原因即在于近代理性是知道自己是我思的理性，为这种理性所要求的内容或对象对我或我思的亲密性亦即属我性是希腊科学和哲学没有的；缺乏这种亲密性，希腊科学和哲学的很多内容对近代人来说就是莫名其妙的、独断的、无意义的。又，以上讨论可以使我们对导言§2、§3两节的所言有更深认识。这两节说一切存在都是思想，意识的一切形态其本质都是思想，对其的证明可以是很简单的：对近现代人来说，一切存在都

---

① 注意，这种无限的主观性亦即概念之我还不是绝对的主观性，绝对的主观性既是绝对的主观东西亦是绝对的客观东西，《逻辑学》第三部分主观概念中的概念本身就是绝对的主观性，基督教的上帝是对这种主观性的表象。概念之我或我思只是无限的，还不是绝对的，因为它只是主观的，它是无限的主观性或内在性，而不具有客观性或超越性。

是我的对象,意识生活的一切形态、内容都是我意识到的,如康德所言,我思伴随着我的一切表象或对象,我或我思这一思想是近代人意识到的一切存在或对象的首要的本质方面。

【正文】这个原则也就是今日许多哲学家所谓信仰,直接知识,外界和主要是自己内心的启示。这些科学虽被称为哲学,我们却叫做经验科学,因为它们是以经验为出发点。但是这些科学所欲达到的主要目标,所欲创造的主要成绩,在于求得规律,普遍命题,或一种理论,简言之,在于求得关于当前事物的思想。所以,牛顿的物理学便叫做自然哲学。又如,雨果·格劳秀斯(Hugo Grotius)搜集历史上国家对国家的行为加以比较,并根据通常的论证予以支持,因而提出一些普遍的原则,构成一个学说,就叫做国际公法的哲学。在英国,直至现在,哲学一名词通常都是指这一类学问而言。牛顿至今仍继续享受最伟大的哲学家的声誉。甚至科学仪器制造家也惯用哲学一名词,将凡不能用电磁赅括的种种仪器譬如寒暑表风雨表之类,皆叫做哲学的仪器。不用说,木头铁器之类集合起来,是不应该称为哲学的仪器的。真正讲来,只有思维才配称为哲学的仪器或工具。又如新近成立的政治经济学、在德国称为理性的国家经济学或理智的国家经济学,在英国亦常被称为哲学。

【解说】黑格尔这里说的信仰、直接知识、启示当然不仅是指宗教的信仰或启示,而主要是指来自近代理性的我思原则的我亲身体验到、知觉到、意识到、直观到之类,近代的这些以我亲身体验到、知觉到、直观到的东西为出发点的科学就是经验科学。至于为何经验科学经验方法在亚里士多德那里才显露端倪? 为何近代才有发达的经验科学? 为何近现代人能在经验东西上发现这么多内容丰富的普遍物、本质或共相? 前面的解说对此已有详细论述。

雨果·格劳秀斯(1583~1645),荷兰学者,近代国际法学科的创立者。

为何"凡不能用电磁赅括的种种仪器譬如寒暑表风雨表之类皆叫做哲学的仪器"? 寒暑表就是温度计,风雨表应该是气压计之类的东西。为何黑格尔把电磁类的仪器排除在这里所说的"哲学仪器"之外? 答案是,电磁学的成熟是在黑格尔之后,在黑格尔的时代电磁学尚在黑暗中摸索,而温度计气压计皆以当时已很成熟的牛顿力学为基础,所以当时的人把且仅把温度计气压计之类称为哲学的仪器,因为当时只有这类仪器是以明白的客观的科学知识为原理的。当然,真正说来,思维才是哲学的工具或仪器。

黑格尔那个时期的经济学叫政治经济学,它发源于英国。这种经济学固然与今天的西方经济学差别不小,因为后者的经验主义实证主义色彩远比前者浓厚,但19世纪中叶前的政治经济学其认识的立场、方法都已完全是经验主义的。又,德国的政治经济学是后起的，落后于英、法两国，因为当时德国处于封建割据，资本主义发展远落后于英、法两国。

§8

【正文】这种经验知识，在它自己范围内，初看起来似乎相当满意。但还有两方面不能满足理性的要求：第一，在另一范围内，有许多对象为经验的知识所无法把握的，这就是：自由、精神和上帝。这些对象之所以不能在经验科学的领域内寻得，并不是由于它们与经验无关。因为它们诚然不是感官所能经验到的，但同样也可以说，凡是在意识内的都是可以经验的。这些对象之所以属于另一范围，乃因为它们的内容是无限的。

【解说】近代经验主义立场的诸科学第一个局限是，一些很重要的对象如自由、精神、上帝是经验方法无法把握的，这首先是因为它们是感官经验不到的；根本上则是因为，这些东西的内容是无限的。但如果把经验一词的含义放宽的话，也可以说这些超越的无限的东西是可以经验到的，因为"凡是在意识内的都是可以经验的"，这里所说的"经验"就是意识到。《精神现象学》有个副标题：意识的经验科学，其中的"经验"就是"意识到"这种广义的经验；就此来说，一切意识都是经验。

在西方哲学史上，无限概念有消极和积极两种含义。消极含义是无规定的，未受规定的，无限的"限"就有规定性的意思。规定性就是有限性，有规定的东西就是受限定的东西，比如红的东西就不是白的东西，至少它在被规定为红的那方面不能同时是白。比如，在长宽高上都没有限制的抽象的空间就可说是无限的；又，巴门尼德的"存在"和"非存在"都可说是这种消极意义的无限，如果我们不把那最抽象最空洞的"存在"算作一种规定性的话。

无限的积极意义是自身规定，亦即自己规定自己。为何自身规定算是一种无限呢？"有限"亦即有规定的东西，这个"规定"是一种有限的规定性，而有限的规定性只能是来自他物，亦即一个有限的东西只能是被规定。比如，因果范畴就是一种有限，因为把"结果"规定为"结果"的是在结果之外的"原因"。显然，自身规定这种东西由于其规定来自自身，所以它不属于有限，故是一种无限。

自由、精神、上帝都是这种积极意义的无限，都是自己规定自己的东西。自由概念无论是按康德的理解还是按黑格尔的理解，它都是一种自身规定的无限东西。康德把自由看作是主观的自由意志，这种自由是道德所以成立的根据。黑格尔的自由意志概念则是客观的，这种自由意志是公民权利、宪政国家和民主政治的客观根据①。黑格尔的精神概念含义极广,大致可分为三类:主观的、客观的和绝对的。一般人所说的灵魂就是一种主观意义的精神,比如没有理智的人如野蛮人的精神就是一种灵魂。客观意义的精神有家庭、社会和国家三种,绝对意义的精神则有艺术、宗教和哲学这三种,黑格尔的《精神哲学》就是研究这三类精神的。无论是哪一类或哪一种精神,精神都是一种自身规定的无限物。又,有限物属于现象,无限物或精神东西属于康德所说的本体或自在之物。显然,经验方法只能认识现象,无能理解、认识无限的精神东西。康德说自在之物不可知,这对经验方法来说完全成立。

基督教的上帝是一种无限的绝对精神,它当然是一种自己规定自己的无限物。精神的本性是自由,上帝则是无限的绝对的自由,因为自由的概念就是自己规定自己,上帝及一切真正的精神东西都是自由的东西。又,经验方法无能理解、认识精神的东西,它的认识对象只是现象,这意味着:感性和知性方法无能认识精神的东西。经验方法无非就是感性和知性这两种思维。数学方法属于纯粹感性和知性,归纳、分析、因果性、形式逻辑的推理等属于知性。当今的所有社会科学皆使用感性和知性的方法,而它们的研究对象属于黑格尔所言的客观精神,其本性属无限的精神东西,所以说所有这种社会科学皆走错了路,严格说来都是废话和胡扯。当然,某些实证社会科学可能有一点实用价值,但这与科学不是一回事。所谓"实证"就是指狭义的经验。实证方法当然包括了数学方法和知性方法的运用,但数学和知性东西如果想有真实的内容的话,这种内容只能来自数学和知性之外,须知除数学本身所是的那抽象的先天观念外,数学和知性本身是无自在的内容的,它们根本上只是为他的存在,所以说它们根本上只是方法,真正的内容在它们之外。故可知,一切实证科学经验科学的内容都在这类科学的方法之外,亦即这类科学的内容都是外在的,这就是实证科学经验科学的绝对有限性;当然,这与实证科学经验科学的对象只是现象这一点是完全一致的。

【正文】[说明]有一句话,曾被误认是亚里士多德所说,而且以为足以表示他的哲学立场:"没有在思想中的东西,不是曾经在感官中的"。如果思辨哲学不承认这句话,那只是由于一种误解。但反过来也同样可以说:"没有在感官中的东西,不是曾经在思想中的。"这句话可以有两种解释:就广义讲来,这话是说心灵(nous)或精神(精神表示心灵的较深刻的意义),是世界的原因。就狭义讲来(参看上面§2),这话是说,法律的、道德的和宗教的情绪——这种情绪也就是经

① 黑格尔有云:法"是自由意志的定在"(《法哲学原理》第29节)。这里所说的法指公民权利、民主政治、宪政国家之类。

验，——其内容都只是以思维为根源和基地。

【解说】"没有在思想中的东西，不是曾经在感官中的"。思辨哲学承认这句话，不过这需要把这里的"感官"一词按广义去理解：看作是与"直接性"相等同。这样的话这句话实际是说，一切思想都可以作为直接的东西呈现。一切直接的东西都是有中介的，只不过在直接的东西这里中介自在地消失了，或者说它隐藏在直接的东西之后了。

"没有在感官中的东西，不是曾经在思想中的"。黑格尔说这句话作广义的理解就是："心灵（nous）或精神（精神表示心灵的较深刻的意义）是世界的原因"。这个奴斯（nous）指客观而绝对的能思的理性即绝对精神，包括感性物在内的客观世界是它思维出来的。感性物是感官的对象，所以说感官中的东西其本质乃是思想。

这句话的狭义理解是："法律的、道德的和宗教的情绪——这种情绪也就是经验，——其内容都只是以思维为根源和基地"。这里所说的"情绪"就是道德感、宗教情感之类，皆是直接的东西。显然这种理解也是把这句话中的"感官"理解为直接的东西。前面§2已经说了，道德感宗教情感的本质皆是思想。其实，可以对这句话作更狭义亦即更严格的理解："感官"就是指感官的内容或对象。对有基本理智的人来说，其感官的内容或对象其本质皆是思想。前面说了，有理性的文明人把其感官感觉到的一切皆表象为来自外在对象，此即对象化；又，有理性的人的感官把握的内容皆是可说的，而对近现代人来说，感觉把握的一切内容或对象皆是属我的。可说的、我的、对象化，都是理性思想，所以说有理性的人的感官达到的东西都是思想。

§9

【正文】第二，主观的理性，按照它的形式，总要求〔比经验知识所提供的〕更进一步的满足。这种足以令理性自身满足的形式，就是广义的必然性（参看§1）。然而在一般经验科学的范围内，一方面其中所包含的普遍性或类等等本身是空泛的、不确定的，而且是与特殊的东西没有内在联系的。两者间彼此的关系，纯是外在的和偶然的。同样，特殊的东西之间彼此相对的关系也是外在的和偶然的。另一方面，一切科学方法总是基于直接的事实，给予的材料，或权宜的假设。在这两种情形之下，都不能满足必然性的形式。所以，凡是志在弥补这种缺陷以达到真正必然性的知识的反思，就是思辨的思维，亦即真正的哲学思维。这种足以达到真正必然性的反思，就其为一种反思而言，与上面所讲的那种抽象的反思有共同点,但同时又有区别。这种思辨思维所特有的普遍形式,就是概念。

【解说】这里"主观的理性"不是指表象水平的主观思维(如知性),而是指自觉到自身的超感性超知性的思辨理性,说它是主观的,仅指它意识到自己这一点而言。显然,与这种"主观的理性"对立的是内在于实在东西现实东西中的那同一种超越的思辨理性。

这一段话说的是经验科学的第二个缺点。近代经验科学把握了很多经验共相、普遍法则或必然规律,但黑格尔指出,经验科学"所包含的普遍性或类等等本身是空泛的、不确定的,而且是与特殊的东西没有内在联系的。两者间彼此的关系,纯是外在的和偶然的"。这乃是说,经验科学所把握的类、普遍规律等共相根本上没有超出抽象共相,这种普遍物自身并不包含与特殊东西的联系,或者说这种联系只是偶然的外在的,没有必然性。诚然近代经验科学所说的类和规律不是如柏拉图的理念那么抽象,但说它们没有超出抽象共相、它们不是具体共相是没问题的。比如生物学所说的物种,如灵长类。灵长类下面有很多属,如长臂猿、黑猩猩等。但我们知道,灵长类下面的这些属只是经验的发现,故是偶然的,就是说一个物种下面有多少属、有哪些属,是偶然的,人们不能依据灵长类的概念必然地推演出灵长类下面有多少属,因为经验科学没有这种概念,或者说经验科学的普遍物不是具体共相,它在自身中并不包含与在它之下的诸特殊性的必然联系。又比如,现代物理学告诉我们宇宙有四种基本力,亦即物质间的相互作用有四种:引力、电磁力、强相互作用、弱相互作用。引力和电磁力人们较为熟悉,像化学力:把一种化合物中的诸原子结合在一起的力量就属于电磁力,摩擦力的本质也是电磁力。强相互作用是指把原子核内的诸质子、中子结合在一起的力量,弱相互作用是制约粒子衰变和放射性过程的一种力。弱相互作用的对象也是原子核内的诸粒子,但其力量较弱而无能阻止原子核内的诸粒子的能量损失,放射性就是这种能量损失的表现。但宇宙的基本力为何是这四种?为何不是更多或更少?有没有尚未发现的新的基本力?物理学对这些问题都无能回答,现代物理学无能依据物质概念、力的概念或相互作用的概念必然地推演出有哪些、有多少种基本力,它只是从经验中发现有这四种基本力,这表明宇宙中这四种基本力的存在实则是偶然的。

黑格尔还批评说,经验科学所说的普遍规律之下的"特殊的东西之间彼此相对的关系也是外在的和偶然的"。比如大家熟悉的万有引力定律:两个物体之间的引力大小与每个物体的质量成正比,与它们距离的平方成反比。在这里特殊性有三个:两个物体的质量及它们的距离,它们的关系是:距离增大一倍对引力的减弱作用与两个物体的质量各增加一倍对引力的增大作用相当。万有引力定律之下的这三个特殊环节的关系为什么是这样？物理学根本上也是无能回答的，所以说万有引力定律根本上说是经验的发现，物理学并不能真正证明万有引力定律。我们知道，牛顿力学对万有引力定律提供了一种证明，但黑格尔指出，这种证明是似是而非的，因为这个证明依赖很多它无能证明、只能认其是不言而喻的假设或前提，所以黑格尔说万有引力定律是一种经验发现，牛顿对万有引力定律的证明其意义是有限的①。黑格尔的这一批评是合理的。一切经验科学的证明，即便是数学化程度最高的物理学的证明，都有这种缺点，都是如黑格尔所言，以诸多"直接的事实，给予的材料，或权宜的假设"为前提，对此前面§1已经说过了。经验科学的这两个缺点使得它的认识、它达到的普遍规律"不能满足必然性的形式"。"必然性的形式"指真正的必然性，亦即必然性的理想或概念，指的是从概念必然地推演出内容，这种概念是具体共相，它在无条件的纯粹理性或绝对知识中有充分根据，如此推演出的内容才具有真正的必然性。这种从概念推演内容就是"思辨的思维，亦即真正的哲学思维"，就是概念思维，这种概念每一个都是形式与内容或思维与存在的绝对同一。

黑格尔哲学所是的这种思辨的概念思维实现了西方形而上学的最高理想。这一理想乃是：真正的或最高的理性是那根本上以自身为对象的纯粹的绝对知识，以具体实存为对象的科学也应以这种绝对知识为根据，对一切本质性的实存对象的知识应该仅以绝对知识为根据而推演出来。真正的理性不是知性，更不是感性。感性满足于对空间或时间中的个别对象的直接把握，知性满足于两种实存的关系，这两种实存一个叫本质一个叫现象；只要为现象寻求到了一种本质，知性就表示满意，知性知识的本质及有限性就在这里。但理性不同。理性是一不是多，这个"一"是以自身为根据的绝对物，是一切东西一切实存的充分根据，故理性要求其他一切本质性的东西都应当且必须从这一绝对的"一"中推演出来。近代经验科学其自觉的思维水平只属于感性和知性，它远不能使理性满意。

黑格尔站在纯粹理性或绝对知识的立场对近代经验科学的批评是否是苛求？能否说他混淆了哲学与经验科学？答案是否定的。黑格尔说哲学的产生和发展以经验物理学为前提，说物理学应该帮助哲学工作②，这表明黑格尔没有混淆哲学与经验科学，不否认近代经验科学的必要性和价值。并且，我们前面说过，唯有黑格尔哲学才能告诉我们，为何经验科学经验方法在亚里士多德那里才显露端倪？为何近代才有发达的经验科学？但我们在导论十五节中已经阐明。经验科学只

---

① 《自然哲学》第88~90页。
② 《自然哲学》第9、15页。

是表象水平的科学,经验自然科学的对象只是自然的现象,它不是对自然本身的认识,对自然的真的认识只能来自自然的概念,这一概念在绝对的纯粹理性中有根据,这种认识是一种纯粹的思辨的思维。须知表象思维是有限的、有条件的,彻底的理性在表象思维中是没有的,只有在超越了表象思维的纯粹的思辨思维中理性才能得到真正的满足。我们知道时常有理工科学生转行考哲学专业的研究生,这种学生的理性意识可说是比较深刻,自然科学本身所是的那种有限的表象水平经验水平的理性满足不了他,所以才会转行学哲学,因为哲学属更深刻的纯粹理性。同理,我们知道物理学之外有物理学哲学,生物学之外有生物学哲学,就是因为表象思维水平的经验科学不能使理性满意,理性必然会超出表象水平的经验思维而去寻求对自然中的理性的纯粹的或更深刻的认识。一个人如果只有表象思维,停留在经验水平的反思上,他自然会对经验科学表示满意。只有对真理有更高的洞见,或者说站在更高更深刻的纯粹理性的立场,才会意识到经验科学的局限,才会到思辨哲学中寻求更高的真理。

【正文】〔说明〕思辨的科学与别的科学的关系,可以说是这样的:思辨科学对于经验科学的内容并不是置之不理,而是加以承认与利用,将经验科学中的普遍原则、规律和分类等加以承认和应用,以充实其自身的内容。此外,它把哲学上的一些范畴引入科学的范畴之内,并使它们通行有效。由此看来,哲学与科学的区别乃在于范畴的变换。所以思辨的逻辑,包含有以前的逻辑与形而上学,保存有同样的思想形式、规律和对象,但同时又用较深广的范畴去发挥和改造它们。

对于思辨意义的概念与通常所谓概念必须加以区别。认为概念永不能把握无限的说法之所以被人们重述了千百遍,直至成为一个深入人心的成见,就是由于人们只知道狭义的概念,而不知道思辨意义的概念。

【解说】"狭义的概念"就是经验科学、传统逻辑等表象意识常识思维所说的概念,都是知性水平的主观思想,都是抽象共相。"思辨意义的概念"指本身乃是思维与存在或主观与客观的某种绝对同一的概念,是只有籍思辨的纯粹思维才能把握的。在导言§1中黑格尔就说过,人们总是先有表象后有思想,表象思维时间上在思辨哲学或纯粹思维之先。比如,希腊最早的说水、气等自然东西是本原的米利都哲学实际是表象水平的科学,真正的哲学是从巴门尼德开始的。关于巴门尼德黑格尔有言:在巴门尼德第一次抓住纯粹思维之前,人类事实上已经思维了很多年,但这种思维只是种种表象意识(《小逻辑》§86 附释二)。又,我们知道近代哲学的真正开端是笛卡尔的我思,它是在近代科学诞生之后才有的。黑格尔还指出，即便在思辨哲学产生后，它仍然需要经验科学的帮助①，因为思想或概念首先显现在表象意识或经验科学中，思辨哲学家首先需要在表象意识和经验科学中意识到这些表象水平的思想，然后才是思辨哲学自身的事情：把表象水平的思想提高为纯粹思想，这就是黑格尔所说的"范畴的变换"。传统逻辑和旧形而上学也都是表象思维，所以思辨哲学与经验科学的那种关系在这里也是成立的：思辨哲学对传统逻辑和旧形而上学并不是置之不理，而是接受它们，把它们中的表象水平的思想或范畴纯化和提高为思辨的纯粹概念，比如传统形式逻辑所说的判断和推理与《小逻辑》概念论中所说的判断和推理的关系就是如此：前者属于表象，是人的理性在进行判断和推理，这种判断和推理仅是主观的；后者是判断和推理的概念，是上帝亦即那客观而绝对的纯思在进行判断和推理，这种判断和推理用表象语言说就是上帝籍思维而创造世界的活动。

思辨哲学发生在经验科学等表象思维之后，它的发展甚至需要经验科学的某种帮助，这绝不是说思辨哲学根本上是以经验科学等表象意识为前提。思辨哲学的内容是客观、纯粹而绝对的概念，而概念源自它自身，经验科学不过是这种概念的一种显现或定在罢了，故可知，绝对地说，思辨哲学的内容来自它自身，而经验科学反倒是依赖作为思辨哲学的研究对象的纯粹概念。其实，完全可以说，经验科学的产生是依赖某种思辨哲学的。前面对§7的解说中说过，最早的经验科学出现在亚里士多德那里，这是以到亚氏为止的希腊哲学把握了相当丰富的纯粹概念为前提的。经验科学的对象乃是那种具有较丰富的思想内涵的个别或个体性东西，这种东西乃是诸多纯粹思想的统一之作为直接的东西，这些纯粹思想是亚氏及亚氏之前的希腊哲学已把握的。

§10

【正文】上面所说的足以求得哲学知识的概念式的思维，既自诩为足以认识绝对对象〔上帝、精神、自由〕，则对它的这种认识方式的必然性何在，能力如何，必须加以考察和论证。但考察与论证这种思维的努力，已经属于哲学认识本身的事情，所以只有在哲学范围之内才能执行这种工作。如果只是加以初步的解释，未免有失哲学的本色，结果所得恐不过只是一套无凭的假说，主观的肯定，形式的推理，换言之，不过是些偶然的武断而已。与此种片面的武断相对立的反面，亦未尝不可以同样有理。

---

① 《自然哲学》第15页。

【解说】这段话是在说康德。康德哲学首先是一种认识论，但康德哲学最重要的旨趣是形而上学方面的，即理性能否对超越的本体如上帝、自由有真知。康德指出近代科学只是关于现象的有限知识，但理性是不甘于停留在这上面的，理性由其本性所决定必然会寻求那无条件的超越东西的知识。故康德哲学的一主要工作就是考察理性是否有这种能力。黑格尔指出，这种考察乃是理性以自身为对象，是一种纯粹的自我意识，一种纯思，这已经进入思辨哲学领域了。这段文字的后半部分是在批评康德，说康德对理性认识能力的考察不够深入，停留在形式的主观的思维中，只能算是一种对理性认识能力的初步解释。既然是解释，只能是主观的。这种批评站在黑格尔的哲学立场上当然有合理性，确乎只有黑格尔哲学有能力进入那自在自为的理性本身，康德哲学，包括康德对理性认识能力的考察，根本上只是主观的，是一种主观唯心主义。但我们也应知，康德哲学的这种主观唯心主义是一种相当彻底的先验反思，它与洛克、休谟的那种粗糙的经验论的主观唯心主义完全不是一回事。先验反思当然是一种主观水平的思维，它没有真正达到理性的理想：形式与内容、思维与存在、主观与客观的绝对统一，它没有克服理性的这一最高分裂。但须知，先验（transzendental）已经是一种对表象思维经验思维的超越，故已经是一种纯粹思维，先验反思已开始进入真正的事情本身亦即理性本身思想本身，这种先验反思在消化、克服理性的那一最高分裂方面已经前进了一大步，发现了先验的主观性并深入发掘了其内容，这是康德哲学的一伟大功绩。黑格尔在《小逻辑》中，以及在哲学史讲演中，对康德哲学评价过低，不符合事实。

【正文】〔说明〕康德的批判哲学的主要观点，即在于教人在进行探究上帝以及事物的本质等问题之前，先对于认识能力本身，作一番考察工夫；看人是否有达到此种知识的能力。他指出，人们在进行工作以前，必须对于用来工作的工具，先行认识，假如工具不完善，则一切工作，将归徒劳。——康德这种思想看来异常可取，曾经引起很大的惊佩和赞同。但结果使得认识活动将探讨对象，把握对象的兴趣，转向其自身，转向着认识的形式方面。如果不为文字所骗的话，那我们就不难看出，对于别的工作的工具，我们诚然能够在别种方式下加以考察，加以批判，不必一定限于那个工具所适用的特殊工作内。但要想执行考察认识的工作，却只有在认识的活动过程中才可进行。考察所谓认识的工具，与对认识加以认识，乃是一回事。但是想要认识于人们进行认识之前，其可笑实无异于某学究的聪明办法，在没有学会游泳以前，切勿冒险下水。

【解说】没学会游泳前不要下水，这自然是个笑料，但这句话用在康德哲学上是不公正的。固然根本上讲康德哲学仍是一种主观的形式的思维，但这种主观的形式的思维已完全不是经验表象水平的,康德哲学的思维的这种主观性已开始具有客观内容。用下水学游泳这个比喻来说,康德哲学已开始下水了。

下面是本节最后一段文字,这一段贺译本没有梁译本准确,故这里采用的是梁译本。

【正文】莱因霍尔德看出了充满这种举措的混乱,他提出一种补救办法,那就是暂先从一种假定性的、试探性的哲学思维开始,以这种哲学思维在谁也不晓得如何的情况下不断进行下去,直至最后出现一个结果,即人们终于用这种方法达到了原始真理。仔细加以考查,这种方法仍然流于通常的办法,即流于对一种经验基础的分析,或对一种被当成定义的暂先假定的分析。毋庸否认,把假定与暂先说明的通常进程解释为假定性的、试探性的做法,确实包含着正确的见识;但是,这种正确的见识并未改变那种做法的性质,而是立即表现出了那种做法的不足之处。

【解说】莱因霍尔德(Reinhold, L. K, 1758~1823),最早意识到康德哲学的价值并对其进行阐发的人之一,也是最早意识到康德哲学有局限、并试图对之进行补救的人。莱因霍尔德认为,康德哲学的结论是真理,但其前提是不清楚的,亦即康德哲学的诸多基本概念——如物自体、感觉、感性、知性、想象力等——的含义不够清晰明确,彼此的关系也不清楚不确定;他认为康德哲学缺乏这样一个基本原则,这一原则为其他所有命题所蕴含,其他概念及结论应该从这一基本原则中演绎或推导出来①。这一见解无疑是合理的,这一思想使得他成为费希特知识学的先驱。莱因霍尔德寻求哲学的这一基本原则的方法确乎如黑格尔所言。他的方法似乎是,先审查一个特殊的哲学体系是否的确洞察到我们据以解释一切东西的最终事实亦即基本原则。如果没有,那么我们有必要再次试图去确定这个我们赖以建立这样一个体系的基本事实或原则②。莱因霍尔德提出的这一基本原则是关于意识的如下命题:在意识中,主体把表象与主体和客体这两者区别开,同时把表象与这两者联系起来③。显然,如黑格尔所言,莱因霍尔德的方法确乎只是一种对经验基础的分析,是一种假定的试探性的方法,这种方法完全是有限的,属于表象思维,与经验科学的方法没有本质区别;哲学作为客观的纯粹思维,无论是建立哲学的开端或第一原则,还是进入哲学之后的进一步认识或思维,都不能是这种方法。

---

① 转引自迪特·亨利希《在康德和黑格尔之间》第234~236页。乐小军译,商务印书馆,2013。
② 同上,第237页。
③ 同上,第239页。

§11

【正文】更进一步,哲学的要求可以说是这样的:精神,作为感觉和直观,以感性事物为对象;作为想象,以形象为对象;作为意志,以目的为对象。但就精神相反于或仅是相异于它的这些特定存在形式和它的各个对象而言,复要求它自己的最高的内在性——思维——的满足,而以思维为它的对象。这样,精神在最深的意义下,便可说是回到它的自己本身了。因为思维才是它的原则、它的真纯的自身。但当精神在进行它的思维的本务时,思维自身却纠缠于矛盾中,这就是说,丧失它自身于思想的坚固的"不同一"中,因而不但未能达到它自身的回归与实现,反而老是为它的反面所束缚。这种仅是抽象理智的思维所达到的结果,复引起超出这种结果的较高要求,即基于思维坚持不放,在这种意识到的丧失了它的独立自在的过程中,仍然继续忠于它自身,力求征服它的对方,即在思维自身中以完成解决它自身矛盾的工作。

【解说】哲学是纯粹思维,纯粹思维就是纯粹的精神,是一切精神东西及那些只是精神东西的环节的东西的灵魂。感觉、直观、想象、意志等都是实存的有限的精神东西,纯粹思想是它们真正的内容,它们本身倒是表现这种真正内容的形式。当意识到这一点时,精神就超出了感觉、直观、想象等实存的精神而提高为纯粹精神亦即纯粹思想,就会明白纯粹思维是一切实存东西的本质和真理,所以说纯粹思维是一切实存或精神的最高的内在性,只有在纯粹思维中精神或理性才能得到最高的满足。当精神或思维达到纯粹思维时,表象世界的种种外在对象就消失了,现在精神或思维是完全在自身中,仅以自身为对象。这意味着,经验意识表象思维所说的外部对象只不过是以自身为对象的纯粹思维在其发展运动中的某个阶段的显现罢了,外部对象的存在、外部对象的外在性、外部对象与意识主体的联系和对立,这一切都在纯粹思维中有其根据,须知纯粹思维中就有存在、外在、关系、对立、主观、客观等纯粹概念。

黑格尔进而指出,精神或思维回到自身而成为纯粹思维时,它必然会陷入矛盾,摆脱不了它的反面的纠缠。古代的芝诺悖论和近代康德的二律背反都是如此。摆脱不了矛盾纠缠,思维就不能说是真正回到了自身。黑格尔指出,这是因为这种纯粹思维还不够深刻,亦即它回到自身深入自身的程度还不够。黑格尔称这种深入自身的程度不够的纯粹思维是一种抽象理智的思维,不过这种抽象理智与旧形而上学如经院哲学所是的那种抽象理智——比如对上帝存在的种种证明——可不是一回事。后者完全意识不到思维的矛盾,不知道矛盾、对立是思维的本性,而前者远比后者深刻,因为它开始意识到矛盾是思维的本性,如康德。黑格尔之所以称这种纯粹思维亦是一种抽象理智,仅是因为与那能在自身中解决这一矛盾的更深刻的纯粹思维相比它就有某种抽象性。所谓抽象就是指思维不知道作为全体和具体东西的真理本身而停留在真理的某些环节上,这些在具体东西或真理那里只是扬弃了的环节的东西与真理本身相比当然是抽象的。黑格尔指出,思维必然会陷入矛盾。思维在它的否定物面前好像是丧失了自己的独立自在,因为只有能超越自己的对立面,亦即扬弃对立面于自身中,才是真正的独立自在,须知一般所谓的自在存在都同时是为他的存在,不是真正的自在,比如感性物的自在存在就是如此。但思维有能力通过更深入地回到自身而在自身内解决矛盾,扬弃对立面于自身中,从而证明自己是绝对的独立自在。

　　以芝诺悖论为例。芝诺对运动不存在的证明是一纯粹思维。直接看去,这一纯粹思维的对象不是思维自身而是外在的机械运动。但机械运动的本质或纯粹内容是量的概念,就是说机械运动乃是量的概念的一种自在存在,这表明量的概念是芝诺悖论这一纯粹思维的自在存在方面,而芝诺的证明是其自为存在方面,芝诺悖论乃是这一纯粹思维的自在存在与自为存在这两个环节的矛盾,所以说它本质上是一种与自身相矛盾的纯粹思维。这一矛盾在于,这一纯粹思维的自为存在环节仅是存在与非存在、一与多这几个抽象概念,而其自在存在环节则是其内涵远比存在与非存在、一与多这些抽象概念高的量的概念,芝诺试图用前者来理解、规定后者,这注定失败①。显然,这一矛盾的解决在于纯粹思维的自为存在方面——此即纯粹思维对自己的自觉——必须超出存在与非存在、一与多这些概念而上升为量,这就是黑格尔所说的,纯粹思维的矛盾只有通过纯粹思维更深入地回到自身才能解决。

　　【正文】〔说明〕认识到思维自身的本性即是辩证法,认识到思维作为理智必陷于矛盾、必自己否定其自身这一根本见解,构成逻辑学上一个主要的课题。当思维对于依靠自身的能力以解除它自身所引起的矛盾表示失望时,每退而借助于精神的别的方式或形态〔如情感、信仰、想象等〕,以求得解决或满足。但思维的这种消极态度,每每会引起一种不必要的理性恨(misologie),有如柏拉图所早已陈述过的经验那样,对于思维自身的努力取一种仇视的态度,有如把所谓直接知识当作认识真理的唯一方式的人所取的态度那样。

　　【解说】哲学史上,在黑格尔之前对思维必然会陷入矛盾这一点有自觉的人有

---

① 对芝诺悖论所是的这一矛盾的详细考察可参阅拙著《思辨的希腊哲学史(一):前智者派哲学》第七章的有关论述。

柏拉图、康德、谢林等,比如柏拉图的《巴门尼德篇》、康德《纯粹理性批评》中的先验辩证论中的二律背反等。但他们对此自觉的充分性彻底性都远不及黑格尔;特别是,只有黑格尔才意识到真正的和最高的否定是自身否定这一点。哲学史上也多次发生过黑格尔这里的所言:"当思维对于依靠自身的能力以解除它自身所引起的矛盾表示失望时,每退而借助于精神的别的方式或形态〔如情感、信仰、想象等〕,以求得解决或满足",比如与黑格尔同时代的雅可比,他接受康德关于人类理性只能认识现象无能认识真理——康德称之为本体或自在之物——的见解,主张只有直接知识(情感、信仰等)才能达到真理。《小逻辑》的第二导言对雅可比的这一主张有批判。黑格尔这里说柏拉图已经陈述过一种理性恨:对理性无能认识真理的绝望,这可能是指《斐多篇》88C 所言的事:苏格拉底的几个弟子对理性能证明灵魂不朽这一点感到绝望。苏格拉底所说的灵魂不朽既有哲学意义又有宗教信仰的意义,但主要是哲学意义的;希腊哲学所说的灵魂不朽其真正的理性内涵主要是指理性思维能力的先天性。

§12

【正文】从上面所说的那种要求而兴起的哲学是以经验为出发点的,所谓经验是指直接的意识和抽象推理的意识而言。所以,这种要求就成为鼓励思维进展的刺激,而思维进展的次序,总是超出那自然的、感觉的意识,超出自感觉材料而推论的意识,而提高到思维本身纯粹不杂的要素,因此首先对经验开始的状态取一种疏远的、否定的关系。这样,在这些现象的普遍本质的理念里,思维才得到自身的满足。这理念(绝对或上帝)多少总是抽象的。

【解说】"上面所说的那种要求"指上一节开始时所说的精神或哲学的最高要求:仅以自身为根据和对象的纯粹思维。但蕴含这一最高要求的哲学是以表象思维或经验科学的一定程度的发展为外在前提的。联系到在§7 中黑格尔之言:近代哲学"一开始就不是单纯抽象的思想,如象希腊哲学初起时那样和现实缺乏联系,而是于初起之时,立即转而指向着现象界的无限量的材料方面",本节这一大段话所说的"经验"及蕴含着精神的最高要求的哲学首先指的是近代思维:近代科学和哲学。我们知道近代经验科学出现在纯粹哲学之前;近代的纯粹思维的哲学最早萌发在笛卡尔那里,就是他的"我思"命题,这已是近代经验科学诞生之后的事了。虽说斯宾诺莎哲学完全是纯粹的思辨的,但近代纯粹哲学的发达是较晚的,是在德国古典哲学中。

黑格尔这里说纯粹思维纯粹哲学以经验意识等表象思维的发展为前提,这对早期希腊哲学亦是成立的。虽说早期希腊自然哲学不是经验科学而是思辨的,但这种思辨不是纯粹思维,而是属于黑格尔这里所言的"直接的意识"这种经验。黑格尔进而说纯粹思维必然会"超出那自然的、感觉的意识"而产生,显然巴门尼德之前的希腊自然哲学就属于这里所言的"直接的意识"和"自然的、感觉的意识",在此之后才有巴门尼德的纯粹思维的哲学。但这里所说的"抽象推理的意识"不包括巴门尼德的存在论和芝诺悖论,巴门尼德的存在论和芝诺悖论不是抽象推理,而是真正的纯粹的概念思辨。这里所说的"抽象推理的意识"和"自感觉材料而推论的意识"主要是指近代经验科学中的推理。大体说来,黑格尔的这一大段话对希腊和近代的科学和哲学都是成立的,但哪些话主要是对希腊,哪些话主要是对近代,要具体而论。

经验科学真正说来是近代才有,但在亚里士多德那里已经萌发了。亚里士多德是百科之祖,分门别类的各门科学是从他开始的,经验科学亦是从他开始的。在亚氏之前,希腊人没有经验科学,比如早期希腊自然哲学完全是思辨的,柏拉图的自然哲学也完全是思辨的①。对亚氏之前的种种思辨的自然哲学,经验最多只是对这种独断的思辨有某种启发作用罢了;比如,泰勒斯的水是万物的本原这一命题就是独断的,并不来自经验,故可说是思辨的,但如亚氏所言,这一命题可能是受到万物的种子都是滋润的这一经验现象的启发(《形而上学》983^{b}22~27)。

为何只是在亚氏那里才出现经验科学? 为何近代才是经验科学的黄金时代? 在前面§7的解说中对此已有所论及,这里不妨说得更深入一点。诚然在柏拉图的经验表象中已出现个别东西,但这种个别性的经验东西与普遍物亦即柏拉图的理念只是外在的抽象联系和对立的关系,因为柏拉图的理念只是抽象的普遍性,实则只是特殊性,这种特殊性的内容只是诸抽象共相,如红本身相等本身之类。显然这种个别性的经验东西的内容是相当贫乏的,并且这种贫乏的内容并不属于个别的经验事物本身,因为这一内容作为抽象的普遍性与个别的经验对象只有外在的关系,故可知柏拉图说知识的真正对象只能是理念、对个别的感性物不能有知识,这对只是处于外在的抽象关系中的感性物和理念来说完全成立。但在亚里士多德那里情况就不一样了。亚氏的"形式"或本体概念的较高内涵乃是具体的普遍性,故亚氏哲学能够对特殊或个别的实存东西有具体的理解和规定。与此相一致,为亚氏所表象或经验到的个别或个体性的实存东西已开始具有具体丰富的

---

① 注意,这里所说的"思辨"不是纯粹概念的思维这种思辨,仅是指既无充分的经验依据又不是纯粹的概念思维的那种独断。柏拉图自然哲学和巴门尼德之前的希腊自然哲学是这种思辨,中世纪的经院哲学也完全是这种独断论意义的思辨。

思想内涵,这意味着在亚氏这里那种认为个别的经验对象富有内容、知识的对象是或首先是经验对象的经验科学开始出现了。这种意义的经验表象或对象在此前的希腊人的意识中是没有的。为何亚氏的表象或经验世界与他的哲学相一致?具体说来就是,为何在亚里士多德把握了其内涵乃是具体的普遍性的形式或本体概念时,他所表象或经验到的世界恰是具有丰富的思想内容的个别或个体性的经验东西?答案是,亚氏的形式或本体概念不是抽象观念,而是作为思维与存在的一种具体统一的精神性的概念,这一先天的纯粹精神或概念进入了亚氏的意识,这才有且必然会有经验对象与认识和规定这种经验东西的意识中的先天概念的同一或一致。显然,在亚氏的思维和经验表象中发生了后来康德所说的理性为自然立法这一神圣的事情,在这里理性就是亚氏的形式或本体概念。

但亚里士多德的形式或本体概念所是的具体的普遍性与内在于近代经验科学中并起支配作用的那一具体的普遍性相比,其思想内涵就不够高不够丰富具体了。亚氏的形式或本体概念所是的那种具体的普遍性仍是一种直接的自然的东西,这表现为,具体的普遍性所是的普遍、特殊、个别(或个体)的具体同一这一神圣的三位一体在亚氏这里没有充分表现或实现出来,在亚氏的科学和哲学中普遍、特殊和个别这三个环节只是显现为仿佛没有内在关联的各自独立或孤立的东西,他更是从未有过对普遍、特殊、个别(或个体)的具体同一这一绝对而神圣的原则的明确自觉,如基督教达到的那样。比如,纯形式这一实际是最高的具体普遍性和统一性的东西被亚氏说成是对一切特殊实存完全不感兴趣(《形而上学》1072^{b}15～1073^{a}5)。又,我们知道在亚氏的诸科学中只有生物学比较成功,考察无机自然的物理学则大都失败,这是因为在生命领域普遍、特殊、个别的区别、联系和统一这一三一体得到了相当充分的显现,而在无机自然领域这一神圣的三一体只是自在地——虽说亦是绝对地——起作用,远未充分显现出来。由于希腊理性的直接性自然性,由于亚氏对普遍、特殊和个别的具体统一的认识仅是直接的自然的,故在这一绝对原则远未充分显现出来的无机自然领域,囿于直接性和自然性的亚氏的思维就远没有这一原则在其中得到直接显现的生命领域成功。

近代所以是经验科学的黄金时代,这根本上归功于基督教,基督教的三位一体教义深刻意识到了普遍、特殊、个别的区别、联系和统一,意识到了这一原则或精神的绝对性,就是说即便是一粒灰尘,普遍、特殊和个别的三位一体也是内在于其中并绝对地起作用的。由于基督教对西方人精神的千年教化,宗教改革后的近代西方人的理性意识是为基督教绝对中介了的,这意味着普遍、特殊和个别的三位一体这一原则在近代人的理性意识中是绝对起作用的,这乃是近代科学是最发达的经验科学、这种经验科学在自然的一切领域都能取得成功的根本原因。

【正文】反之,经验科学也给思维一种激励,使它克服将丰富的经验内容仅当作直接、现成、散漫杂多、偶然而无条理的材料的知识形式,从而把此种内容提高到必然性——这种激励使思维得以从抽象的普遍性与仅仅是可能的满足里超拔出来,进而依靠自身去发展。这种发展一方面可说是思维对经验科学的内容及其所提供的诸规定加以吸取,另一方面,使同样内容以原始自由思维的意义,只按事情本身的必然性发展出来。

【解说】这明显说的是近代科学与近代哲学,因为所谓经验科学给思维以激励,使得纯粹思维的哲学不停留在抽象中而是具有丰富具体的实在内容,并且这种内容是从绝对的纯粹思维中纯粹推演出来,这在希腊是没有的。黑格尔这里实际说的是他自己的哲学:《逻辑学》是抽象的纯粹思维,《自然哲学》和《精神哲学》是从绝对的纯粹思维中纯粹推演或发展出来的。至于为何纯粹的思辨哲学在得到经验科学的帮助后仍然能说自己是仅仅依赖自身的纯粹思维,根本上是独立于经验科学的? 我们在前面对§9正文的解说中已有充分阐释,这里就不重复了。又,这里所说的"使思维得以从抽象的普遍性与仅仅是可能的满足里超拔出来","抽象的普遍性"指经验科学所说的类、规律这些东西。近代经验科学所说的类、规律等普遍物在自身内并不必然包含其所要规定的诸特殊东西,故黑格尔称其是抽象的普遍性,这一说法是成立的,对此我们前面在对§9正文的解说中已经说过了。"仅仅可能的满足"这个说法是在批评康德。尽管康德的先验哲学无论对思维本身还是在对近代经验科学的反思方面都取得了较丰富的内容,但按黑格尔的标准,它仍停留在思维的主观形式方面,它缺乏真正的内容或客观性,比如康德认真正的客观内容或存在是认识达不到的自在之物就表明了这一点。尽管黑格尔的这一批评有点苛求,但基本是合乎事实的。康德哲学的方法是一种先验反思,这种反思的思维方式乃是问:什么什么是如何可能的? 比如:数学这种先天综合判断是如何可能的? 纯粹自然科学又是如何可能的? 这种提问和反思方式在主观思维的限度内能够挖掘出能思的理性的一些先天方面,但也到此为止了。不仅康德哲学是这种反思或思维方式,一切先验哲学都是这种思维方式,比如20世纪的现象学就是如此,它就认为可能性高于现实性[①]。先验哲学所说的可能性当然没有停留在只要不违反抽象的同一律一切都是可能的这一最抽象的可能性上,它还是有某些内容的。但先验反思没有超出知性,故仍是一种主观思维,真正的客观性或现实东西仍是它达不到的。真理不是可能性而是现实性,仅仅可能的东西仍是主观的东西。黑格尔所说的现实不是现存或实存,而是具有实体性和必然性

[①] 海德格尔《存在与时间》第45页。陈嘉映、王庆节译,三联书店,1999。

的实存,对此在前面§6中讨论黑格尔的"凡是现实的都是合理的,凡是合理的都
是现实的"这一命题时已经说过了。现实性是可能与现存的统一,无限地高于后
两者,故黑格尔这里对先验哲学的批评:仅仅停留在可能的满足上,是完全成
立的。

【正文】〔说明〕对于直接性与间接性在意识中的关系,下面将加以明白详细
的讨论。不过这里须首先促使注意的,即是直接性与间接性两环节表面上虽有区
别,但两者实际上不可缺一,而且有不可分离的联系。——所以关于上帝以及其
它一切超感官的东西的知识,本质上都包含有对感官的感觉或直观的一种提高。
此种超感官的知识,因此对于前阶段的感觉具有一种否定的态度,这里面就可以
说是包含有间接性。因为间接过程是由一个起点而进展到第二点,所以第二点的
达到只是基于从一个与它正相反对的事物出发。但不能因此就说关于上帝的知
识并不是独立于经验意识。其实关于上帝的知识的独立性,本质上即是通过否定
感官经验与超脱感官经验而得到的。

【解说】这里还是在说纯粹的思辨哲学与经验及经验科学的关系,还是那个结
论:外在地直接地看,纯粹思维以经验和经验科学为前提,是先有感性的经验和经
验科学后有超感性的纯粹哲学。但绝对地说,纯粹思维的哲学仅以自身为根据和
对象,其内容仅来自自身,虽说这一内容直接看去与经验和经验科学的内容是同
一的。对黑格尔的这一思想我们前面已有充分阐释。黑格尔这里提到了直接性
与间接性的辩证法:一切东西,不管是概念还是观念,不管是自然中的还是精神中
的实存,都是有中介的;一切东西也都可以作为仿佛无中介的直接东西显现。黑
格尔这里以感性物与基督教的上帝为例。上帝是对一切感性物的否定或超越,人
的意识总是先以感性物为对象,如果能意识到上帝总是最后了,故可以说上帝是
有中介的,祂以感性物为中介。但绝对地说,上帝是无条件的绝对物,仅以自身为
中介或根据,一切感性物反倒是以上帝为中介的,在信仰上这叫作上帝从无中创
造一切,在黑格尔哲学中这就是绝对理念超出自己的抽象性,过渡为自然及自然
中的一切实存,而《逻辑学》的内容则是阐明或叙述在创造之前上帝亦即绝对理念
是如何仅以自身为根据发展出来的。

【正文】假如对知识的间接性加以片面的着重,把它认作制约性的条件,那末,
我们便可以说(不过这种说法并没有多少意义),哲学最初起源于后天的事实,是
依靠经验而产生的(其实,思维本质上就是对当前的直接经验的否定),正如人的
饮食依靠食物,因为没有食物,人即无法饮食。就这种关系而论,饮食对于食物,
可以说是太不知感恩了。因为饮食全靠有食物,而且全靠消灭食物。在这个意义
下,思维对于感官经验也可以说是一样地不知感恩。〔因为思维所以成为思维,全

靠有感官材料,而且全靠消化,否定感官材料。〕

【解说】哲学在时间上后起的,时间上讲哲学以经验为中介或前提,或者说人的思维以感觉材料为前提,犹如饮食以食物为前提。人们当然可以设想只有食物而没有饮食,这意谓着只有植物没有动物,也可以设想只有感觉没有人的思维,这意谓着要么没有人类,要么人类始终停留在饮毛茹血的野蛮蒙昧状态,没有走出伊甸园。如果不懂得黑格尔所说的那种绝对超越和绝对能动的客观而纯粹的概念思维,仅凭经验和经验科学,人们都会赞成说,只有植物没有动物是完全可能的,人类在地球上的出现是偶然的,人类走出蒙昧具有理性更是偶然的。但黑格尔的理性观世界观真理观与基督教是一致的,他洞见到上帝亦即绝对理念绝对在先,这意味着,不可能只有植物没有动物,不可能地球上没有人类;从自然生命向精神的发展、从感性的蒙昧的精神向理性精神的发展,都是有绝对必然性的。这种发展首先不是时间中的事情,黑格尔哲学的发展观不是现代科学的进化论。但完全可以说这种发展充满了时间,每时每刻都在进行,犹如上帝创造世界是永恒的现在,是永恒地在进行那样。黑格尔哲学的思维与经验和经验科学的思维是相反的。后者是一种还原论,认为存在是越低级越真实,低级的东西是基础和根据,高级的东西应还原为低级的东西。黑格尔哲学和基督教则相反,认为越高级越真实,高级的东西才是真正的绝对的根据,低级的东西依赖高级的东西,根本上讲是自然以精神为前提和根据,因为黑格尔哲学和基督教的世界观真理观是绝对的内在目的论。黑格尔承认从时间上讲自然在精神之先,这意味着,时间上后起的生命、人类、人的理性精神,都是必然会产生的,这种必然性不是经验科学的那种因果必然性,也不是停留在抽象中的数学和形式逻辑的推理那种毫不涉及内容和实存的仅仅形式的必然性,而是富有内容的纯粹而具体的概念运动的必然性,黑格尔哲学所有的思辨推演依据的都是这种概念的必然性。

【正文】但是思维因对自身进行反思,从而自身达到经过中介的直接性,这就是思维的先天成分,亦即思维的普遍性,思维一般存在于它自身内。在普遍性里,思维得到自身的满足,但假如思维对于特殊性采取漠视态度,从而思维对于它自身的发展,也就采取漠视态度了。正如宗教,无论高度发达的或草昧未开的宗教,无论经过科学意识教养的或单纯内心信仰的宗教,也具有同样内在本性的满足和福祉。

【解说】由上述考察得出的结论是:"思维一般存在于它自身内。在普遍性里,思维得到自身的满足"。这种思维是超越的绝对的纯粹思维,它在自身中扬弃了一切有限的思维及其对象,如经验科学的思维,如朴素的反映论和唯物论,如种种对立或二元论等,故它是绝对的普遍性,它的满足仅在自身内就能得到,并且是一种绝对的满足，犹如亚里士多德对他称之为神或纯形式的这一绝对普遍的思维所说的那样(《形而上学》1072^{b}18~30)。"但假如思维对于特殊性采取漠视态度，从而思维对于它自身的发展，也就采取漠视态度了"。那绝对的客观的纯粹思维是具体的普遍性，不是抽象的普遍性，所以它在自身中蕴含有诸特殊的实存东西，它必然会从自身中思维出诸特殊东西，它不可能对特殊性采取漠视态度。当然，无须多说，普遍性从自身中思维出特殊东西，这种思维是一种发展，这种发展首先不是时间中的事情，而是永恒的事情，故亦是充满了时间的事情，是每时每刻都在发生的绝对的事情。

精神的自身满足除了纯粹思维的哲学外，还可以通过宗教。"正如宗教，无论高度发达的或草昧未开的宗教，无论经过科学意识教养的或单纯内心信仰的宗教，也具有同样内在本性的满足和福祉"。高度发达的宗教是基督教，经过科学意识教养的宗教是指那些经得起理性反思的宗教，这首先是三大精神一神教：基督教、犹太教和伊斯兰教，亦可包括佛教，不过须把其中的迷信东西排除掉，还必须对这些宗教中的许多表象语言加以思辨的理解或重新解释才行。草昧未开的宗教是原始人的巫术，单纯内心信仰的宗教是那些具有基本的精神性的宗教，这种宗教对感性意识自然意识必须具有起码的超越，否则不可能成为单纯内心信仰的东西，因为所谓单纯的内心已是一种超自然超感性的精神。显然，原始巫术如萨满教不是这种宗教，儒教和道教也不是这种宗教。儒教毫无精神性，道教的精神性仅是形式的，道教信仰的旨趣就是消解由思维而有的内心而达到与不可言说的神秘自然的合一。佛教和三大精神一神教由于它们的精神性，都可以成为单纯内心信仰的宗教。尤其是在理性昌明科学发达的今天，很多宗教信徒的信仰都属于这种单纯内心信仰的宗教，传统宗教的崇拜形式等宗教仪式由于其感性或外在性都被这种信徒摒弃了。显然，信奉这种单纯内心信仰的宗教的人都是具有较高理性素养或文化教养的人。这种现象根源于宗教本身的合理性和必然性。宗教植根于最内在的人性，常常具有最高的精神性，故理性昌明科学发达只会使那些仅属于宗教的外在历史和感性表象方面的东西被扬弃，宗教礼仪就属于这些外在的感性的方面，而宗教本身的精神性超越性反倒会由于理性的昌明而愈加纯粹地显露出来。人的最内在的本质是超感性超自然的精神，它与理性是一致的，它只会超理性不可能非理性或反理性，故宗教不可能消亡，它就是为了满足人的心灵的，永远为人类所必需。原则上讲，不同文化不同教养不同社会地位的人，都能找到适合自己的宗教，自己的心灵都能在某种或某个形式的宗教中得到真正的满足，因为宗教是绝对精神，一切宗教形式上看都是如此。尤其是黑格尔所说的精神宗教，它(们)能使人超越人的一切有限性。这些有限性首先来自人的感性自然性，比如怕死就来自人的生物性。人的有限性亦来自人的有限的自我意识或知性，比如人的社会性，人对社会关系的依赖，人们总是寻求他人的肯定或承认，这种有限性依赖性来自人是有限的自我意识这一点。道德、科学、艺术和哲学都不能使人真正超越上述种种有限性的束缚，只有宗教才有这个能力，只有宗教才能充分给予人的心灵以绝对的满足。哲学，即便是最深刻的黑格尔哲学，所能给人的自由仍只是属于理智生活方面的，故是有局限的，那能使人必要时摒弃忧生畏死的自然秉性而坚守人性底线的，只能是宗教信仰。

【正文】如果思维停留在理念的普遍性中，有如古代哲学思想的情形（例如爱利亚学派所谓存在，和赫拉克利特所谓变易等等），自应被指斥为形式主义。即在一种比较发展的哲学思想里，我们也可以找到一些抽象的命题或公式，例如，"在绝对中一切是一"、"主客同一"等话，遇着特殊事物时，也只有重复抬出这千篇一律的公式去解释。为补救思维的这种抽象普遍性起见，我们可以在正确有据的意义下说，哲学的发展应归功于经验。因为，一方面，经验科学并不停留在个别性现象的知觉里，乃是能用思维对于材料加工整理，发现普遍的特质、类别和规律，以供哲学思考。那些特殊的内容，经过经验科学这番整理预备工夫，也可以吸收进哲学里面。另一方面，这些经验科学也包含有思维本身要进展到这些具体部门的真理的迫切要求。这些被吸收进哲学中的科学内容，由于已经过思维的加工，从而取消其顽固的直接性和与料性，同时也就是思维基于自身的一种发展。由此可见，一方面，哲学的发展实归功于经验科学，另一方面，哲学赋予科学内容以最主要的成分：思维的自由（思维的先天因素）。哲学又能赋予科学以必然性的保证，使此种内容不仅是对于经验中所发现的事实的信念，而且使经验中的事实成为原始的完全自主的思维活动的说明和摹写。

【解说】这一段的主要内容与本节开头的那段重复。这里提到了巴门尼德和赫拉克利特的哲学，称它们为形式主义，称这两家哲学"停留在理念的普遍性中"。这里所说的"普遍性"应理解为抽象性，就其为抽象而言也可以说是普遍，巴门尼德的"存在"和赫拉克利特的"变易"都是内容最抽象最贫乏的概念或思想，须知一切可说的都存在，一切有限物都会被否定，所以说存在、变这两个思想适于表达一切事物、一切有限物，甚至可用于表达最高的存在：上帝或绝对理念，因为上帝存在，因为上帝或绝对理念会否定自己使自己过渡为自然，这也是一种变。存在、变这两个概念可用于表述一切东西，但任何事物的稍稍具体一点的内容它们就无能表达了，故说这两个思想只是形式主义，完全正确。古代哲学在刚开始时停留在如此的抽象贫乏上是可以理解的，因为哲学的发展是从抽象到具体，理性思维刚开始时只能是最抽象的。但后来的哲学或思维如果也停留在这种抽象贫乏上，就很可悲很不应该了。黑格尔下面就批评谢林和谢林派的哲学了,"在绝对中一切是一"、"主客同一"都是谢林哲学的命题。谢林的同一哲学当然没有黑格尔这里说的那么不堪,但谢林的一些无思想的追随者却把谢林哲学庸俗化了。"一"、"同一"都是相当抽象的思想,须知任何一个抽象观念都是自身同一的。哲学不能停留在如此贫乏抽象的思想上。事实上,自在的客观思想并没有停留在这种贫乏抽象上,近代经验科学就是客观思想的一种自在存在,它具有很丰富很具体的内容,所以黑格尔说哲学应当感谢经验和经验科学,哲学要做的工作就是消化经验科学,洞见到其中的理性内容及其在那原初的、绝对的纯粹思维中的来历,依据客观的纯粹思维发展的必然性而把它们推演出来,而这就是黑格尔哲学全书体系中的应用逻辑学部分:《自然哲学》和《精神哲学》所要做的工作。

§13

【正文】上面所讨论的可以说是纯粹从逻辑方面去说明哲学的起源和发展。另外我们也可以从哲学史,从外在历史特有的形态里去揭示哲学的起源和发展。从外在的历史观点来看,便会以为理念发展的阶段似乎只是偶然的彼此相承,而根本原则的分歧,以及各哲学体系对其根本原则的发挥,也好象纷然杂陈,没有联系。但是,几千年来,这哲学工程的建筑师,即那唯一的活生生的精神,它的本性就是思维,即在于使它自己思维着的本性得到意识。当它(精神)自身这样成为思维的对象时,同时它自己就因而超出自己,而达到它自身存在的一个较高阶段。哲学史上所表现的种种不同的体系,一方面我们可以说,只是一个哲学体系,在发展过程中的不同阶段罢了。另一方面我们也可以说,那些作为各个哲学体系的基础的特殊原则,只不过是同一思想整体的一些分支罢了。那在时间上最晚出的哲学体系,乃是前此一切体系的成果,因而必定包括前此各体系的原则在内;所以一个真正名副其实的哲学体系,必定是最渊博、最丰富和最具体的哲学体系。

【解说】这里说的是黑格尔的哲学史观。黑格尔的一个伟大功绩是把哲学史变成了真正的哲学。黑格尔之前的西方学者的哲学史研究基本停留在外在的历史陈列和描述上,即便在黑格尔之后这种无思想的哲学史还会时常见到。比如,多年前葛力翻译的美国学者梯利(Tilly)的《西方哲学史》(商务印书馆,1990)就是如此。"时间上最晚出的哲学体系"、"真正名副其实的哲学体系"、"最渊博、最丰富和最具体的哲学体系",都是在说黑格尔自己的哲学。黑格尔这里毫不谦虚,也无须谦虚,因为事实就是如此,黑格尔哲学是古典哲学的完成和集大成;确乎如他所言,此前两千多年哲学史的几乎全部精华都囊括进他的体系中。黑格尔之所以能有这一成就,原因唯在于他洞见到了支配全部西方哲学史的纯粹理性或理性本身的全体和统一,洞见到纯粹理性是一内在目的论的运动,洞见到了历史——这首先是哲学史——与逻辑的一致。西方哲学史的发展之所以可以说在很大程度与纯粹思维的逻辑发展是一致的,是因为理性思维在西方是自由的,故这种自由的思维的历史与其自身纯粹的逻辑发展必然是一致的,这一点尤为突出地表现在希腊哲学上。《逻辑学》的一个意义就是,它是此前全部哲学史的理想化和纯粹化的表述。由于纯粹理性是一内在目的论的运动,它的最终目的就是彻底地自觉自己认识自己,故古典理性主义哲学发展到最后会产生黑格尔哲学及黑格尔的哲学史观,可说是必然的。

【正文】〔说明〕鉴于有如此多表面上不同的哲学体系,我们实有把普遍与特殊的真正规定加以区别的必要。如果只就形式方面去看普遍,把它与特殊并列起来,那么普遍自身也就会降为某种特殊的东西。这种并列的办法,即使应用在日常生活的事物中,也显然不适宜和行不通。例如,在日常生活里,怎么会有人只是要水果,而不要樱桃、梨和葡萄,因为它们只是樱桃、梨、葡萄,而不是水果。但是,一提到哲学,许多人便借口说,由于哲学有许多不同的体系,故每一体系只是一种哲学,而不是哲学本身,借以作为轻蔑哲学的根据,依此种说法,就好象樱桃并不是水果似的。有时常有人拿一个以普遍为原则的哲学体系与一个以特殊为原则,甚至与一个根本否认哲学的学说平列起来。他们认为二者只是对于哲学不同的看法。这多少有些象认为光明与黑暗只是两种不同的光一样。

【解说】这一段的意思是通俗明白的。"以普遍为原则的哲学体系"是有真理性的。"以特殊为原则"的哲学则是片面的,不能说是真理,而"根本否认哲学的学说"就与真理毫不相干了,这三者是不能相提并论的。比如,斯宾诺莎哲学就可说是以普遍为原则的哲学,斯宾诺莎的实体实际就是被作为客观东西来看待的普遍概念或绝对理念。相反,笛卡尔哲学就可说是以特殊为原则的哲学,因为笛卡尔哲学的原则:我思仅是真理的主观确定性,而真理作为普遍物乃是主观与客观的统一,笛卡尔只是独断地设定了这个统一而并不理解这个统一,所以说笛卡尔哲学的原则停留在特殊性上。"根本否认哲学的学说"在康德、黑格尔的时代可以拿苏格兰常识哲学为代表,这一所谓的"哲学"无思想地接受常识,不配称为哲学。很不幸,当今有很多根本否认哲学不配称为哲学的东西都披上了哲学的外衣,今天的大学甚至把某些只是废话和胡扯的东西与古典哲学希腊哲学并列,这种愚昧无知相当于认光明与黑暗只是两种不同的光。光明与黑暗不是两种不同的光,而是:一个是光,一个不是光,而是光的缺乏。

§14

【正文】在哲学历史上所表述的思维进展的过程,也同样是在哲学本身里所表述的思维进展的过程,不过在哲学本身里,它是摆脱了那历史的外在性或偶然性,而纯粹从思维的本质去发挥思维进展的逻辑过程罢了。真正的自由的思想本身就是具体的,而且就是理念;并且就思想的全部普遍性而言,它就是理念或绝对。关于理念或绝对的科学,本质上应是一个体系,因为真理作为具体的,它必定是在自身中展开其自身,而且必定是联系在一起和保持在一起的统一体,换言之,真理就是全体。全体的自由性,与各个环节的必然性,只有通过对各环节加以区别和规定才有可能。

【解说】"哲学本身"是那理想的纯粹的理性本身的全体和统一,这一达到理想和完成的哲学由黑格尔实现了,所以说黑格尔哲学,首先是他的《逻辑学》,就是这一理想的"哲学本身"。真正的自由的思维应当是一个体系,纯粹理性应当是一个体系,因为纯粹理性作为自由的自己规定自己的思维,它所展开的所有环节必然是有统一性的,各环节一定是有必然的联系的。真理是普遍,是全体和统一,但真理亦是具体的,一切有必然性或本质性的特殊东西在真理中必定有其地位,作为自由的全体性的真理同时亦是对自身的否定和规定,由此建立真理中的区别开的各个环节。

【正文】〔说明〕哲学若没有体系,就不能成为科学。没有体系的哲学理论,只能表示个人主观的特殊心情,它的内容必定是带偶然性的。哲学的内容,只有作为全体中的有机环节,才能得到正确的证明,否则便只能是无根据的假设或个人主观的确信而已。许多哲学著作大都不外是这种表示著者个人的意见与情绪的一些方式。所谓体系常被错误地理解为狭隘的、排斥别的不同原则的哲学。与此相反,真正的哲学是以包括一切特殊原则于自身之内为原则。

【解说】黑格尔所说的体系与通常所说的体系是不同的。一般所说的体系是主观的,外在的,由个人根据种种外在因素主观地规定或安排的,比如一部小说的章节结构如何安排,就有相当的外在性主观性。黑格尔所说的体系是客观的,是由客观的事情本身来决定体系或结构。显然,不是任何东西都具有这种客观的体系结构的,常人感兴趣的许多东西,包括披着学术外衣哲学外衣的许多东西,都是没有客观内容客观规定的任意的主观的东西,这些东西不可能有黑格尔所说的那种客观的体系结构。但哲学不同,哲学的对象是一切客观的自身规定的理性东西,所以真正的哲学必然是有客观的体系的。

在黑格尔及黑格尔之前,这种不要体系甚至是反对体系的哲学不算很多,但在黑格尔之后,这种只是个人的小聪明、只表示个人主观的特殊心情的哲学就太多了,现代哲学中有大量的这种东西,犹如各种时髦一样。比如所谓的交往理论,这种所谓"哲学"只能证明它的提出者完全不懂黑格尔的自我意识、伦理和精神概念;又比如解释学,这种"哲学"证明它的提出者完全不懂黑格尔哲学所阐明的语言、思维与精神的关系。由于对真理无知,这两种"哲学"就只是充斥着废话和个人的小聪明。还有,海德格尔的不少东西令人怀疑他是否读得懂他的伟大前辈,读得懂巴门尼德、柏拉图和亚里士多德,因为这些东西除了故弄玄虚外,就只是如黑格尔所言,表达的只是个人的小聪明和主观的特殊心情。康德、黑格尔的后人在哲学上堕落成这样,可说是一种悲哀。不过黑格尔之后哲学的堕落或许可说是有必然性。哲学属于精神和绝对精神,而精神不是历史,任何一种绝对精神的产生和辉煌不仅属于特定民族,也属于特定的时代,比如美的艺术的理想时代就是古希腊和文艺复兴时期,而哲学的理想时代则是古希腊和近代德国。纯粹思维方面的巨人同艺术领域中的巨人一样并不是每个时代每个民族都能有的,而且也不需要,因为少数几个这样的巨人就足以惠泽后世很多年;同时亦是因为,绝对精神领域的真理是不多的,没有太多真理等待着天才们去发现或创造。

现代文化有一个不好的倾向,就是坏的主观性的泛滥,学术上也是如此,鼓励个人为创新而创新,把创新或创造性贬低到只是个人的小聪明、主观任性、特殊心情的表达。真正的创造是产生或发现本质上的新东西,在精神领域中这是很困难的,没有多少人有真正的创造力。为创新而创新,把创新贬低到只是个人的主观任性、特殊心情的表达,这在艺术上和学术上都产生了大量垃圾。

§15

【正文】哲学的每一部分都是一个哲学全体,一个自身完整的圆圈。但哲学的理念在每一部分里只表达出一个特殊的规定性或因素。每个单一的圆圈,因它自身也是整体,就要打破它的特殊因素所给它的限制,从而建立一个较大的圆圈。因此全体便有如许多圆圈所构成的大圆圈。这里面每一圆圈都是一个必然的环节,这些特殊因素的体系构成了整个理念,理念也同样表现在每一个别环节之中。

【解说】这就是黑格尔著名的圆圈比喻。把理性真理比喻为圆圈,是因为纯粹理性是自己规定自己的全体,不仅真理的全体是如此,真理的每一特殊领域亦是如此;不仅《逻辑学》所考察的抽象而纯粹的理念是如此,理性的两大实存领域:自然和精神亦是如此。比如,考察抽象的纯粹思维的《逻辑学》在纯粹思维发展达致完成时,这一完成同时是回到《逻辑学》的开端:存在概念中。不过每一圆圈的完成或回到自身同时是超出这一圆圈,这就构成了另一圆圈亦即一更高领域的开端,比如《逻辑学》中的纯粹思维达致完成而回到其开端:存在概念时,其所返回的开端已不是原初的作为抽象的纯思想的纯存在,而是空间这种抽象而纯粹的物理实存。显然,圆圈比喻是有局限的,因为圆圈只是循环,这一比喻只表达了真理的发展是返回自身这一点,没有表达真理的发展同时是超出自身。所以说对真理的更好比喻是螺旋,真理的发展是螺旋似上升,而非原地循环的圆圈。

理性真理之所以是诸多圆圈所组成的大圆圈,或者说是诸多螺旋组成的大螺旋,是因为真理是内在目的论性质的。内在目的论是理性或真理的绝对原则,绝对理念内在于理性的所有领域所有环节中,首先是内在于每一领域每一环节的开端中,且必然在这一领域中表现或实现出来,这就必然产生圆圈或螺旋似的发展,因为真理不仅仅是内在的,还是客观的和现实的。

§ 16

【正文】本书既是全书式的,则我们对它的特殊部门将不能加以详细的发挥,但将仅限于对这几门特殊科学的端绪及基本概念加以阐述。

〔说明〕究竟需要多少特殊部分,才可构成一特殊科学,迄今尚不确定,但可以确知的,即每一部分不仅是一个孤立的环节,而且必须是一个有机的全体,不然,就不成为一真实的部分。因此哲学的全体,真正地构成一个科学。但同时它也可认为是由好几个特殊科学所组成的全体。——哲学全书与一般别的百科全书有别,其区别之处,在于一般百科全书只是许多科学的凑合体,而这些科学大都只是由偶然的和经验的方式得来,为方便起见,排列在一起,甚至里面有的科学虽具有科学之名,其实只是一些零碎知识的聚集而已。这些科学聚合在一起,只是外在的统一,所以只能算是一种外在的集合、外在的次序,〔而不是一个体系〕。由于同样的原因,特别由于这些材料具有偶然的性质,这种排列总是一种尝试,而且各部门总难排列得匀称适当。

【解说】黑格尔的哲学全书体系在其出版时的正式名称是《哲学全书纲要》,这一体系的三部分:《逻辑学》(亦即《小逻辑》)、《自然哲学》、《精神哲学》都是纲要性的,因为黑格尔撰述出版的这一体系是讲课用的课程讲义。既然是讲义和纲要,所以"对它的特殊部门不能加以详细的发挥"。但在这一《哲学全书纲要》之外,黑格尔对其哲学体系的各部门其实都有详细发挥的长篇演讲或大部头专著,比如大部头的两卷本《逻辑学》、详细叙述客观精神部分的《法哲学原理》和《历史哲学讲演录》、在绝对精神领域则有多卷本的《哲学史讲演录》、《美学讲演录》及《宗教哲学讲演录》。黑格尔的哲学体系不仅在思想性深刻性上空前绝后无与伦比，其体系和结构的严格严密和内容的丰富亦是哲学史上独一无二的。

真正的哲学必然是有体系的，这种体系是客观的，是由内容自己规定自己而来的，所以若不进入这种内容，是无法知道一个客观的体系的具体详情的。在正面进入真正的哲学体系之前，所能知道的只能是某些原则性的东西。黑格尔接着说到真正的哲学体系与通常的百科全书体系的区别，这一区别甚为简单明了，无须多说。

【正文】而哲学全书则不然。第一、哲学全书排斥只是零碎的知识的聚集，例如，文字学似属于此类的知识。第二、哲学全书还排斥基于武断任意而成立的学科，例如纹章学。这类的学科可以说是完全是实证的。第三、也有别的称为实证的科学，但有理性的根据和开端。这类科学的理性部分属于哲学，它的实证方面，则属于该学科特有范围。这类科学的实证部分又可分为下列各种：

（一）有的学科开端本身是理性的，但在它把普遍原则应用到经验中个别的和现实的事物时，便陷于偶然而失掉了理性准则。在这种变化性和偶然性的领域里，我们无法形成正确的概念，最多只能对变化的偶然事实的根据或原由加以解释而已。例如法律科学，或直接税和间接税的系统，首先必需有许多最后准确决定的条款，这些条款的设定，是在概念的纯理决定的范围以外。因此颇有视实际情形而自由伸缩的余地，有时，根据此点，可以如此决定，根据彼点，又可以另作决定，而不承认有最后确定的准则。同样，如"自然"这个理念，在对它进行个别研究时，亦转化为偶然的事实。如自然历史、地理学和医学等皆陷于实际存在的规定，分类与区别，皆为外在的偶然事实和主观的特殊兴趣所规定，而不是由理性所规定。历史一科也属此类，虽说理念构成历史的本质，但理念的表现却入于偶然性与主观任性的范围。

【解说】这里是说那最高最后的哲学体系亦即黑格尔的哲学全书体系与诸实证学科的区别。一，这一哲学体系不是如文字学那样只是彼此毫无关联的零碎知识的堆积。文字学就是中国传统学术所说的小学，即研究每个字或词的起源、含义及历史演变，传统的金文甲骨文研究都是这种东西。每个民族都有自己的文字学或小学。这种学问有价值有必要，算是一种真学问，不过也是一种毫无精神性的死学问。

黑格尔的哲学全书体系也不是如纹章学那样的基于任意武断而来的知识。纹章应该是指传统西方贵族的家族族徽之类的东西，相当于今天的国徽。比如今天的人都知道中国国徽，但这个国徽对几百年之后的人来说可能就是出土文物，需要下一番功夫研究才能知道这是什么东西。这种研究可能是相当武断的,因为几百年过去了,想知道这个徽章上的某个符号或图案是什么意思,很多时候只能靠猜测,是不靠谱的。但这种猜测总得有某些客观根据,所以徽章学亦可说是一种实证科学。

有不少实证科学比徽章学可靠客观得多。这种实证科学"有理性的根据和开端。这类科学的理性部分属于哲学,它的实证方面,则属于该学科特有范围"。这类有理性的根据或开端的实证科学黑格尔又分为三种:第一种学科是这样的:它们的开端或原则"本身是理性的,但在它把普遍原则应用到经验中个别的和现实的事物时,便陷于偶然而失掉了理性准则。在这种变化性和偶然性的领域里,我们无法形成正确的概念,最多只能对变化的偶然事实的根据或原由加以解释而已"。这种学科有理性的学理根据,但它们又都与经验中个别的现实东西有关,在这时候事情就不是仅由理性说了算,而是有相当的外在性偶然性,甚至可由人的主观性去自由决定。比如法律科学和财政科学。法学是有客观的理性根据的,考察法律的理性根据的科学叫法理学,比如斯多葛派的自然法概念就是西方最早的法理学思想。黑格尔的《法哲学原理》亦有法理学的意义,是最深刻的法理学。共产党国家也有法理学,马克思的国家学说和阶级斗争学说就是其法理学根据。但具体的法律规定,比如某种罪该判多少年? 少年人犯罪应从轻处罚甚至可免于刑事处罚,那么从轻处罚或免于刑事处罚的年龄线是多大? 应是 12 岁、14 岁还是 16 岁? 这方面的规定不能不有相当的偶然性外在性。还有,财政学也有客观的理性基础,这就是社会与国家关系的哲学,国家权力行使社会和国家职能需要向社会的某些特定人群征税,这是有理性根据的。但应该有多少税种? 哪些活动或收入应征税哪些不该征税? 税率应是多少? 某些人的某些收入可以减免税,那么减免税的额度或幅度应是多少? 这方面的规定都有相当的外在性偶然性。

黑格尔还把自然史、地理学和医学都视为这种有理性的开端或原则、但其细节方面不能不有相当的偶然性外在性的实证科学。自然史与地质学和地理学相关。地球或地球上的某个地区几千万年乃至几亿十几亿年来的地理地质变化应该说有一定的理性根据。地理地质属于感性物,一切都在变化、没有不变的东西这一原则无条件地适用于地理和地质,这一原则就是地质学和地理学的一理性根据。如果一个地理学家或地质学家持有如亚里士多德和黑格尔那样的内在目的论的自然观的话,内在目的论就是这个学者的地理学或地质学思想的又一理性根据。但任何一个地区任何一段时间的地质或地理变迁又有相当的偶然性外在性,所以说地理学、地质学、自然史属于这种有理性的开端或原则、但其细节方面不能不有相当的偶然性外在性的实证科学。医学也是如此。医学的理性根据是物理学、化学、生物学和生理学,但落实到对某人的某个疾病该如何诊治?这个人得这种病的病因是什么?这里不能不有相当的偶然性外在性,所以说经验对医生很重要,一般说来年龄越大的医生越值钱,因为一般说来年龄越大经验越多,经验在这里就是偶然性外在性东西的长期积累。

【正文】(二)这样的科学也可以说是实证的,由于它们不认识它们所运用的范畴为有限,也不能揭示出这些有限的范畴和它们的整个阶段进展到一个较高阶段的过渡,而只是把这些有限的范畴当作绝对有效用。此种实证科学的缺陷在于形式的有限,正如前一种实证科学的缺陷在于质料的有限。

【解说】第二种有理性根据的实证科学是这样的,"由于它们不认识它们所运用的范畴为有限,也不能揭示出这些有限的范畴和它们的整个阶段进展到一个较高阶段的过渡,而只是把这些有限的范畴当作绝对有效用"。有限的范畴是感性和知性范畴,它们只适于用在有限物上,不能用于认识其本性是无限的东西。无限物首先是精神的东西,故黑格尔在这里所说的此种实证科学犯了用有限的范畴来认识无限的精神东西的错误。这种科学的一个例子是经验心理学,近代英国的经验论哲学其核心部分就是一种经验心理学,现代的教育心理学、儿童心理学、犯罪心理学、女性心理学、消费心理学,还有什么弗洛伊德心理学等皆属于实证的经验心理学。现代的种种实证心理学远没有洛克、休谟的经验心理学纯粹,有不少废话和胡扯的东西,而洛克、休谟的经验心理学尚勉强算得上是一种哲学心理学。但即便是近代经验论的心理学也犯有黑格尔这里指出的错误:它只知道有限的范畴,它的研究是把有限范畴用于认识无限物,故这种研究这类科学完全走错了路。人的意识:感觉、记忆、知觉、思维、想象等,还有梦、幻想等属于黑格尔所说的主观精神,作为精神的东西已是一种无限物,而洛克、休谟却是完全用感性和知性范畴来研究它们,比如洛克把观念——实际就是抽象共相——区分为简单观念和复杂观念,认为简单观念是单纯的不可分的,复杂观念是由简单观念组合而成的。比如,依这种看法,"红"就是一简单观念,"人"就是一复杂观念。简单和复杂是一对知性范畴,甚至可说是感性范畴,因为简单就是不可分的一或部分,复杂就是由诸多这样的一或部分组成的多或全体。简单和复杂这种抽象的有限的感性或知性范畴是无能理解认识精神的东西的,须知即便是如"红"、"相等"这样简单的抽象共相或观念已属于精神的范畴,有限范畴是完全无能认识它们的。如康德所言,把有限的知性范畴用来认识无限物必然会导致矛盾。比如,完全可以证明任何一个观念都既是简单观念又是复杂观念。近代经验论者认为"红"是一种简单观念,但完全可以证明它也是一复杂观念。"红"是一种存在,是一种质,"红"作为观念是自身同一的,这表明"红"这一观念是存在、质、同一等概念的一种综合,故可知"红"是一种复杂概念。又,"人"这一观念被近代经验论者看作是一种复杂观念,但完全能证明它亦是一简单观念。"人"作为一观念是一单纯的质或本质,是作为一种质或本质的单纯的一,所以说人这个观念是单纯的简单的。故可知,经验心理学的简单观念复杂观念的说法完全是无思想的,一切感性和知性范畴都不能用在哪怕是抽象观念这样貌似简单的精神东西上。

黑格尔还批评这种实证科学"不能揭示出这些有限的范畴和它们的整个阶段进展到一个较高阶段的过渡",这个过渡就是有限概念被否定、扬弃而达到无限的概念,在《逻辑学》中这一发展是从本质论过渡为概念论,须知本质论的概念基本都是有限的概念,而概念论的范畴根本上都是无限的范畴。由有限概念向无限概念的发展是一种否定之否定,是一种内在目的论的运动,实证科学经验科学当然对此是一无所知的。以上讨论表明,真正的心理学只能是用无限的理性概念来进行研究,亚里士多德和黑格尔的心理学①就是这种具有真理性的理性心理学的典范。

黑格尔还指出:"此种实证科学的缺陷在于形式的有限,正如前一种实证科学的缺陷在于质料的有限"。这里"形式"指研究所运用的概念或范畴,"质料"指研究对象。前一种实证科学即法学、自然史、医学之类,它们的研究对象是绝对有限的知性和感性东西,而经验心理学这种实证科学的缺点正相反,其质料或研究对象事实上属于无限物,而研究所运用的概念或范畴却是绝对的有限物,是感性和知性范畴。

【正文】(三)与此相关的,另有一种实证科学,其缺陷在于它的结论所本的根据欠充分。这类的实证知识大都一部分基于形式的推理,一部分基于情感、信仰和别的权威,一般说来,基于外界的感觉和内心的直观的权威。例如,许多建筑在人类学、意识的事实(心理学)、内心直观和外在经验上面的哲学,便属于这类实证科学。

【解说】第三种有理性根据的实证科学的一个例子是《精神现象学》中所说的面相学或骨相学。现代西方的经济学、人类学、社会学等种种实证社会科学也都是这种多少算有一些理性根据、但理性根据很不充分的实证科学的例子。面相学或骨相学试图根据人的头、脸的面貌来判断人的性格,这不能说一点理性根据都没有,因为人是自然与精神的统一,灵与肉的统一,人的生理如血型、相貌特征与

---

① 亚氏的心理学就是他的《论灵魂》,黑格尔的心理学是他的《精神哲学》(中译本由杨祖陶译,人民出版社出版)中的主观精神哲学中的第一和第三部分,第一部分是人类学,研究人和动物共有的精神现象,如梦、感觉等,第三部分研究有理性的人的意识活动,如记忆、直观、思维等。

心理如性格等是有某种关联的，面相学的某种合理性即在于此。但这种合理性是很有限的，因为人首先和决定性地是精神，精神东西的产生、发展唯在于后天，而面相、骨相很大程度是先天的，自然的，所以依据人的面相、骨相来推断人的性格是不大靠谱的，其根据是不充分的。

西方经济学也是这样的一种理性根据很不充分的实证科学。西方经济学的一根本缺点在于它是用有限的感性和知性范畴去研究其本性属于无限的精神东西的人的经济活动。经济属于黑格尔所说的客观精神，其本性是无限的精神东西，故西方经济学这样做是完全走错了道路。西方经济学的另一根本错误在于它甘愿停留在仅仅是描述现象的水平上，所以不配称为科学，因为科学首先必须是以本质东西为认识对象。但西方经济学也不是一点合理性也没有，其合理性在于它承认人性自私，但这对它来说也只是一种经验心理学的事实。它的合理性也仅限于此了。西方经济学更多的是依靠很多独断的假设、依靠经验，比如所谓的效用递减法则就是经验归纳来的，而它的所有假设、独断都属于黑格尔这里所说的"基于情感、信仰（未必是宗教信仰，主要指个人的主观信念。笔者注）和别的权威"之类的东西，都是没有理性根据的。如果没有大量的假设或独断为前提，这种"科学"能提供的东西就非常之少。既然这门"科学"更多地依靠无根据的假设或独断，所以完全可以有相反的假设或独断，所以西方经济学就有很多彼此对立的流派，其实用价值也就大打折扣，这就与这门"科学"的目的相违背了，因为这门"科学"是以放弃认识本质东西为代价而去追求实用价值的。所以说西方经济学是一种理性根据很不充分、主要依靠外在经验和无根据的独断、既算不上科学其实用价值也很有限的东西。其实，真正有实用价值的是财政、金融、会计这些东西。这些东西也不是科学，但很实用，它们完全是来自多年积累的经验的实用技术。从西方经济学中拿走这些东西，这种所谓"科学"就没有什么有价值的东西了。

以上所言，对现代的其他实证社会科学如社会学、管理学等基本都是成立的，所以说一切实证社会科学都是科学价值很小、近乎是废话和胡扯的东西。一个学者或读书人如果对实证社会科学总体上没有这种认识的话，他的思维能力就是很可怜的。

【正文】此外还有一种科学，即仅仅这门科学的叙述的形式是经验的，而把仅仅是现象材料的感性直观加以排列整理，使符合概念的内在次序。象这样的经验科学，把聚集在一起的杂多现象对立化，而扬弃制约它们那些条件的外在偶然的情况，从而使得普遍原则明白显现出来。——依这种方法，实验物理学和历史学等将可阐述成为以外在形象反映概念自身发展过程的科学，前者为认识自然的理性科学,后者为理解人事以及人类行为的科学。

【解说】这里提到了第四种有一定理性根据的实证科学,比如实验物理学和历史学。黑格尔这里说的实验物理学在他那个时代以化学和电磁学为代表,那时的化学和电磁学远未成熟,不得不停留在大量的盲目实验及对实验结果的经验归纳的水平上。按理说黑格尔应该对这种东西持批评态度才对,但他的说法显然是毫无批评之意。黑格尔所以如此看待、评价在当时尚未成熟的化学、电磁学,与他的某些自然哲学思想相关,也暴露了其自然哲学的某些缺点。黑格尔自然哲学一个缺点是,不少时候他试图用哲学思辨取代自然科学,这一点尤为明显地表现在他对那些尚不成熟尚在黑暗中摸索的学科的思辨上,黑格尔这里所说的"认识自然的理性科学"主要是指他对当时还很不成熟的经验科学如化学、电磁学等的哲学思辨,这些思辨具体见其《自然哲学》的相关部分,这些部分至少就细节而论是其自然哲学最失败的地方。大致说来,黑格尔承认近代经验科学的合理性,承认它(们)与思辨的自然哲学不是一回事,自然哲学不应当试图取代经验科学,他甚至说经验科学应当帮助自然哲学①。但在某些尚不成熟的学科上,黑格尔就忘了他的这些话,混淆思辨的自然哲学与经验的自然科学、用前者代替后者的做法就不知不觉地出现了。黑格尔这一失误的原因是多方面的,除了某些外在原因如当时的很多经验科学不成熟、西方传统的自然哲学与自然科学不分、德国的尤其是谢林的思辨自然哲学的影响等因素外,还有一重要原因是黑格尔对近代经验科学的总体评价过低。但对这一点我们也应予以同情的理解。在各门经验自然科学高度成熟发达的今天,对经验科学的意义予以恰当的评价很容易;但在大部分经验科学远未成熟的 19 世纪初,对具有最深刻最发达的理性思辨能力的人来说,在总体上对经验自然科学予以恰当评价就是不容易的事了。我们不能因此而在总体上否定黑格尔自然哲学,更不能因此而看不到在经验自然科学之外之上的思辨自然哲学的必要性。黑格尔自然哲学有很深刻很成功的方面,比如他对空间、时间、物质、运动及牛顿力学的某些成果(如自由落体定律和万有引力定律)的哲学思辨应该说是相当成功的,他对牛顿力学的某些思想的批评是很精彩很深刻的,远远走在自然科学的前面,甚至可说是爱因斯坦广义相对论思想的先驱。经验自然科学是一种表象思维,而思辨自然哲学是对自然的客观的纯粹思维,表象思维没有真理性,纯粹思维才可能有真理性,所以说永远需要有在经验自然科学之上之外的思辨自然哲学。举个例子。量子力学在数学和经验物理学上是很成功的,但几乎所有有思想的物理学家都对它深感困惑,这一困惑不属于作为一种数学和经验

---

① 《自然哲学》第 15 页。

科学的量子力学本身,而属于量子力学的哲学意义方面,亦即属于对量子力学的纯粹思维上,因为迄今为止纯粹理性一直无能解答量子力学对传统理性观自然观的巨大颠覆。对量子力学的这一困惑有力证明,理性由于其本性是不会满足于经验思维表象思维的,永远需要有在其之上之外的纯粹思维,永远需要有在经验自然科学之上之外的思辨的自然哲学。

第四种实证科学还包括历史科学。显然黑格尔这里所说的历史科学不是指仅仅单纯地叙述历史事实的那种历史学如编年史,而是指对历史中的普遍性或理性有洞见、依据这种洞见而去叙述历史的历史科学。如同他对化学、电磁学等实验物理学的思辨是"认识自然的理性科学",一种思辨的自然哲学一样,这种历史科学同时是"理解人事以及人类行为的科学",一种思辨的历史哲学,实际就是黑格尔自己的历史哲学。故可知黑格尔这里所说的第四种实证科学其实就是黑格尔自己的自然哲学和历史哲学。与黑格尔自然哲学在某些方面是失败的不同,黑格尔历史哲学是很成功的,是迄今为止最深刻最成功的历史哲学。比如,这些年很火的日裔美国学者福山的历史终结论,就完全是剽窃黑格尔的。

这里就有个问题:为何黑格尔自然哲学在某些方面相当失败,而历史哲学却很成功? 原因是,自然本身属于现象,属于知性的必然性领域,其中有大量有限的必然性或本质东西是表象思维可以达到的,因为表象思维和有限的本质东西一样都属于知性,所以说属于表象思维的经验自然科学如果条件允许或足够成熟的话,它是能够认识这种有限的本质的。显然,在这一领域中只有在那些客观的本质东西在表象中显露之后,亦即在经验科学成熟之后,纯粹思维才能从理性高度去阐释这些知性水平的有限本质,这就是思辨的自然哲学所要做的工作。黑格尔对此是清楚的,所以他说经验物理学应当帮助自然哲学工作。自然哲学如果没有耐心去等待经验科学的成熟,它就会犯误用哲学思辨的错误,很不幸黑格尔自然哲学就犯了这种错误。

历史当然也是一种现象或显现,它是精神本身的显现。但与自然作为一种显现或现象不同,历史现象之后之上的本质东西不是有限的知性必然性(此即自然科学的规律),而是理性水平的绝对必然性,所以以有限的知性必然性为对象的表象水平的经验科学在历史领域中是没有的,只有理性高度的纯粹思维才能洞见到支配历史的理性必然性。就是说在历史领域没有如经验自然科学那样的经验的历史科学,历史领域不存在知性水平的有限必然性或本质。这就能解释为什么很多人认为历史与自然不同,只有偶然性没有必然性,因为历史的必然性是理性的而非知性的必然性。人们通常所说所知的必然性、本质或规律都是知性水平的有限物,如自然科学规律那样,而对无限的绝对的理性必然性大部分人对此是无知的。比如,斯宾诺莎的实体就是对这种无限的理性必然性的一种纯粹洞见,但有几人能读懂斯宾诺莎哲学? 故可知关于历史的本质科学只能是理性水平的思辨历史哲学,没有也不可能有知性水平的历史科学,如自然科学那样。黑格尔具有最深刻最卓越的理性思维能力,他的思辨的历史哲学的成功故可知是不奇怪的。

§17

【正文】谈到哲学的开端,似乎哲学与别的科学一样,也须从一个主观的假定开始。每一科学均须各自假定它所研究的对象,如空间、数等等,而哲学似乎也须先假定思维的存在,作为思维的对象。不过哲学是由于思维的自由活动,而建立起自身于这样的观点上,即哲学是独立自为的,因而自己创造自己的对象,自己提供自己的对象。而且哲学开端所采取的直接的观点,必须在哲学体系发挥的过程里,转变成为终点,亦即成为最后的结论。当哲学达到这个终点时,也就是哲学重新达到其起点而回归到它自身之时。这样一来,哲学就俨然是一个自己返回到自己的圆圈,因而哲学便没有与别的科学同样意义的起点。所以哲学上的起点,只是就研究哲学的主体的方便而言,才可以这样说,至于哲学本身却无所谓起点。因而哲学便没有与别的科学同样意义的起点。所以哲学上的起点,只是就研究哲学的主体的方便而言,才可以这样说,至于哲学本身却无所谓起点(这几句话是笔者加黑的)。换句话说,科学的概念,我们据以开始的概念,即因其为这一科学的出发点,所以它包含作为对象的思维与一个(似乎外在的)哲学思考的主体间的分离,必须由科学本身加以把握。简言之,达到概念的概念,自己返回自己,自己满足自己,就是哲学这一科学唯一的目的、工作和目标。

【解说】这里加黑的那几句话译得有问题。这里是原文:"der keinen Anfang im Sinne anderer Wissenschaften hat, so daβ der Anfang nur eine Beziehung auf das Subjekt, als welches sich entschließen will zu philosophieren, nicht aber auf die Wissenschaft als solche hat. "这段原文开头的那个指示代词"der"指这里没有引出的上一句——其实是上半句——话中的"Kreis(圆圈)"。薛华译本这里译得正确。薛译本的这几句话是:"这个圆圈并没有其他科学意义上的开端,以致开端仅仅具有一种与主体的关系,这时主体欲决意进行哲学思考,但却不具有与科学本身的关系"①。贺译本完全没有译出原文的意思来。梁译本则把意思完全译反了,查一下梁译本就知道了。这几句话是说,在真正的哲学之外的其他科学或哲学中,在开

---

① 薛华译《哲学科学全书纲要(1830 年版)》导论第 17 页。北京大学出版社,2007。

端中的主体与科学只是外在的关系，这个主体做科学或哲学思考的决心亦是外在的，"不具有与科学本身的关系"，而真正的哲学或哲学本身乃是思维与存在或主体与客体的不可分离和绝对同一，在那里科学本身作为内容从一开始就是处于与思维或主体的不可分离的统一或同一的。所以整个 17 节的意思绝不是说真正的哲学与其他科学一样是以假设为开端。注意这段话开头的"似乎"，原文是"scheint"，薛译本译为"显得"更准确①，就是说考察纯粹思维的哲学本身在其开端处只是显得与其他科学一样以假设为开端，其实不是这样。说真正的哲学不是以假设为开端，并不是说它的开端起初是假设，像其他科学那样，比如数学假设了数和空间的存在，哲学在其开端处则是假设了思维的存在作为其研究对象，只是哲学本身在其发展中最后能返回自身，这样就扬弃了在开端处的假设，从而证明真正的哲学是不需要假设的。不是这样的，而是，真理是：真正的哲学在其开端处就没有假设，不需要假设。只是从形式上看，对那尚没有进入哲学本身所是的思维与存在的绝对同一这一立场的人来说，哲学的开端才是一个假设。同样，也只是从形式上看，在那些没有进入哲学本身的人看来，哲学和其他科学一样自始至终都是研究主体与科学本身的分离。但真理则是：真正的哲学或哲学本身从其开端处起研究主体与研究对象或内容自始至终都是不曾分离的。

为何说哲学本身并不是以假设为开端，并且主体与研究对象或内容自始至终都不曾分离？答案是导论中早已说过的，考察客观的纯粹思维的哲学本身自始至终都是思维与存在的绝对同一，这是在进入作为绝对知识的哲学本身之前思维或认识必须达到的立场，否则是无能进入哲学本身的。这一立场可说是一种绝对超越的理智直观，黑格尔说常识意识可以通过他的《精神现象学》而提高到这一立场，所以说真正的哲学：《逻辑学》及以其为开端的哲学全书体系是以《精神现象学》为前提的。但事实上，真正说来，《精神现象学》又是以《逻辑学》为前提的，这是在导论第二节中已经阐明的。所以说思辨逻辑学或哲学本身根本上说是以它自己为中介的，所以说是无前提的。由于这一绝对的自身中介，哲学本身自始至终都是思维与存在的绝对同一，都是某种心想事成的思维。这一超越的绝对同一保证了哲学本身这一大圆圈的任何环节中都没有假设，即便在哲学本身的开端处：最空洞最抽象的存在概念那里也已是如此。

绝对知识，那真正的哲学自始至终都不需要假设，不是从假设开始的，故可知柏拉图关于真正的哲学亦即他所谓的辩证法科学的说法是有问题的。柏拉图说哲学或辩证法科学最初同数学等其他科学一样也是以假设为开端，但其发展会达

---

① 薛华译《哲学科学全书纲要（1830 年版）》导论第 16 页。

到一无条件的第一原理,从而证明自己是无前提的绝对科学(《国家篇》511B ~ C)。说真正的哲学科学根本上是无前提的,这没问题,但说哲学起初同其他科学一样也是以假设为开端,只是后来才扬弃或超越了这个假设,则是错误的。当然我们不能苛求柏拉图,在柏拉图那里还没有无条件的真正哲学,柏拉图能意识到数学等其他科学是有限的,是以假设为前提,预见到绝对的理性科学是无前提的,这已是一杰出成就。但这样的绝对科学在黑格尔这里出现了,由此我们知道这种科学自始至终都是不需要假设的,尽管形式上看它有开端,故似乎是以某种未经证明的假设为前提的。

绝对知识的这种事实上是无前提的绝对性及它的思维与存在的绝对同一立场给人们理解它进入它带来了极大困难,甚至给黑格尔关于如何达到绝对知识的开端的表述都带来妨碍。形式上看绝对知识以《精神现象学》为前提,《精神现象学》提供了一部从感性意识上升到绝对知识的立场的一部梯子。但黑格尔知道,真正说来《精神现象学》是以绝对知识为前提的,绝对知识真正说来仅以自身为前提,所以说是无前提的。但绝对知识虽说是无前提的,却是有立场的,这一立场亦是无限的绝对的,这个立场就是思维与存在的不可分离和绝对同一。形式上讲常识意识可以通过《精神现象学》这部梯子而逐步提高到这一立场,但这部梯子一则事实上无用,二则《精神现象学》不属于他的正式的哲学体系;这也是合理的,因为《精神现象学》事实上是以《逻辑学》为前提的,所以真正的体系或哲学本身以《逻辑学》为其第一部分,这个体系作为绝对理念或上帝对自身及对自然或精神这两大实存的宇宙的认识,只能是从自身开始而不能像《精神现象学》那样从感性意识开始。但这样就产生了一个问题:在这一体系或哲学本身中如何对朴素的常识意识阐明哲学本身的开端? 当然,哲学本身作为绝对超越的绝对理念对自身的知识可以完全不考虑这个问题,但这一体系不是给上帝而是给人写的,所以黑格尔不能不正视这个问题。黑格尔在《逻辑学》第一部分存在论之前写了一篇相当于引言的"必须用什么做科学的开端"。这个引言说哲学本身应当以无中介的直接性为开端,这没有问题,这个引言从标题看完全可以不关心从常识立场出发如何能到达这个开端所要求的那一绝对超越的立场这一问题。但还是上面说的,这一体系不是给上帝而是给人写给人看的,故这个问题是无法回避的,所以黑格尔在这篇引言中试图解答这个问题。但这一回答是失败的,这是必然的。由于哲学本身的无前提性,由于坚持一切都应当在哲学本身中去阐明或证明,而《精神现象学》不属于哲学本身,同时黑格尔拒绝理智直观的说法,这使得从常识立场出发如何能到达哲学本身的开端所要求的那一绝对超越的立场这一问题在这一体系或哲学本身中是无法解决的。由于避开《精神现象学》这一途径,由于拒绝理智直观的说法,黑格尔关于哲学本身的开端只好说:"当前现有的只是决心(人们也可以把它看作是一种任意独断),即是人们要考察思维本身"①。这句话作为对这个问题的回答轻则说完全是误导人的,严格地说是完全错误。哲学本身及其开端的立场是完全超越的思维与存在的绝对同一,在这里思维的主体与客体都是完全超越的绝对理念或上帝,有限的常人的思维、决心之类在这里早已被超越了。

以上讨论表明,那唯一真的哲学体系的两种构想:后来的把《精神现象学》排除在外的哲学全书体系与耶拿时期的体系构想:把《精神现象学》作为哲学体系的第一部,第二部则由《逻辑学》、《自然哲学》、《精神哲学》这三阶段构成②,这两种体系构想各有其合理性又各有局限。那唯一真的哲学体系是绝对超越的自在自为的客观思维,是上帝对自身的认识或思,它是无前提的,不以任何有限的东西为前提,故以感性意为开端的《精神现象学》就不应是哲学体系的一部分。但这一陈述上帝的思的哲学体系亦是写给人看的,它必须提供一个从感性意识有限意识上升到绝对超越的绝对知识的立场的梯子,《精神现象学》作为这部梯子应当是哲学体系的第一部。故可知,黑格尔在哲学体系构想上的这一摇摆不定是由事情本身的困难决定的,是不可避免的。

拒绝理智直观的说法亦是黑格尔被迫说出上述那句糟糕的话的重要原因。我们在导论第十节中说过理智直观这一说法的合理性及局限,但黑格尔显然看重这一说法的局限而轻看了其合理性。其实,理智直观的说法对帮助人们进入黑格尔哲学作用是很大的,甚至是不可或缺的。黑格尔所说的纯粹概念每一个都是思维与存在的一种绝对同一,《逻辑学》的立场就是思维与存在的绝对同一,理智直观作为心想事成的思维,作为既是思维又是直观的创造性思维或精神,与黑格尔的纯粹概念纯粹思维是完全一致的。理智直观与黑格尔的概念辩证法也不是不相容的,比如,依黑格尔直接性与间接性的辩证法就完全能理解理智直观。理智直观的内容是思维与存在的某种统一或同一,其形式是一种直接性,但它是有中介的。它的中介有两种,一是,有限的感性和知性意识是它的中介,作为思维与存在的统一或同一的理智直观是从有限意识出发并超越有限意识才能达到的。二是,在绝对知识本身的运动中处处都有理智直观。我们知道,正、反、合亦即肯定、否定、否定之否定这种三一式是客观的纯粹思维的运动的绝对形式,其中第三个环节对前两个环节的关系是无限的,它对前两个环节既有肯定又有否定和超越,同时又是一更高领域的直接东西,前两个环节则是这一直接性的中介,完全可以

①　《逻辑学》上卷第54页。
②　转引自杨祖陶《康德黑格尔哲学研究》第212页。人民出版社,2015。

说那客观的纯思从前两个环节向第三个环节的运动就是发生在这一纯思中的一理智直观,须知客观的纯思既是思维又是直观,所以说理智直观这个说法不仅不违反黑格尔的概念辩证法,它对帮助人们理解概念辩证法是有不小作用的。

关于绝对知识的开端还有一点要注意,说绝对知识并没有别的科学那样的开端,这并不意味着它的形式上的开端在哪里是无所谓的。作为纯粹理性或理性本身对自身的知,这一体系从最抽象的存在概念开端是最合理的,甚至可说是必然的,这是可以从多方面论证的。纯粹理性作为以自身为对象的纯思最初不知道自己是思维、仅认自己是无中介的直接存在;纯粹理性的发展是从抽象到具体;纯粹理性的运动发展具有历史——这首先是哲学史——与逻辑相一致的特点,这一切都要求纯粹理性的体系应从空洞的存在概念开始。《逻辑学》的那个引言"必须用什么做科学的开端",其最终结论也是说以存在概念为开端是最合理的,是必然的。

又,绝对知识或哲学本身的开端不是假设,故从这一开端开始的运动最终返回到开端,从而扬弃了开端,其意义并不是说原先只是假设的开端被理性本身证明或提供出来了,从而被证明不是假设。纯粹思维的这一最终返回到开端的运动其所具有的一个意义是如上面所言,把原先的未经证明的开端证明或提供出来了,但这不是扬弃开端原初所是的假设性,而是扬弃它的直接性。直接性和中介或间接性都不是真理,真理是直接性与间接性的不可分离和统一,这种统一是一个运动,这一运动是从原初只是直接的东西出发向前进展,这一进展同时是深入自身,这一深入自身最终彻底回到自身,从而证明原初的直接东西并不仅是直接的,而是有充分的绝对的根据或中介的,开端的直接性由此被扬弃了。真理是以自身为根据或中介的、真理是直接性与间接性的不可分离和统一,这些真理都籍这一运动而得到了绝对的证明。

纯粹的思辨逻辑学在其发展的最后阶段:概念论时才回到了自己的开端,证明这一开端亦即思维本身的存在是由纯粹思维自己提供的。自己证明自己,亦即从一个前提出发向前推演,最后把这个前提亦推演出来,形式上看是一种循环论证,在形式逻辑上是非法的。故可知黑格尔这里说纯粹思维的发展最后会返回自身,证明其开端,从而证明思辨逻辑学是不需要前提的无条件的绝对科学,这个说法的真理性是就客观的纯粹思维的内容说的。纯粹思维的内容作为思维与存在的绝对统一,也是形式与内容的绝对统一。思维与存在或形式与内容的分离是有限思维有限科学的特点和局限,在有限思维有限科学中内容或存在并不思维自己,不以自己为对象,对象的存在在认识或思维之外,就是说在有限思维有限科学中思维是且只能是没有内容、与内容不相干的形式,而对象或存在则是与形式或思维不相干的内容,所以说以自身为对象的思维在有限思维有限科学中是不允许的。自身循环论证就是一种以自身为对象的思维,这就是为何形式逻辑视其非法的根本原因,因为形式逻辑是那以思维与存在或形式与内容的分离为前提的有限思维有限科学的逻辑。但对作为思维与存在形式与内容的绝对同一的思辨逻辑学,这一禁止循环论证的禁令是失效的,或者说思辨逻辑学所是的这一自身返回的圆圈运动并不是形式逻辑所说的循环论证。但若明白这一点,必须读懂《逻辑学》概念论的正文,因为纯粹思维是思维产生存在这一思维与存在或形式与内容的绝对同一,这一点是在概念论中才得到充分证明的。诚然思辨逻辑学一开始就是思维与存在形式与内容的绝对同一,但思维最初并不真正知道这一点。真正知道这一点的纯粹思维就是知道自己能无中生有心想事成的理智直观,就是知道自己能产生存在的创造性思维,概念论的内容就是这种理智直观。所以说,除非能读懂《逻辑学》的概念论,进入概念论所是的那一理智直观及其运动,否则黑格尔这里所说的思辨逻辑学是无前提的绝对科学这一说法是无法理解的,思辨逻辑学以无中介的直接性为开端、最终回到开端从而扬弃了这一开端,这一推演或运动为何不是形式逻辑的循环论证就是无法理解的。

纯粹理性或真理所是的这一从自身出发最终回到自身的运动,其所具有的另一意义乃是黑格尔这里所言的:纯粹理性在开端时"包含作为对象的思维与一个(似乎外在的)哲学思考的主体间的分离",这一分离在这一运动完成时,将会"由科学本身加以把握"。纯粹思维自始至终都是思维与存在的不可分离或绝对同一,是以自身为对象的心想事成的思维,但这一纯思最初不知道不认为自己是思维或知,仅认自己是无中介的直接存在,故在开端处的纯思就仅只作为无中介的直接存在而被知,这就是黑格尔在大逻辑中所言的,在开端处的纯思或纯知是"停止其为知"的,"知就消失于这个统一体中,没有留下与这个统一体的任何区别"[①]。在开端处的纯思或纯知"停止其为知"不是因为它不是思或知,而是因为它不知道不认为自己(同时)是思或知。绝对的纯思是心想事成的思维,它如何思维自己自己就如何存在,故在这里它就仅作为直接存在而被纯思自己所知,也被有理性的人所知。纯思在开端处仅作为直接存在而被纯思自己所知,故纯思在这里就不知道作为思或知的自己,只知道作为直接存在的自己。只知道作为直接存在的自己的纯思其现实内容就不是思或知而只是直接的存在了,所以说纯思或知在这里就"停止其为知","知就消失于这个统一体中"了。"这个统一体"就是绝对的纯思自始至终所是的思维与存在的绝对统一,但在纯思的开始作为这一绝对

---

① 《逻辑学》上卷第54、58页。

统一或同一的纯思不知道不认为自己是思或知,所以思或知"就消失于这个统一体中"了,故可知绝对纯思的开端不仅是思维与存在的不可分离或绝对同一,亦是思维与存在的绝对矛盾或绝对的不同一。但在纯思的开端处纯思不知道不认为自己是思,这并不取消它事实上(同时)是思或知,只是在这里绝对的纯思处于一种作为主体的思或知与作为客体或存在的纯思的分离中,这一分离就是,作为思或知的主体的纯思被纯思忘了,纯思只知道或者说只是作为对象或客体的存在;在这里,事情本身就只是存在,作为思或知的主体的纯思似乎是外在于事情本身的,仿佛这里只有存在没有思维或知似的。以上讨论表明,黑格尔这里所说的"(似乎外在的)哲学思考的主体"不是——至少首先不是——读《逻辑学》的我们,而是在这一绝对同一中的能思的思亦即绝对理念或上帝。但在哲学本身或科学的开端处的这一分离最终会被扬弃,因为绝对纯思最后发展到概念论阶段时,就知道自己是心想事成的思维,一切客观东西都是自己思维出来的,开端处的仿佛与主体或思维不相干的直接存在就完全被扬弃了。在概念论阶段知道自己是心想事成的思维的纯思就是黑格尔所说的"概念的概念",其中前一个"概念"是概念论之前的纯思所是的诸概念,这些概念事实上都是心想事成的思维这种思维与存在的绝对同一,但它们都还不知道这一点。当纯思完成了深入自身认识自身的绝对运动、成为"概念的概念"时,纯思或哲学本身就绝对地满足了自己,达到或实现了自己的目的或目标,这一目的就是:充分地绝对地认识自己。

还有一点必须说的是,黑格尔这里说经验科学只是以假设为开端,并不回到这个假设,所以是绝对有限的科学,这个说法在当时没问题,在今天看来就不完全成立了,就是说20世纪的许多科学都已发展到似乎扬弃了假设而成为一种自身无限的东西。现代物理学、逻辑学、数学、生物学等都是如此。比如,牛顿力学有一些独断的假设,这些假设在这一体系内是不能证明的,比如牛顿关于抽象的绝对空间和绝对时间的假设、关于空间、时间、物质和运动彼此不相干的假设。但爱因斯坦的广义相对论把这些假设完全超越和推翻了。其实,完全可以把牛顿力学和爱因斯坦的相对论力学看作是同一个力学的发展,这一发展在其开端处还依赖上述那些假设,但到20世纪,力学发展到爱因斯坦那里,明显是回到了其在牛顿那里的假设或开端并超越和扬弃了这一开端,从而证明自己自在地是一种无限的科学。理性的无限物只能是以自身为对象的思维,20世纪的物理学在某些领域确乎达到了这一水平,比如量子力学和相对论明显已是一种以自身为对象的无限的科学。不仅力学是如此,现代数学和分子生物学亦是如此,逻辑学亦是如此。传统形式逻辑是一门相当有限的、依赖很多假设的科学,但现代数理逻辑完全不是这样了,它明显是一门无限水平的科学,比如著名的哥德尔定理,这个定理的一个意义乃是表明,现代数理逻辑是一种实际超越或扬弃了假设的以自身为对象的自己规定自己的无限的科学。

经验自然科学和逻辑学的自觉思维水平是感性和知性的,感性和知性思维是有限的思维,为何知性水平的诸多近现代科学能成为事实上超越和扬弃了假设的无限科学? 这个问题用黑格尔哲学不难解答。近现代的数学、经验自然科学和逻辑学都首先是感性和知性水平的有限的思维。但作为近代理性的思维,这种有限思维自在地是被宗教改革的精神中介了的,而宗教改革的精神是基督教的三位一体这一最高的理念或自由精神,是知道自己在一切特殊事物中都同时是超越了这一特殊性有限性而回到自身、从而证明自己在一切有限物特殊物中都是自由的——或有能力达到自由——的具体的普遍性,近代科学和哲学——首先是前者——乃是这一最高的自由精神进入现实的自我意识的产物,须知外部自然和知性思维都是这一能动的现实自我意识的对象或环节。近代理性就是这个能动的现实自我意识的纯粹化,作为现象的外部自然就是这一无限的纯粹自我意识对象化自身的产物,这是康德已经证明了的。同样,纯粹表象水平的感性和知性思维——数学和逻辑学就属于这种思维——作为这一以自身为对象的普遍性之下的某一特殊领域,也必然是为这一无限的普遍性绝对中介了的,这就是为何其自觉思维水平乃是有限的感性和知性思维的诸多近现代科学自在地却是自己规定自己的无限水平的科学的根本原因。在 20 世纪前,在黑格尔的时代,近代科学的发展水平还不高,不少科学还在黑暗中摸索,那些初步成熟的科学如力学其水平也不够高,其自在地所是的无限水平还基本未显露出来,显得还是以在自身中扬弃不了的某些假设为开端,故黑格尔认近代自然科学是以假设为开端的绝对有限的科学,在当时是完全符合事实的。近代科学发展到 20 世纪已高度成熟发达,它自在地所是的无限水平必然会开始显露或表现出来,成为科学的现实。

值得一说的是,黑格尔事实上已认识到,当时的牛顿力学自在地已是一种无限的思维和科学。黑格尔把牛顿力学中的纯思分为三个发展阶段:一是空间与时间,二是作为有限力学的物质与运动,三是作为绝对力学的万有引力定律。他称"万有引力是实现为理念的真正的或确定的物质形体概念"[1]。理念是自己规定自己的无限的思维,所以说黑格尔这里乃是认为牛顿力学自在地已是一门超越了假设和有限思维的无限水平的科学。笔者认识到 20 世纪以来的诸多科学自在地亦是超越了假设的无限的科学,依据的正是黑格尔哲学,黑格尔哲学的价值和威力由此可见一斑。黑格尔之后的哲学远落后于科学。由于学识有限,笔者的这一

---

[1] 《自然哲学》第 84 页。

认识仅是原则性的,而20世纪以来的科学发展在期待和呼唤今天的黑格尔,如老黑格尔当年所做的那样,有能力对现代自在地已达到无限水平的诸科学作出纯粹哲学水平的消化理解,以使今天的纯粹理性得到满足。

§18

【正文】对于哲学无法给予一初步的概括的观念,因为只有科学的全体才是理念的表述。所以对于科学内各部门的划分,也只有从理念出发,才能够把握。故科学各部门的初步划分,正如最初对于理念的认识一样,只能是某种预想的东西。但理念完全是自己与自己同一的思维,并且理念同时又是借自己与自己对立以实现自己,而且在这个对方里只是在自己本身内的活动。因此〔哲学〕这门科学可以分为三部分:

1. 逻辑学,研究理念自在自为的科学。
2. 自然哲学,研究理念的异在或外在化的科学。
3. 精神哲学,研究理念由它的异在而返回到它自身的科学。

上面§15里曾说过,哲学各特殊部门间的区别,只是理念自身的各个规定,而这一理念也只是表现在各个不同的要素里。在自然界中所认识的无非是理念,不过是理念在外在化的形式中。同样,在精神中所认识的,是自为存在着、并正向自在自为发展着的理念。理念这样显现的每一规定,同时是理念显现的一个过渡的或流逝着的环节。因此须认识到个别部门的科学,每一部门的内容既是存在着的对象,同样又是直接地在这内容中向着它的较高圆圈〔或范围〕的过渡。所以这种划分部门的观念,实易引起误会,因为这样划分,未免将各特殊部门或各门科学并列在一起,它们好象只是静止着的,而且各部门科学也好象是根本不同类,有了实质性的区别似的。

【解说】这一节是接着§15、16两节说的。真正的哲学是客观的绝对的绝对理念或纯思以自身为对象的思维,是自己规定自身的绝对活动和运动,哲学的各环节各部门及其内容都来自绝对的纯思的自身规定,故哲学有哪些部门哪些环节,是要等到进入哲学本身后才能知道的。黑格尔由于已经把握了纯思的全部运动及由这一运动所建立的哲学的全部内容,所以他能预先在这里预告哲学的各部门。

哲学有三个部门:逻辑学、自然哲学、精神哲学。逻辑学研究抽象的纯思或绝对理念本身。在这里纯思还没有实在化,所以说是抽象的,抽象即是实存在这里被抽象掉了。注意这不是人的抽象,而是事情本身的抽象,客观的绝对的事情本身就是从抽象到具体的发展,自然和精神这两大实存的宇宙就是从抽象的纯思或绝对理念发展而来。逻辑学是研究理念自在自为的科学,理念就是抽象的纯思,它是以自身为对象的思维,这一纯粹思维是自己建立和规定自己的,它是一自己形成自己发展自己的过程或运动。抽象的纯思是籍自身否定而建立自己的,纯思的自身否定或建立自己就是它的自为存在,自为就是为自身,为自身就是把自己建立起来的运动,被建立起来的纯思就是作为自在存在的纯思,所以说绝对理念或抽象的纯思是绝对的自在自为。逻辑学研究抽象的纯思本身,研究纯思如何逐步把自己建立起来这一自在自为的运动。注意,这一研究的主体亦是绝对的纯思本身。读《逻辑学》的人如果能进去能读懂的话,只是因为他超越了自己的主观性有限性而把自己提高到了与绝对理念绝对纯思同一的立场,所以说《逻辑学》的内容不仅是纯思的自在自为的运动,亦是纯思或绝对理念对自己的绝对自觉。以上所言对《自然哲学》和《精神哲学》亦是成立的,《自然哲学》和《精神哲学》都不是以有限的人的立场而是站在绝对理念或绝对精神的立场或高度去考察或陈述自然和精神的内容的。

　　第二个部门是自然哲学,研究的是外在于自身的绝对理念,是绝对理念的他在,这就是自然的概念,自然的概念就是站在绝对理念的高度或立场去看待自然,是就其与绝对理念的关系而言的自然,这一关系就是自然本身,因为自然来自绝对理念。所谓绝对理念的他在是指不在自身中的绝对理念,这就是自然。说自然是绝对理念不在自身中,不是说自然与绝对理念不相干,不是说自然不是绝对理念的一种显现或实存形式,而是说,这种形式中的绝对理念不知道自己,对自己没有自觉或知。绝对理念是对自身的绝对的纯粹的知,但在自然这种形式的绝对理念中绝对理念丧失了知。但绝对理念是绝对的纯思或知,它不可能丧失知,所谓自然是丧失了知的绝对理念,是说自然是绝对理念的这样一种知,这种知不知自身是知或思,仅认自身是一种自在存在。我们知道作为《逻辑学》的开端的存在概念也是这种东西。自然这种自在存在与《逻辑学》中的空洞的纯存在当然不是一回事。二者的区别一是,前者是一种实存而后者不是实存,而仅是一种抽象的纯思;二是,自然来自绝对理念的全体,而纯存在只是绝对理念中的一个环节罢了。但它们有共同之处;共同之处在于,二者都是理念或纯思的这样一种知,这种知仅认自己——或仅知道自己——是直接的自在存在,而不知道或不认为自己同时是知。所以说自然乃是绝对理念的全体以这样的形式存在,在这种形式中,绝对理念不知道或不认为自己同时是知,而仅认自己是一种直接的自在存在。故可知,在自然那里不是没有知,而是,自然只是一种被知的绝对理念,它被能知的绝对理念所知。这个能知的绝对理念作为绝对理念形式上看仍是对自身的知,但这种知乃是：仅认或仅知自己是一直接的自在存在，所以在这里绝对理念就不是作为现实的知，而仅只是作为一被知的自在存在的东西，这就是自然。以上所言用通俗的话说就是，自然是上帝的对象，它被上帝所知，上帝对自然的知同一地即是上帝创造自然。但上帝在这里不知自身只知自然。所以说在自然那里不是没有知或思，在自然那里仍是有知或思的，并且这个知或思还是绝对的，只是这个知或思不知自己罢了。至于抽象的绝对理念是如何成为自然的，这里就不具体说了。

哲学的第三个部门是精神哲学。自然是绝对理念的他在，是为他——为绝对理念和精神——而存在的东西。自然是绝对理念建立的，所以说自然并非自为的存在，而是为绝对理念而存在。自然也是为精神而存在的。自然是不知自身因而在自身之外的绝对理念。但绝对理念是对自身的绝对的知，故绝对理念不可能停留在不知自身仅认自己是一自在存在的自然中，它必然要从这一外在的异己的形式中回到自身，自然的发展就可看做是绝对理念在这一异己的形式中努力回到自身的过程或运动，这一努力回到自身的过程或运动形成或建立了自然的各领域各阶段。这一运动的完成就是现实的精神的出现，所以说自然是为精神存在的，甚至可以说是以精神为前提的，因为精神可以说是潜在于自然中，自然的发展、自然从低到高的各阶段的形成，其目的是为了精神的出现，所以说自然是以精神为前提的，精神是自然为之而存在的绝对目的，所以说哲学本身亦即哲学的全体是一个返回自身的大圆圈。但首先还应该说精神是以自然为前提的，它是从自然中发展出来的。注意，上面所说的自然从低到高的发展及这里所说的精神在自然中的出现首先都不是时间中的事情，犹如上帝创造自然不是时间中的事情一样。但也完全应当说，前两者也同后者一样是充满时间的，亦即，自然从低到高的发展及精神在自然中的出现是每时每刻都在发生的永恒的现在。

自然只是被知的理念，仅仅被知的理念为了达到自己的概念，即成为绝对自知的理念而最终超出自然，成为现实的实存着的理念，这就是精神。但作为绝对自知的理念的精神亦有一从抽象到具体的发展过程，最初的精神还不是精神本身而只是精神的现象，这就是意识和自我意识。精神最后发展成为绝对自知的现实的精神，此即绝对精神，绝对精神就是实存着的绝对理念。绝对精神有艺术（主要是希腊艺术）、宗教（主要是基督教）和哲学（其顶峰和完成是黑格尔哲学）这三个发展阶段，最终在黑格尔哲学这里绝对理念达到了对自身的现实的充分的绝对的知，哲学作为绝对理念认识自身实现自身的圆圈运动至此就完成了。精神与自然不同。自然仅是自在存在的——因此也只是为他存在的——理念，精神则是自身能动的，并且它知道这一点，所以说在精神中绝对理念重新成为自在自为的存在。

注意，哲学的第二和第三阶段：自然哲学和精神哲学所说的自然和精神都是合乎其概念或理想的自然和精神,其现实乃是宗教改革之后的西方文明所是的精神及近现代科学所认识的自然。宗教改革的精神就是基督教的精神,它是理性和精神的最高理想,这一理想在宗教改革之后在西方逐渐成为现实。比如,黑格尔《法哲学原理》考察的就是这一达到了理想的精神全体中的客观精神环节,主要是社会和国家。这本书所说的社会是近现代西方的市民社会,国家是近现代西方的宪政民主国家。但我们不能说《法哲学原理》就是研究近现代西方的社会和国家的。《法哲学原理》首先是考察达到了社会和国家的概念或理想的社会和国家的,它是依据客观精神的概念亦即社会和国家的概念来陈述理想的社会和国家是什么样,只是因为这一理想在宗教改革后的西方逐渐实现了,才使得这本书同时亦是对近现代西方社会和国家的考察或陈述。当然,历史和现实中都有大量不合乎精神的理想的精神,甚至可以说都有不合乎自然的概念或理想的自然。古代各民族的社会和国家都是不符合——至少不完全符合——客观精神的概念或理想的;现代社会除了新教国家外,也都是不符合这一概念或理想的。黑格尔哲学也考察或有能力考察那些不符合精神的概念或理想的民族的精神和社会生活,他的《历史哲学》和《宗教哲学》都有这个意义。

自然与精神不同。依黑格尔,自然没有历史,亦即自然没有时间中的发展。黑格尔反对进化论,当然不是反对达尔文的进化论。黑格尔在达尔文之前,但自然在时间中有发展的进化论思想在西方可是源远流长。这里不是讨论进化论是否合理或有多少合理性的问题,而只需指出一个事实:只要我们知道区分变化与发展,就会知道,在人类历史这一时间尺度上,自然是没有发展的。自然没有发展,自然是绝对理念的他在,这意味着自然不可能不符合其概念。上面说有不符合其概念或理想的自然,说的不是作为绝对理念的他在的自然本身,而是指历史和现实中的某些民族的自然观。各民族各文明的自然观是由这一文明所是的精神决定和规定的,比如中华文明的自然观充分表现在道家那里,这一自然观是不符合自然的概念的。除了基督教文明的自然观外,所有民族或文明的自然观都是不符合——至少是不完全符合——自然的概念的。近现代西方科学的自然观决定性地来自基督教,自在地是符合自然的概念的,这就是为何仅依据自然的概念来考察或陈述自然的内容的黑格尔《自然哲学》其内容却与近代科学相一致的根本原因。黑格尔哲学亦是有能力考察那些不符合自然的概念的自然观的,他的《宗教哲学》的某些内容就有这个意义。又,拙著《论黑格尔的中国文化观》(社科文献出版社,2005)和《思辨的希腊哲学史(一):前智者派哲学》(人民日报出版社)的相关部分依黑格尔的精神概念对中国传统的及古希腊人的自然观有详细考察,可以参阅。

第一部分　存在论（Die Lehre vom Sein）

《小逻辑》第二导论"逻辑学概念的初步规定"，其最后一节对逻辑学的存在论、本质论和概念论这三大部分有一个扼要的介绍，所以在讲解存在论之前先讲一下这一节。

§83

【正文】逻辑学可分为三部分：1. 存在论。2. 本质论。3. 概念论和理念论。这就是说，逻辑学作为关于思想的理论可分为这样三部分：

1. 关于思想的直接性——自在或潜在的概念的学说。

2. 关于思想的反思性或间接性——自为存在和假象的概念的学说。

3. 关于思想返回到自己本身和思想的发展了的自身持存——自在自为的概念的学说。

【解说】《逻辑学》第三部分是概念论。为什么黑格尔这里补充个"理念论"？看《小逻辑》目录，第三部分概念论分成三部分：主观概念，客体、理念，所以黑格尔这里加了个理念论。

这里"思想的直接性"一语所说的直接性指逻辑上的最初，而最初的理性思想都是感性或外在性的思想，如感性的质、数和量等。黑格尔这里说的思想不是人的思想，是客观概念。思想的直接性亦即直接性阶段的思想就是人们可以凭着感觉或感性直观来表象的那些思想，这种思想的内容可以靠感觉、感性直观这些感性方式直接把握，是处于直接性自然性或外在性阶段的概念。

"自在或潜在的概念的学说"。自在就是自在存在，在这里指直接的或外在的存在。在黑格尔哲学中，直接性、自然性、外在性和感性这些说法很多时候是一个意思。潜在的概念当然是概念。但是真正的概念是有生命的，能动的，真正的概念是自由，是在自身中规定自己，在自身中发展，对它来说完全没有他物，这是真正的概念，这种概念要在第三部分概念论那里才有。在存在论阶段，概念处于纯然的直接性外在性中。依黑格尔，无机自然中的存在自在地是有生命的，只是它表现在外在的感性的形式中，比如时间空间、力和物质等。所以说可予以感性直观的直接性的概念自在地是有生命的，在它之内有真正的概念或理念，但理念在这里只是间接地起作用，处于潜能状态。比如，如果问儿童有没有理性，我们只能说他会有理性，他必将有理性，但理性在儿童那里处于潜能状态，因为他现在还没有理性。所以说直接性阶段的概念就是尚处于潜能中的概念。

黑格尔对逻辑学三个部门的划分与康德《纯粹理性批判》三部分的划分大致相似，但不是严格对应。黑格尔这里是存在论、本质论、概念论，康德那里是先验感性论、知性论（康德叫先验分析论）和理性论（康德叫先验辩证论）。思想的直接性就是在感觉中、在感性直观中能被表象被知觉到的概念，这大致就是康德的先验感性论的内容，在黑格尔这里是存在论的内容。存在论的第一部分是质，质主要是定在，感性的规定性，比如感觉能够把握的热（的东西）、冷（的东西）、红（的东西）、愉快（的东西）之类。存在论第二部分是量，即数（离散的量）和量（连续的量），是数学的对象，在康德那里这些都是先验感性论要考察的内容。康德的先验感性论的主要内容是空间和时间，但在《小逻辑》存在论量这一部分的正文中并不考察空间时间，因为空间和时间不是纯粹概念，而只是量这一纯粹概念的一种显现或表象形式，所以说康德的先验感性论与《小逻辑》存在论中的量这一概念完全是对应的。

逻辑学第二部分是"关于思想的反思性或间接性——自为存在和假象的概念的学说"。前面说的是自在的直接的存在，这里是自为的存在。自为的存在简单说来就是为自身的存在，或者说是能够保持自身的存在，能够在他物的否定面前，在对他物的关系中保持住自身，这叫自为存在。举个例子，原因与结果，它们是本质论阶段的范畴。结果是不同于原因的，但原因在结果面前能保持住自身，即在结果那里原因仍是在场的。在存在论阶段则相反，一个新的东西或规定性出来，原来的规定性就被否定了，消失了。本质论阶段的概念不是这样，本质论阶段的东西能够在对立的一方面前保持住自己，这种关系黑格尔叫映现（Schein）。贺麟译本把这种映现关系译为"反思"，这个译法主观性太强。《逻辑学》考察的是客观思想，所以这个 Schein 译成映现更好一些，梁译本就是这个译法。

这里说的反思（映现）不是人的反思，而是思想映现或反映它自己。原因和结果是相互映现的关系，原因在结果那里映现自己，回到自己，结果在原因那里映现自己，回到自己，就是说在结果中不单单只有结果，原因也在场；同一地，在原因那里结果也在场，这种映现必然是相互的。这也表明了间接性。为啥是间接性？知道何谓原因也一定知道何谓结果，不知道何谓原因就必然不知道何谓结果，结果和原因乃是互相规定地关联在一起的,这就是原因和结果互为中介相互映现。相互映现是内在于相互映现着的两个概念中的,但这两个概念仍是不同的东西,结果并不是原因,结果还在原因之外,原因也在结果之外。所以这就不像存在论阶段的概念。在存在论阶段,一个直接的质的东西如红的东西,或一个广延性的东西,是直接把握到的,这叫感觉或感性直观。但把握本质论阶段的概念,是要通过对另一个概念的认识才能达到的,亦即是通过这二个概念的映现关系来把握的,所以说是间接把握的。本质论阶段概念的一个特点是,它是有限的关系。黑格尔说,我们可以说上帝(是)存在,上帝是概念,上帝是自由,但不能说上帝是关系,上帝是判断,因为上帝是绝对,是唯一,是无限,不是两个东西的有限关系。

"自为存在和假象(Schein)"。译成假象不对,梁译本译为映现或映像是对的。黑格尔逻辑学中Schein及相关的词,贺译本从存在论开始的正文,即不包括〔说明〕和附释的那些正文,其中的"反思"或"反映",大都应改成映现或映像:原因在结果那里映现自己,结果在原因那里映现自己。

逻辑学第三部分是"关于思想返回到自己本身和思想的发展了的自身持存——自在自为的概念的学说"。前两个部分,一个是自在的概念,第二个是自为的概念,第三部分是自在自为的概念。自在的概念是仿佛无中介的直接的概念,在第二阶段本质论中没有这种概念,都是间接性的,通过相互映现才能把握、认识的概念。第三部分是既自在又自为的概念,这种概念既是直接的存在,甚至具有感性的方面,它们同时又是有中介的,是间接性的。"思想返回到自身"是什么意思?逻辑学考察了那么多概念,黑格尔说实际上只有唯一的一个概念。在存在论阶段这个唯一的概念只是潜存着,直接看是没有的,只有直接存在的感性思想:红(的东西)、大、长、宽、高,空间、时间等。这些感性东西是相互外在相互排斥的。比如在直观感觉的红时,蓝、白的感觉就不见了,就是说蓝或白在红的感觉中没有得到丝毫的肯定,而是完全被否定。又比如,当我直观量的东西如数、空间的时候,质的东西的感觉都过去了,质的范畴全过去了,全被否定掉了。所以说在存在论阶段,只有否定一个概念才能达到另一个概念,一个概念消失在另一个概念中。

概念论中概念的运动就是概念返回自身,因此真正是只有一个唯一的概念,概念论的所有概念是同一个概念的发展。就像一个小孩长成大人,这个小孩和这个大人是同一个人,我们都知道,他自己也知道他以前作为小孩现在作为大人虽然是不同的,却是同一个人。概念论阶段开始明确:只有唯一一个概念,它不可能被外在地否定掉,它的运动或否定只是充实自己,发展自己,这就是概念论阶段的概念。

本质论阶段已经是思想返回自身,但还没有完成这个返回自身的运动,所以本质论阶段的那些概念不像在存在论阶段的概念那样,在新出现的概念面前原来的概念消失了。本质论阶段乃是在新的概念面前原有的概念没有丧失,而是在新的概念中得到映现,本质论这里乃是两个概念相互依赖,互为中介,相互映现的关系。所以说这时概念处于关系阶段,你不能说它完全独立,那就是一个自由的独立的实体或个体,那是概念论阶段的事。但它已不是如存在论阶段那样完全是直接的外在的东西,不是只有被否定才能出现另一个概念。

完全独立就是绝对的自为,只是为自己,只是回到自己,并且自己把自己建立起来,这就叫自在自为:自己的存在是完全由自己建立起来的。相比之下本质论的自为就不是完全的绝对的,而是有限的有条件的。原因与结果互为中介,在结果那里原因并没有丧失自己,而是保持了自己,所以说原因是自为的。但原因以结果为中介,原因所以能保持自己是通过与结果的相互反映的关系,而结果毕竟不是原因,二者是两个东西。故可知原因的自为性不是绝对的,本质论阶段的概念皆是如此。

下面看这一节的附释。附释是黑格尔去世后他的弟子根据学生的课堂笔记编辑整理的。《小逻辑》的每节内容分三部分:正文,说明,附释。正文和说明都来自黑格尔生前出版的《哲学全书》讲义。附释文句较通俗,且经常举例子,能大大帮助我们理解正文。

【正文】附释:这里所提出的逻辑学的分目,与前面关于思维的性质的全部讨论一样,只可当作一种预拟。对于它的证明或说明须俟对于思维本身的性质加以详细的发挥时才可提出。因为在哲学里证明即是指出一个对象所以如此,是如何地由于自身的本性有以使然。这里所提出的思想或逻辑理念的三个主要阶段,其彼此的关系可以这样去看:只有概念才是真理,或更确切点说,概念是存在和本质的真理,这两者若坚持在其孤立的状态中,决不能认为是真理。——一经孤立之后,存在,因为它只是直接的东西;本质,因为它最初只是间接的东西,所以两者都不能说是真理。至此,也许有人要提出这样的问题,既然如此,为什么要从不真的阶段开始,而不直接从真的阶段开始呢?我们可以回答说,真理既是真理,必须证实其自身是真理,此种证实,这里单就逻辑学范围之内来说,在于证明概念是自己通过自己,自己与自己相联系的中介性,因而就证明了概念同时是真正的直接性。这里所提出的逻辑理念中三个阶段的关系,其真实而具体的形式可以这样表示:上帝既是真理,我们要认识他的真面目,要认识他是绝对精神,只有赖于我们同时承认他所创造的世界,自然和有限的精神,当它们与上帝分离开和区别开时,都是不真实的。

【解说】黑格尔经常讲,真正理解一个东西只能通过正面去叙述和把握它,在此之前,外在于这个内容,先把这个内容扼要说一下,比如一本书的引言和导论之类的东西,虽常有其必要,但价值却是有限的,"因为在哲学里证明即是指出一个对象所以如此,是如何由于自身的本性有以使然"。所以哲学的证明得依据概念的内涵,依据思想本身的规定性往前走。这个概念由于它的规定性,由于它的逻辑内涵必然要进入另一个概念,成为另一个概念,这才是依据事情本身而来的理解和证明,这才是思辨的概念或推理。

"这里所提出的思想或逻辑理念的三个主要阶段,其彼此的关系可以这样去看:只有概念才是真理,或更确切点说,概念是存在和本质的真理,这两者若坚持在其孤立的状态中,决不能认为是真理"。

真理是全体,这个全体要到概念论阶段才完成,才充分显现和实现出来。而且真理是全体先于部分,如果没有全体部分就不能成立。注意,这里说的全体可不是各部分的外在加总这样的全体,而是作为各部分的灵魂的全体,这种灵魂就是概念论阶段的概念。全体是部分的灵魂,所以当我们读存在论、本质论时,应当知道概念已经在起作用了。尽管现在是在考察存在论、本质论的概念,但是概念本身、概念的全体已经内在于现在所考察的有限概念中了。读《小逻辑》经常会有疑问:概念怎么会是动的,为何一个概念会向另一个概念过渡? 提这个问题的人都是不自觉地把《小逻辑》中的概念看作是常识所说的概念。常识所说的概念是仅存在于人的意识中的抽象观念,每一个这样的抽象观念都是静止在自身中的抽象同一,仿佛可以孤立存在。所以人们不明白《小逻辑》的概念为何会动。概念不同于观念的一个地方在于它有生命。即便在存在论阶段,生命也已经内在于这一阶段的诸概念中自在地起作用了,所以存在论阶段的概念也会运动。显然,这种运动是只有站在最后的概念论立场才能看到和描述的,就是说黑格尔对《小逻辑》存在论阶段概念的叙述其真正的立场是概念论,但黑格尔的叙述方式让你直接看去看不出这一点。所以说《逻辑学》内容完全是全体在部分之先全体决定部分,其叙述方式事实上也是如此。所以黑格尔说概念绝对在先,概念内在于存在论和本质论的概念中并绝对地起作用,"概念是存在和本质的真理"。

这里不妨举几个例子。黑格尔区分道德和伦理。道德是主观的,伦理是客观的,是客观的实体化的道德。黑格尔说伦理是道德的真理。道德好比是本质论阶段的东西。一个道德观念、道德理想如果脱离伦理脱离具有现实性的精神,就没有真理性。我们知道在一个堕落的腐败的社会中,没有几人能保持道德,人们很难避免堕落,因为伦理不允许。伦理决定了这个道德能不能实现,因为在这里伦理才是概念,而道德只是一种抽象的本质。

再来一个例子:万有引力与地球上的重力,万有引力可说是概念,重力就是本质。这二者的关系是,没有万有引力就没有重力! 中学学物理,没学万有引力定律之前先学的是自由落体定律,那时我们不知道重力与万有引力的关系,不知道自由落体定律与万有引力定律的关系,以为自由落体定律亦即重力能独立起作用。但后来学了万有引力定律,才知道自由落体规律只是万有引力定律在一个很小范围内的特殊化。没有万有引力定律,地球上的重力及自由落体规律就不可能存在。但当人仅停留在本质阶段,停留在学习重力规律的时候,是不懂这一点的。但不知道并不意味着它不存在,只不过你没意识到罢了。这就是黑格尔说的全体在部分之先,全体规定部分,全体是部分的灵魂,灵魂绝对地起作用,却是看不到的。真理就是如此,只是一般人们意识不到这一点。人们都生活在一个很狭隘的特殊领域中,不知道它是被精神或理念的全体在先规定了的。所以在读存在论、本质论时,要且记这一真理:概念(的全体)已经在里面了,概念已经预先存在并起作用了。存在论本质论里的概念所以是如此,所以会如此运动,只是因为作为全体性的概念在这里已经自在地起作用了,否则存在论本质论里的有限概念不仅不会动,自己首先就维持不住,就不是它自己。这就好像作为类的人是全体,个别的人是部分,是一个个别的存在。个别与全体的关系在这里就是,张三首先必须是人,他才能是张三;如果张三不是人,他不可能是张三。所以且记,存在论本质论中的每一概念,只是因为它受到作为全体性的概念本身的支配,它才是它所是的那个有限概念,它才会如黑格尔所说的那样去动,所以说黑格尔的逻辑学完全是内在目的论的有机体系。所以下面黑格尔就说:"这两者(存在和本质,笔者注)若坚持在其孤立的状态中,决不能认为是真理"。没有最后阶段的概念,这两者都将是子虚乌有。认识不到这一点并不意味着它不存在,只是你不知道罢了。

"一经孤立之后,存在,因为它只是直接的东西;本质,因为它最初只是间接的东西,所以两者都不能说是真理"。

真理即是直接的又是间接的。真理以自身为根据和中介,所以它是间接的;但由于这个根据或中介是它自身,它就同时显现为一个无中介的直接存在。

"至此,也许有人要提出这样的问题,既然如此,为什么要从不真的阶段开始,而不直接从真的阶段开始呢?"

既然概念是真理,我直接说概念,把存在论,本质论拿掉。打个比方,既然人人要长成大人,那干吗要经过小孩阶段呢,我出娘胎就是大人,就像太上老君生下来就是白胡子老头。这是对真理的一种抽象不真的见解。

"我们可以回答说,真理既是真理,必须证实其自身是真理,此种证实,这里单就逻辑学范围之内来说,在于证明概念是自己通过自己,自己与自己相联系的中介性,因而就证明了概念同时是真正的直接性"。

所以真理是自己使自己成为真理,真理是一个形成和发展的过程。真理不是现成的直接东西,等待我们去认识。真理是自己把自己造成为真理的。由于真理是一形成和发展的过程,所以真理最初还是不完善的,就像人最初是小孩一样。所以它要使自己逐步发展为成熟的作为全体的真理。对真理是什么这个问题,黑格尔有几句有名的话:真理不是现成的铸币;真理是全体;真理是结果连同其产生过程;真理是全体连同其部分。不能说我只要全体不要部分。所以真理的发展成长过程就是概念自己通过自己,以自己为根据一步步地否定自己发展自己,真理是"自己与自己相联系的中介性"。何谓中介?举个例子:从 A 前进到 B,A 就是 B 的中介,这个 A 可认为是根据,本原,开端,等等。

"自己通过自己,自己与自己相联系的中介性,因而就证明了概念同时是真正的直接性"。这句话涉及黑格尔的直接性与间接性的辩证法。直接性与间接性是黑格尔哲学中最常出现的概念之一。黑格尔说过这样的话:从天上到地下,从自然到精神,没有一个东西是完全无中介的直接东西,也没有一个东西仅仅是间接的东西,而不能作为直接的东西存在。举个例子。会骑自行车的人都知道,骑车是一很简单的事,骑车技能是一个直接的简单东西。但它是怎么来的? 它经过了中介,这个中介就是他学习骑车的过程;只是在他学会之后,这个中介就消失在结果之中,人们常常只熟悉只看到这个结果,中介就被忘了,这样结果就作为仿佛是一个无中介的直接东西显现。概念也是如此。所以说直接的东西,无论是在表象中,感性直观中,还是在概念中,它都是有中介的。中介过程完成之后,它就消失在结果中,结果就作为一个仿佛无中介的直接东西。所以说没有绝对的直接性。比如存在论的第一个概念,存在,黑格尔说它是无中介的直接性。但黑格尔事实上也表达相反的意思:它实际是一种理念的自相联系,它是理念的全体之作为一个简单的直接东西,所以说它是有中介的,它以绝对理念本身为中介。黑格尔有言,"存在只是精神的、抽象的、直接的自身同一性"[1],"存在……只是与它自身相同"[2],"存在……是与自身的纯粹关系"[3]。黑格尔这些论述其实告诉我们,他所说的区别于任何一个规定了的存在的存在本身是何含义,它所蕴涵的真正规定是什么。在纯粹真理的概念世界中,存在是"思想(即自在自为的概念:绝对理念,笔者注)的直接性",是"自在或潜在的概念(即理念,笔者注)"[4],就是说存在其实是

---

[1] 《哲学史讲演录》第四卷第 279 页。

[2] 《逻辑学》上卷第 69 页。

[3] G. W. F. Hegel, *Lectures on the Philosophy of Religion.* Vol I ,p122. Translated by E. B. Speris and J. B. Sanderson. KEGAN PAUl, TRENCH, TRüBNER, & CO. LTD. London. 1895.

[4] 《小逻辑》第 185 页。

以整个理念为中介的，只不过这个中介在这里还没有实现出来，只是潜存着，存在就是理念之作为一个简单的直接的东西。那么，纯粹真理或绝对理念为何及如何成为空洞的存在概念这种直接东西？答案是此前已反复说过的，真理是思维与存在的绝对同一，这一绝对统一的一个意义是：真理是心想事成的思维，作为存在的理念及其内容是作为思维的理念思维出来的。理念对自身最初的思或知乃是认自己是与思维不相干的单纯的直接存在，这就是作为思辨逻辑学开端的纯存在的绝对来历，理念的全体亦即绝对理念就是这样成为那空洞的存在概念的中介的。所以说一切都是有中介的，但刚读逻辑学的时候一般人不知道这一点。尤其是有生命的东西，都是自己与自己相联系的中介性，更不用说绝对理念这种绝对的纯粹的生命了。若不说中介，换个词，说都是有理由有根据的，或者说是有原因的，大家就好明白一点。而且这个根据是它自己，它以自身为根据，并且扬弃这个根据，使自己作为一个直接的东西呈现。一个人从婴儿长成成年人，他为什么能长大？原因在哪？能说原因是他有丰富的营养，大米白面吃出来的吗？那好，你给一个猴子喂这些东西，它能长成一个人么！所以一个小孩之所以长成大人根本原因在他自身，它以人的概念亦即他本身的概念作为中介，最终让这个概念从潜能成为现实。

　　"这里所提出的逻辑理念中三个阶段的关系，其真实而具体的形式可以这样表示：上帝既是真理，我们要认识他的真面目，要认识他是绝对精神，只有赖于我们同时承认他所创造的世界，自然和有限的精神，当它们与上帝分离开和区别开时，都是不真实的。"

　　黑格尔在附释中解释逻辑学正文时，经常提到上帝。但在正文中不提。因为上帝的内容是绝对理念，即绝对的纯粹的思维或精神，但上帝这个术语只是一个表象，所以它不是逻辑学要考察的概念。黑格尔说你若想认识上帝亦即绝对精神或绝对理念，认识绝对的概念，你得先认识自然和人的精神。绝对概念不会停留在自身内，它会外化，成为自然，然后内在于自然中的概念会超出自身，成为精神，精神进而认识到自己是有理智能思维的概念，是有自我意识的概念，精神最后会达到概念性的认识，通过精神自身的发展认出自己不仅仅是自我意识，更是绝对的思维或理念自身，这就回到了上帝：绝对理念自身。

　　基督教说上帝创造自然和人类。但基督教认为上帝是自由的，上帝可以创造也可以不创造，这表明基督教对上帝与自然的关系、对上帝的自由持一种无思想的抽象见解。黑格尔认为基督教的真理只有通过概念思维才能真正把握，宗教信仰的形式是表象，这种形式并不适合表达真理。由于基督教的真理最初是通过感性表象的形式被人们达到的，故人们对基督教的真理、上帝自然会有很多主观的无思想的说法,比如认为上帝可以创造自然也完全可以不创造。真正的上帝或真理必然会走出自身所是的抽象的纯粹概念,成为自然,自然是绝对概念在它的外在性形式中。绝对概念也不会停留在自然中,而是必然要超出自然成为精神。概念超出它的这种外在性,开始回到自身认识自身,这就是(人的)精神。所以说如果上帝不创造自然它就不是上帝,如同人如果没有那按自己的计划、意图制造物品的能力,他就不是人一样。上帝必然要创造自然。自然和有限的精神就好比存在和本质,上帝是绝对精神,是概念,所以如果不认识上帝或绝对理念,不认识最高的自由的概念,对自然对人的精神都不能有真的认识。近现代自然科学由于完全不认识上帝,仅以自然为对象,所以说它就不是对自然的真的认识。诸多社会科学和人文科学也都是如此,这里就不多说了。

　　下面我们可以正式进入《小逻辑》正文第一部分存在论了。

§84

　　【正文】存在只是潜在的概念。存在的各个规定或范畴都可用是去指谓。把存在的这些规定分别开来看,它们是彼此互相对立的。从它们进一步的规定(或辩证法的形式)来看,它们是互相过渡到对方。这种向对方过渡的进程,一方面是一种向外的设定,因而是潜在存在着的概念的开展,并且同时也是存在的向内回复或深入于其自己本身。因此在存在论的范围内去解释概念,固然要发挥存在的全部内容,同时也要扬其存在的直接性或扬弃存在本来的形式。

　　【解说】"存在只是潜在的概念。存在的各个规定或范畴都可用是去指谓"。存在乃是概念处于潜在的状态下,所以存在论阶段我们看不到那种自己规定自身的概念,看到的是彼此相互外在的感性范畴。第二句话,贺译本不如梁译本。梁译是:"存在的各个规定或范畴是存在着的规定性"。存在着的规定性就是自在的直接的规定性。感性的质的规定和量的规定:红(的东西)、冷(的东西)、热(的东西)、数、大、一、多、这里、那里、上面、下面等等,都叫规定或规定性,都是可以被感性直观直接把握的规定性,都是自在存在着的直接规定性。

　　"把存在的这些规定分别开来看,它们是彼此互相对立的"。这个地方梁译是:"它们彼此互为他物"。互为他物就是相互外在,比如这里那里就是相互外在。存在论阶段的规定都是感性的规定,感性的规定只能是相互外在。量的范畴和质的范畴彼此也是互为他物相互外在的,在对长宽高的直观中没有酸甜苦辣,在酸甜苦辣的感觉中没有长宽高;还有,不仅量和质的范畴是相互外在,就是在量的范畴及质的范畴自身内诸具体规定也是互为他物相互外在的,比如热和冷就相互外在，长和宽也是相互外在。但存在论的诸概念不仅是相互外在互为他物，"从它们进一步的规定（或辩证法的形式）来看，它们是互相过渡到对方。"这里"互相过渡到对方"译错了，原文是 übergehen in Anderes，没有"相互"之意，梁译"向他物的过渡"是对的。感性规定性或存在论阶段的概念彼此相互外在，这好理解，但黑格尔说我们还要从辩证法的高度亦即概念的高度看它们，就知道它们并不仅是相互外在，而同时是一个消失在另一个之中，这就是过渡为他物。

"这种向对方过渡的进程，一方面是一种向外的设定，因而是潜在存在着的概念的开展，并且同时也是存在的向内回复或深入于其自己本身。"向外即向一个他物，存在向非存在过渡，非存在向存在过渡，变向定在过渡。这种过渡首先是向外扩展，是一种设定（Setzen），也可翻译成"建立"，大逻辑的中译本就把这个 Setzen 译为建立。译成建立更好。"设定"一词有主观的意思，"建立"的客观意义就强得多。"设定"或"建立"是指概念或思想的运动产生一个新东西，这个新东西作为概念当然既是思想又是存在。新概念的产生或被设定同时是"潜在存在着的概念的开展"，因为新概念原来是潜在于——亦即内在于——原先的概念中的，比如"定在"就可说是潜在于"变"中，从"变"向"定在"的运动就可说是"定在"这一原本只是潜在的概念的展开。但概念的展开同时是概念向自身深入，亦即是向更高概念的发展。发展一定是深入自身得到的，如果不深入自身就不是发展，而是变化，或者是量上的增多增大，不会产生本质上的新东西。

"因此在存在论的范围内去解释概念，固然要发挥存在的全部内容，同时也要扬其存在的直接性或扬弃存在本来的形式"。如此考察就能展开存在论的全部内容，由于它同时又是向内进展，所以进展到一定阶段，概念的直接性扬弃了，概念就走出直接的存在成为本质了。

从这里可以看出黑格尔的肯定、否定、否定之否定的三一式。有人批评黑格尔把这种三一式到处滥用，这种批评是无知。肯定、否定、否定之否定的三一式具有很高的真理性。一个领域或阶段经肯定、否定、否定之否定的运动，就达到了这一领域的全体和完成。真理就是如此，无论是自然还是精神领域都是如此。这不是黑格尔的发现，原先是古希腊人的发现，新柏拉图主义者普罗克洛斯（Proclus）对绝对真理及其发展就是这个认识，对此可看《哲学史讲演录》第三卷的有关论述。在近代康德第一个意识到了这个三一体。康德的十二个范畴分成四组，每组三个，这三个就构成肯定、否定、否定之否定。康德说第三个是前两个的综合，作为前两个的综合它是这一组范畴的完成，这个说法完全是真理。费希特和黑格尔继承和发展了康德的这个洞见。以黑格尔的这种观点看世界，世界不是平面的无生命的，而是立体的有生命的，这种生命明显形成一个个发展阶段，每一阶段都是按照肯定、否定、否定之否定的运动构成一个个相对完整的领域。所以说对一个阶段或一领域，如果抓住了这个阶段或领域中的那一绝对的否定力量，知道这个阶段里的肯定、否定和否定之否定，至少在原则上你对这个领域的内容就全部把握了。很遗憾，今天的人很少有古典哲学的思辨能力，大都把世界看成平面化的无生命的东西，看成不相干外在并列的东西。常人的无思想的知性对那些就其概念或逻辑内涵来说属于极不相同的层次或阶段的东西只知道加以无思想的并列：有这个，也有那个，还有那个；第一、第二、第三；不是……，就是……，等等，这就是无思想无生命的知性思维方式。读黑格尔哲学处处要打破这种散文化的知性思维方式，要看到无论在精神还是自然中，无论在客观事物中还是在人的思想中，都存在着有质的差异的极不相同的内涵和层次，它们不是外在并列的关系，更不是能彼此还原的。

三一体的形式在不同的逻辑阶段其内涵很不一样，但形式上看，每个领域或阶段经过这个三一体形式的运动，其内涵原则上就全部穷尽或实现了，就开始向更高阶段过渡。《逻辑学》太抽象，看看黑格尔自然哲学和精神哲学。时间空间怎么过渡到物质和力，化学反应怎么过渡到生命，原则上都是通过三一体形式的运动达到的。这个三一体不是哲学家头脑中的空想，对黑格尔的概念推演我们绝不可用自然科学、形式逻辑、数学这些表象思维水平的东西去理解，它们完全无能理解黑格尔所说的概念这种东西。自然科学、形式逻辑、数学中是有黑格尔所说的概念的，各门科学的发展实际是受概念支配的，但它们只能被有概念思维能力的人意识到。如果没有希腊人和黑格尔似的概念思维能力，对黑格尔的概念思辨你既无法肯定也无法否定，因为概念思维与表象思维的差异太大，就像你不能通过解剖人的肉体而去理解人的理性一样。如果能理解一点这种概念思维，这种三一体的运动，你就会明白自然科学、形式逻辑、数学这些东西只是正确罢了，没有真理性，真理是更高的东西。

§85

【正文】存在自身以及从存在中推出来的各个规定或范畴，不仅是属于存在的范畴，而且是一般逻辑上的范畴。这些范畴也可以看成对于绝对的界说，或对于上帝的形而上学的界说。然而确切地说，却总是只有第一和第三范畴可以这样看，因为第一范畴表示一个范围内的简单规定，而第三范畴则表示由分化而回复到简单的自身联系。因为对上帝予以形而上学的界说，就是把他的本性表达在思想里；但是逻辑学却包括了一切具有思想形式的思想。反之，第二范畴则表示一个范围内的分化阶段,因此只是对于有限事物的界说。

【解说】"存在自身以及从存在中推出来的各个规定或范畴,不仅是属于存在的范畴,而且是一般逻辑上的范畴"。逻辑范畴就是纯粹的思想,逻辑学考察纯粹思想,甚至形式逻辑已是如此。形式逻辑是一种先天科学,它有赖于一些纯粹思想之间的先天关系,不涉及经验。形式逻辑已是如此,思辨逻辑学更是如此了。与思辨逻辑学相比,构成形式逻辑的那些先天要素或纯粹思想仍只是一种表象。表象只是意识所指向的对象,表象思维一般不知道意识与对象或思维与存在的不可分离,所以说表象思维没有真理性,真理是思维与存在或主观与客观的不可分离和绝对同一。我们在前面导论中已经阐明,黑格尔逻辑学中的概念既是存在又是思想,是思维与存在的不可分离和绝对同一,所以《逻辑学》既是逻辑学又是本体论。存在论阶段的概念范畴都是这种客观的纯粹思想,所以都是思辨逻辑学的范畴。

"这些范畴也可以看成对于绝对的界说,或对于上帝的形而上学的界说。"绝对就是真理,而且是唯一的真理。黑格尔是古典哲学家,是客观唯心主义者,认为只有一个绝对的一,只有一个绝对真理,其他都是它的发展,是它不同阶段不同形式的显现或实现。界说就是定义。对于绝对或上帝的形而上学的定义乃是一种对绝对或上帝的思维,当然只能是在超验的形而上领域中的思维。

"然而确切地说,却总是只有第一和第三范畴可以这样看,因为第一范畴表示一个范围内的简单规定,而第三范畴则表示由分化而回复到简单的自身联系。"

第一范畴、第三范畴指存在论各个阶段所是的三一式中的第一和第三个概念。第一范畴是肯定的直接东西,表示一个范围的简单直接的肯定。"第三范畴表示由分化而回复到简单的自身联系"。分化也叫分裂,区别。第二个范围或阶段的范畴是分化,是诸多东西的区别。上帝亦即绝对或真理不可能是两个东西的外在关系,因为它是绝对的自身统一。第三者是这种区别对立恢复到简单的自身联系自身同一,所以只有第一,第三范畴可以作上帝的谓词,说上帝是什么。看看《小逻辑》目录:存在论阶段是质、量、度。我们可以说上帝存在,在质这个阶段上帝首先就是存在。也可以说上帝是尺度。能说上帝是量或数吗? 不能这样说,因为数量是彼此外在莫不相干的多,是绝对的有限物,不适合表述上帝。同样在质这个范围内:存在,定在,自为存在。我们可以说上帝存在。定在是这里那里的存在,红的东西,大的东西,热的东西,等等。这种杂多的感性存在及其相互外在叫定在。你能说上帝是红的东西,大的东西,小的东西,在这里在那里的东西吗? 不能! 定在是质的范围中的外在差别外在否定的阶段,所以不能把属于定在范畴的东西用于表述上帝。这个道理在本质论阶段同样成立,比如本质论的第一部分纯反思规定:同一,差别,根据。你可以说上帝是绝对的同一,上帝是万事万物的根据,但不能说上帝是 a 与 b 的差别。

"因为对上帝予以形而上学的界说,就是把他的本性表达在思想里;但是逻辑学却包括了一切具有思想形式的思想。"黑格尔把形而上学还原为逻辑学,因为逻辑学考察客观的纯粹的思想,而这种思想或概念是万事万物的纯粹的绝对的本质和本原,无论多么高级的存在其本质都无非是这种纯粹思想,所以形而上学可归结为逻辑学。传统形而上学考察的东西:宇宙,灵魂,上帝,其本质都无非是思想,都是高级的无限的思想。逻辑学不仅考察像上帝这样高级的思想,原则上它考察一切思想。比如差别、定在。这些都是思想。思想并不仅是绝对同一绝对理念。一切有限物及其差别也都是思想。但黑格尔这里说逻辑学考察一切具有思想形式的思想,这说明有不具有思想形式的思想。具有思想形式的思想太多了,所有的纯粹概念都是。一、多、存在、非存在,变、现象、普遍性、个体性,都是具有思想形式的思想。一切实存的东西,万事万物其本质无非都是思想,一切实存的东西就是不具有思想形式的思想。还有,一切表象都是不具有思想形式的思想,比如上帝,上帝的内容或概念是绝对理念或绝对实体,但上帝这个术语却是一个表象。有宗教信仰的人信上帝,但在黑格尔看来他并不知道上帝的内容是什么,他没有能力做这种纯粹思维,不能明白上帝的内容。所以上帝就是不具有思想形式的思想。又比如灵魂,如亚里士多德的理性灵魂,基督教不朽的灵魂。灵魂本质上也是一个非常高的思想,但灵魂这个词却是一个表象,还不是纯粹的思想。亚里士多德的理性灵魂其主要内容大致相当于逻辑学最后阶段所说的认识理念,属于概念论阶段的一种概念。《小逻辑》还好,经常举一些例子来解释,大逻辑这些东西很少,就很难读了。读大逻辑你就会疑问,怎么不讨论时间空间,怎么不讨论不朽的灵魂,怎么不讨论万有引力? 因为它们都是表象形式的东西,不是具有思想形式的思想。逻辑学考察思想本身,不考察处于种种外在的表象形态下的思想,对后者的考察是自然哲学和精神哲学的事情。所以要知道,黑格尔在考察量的概念的时候,事实上同一地是在考察时间空间,因为时间空间只是量的概念的一种表象或显现。

"反之,第二范畴则表示一个范围内的分化阶段,因此只是对于有限事物的界说。"每个三一体的第二阶段,每一个相对完整的领域的第二个范畴表示差别和对立,表示有限性外在性,因而它只是对于有限事物的界说,所以说第二阶段的范畴只能表达有限物,不能表达上帝或真理。有限物就是在外面有东西限制它,这就构成它克服不了的局限。有限就是被限制,被一个他物限制。

【正文】但当我们应用界说的形式时,这形式便包含有一种基质(Substrat)浮起在我们观念中的意思。这样一来,即使绝对——这应是用思想的意义和形式去表达上帝的最高范畴——与用来界说上帝的谓词或特定的实际思想中的名词相比,也不过仅是一意谓的思想,一本身无确定性的基质罢了。因为这里所特别讨论的思想或事情,只是包括在谓词里,所以命题的形式,正如刚才所说的那个主体或绝对,都完全是某种多余的东西(比较§31和下面讨论判断的章节〔§166以下〕)。

【解说】这段话中黑格尔表达了三个意思:一,判断或定义的本质方面是在谓词上;二,在真正的定义和判断中,谓词不能是不确定的东西,也不能是表象形式的东西,而只应是具体规定了的概念;三,判断或命题不适合表达真理。就第一点来讲,黑格尔要我们参考"逻辑学概念的初步规定"中的§31及后面概念论判断部分的§166这两节。§31明确指出,在以上帝为主词的判断或命题中,上帝只是一个尚未规定的空洞表象,这个表象的内容或规定是什么要靠谓词说出来。§166亦指出:判断是概念的区别或规定性的表述,就是说主词或概念的内容或规定性是由谓词说出的。一般人以为,判断的主词是判断的坚实基础,黑格尔说界说(亦即定义或判断)的形式"包含有一种基质(Substrat)浮起在我们观念中的意思",说的就是常人对判断的这一常识见解。基质(Substrat)也就是基础或实体(Substance)。我们知道,一般所谓实体的一个含义是质料,亚里士多德实体概念的一个意义就是如此。常识认为在下定义或判断时,谓词是从属于作为基质或实体的主词的。但依黑格尔,判断的本质方面首先在谓词不在主词。黑格尔指出,即便是"绝对"这个具有思想的意义和形式的纯粹思想或范畴,并且还是用来表述上帝的最高范畴,如果它是一个判断的主词,那么作为单纯的主词,它就只是一个有待规定的不确定的东西,一个空洞的表象。主词的内容是由谓词表达的,谓词是"特定的实际思想",即具体的规定了的思想。这里所谓意谓,是指想当然地以为言说中的某个名词或表象有一确定意义,但依概念严格去考察就发现没有这种意义,甚至没有任何确定意义。《精神现象学》第一章考察感性意识所说的"这一个",感性意识以为它能说出这里这时的独一无二的这一个,黑格尔指出它说出的其实是作为共相的"这一个",感性的独一无二的"这一个"是说不出来的,只是一个主观意谓罢了。

§31中还指出,在哲学上真正有所言说的判断亦即有逻辑意义的判断,判断的谓词不能是表象形式的东西,而应当是明确的"有思想形式的思想",因为"在逻辑学里,其内容须纯全为思想的形式所决定"(贺译《小逻辑》第100页)。这一点落实在判断上,就要求逻辑——不是形式逻辑——上任何一个有意义的命题,谓词必须是思维规定,是"有思想形式的思想"。关于表象和(客观)思想的区别,这里不妨再说一下：表象是主观意识所言说或指向的任何东西，它是与意识本身相对的对象性东西，思想则是指表象的客观内容或逻辑内涵。就对上帝或绝对的认识来说，黑格尔在§31说，"如果将这些范畴用来作为上帝或较宽泛的绝对这类主词的谓词，不但是多余的，而且还有一种弱点，就是会令人误以为除了思想本身的性质之外，尚另有别的标准"。"这些范畴"指经常用来做上帝的谓词的"永恒"、"不朽"、"全能"等词语。这些词语的本质是纯粹的客观思想，但一般人不知道这一点。比如说"上帝是全能的"，谓词"全能的"是一表象，这一表象的内容是指：上帝是唯一的实体，是统治一切支配一切的实体必然性，所以应该说"上帝是必然性，上帝是实体"才对，这才是"上帝是全能的"这句话真想要表达的意思。若不懂这一点，你看到斯宾诺莎说上帝是实体，黑格尔说上帝是概念，你觉得不够，因为上帝还是最崇高的，还是全能的，还是不朽的，在黑格尔看来这都是无意义的，因为你用的是表象而不是思想。没有哲学素养未受过思辨思维训练的人都是如此，以为在思想和概念的标准外，还有一个表象的标准来评价我们对事物的认识。一般人的思维都是表象思维，唯物论就是一种根深蒂固的表象意识。人们不知道常人的表象意识只是精神的一个抽象环节，不知道黑格尔所说的概念或思想不是人们熟知的那种表象水平的抽象观念，而是精神性的概念，是主观与客观、思维与存在的统一或不可分离，不知道唯物论、表象意识认其为无比坚实的外部世界，在这种客观的绝对的思想或概念面前都是站不住的，都是早已扬弃了的。不仅唯物论是一种表象意识，被黑格尔认其为属于绝对精神的宗教信仰其自觉的认识水平也是表象意识层面的。你信上帝，你心中对上帝有很多感受，但这与对上帝有思想有真知不是一回事。黑格尔这里绝没有否定宗教信仰否定基督教的意思，黑格尔是想说，就如同在自然科学对自然的表象之知之外还有思辨哲学对自然的概念的知，并且后者比前者具有更高的真理性一样，在宗教和神学对上帝的表象层面的信仰、言说之外还有思辨哲学对上帝的概念水平的思维，后者比前者更具真理性，是对上帝的绝对的知，如同黑格尔的那种思辨的自然哲学是对自然的绝对的知一样。

既然判断的本质是在谓词上，与谓词相比，主词"不过仅是一意谓的思想，一本身无确定性的基质罢了。主词的这种非本质性，使得命题的形式，正如刚才所说的那个主体或绝对，都完全是某种多余的东西"。这乃是说命题和判断的形式不适合表达真理。在§166黑格尔有言："判断是概念在它的特殊性中"，在判断里作为绝对的普遍性的概念消失了，消失为一个特殊的谓词。谓词是特殊性。这意味着绝对消失了，进入了差别。特殊意味着诸多差别，红就是特殊，颜色才是类和全体。甚至这个全体仍是有限的抽象的，甚至是特殊的。颜色之外有声音，所以说颜色仍是一种特殊东西。不是真正的普遍概念，所以说在判断中我们就进入了特殊性。判断不适合表达思想。判断是一种有限的思维，在考察无限的普遍物或真理时判断这种有限的形式就是不合适的，这时候需要的首先是考察作为判断的谓词出现的那些规定性和思想本身及其逻辑运动。要想真的认识上帝，不能说上帝是永恒的，崇高的，不朽的，全能的，因为这些谓词不是思想。但说上帝（是）存在，是一，是实体，是必然性，是自由，这是不是对上帝的真知？是，但很不够。这种认识是把上帝安排在一系列谓词中，这一系列谓词外在地并列在一块，以为这些谓词加在一起就达到了对上帝的真知。不是的！思想本身是有逻辑层次的高低之别的，是有内在的逻辑关系的，是有内在的否定和否定之否定的运动的，因为上帝是绝对理念，绝对理念就是全部纯粹思想的逻辑运动，这个运动达到全体和完成，上帝才得到充分的实现，所以要想认识上帝就只能通过对全部逻辑概念及其运动的思辨思维，不能通过下判断的形式。在一个判断中，谓词是一个孤立的东西，但真理是：没有任何孤立的东西，没有任何无中介的直接东西，所以上帝作为最高最丰富的真理不能用判断的形式去认识。那为何逻辑学还考察判断？逻辑学是考察了判断；但要注意，黑格尔绝没有用判断的形式去考察判断，就像他没有用判断的形式考察任何一个纯粹思想一样。从思辨逻辑学的立场看，形式逻辑的判断是纯粹概念运动、发展的一个阶段，所以考察纯粹概念及其运动的思辨逻辑学在其达到某个阶段时必然要去考察判断，这种考察是依据判断得以建立和发展的那活生生的灵魂——黑格尔称之为判断的概念——进行的。

【正文】附释：逻辑理念的每一范围或阶段，皆可证明其自身为许多思想范畴的全体，或者为绝对理念的一种表述。譬如在'存在'的范围内，就包含有质、量、尺度三个阶段。质首先就具有与存在相同一的性质，两者的性质相同到这种程度，如果某物失掉它的质，则这物便失其所以为这物的存在。反之，量的性质便与存在相外在，量之多少并不影响到存在。譬如，一所房子，仍然是一所房子，无论大一点或小一点。同样，红色仍然是红色，无论深一点或浅一点。尺度是第三阶段的存在，是前两个阶段的统一，是有质的量。一切事物莫不有"尺度"，这就是说，一切事物都是有量的，但量的大小并不影响它们的存在。不过这种"不影响"同时也是有限度的。通过更加增多，或更加减少，就会超出此种限度，从而那些事物就会停止其为那些事物。于是从尺度出发，就可进展到第二个大范围，本质。

【解说】"逻辑理念的每一范围或阶段，皆可证明其自身为许多思想范畴的全体，或者为绝对理念的一种表述。譬如在'存在'的范围内，就包含有质、量、和尺度三个阶段。"

逻辑学分为存在论、本质论、概念论三大部分，每一部分又有好几个阶段，如存在论分质、量、尺度三个阶段,每个阶段又有好几个环节。像质,又分成存在、定在、自为存在,而存在又分成纯存在、无、变这三个环节或概念。每一阶段的诸环节或概念组成一个(相对)完成了的整体和全体。这种(相对)完成了的整体是对真理或绝对理念的一种表述,亦即是绝对理念所处的一个发展阶段,是绝对理念在这一发展阶段之所是。

"质首先就具有与存在相同一的性质,两者的性质相同到这种程度,如果某物失掉它的质,则这物便失其所以为这物的存在。"

存在论阶段所说的质是感性的质,一种感性的规定性,是我们的感性直观或感觉所表象的东西的纯粹内容或规定。比如,感觉所把握的这个红的东西、那个热的东西,这里"红"、"热"就是红的东西热的东西的质。红的东西是这样一种存在,它如果失去了它的规定性亦即它的质:红,它就不再是作为红的东西存在了,干脆说它就丧失了它的存在,因为它不是空洞的存在本身,而是这个红的东西的存在。注意。这里所说的"红"不是作为一种抽象的本质或共相的"红",后者形式上看是一种本质,不是这里所说的作为一种感性的质的红。在存在论的这一阶段,看重的不是这个或那个东西,也不是这个那个东西的本质,而是这个或那个东西的直接的——亦即感性的——质的方面。比如说一杯热水变凉了,它仍然是水,但它不是热水了。存在论的第一阶段考察的是这种感性的红、热之类的感性的质。

"反之,量的性质便与存在相外在,量之多少并不影响到存在。譬如,一所房子,仍然是一所房子,无论大一点或小一点。同样,红色仍然是红色,无论深一点或浅一点。"

存在论的第二阶段考察量。红房子,时间久了,颜色褪了一点了,它仍然是红房子,因为红的深浅程度不影响它是红。由几间房组成的这所房子拆掉一间,变小了,但仍是这所房子。故可知,在一定限度(亦即尺度)内,量与存在——注意这个存在是质的存在——是不相干的。

"尺度是第三阶段的存在,是前两个阶段的统一,是有质的量。一切事物莫不有'尺度',这就是说,一切事物都是有量的,但量的大小并不影响它们的存在。不过这种'不影响'同时也是有限度的。通过更加增多,或更加减少,就会超出此种限度,从而那些事物就会停止其为那些事物。"

这里说尺度是"有质的量",这个说法不充分,与尺度的概念、与《小逻辑》对尺度的具体论述——这些论述主要表现在来自学生笔记的"附释",是黑格尔的课堂讲授——不完全相符。尺度是质与量的统一,故它既是质又是量;作为质,尺度是有量的质,作为量,尺度是有质的量。若单提后者,须知尺度之前的程度亦即内涵量（包括量的关系亦即比例）已是有质的量了。下面说"一切事物都是有量的，但量的大小并不影响它们的存在"，这明显就是说尺度是有量的质，因为"事物及它们的存在"都首先是质而不是量。有量的质与有质的量不是一回事，前者属于质，后者属于量，有质的量首先是量不是质，《小逻辑》后面考察量的时候会讨论这种量。尺度依概念既是有质的量又是有量的质，但《小逻辑》和大逻辑基本都是只提前者不提后者。大逻辑说尺度是有质的量，这一说法与大逻辑对尺度的具体论述是一致的，而就《小逻辑》的具体论述——这些论述主要表现在"附释"中——来看，它主要是把尺度看作是有量的质，虽说《小逻辑》对尺度的简单的概括性提法是说尺度是有质的量。显然，《小逻辑》对尺度的这一提法与其对尺度的具体论述是不一致的，并且《小逻辑》和大逻辑对尺度的具体论述有重大区别。为什么《小逻辑》会有这种矛盾？为何《小逻辑》和大逻辑对尺度的具体论述不一致？我们后面在解说尺度概念时会有解答。尺度既是有质的量又是有量的质，但《小逻辑》事实上主要是把尺度当做有量的质来讲，故本书后面解读尺度概念时也主要是将其当做有量的质来讨论。

尺度是有量的质，即这个质是有量的限制或规定的，有量的限制或规定的质就是尺度，比如液态水就是一种尺度。液态水的温度到了0℃，它就开始变为固态；到了100℃，开始向气态过渡，所以液态水是有量的质，这个量是0~100℃范围内的水的温度，这个质是液态水。

尺度作为有量的质仍是感性范畴，可以说任何一个感性物都是有尺度的，比如一棵树，它的形状可以千奇百怪，但这里面都有它不能逾越的尺度，树之为树有它不能违反的尺度。比如树干的直径和树枝的直径的比就不能小于一定限度，否则它就不是树，而是灌木了。这就是作为木本植物的树与草本植物的区别，这个区别表现为种种尺度。这个道理首先不属于植物学，而属于思辨逻辑学，这是思辨逻辑学相当简单的一个道理：任何感性物都有尺度，都不能逾越它本性固有的尺度。人之为人也有尺度。人可以比较胖，但不能过胖。过胖就丧失了人之为人的尺度，他要么是死了，不再是有生命的人了。要么是，我们眼花看错了，这个东西原来不是人，是个海豹。这个道理首先是逻辑学的，而不是生物学的。人之为人有他的生理健康的指标。这些指标既是有量的也是有质的，都是尺度。比如说人的血压，它首先是质，也是尺度。人的血压不能太低也不能太高，太高或太低就会导致质变，就不再是人的血压了，人承受不了这个血压。血压太高就不是人的血压而是长颈鹿的血压了。尺度在感性物中的无所不在启示我们，思辨逻辑学的范畴到处存在，没有任何东西能逃出逻辑学概念的支配。

"于是从尺度出发，就可进展到第二个大范围，本质。"什么是本质？首先可以说,本质是能保持自身同一的东西。本质论中的所有概念所有存在都能保持自身的存在,保持住自身的同一。有人说本质论中的现象这个东西并非如此,因为现象不是本质,它是变动不已的。说现象变动不已当然不差,但说现象变动不已时,所说的已不是本质论中的现象,而是存在论中的感性物了。变动不已的不是作为现象的现象,而是作为生灭流变的感性质的东西的现象。生灭流变的感性物是现象这一本质论阶段的概念中扬弃了的东西,而现象作为与本质相关联相映现的东西其本身形式上并不变,如同生灭流变本身不变一样。可以说现象是变动不居的感性物,但说它是现象时,它形式上已经提高了,成为作为本质东西的反映的现象。故可以这么说:现象是形式上提高了的感性物。

本质是一种质,不是量或数,故可知所有的本质都是独一无二的,唯一的。注意,本质的唯一性并非来自它是本质,而是因为它首先是一种质。一切质,不管是感性的质亦即定在,是尺度,还是本质,都是唯一的。感性的质总是特殊的个别的,因此每一个感性的质都是独一无二的,唯一的。比如今天早晨我看到的朝霞的红,这个红不是作为一种抽象的本质或共相的红这种观念,所谓的"红本身",而是今天早晨我的感官感知到的今天早上朝霞的红,它也不是明天早晨会看到的朝霞的红,后者是另一个感性的质。同样,每一个尺度都是唯一的。比如,液态水作为尺度,它既不是作为一种抽象本质或共相的液态水,也不是这杯水那碗水这种纯然个别的感性定在,而是作为一种有量的规定或限制的液态水,亦即是作为一种尺度的液态水。从尺度概念去看,这杯水和那碗水作为有量——这个量不是体积、重量等随便一种量,而是水的温度——的规定或限制的液态水,它们是没有区别的,是同一个尺度。

定在和尺度作为质是唯一的,本质就更是如此了,像柏拉图的理念皆是如此。柏拉图的理念有很多,全都是本质,柏拉图的理念就是众多的抽象本质,所以每个理念都是唯一的。存在论阶段的定在这种质的存在保持不住它的存在,很轻易地会被他物否定,消失于他物中。比如作为定在或感性的质的红,它保持不住自己。早晨太阳的红,很快就变成白了,早晨的红太阳就消失了。感觉的红保持不住它自己。而作为一种抽象观念亦即抽象共相的红则不仅是唯一的,亦是不变的。

本质和存在论阶段的东西还有一重大的区别。存在论阶段的东西基本都是——至少原则上是——能够被感性直观到或感觉到的。1、2、3、算术运算,空间时间的规定性,都是可以直观到的。这个冷(的东西)、那个白(的东西)都是可以感觉到的。甚至,感性直观对把握尺度这种开始向本质过渡的质都是必不可少的。但本质论阶段的概念都是不可感觉不可直观的。存在论就是感性论,存在论阶段的东西都是呈现在时间、空间中的东西。感觉呈现在时间中,感性直观的对象呈现在空间中,存在论阶段的存在都能在空间和时间中去感知和表象,这不是说《逻辑学》存在论阶段的概念是能够靠感觉或感性直观把握的,而是说,可以籍感觉及感性直观把握的东西,其概念或逻辑内涵属于存在论阶段的诸概念。

本质论阶段的诸本质东西的存在不在时间空间中,它们不可能在时间空间中被我们知觉和表象。举个例子。你说看到一棵树,你真的看到树了吗? 你看到的只是这棵树的颜色、形状之类。感知到的颜色是感性的质,形状属感性领域中量的范畴。你说你看到了这棵树,你看到的不过是这棵树作为感性存在所是的东西。但这棵树的本质方面,这棵树作为树的方面,你是不可能看到的,因为树是作为本质的种属。所以说"看到了一棵树"这句话严格来说是有毛病的,实际上你看到的只是它的形状、大小、颜色这些感性东西,你不可能看到它的本质方面:树。本质本身是超感性的存在,它不可能在时间、空间中显现、把握本质不能靠感觉或感性直观,只能靠思维。

【正文】这里所提及的"存在"的三个形式,正因为它们是最初的,所以又是最贫乏的,亦即最抽象的。

【解说】存在论阶段就是感性阶段,其内容或规定性是最抽象最贫乏的。这里所说的抽象是指规定性或逻辑内容的贫乏。越抽象就越低级贫乏,感性阶段的这些抽象东西甚至小孩子都能熟知和掌握。比如,数学直接看去是很深奥的。但是数学经常出青少年的天才,有的十几二十几的人能在数学前沿做出重大贡献。数学难不难? 数学的内容算不算高深? 依黑格尔,从数学的逻辑或思想内涵来看,数学是比较简单的,因为它的内容属于存在论阶段量的范畴,存在论是逻辑理念发展的最初阶段。逻辑理念的发展是从抽象到具体,所以说数学的内容从其逻辑内涵来讲首先是抽象而简单的。这种抽象或简单表现在数学的学习和研究中就是,学习、研究数学只需要一般所谓聪明,这种聪明甚至是可以测算出来的,叫智商。但这种聪明或高智商却与精神或真理的关系不大。这不是说数学不难,而是说学习研究数学不需要有多高的精神教养。做个哲学家跟做个数学家根本不是一回事。你想做一个像样的哲学家,即便有天赋至少也要到三四十岁之后,但要做个一流的数学家,只要有那种与精神教养不相干的数学家的智商或天赋就行,甚至十几岁就可以有杰出成绩,像牛顿二十几岁就发明了微积分。数学就它的逻辑内涵来讲属量的范畴。从逻辑上讲量的范畴是最抽象最简单的。量的范畴原则上都是可以感性直观到的。

把思维的发展分为存在论、本质论和概念论三个阶段,这是概念发展的逻辑进程。但常识意识常常是把概念上分属不同逻辑层次的东西不加区别地一锅烩了。前面举的那个例子:我看到了这棵树。树的概念至少是一种本质,甚至是比本质更高的东西:类、属、种这种概念,它属逻辑学最高层次的东西。"看"作为一种感觉或直观却只是存在论水平的东西。在经验表象中,在日常思维中,常常把分属极不相同的逻辑或精神层次的东西混在一切。常识经验之所以能如此也有概念上的根据,其中一个就是黑格尔所说的直接性和间接性的辩证法。由于这个辩证法,内涵深刻的东西被意识自觉后,都可以作为仿佛无中介的直接东西,成为一个直接的表象,从而可以跟内涵肤浅的东西相并列相连接。但表象没有真理性,所以经验表象的例子对我们理解黑格尔不仅帮助不大,更多的是制造混乱。经验表象常常是把那些具有极不相同的逻辑内涵的概念无思想地平列在一起,高低不同的质的差异都抹平了。所以若想洞见真正的本质学习纯粹的真理,只有学习哲学史,尤其是希腊哲学史。希腊哲学史是比较纯粹的,希腊哲学发展的历史进程与理念本身发展的逻辑进程相当一致,所以学习希腊哲学史,并且是通过黑格尔去读希腊哲学史,对我们理解把握纯粹真理、读懂黑格尔逻辑学是绝对必需的。

【正文】直接的感性意识,因为它同时包含有思想的成分,所以特别局限在质和量的抽象范畴。这种感性意识通常被认作最具体的,因而同时也常被看成是最丰富的。但这仅是就其材料而言,倘若就它所包含的思想内容来看,其实可以说是最贫乏的和最抽象的。

【解说】感性意识的本质是一种思想:感性的思想。感性意味着外在性、个别性、特殊性、直接性,但思想应该是普遍和共相。逻辑学上的质、量这些范畴,比如数,它们是感性的思想。所以柏拉图很正确地说,数是介于感性物和理念之间的东西,亦即数是感性的思想。属于存在论阶段的东西既是感性的存在,仅仅特殊的个别的东西,保持不住自身,不像思想,不是思想,但又表现出它们有思想的方面。数和量尤其是如此,比如自然数 1 是不变的,亦即能保持住自己。但它在保持自身同一自身不变的同时又在不断地被否定,丧失自己,结果就有无数个 1,故可知数不是真正的本质或共相,不是真正的思想。真正的本质或思想是独一无二的唯一,数不是这种东西。

不仅数是感性的思想,感觉的东西只要能说出来,都是思想。这里须提及巴门尼德的洞见:存在是可说的,思想是可说的。能说出来的感觉东西如这个红的东西,"这个"是个别性,红是一种抽象共相,"东西"也是某种存在,都是思想。这启示我们一个真理:有理性的人的感觉其本质是思想。我们不能理解非理性的人如原始人、精神病人的感觉感受,原始人说出了他们的感觉感受,但有理性的人不理解听不懂,因为其中没有理性或思想。但感性的东西只是感性的思想,是思想处于感性或直接性阶段,这一阶段的思想都是个别的、彼此外在的。外在性个别性就是纯粹的感性，时间和空间就是这种纯感性思想的一种表象或显现，就是纯粹的个别性和外在性。所以说有感性的思想，或者说思想有其感性阶段，思想最初是作为感性东西而存在的。

常识见解认为感性意识的内容是最丰富的，甚至连康德都有这种看法，康德把思维看作是形式，认为感觉杂多才构成思想的内容。直接看去感觉似乎是无限丰富的，每个人的感觉、每个人每一时刻的感觉都是独一无二的。不同的感觉纷至沓来充满了意识，每一个感觉又都是独一无二，所以感觉的内容似乎无限丰富。但感觉又好像是只能感受不可说。说话若想要别人理解，只能用共相或思想去说，但这样去说感觉，每个感觉东西的独一无二就丧失了，如黑格尔在《精神现象学》第一章所言，"每一个"都是"这个"，每一个红的东西都是这个红的东西，"这个"其实是一共相，说出来的感觉其实都是共相或思想，感觉所意谓的独一无二的这一个其实是说不出来的。人们以为感觉内容的丰富就丰富在这种独一无二的个别性特殊性上。黑格尔指出，独一无二的感觉其所包含的思想内容是最贫乏的，因为内容必须有确定性，必须能明确说出来。被认为是独一无二的感觉东西的流变不已证明它没有什么确定性。对变动不已的感觉，我们对它的内容只能说存在罢了，它没有更多可说的内容。但哪有不存在的东西呢？外星人都存在，孙猴子也存在。说孙猴子存在，这个"存在"不是实存，意思只是可说的，但不能进一步说它是什么，它缺乏这个有确定的规定性的"什么"。是（存在）却不是任何东西，可说却不能说是什么，这就是存在概念最抽象的意义。在"存在"这一抽象空洞的意义上，一切可说的都存在，甚至连"圆的方"都存在。如此抽象空洞的"存在"也就是不存在，巴门尼德因此说感觉是非存在，黑格尔说存在和非存在是同一的，是很正确的。

当然存在论阶段的大部分范畴并不像纯然流变不已的感觉那么空洞抽象，这些范畴都有或多或少的确定性，而不是如最空洞的存在或流变不已的感觉那样只是存在而已。但这些范畴在有确定性或规定性的逻辑概念中却属最贫乏最抽象之列，存在论作为事情的开始，作为纯粹思维的开端，就考察这些贫乏而抽象的概念。

第一章 质(Die Qualität)

第一节 存在(Sein)

§ 86

【正文】纯存在或纯有之所以当成逻辑学的开端,是因为纯有既是纯思,又是无规定性的单纯的直接性,而最初的开端不能是任何间接性的东西,也不能是得到了进一步规定的东西。

【解说】质是存在论领域的第一阶段的范畴。质是指规定性。何谓规定性?简单回答就是:使得一物区别于另一物的东西,或者是,回答是什么的那个"什么",像"红(的)"、"大(的)"都是规定性。当然在纯粹思维的开始,在存在论中,还不涉及判断,因此存在论阶段的质作为规定性就还不是谓词。

当然本质也是质,因为一切本质都有一种确定的规定性。但在存在论阶段出现的质还不是本质,而是最抽象的规定性,直接的规定性,像"红(的)"、"大(的)"都是这种直接的规定性。

纯存在或存在本身是存在论及整个逻辑学的开端。纯存在的这个"纯"或"纯粹"是指抽象掉了一切规定性,所以纯存在就是不具有任何确定的规定性的存在或思想,是未被规定的规定性或纯粹的规定性。注意,说纯存在的"纯"是指抽象掉了一切具体的规定性,这个"抽象"不是指主观的人的抽象,而是客观的事情本身的抽象。有人认为巴门尼德是通过对诸多存在者的归纳抽象而最后得到这个最抽象的共相:纯存在。这个说法是完全错误的。逻辑学第一个概念:纯存在就是巴门尼德的存在,巴门尼德不是通过对诸多存在者的归纳抽象而得到其存在概念的,这个纯存在也还不是共相。共相这种东西是在逻辑学的最高阶段:概念论那里才产生的。纯粹思维及其发展首先是一客观事情,纯粹思维从抽象到具体的发展是事情的客观进程,从巴门尼德开始的希腊哲学史就是对此的一个例证,纯存在就是这一客观进程的开端。

提到纯存在或存在本身,大家都会想起海德格尔说的什么存在论或本体论差异:存在者和存在的差异。海德格尔故弄玄虚,把事情说的仿佛前人不知道似的。这种差异不仅黑格尔知道,希腊人也知道,柏拉图和亚里士多德都知道。显然,一切规定了的存在或思想作为存在者都不是存在本身,都要以存在本身为其逻辑前提。当然这个逻辑不是形式逻辑,而是客观的事情本身的逻辑。这一点表现在哲学史上就是,巴门尼德之后的希腊哲学在对存在者的认识上取得了丰硕成果。中国哲学则是对此的反证。由于中国哲学没有自己的巴门尼德,从未自觉到存在本身,这使得中国哲学从未有过任何对存在者——不管是桌椅板凳之类的外在实存还是抽象共相那种观念性的存在——的严肃的理性的思,一切理性的存在理性的事情:理性的科学、哲学、自然观等等在中国哲学中都是无从谈起的。

任何存在者,不管是地球月亮这种外在的自然实存还是美本身相等本身这种观念性的存在或共相,都要以存在本身为前提,如果存在概念不存在,使得一切存在者得以存在的那最基本的逻辑前提就没有了,它们就皆不存在。有人可能会反驳说,存在概念不存在,只会使一切考察存在者的理性科学和哲学不存在,比如,巴门尼德及其后的希腊哲学和科学就不存在了,但这不影响外部自然的存在,不影响地球月亮这棵树那个人的存在。说这种话的人不明白《小逻辑》考察的概念是思维与存在的同一或不可分离,这种概念既是思想或知又是存在,不明白客观思想这种东西。所谓客观思想并不是说在外部自然之外,也在人的意识之外有与二者均不相干的抽象的观念物,中世纪某些主张共相是客观存在的实在论者就有这种荒谬的主张。思想的客观性或客观思想的一个最基本意义是指:客观事物的自在存在本身是一种思想。《小逻辑》考察的概念或思想与常识意识所说的思想差异巨大,常人所说的思想只是一种主观表象或观念,常人所说的存在,包括外部自然的存在,也只是一种表象。表象总是处于与某种意识或知的关系中,尽管意识常常不知道这一点,而《小逻辑》考察的所有概念都不是表象,都暂不涉及意识。在黑格尔哲学中,考察种种表象及其与意识的关系,是精神哲学的事,不是思辨逻辑学的事。这不是说黑格尔逻辑学所说的概念与任何意义的知或认识不相干。恰恰相反,黑格尔哲学的一基本洞见就是,任何存在或自在存在都是某种认识或知的产物,是存在与知的不可分离。主观唯心主义者也在相当程度上同意上述认识,而主观唯心主义与客观唯心主义的区别在于,前者所说的认识或知是主观的,常常就是人的意识,因此主观唯心主义就面临主观的知如何过渡为客观存在这一难以克服的巨大困难,某些主观唯心主义者由此甚至陷入否定自然和外部世界的实在性客观性的荒谬中。黑格尔强调客观存在与认识或知的不可分离,在这方面他的基本洞见是,没有脱离某种认识或知的自在存在,也没有与任何存在都不相干的认识或知,黑格尔逻辑学中的概念皆是知与存在的同一或不可分离。当然,这种认识或知首先不是主观意义的人的认识或知,不是人的意识,而是心想事成的那原初的绝对的知。

逻辑学是知或思维与存在的不可分离,这意味着,逻辑学开端所说的纯存在也是与某种知必然相关联的,但存在论阶段的概念不知道这一点,犹如科学家在研究外部自然时全神贯注于对象而意识不到作为认识主体的自己。但存在论阶段的概念与研究自然的科学家的思维还有一重大区别:科学家一般是朴素唯物论者,他们认为自然的客观存在与任何意义的思维或认识都不相干。但《逻辑学》的每一个概念都是思维与存在的同一或不可分离,存在论阶段的概念亦是如此,只是在这一阶段概念还不知道这一点。

《逻辑学》的所有概念都是思维与存在的同一或不可分离,万不可把这里所说的思维理解为人的思维。唯物论者认为外部自然的存在不依赖人的意识或思维,这是正确的,但他们不知道自然的存在依赖某种绝对的纯粹思维。《逻辑学》存在论阶段的概念对自己作为思维的方面不自知,仅把自己看作是自在存在。到了本质论阶段,概念开始知道自己同时是思维,但认为自己的本质方面是存在不是思维,所以黑格尔把存在论和本质论统称之为客观逻辑。到了概念论阶段,概念就知道自己是能动地产生客体或存在的绝对主体,是心想事成的创造性思维。

读《小逻辑》存在论,人们易犯的一个错误,以为存在论考察的仅仅是存在,不涉及思维。黑格尔明言,《逻辑学》考察的是纯粹精神纯粹思维,这表明即便是存在论阶段的概念也都是纯粹的精神或思维,构成《逻辑学》三阶段的概念的一重大区别在于概念自己知不知道自己同时是思维,如果知道的话又知道到何种程度。

《逻辑学》考察的是没有经验内涵或实存内容的纯粹思想。最抽象最简单最空洞的纯粹思想就是纯粹的存在,存在本身。不能说存在本身是什么,它啥都不是。也可以说它是纯粹的有,但这个"有"什么都没有。概念或思想可以有更高的规定性,但它首先必须存在。故可知为何存在概念是纯粹思维的开端,是《逻辑学》的开端,是纯粹理念世界的开端。显然,意识到纯存在,就意味着打开了超感性的纯思的国度,这就是巴门尼德哲学在哲学史上的伟大意义。

存在概念是"单纯的直接性",单纯是指简单直接,而直接就是无中介。《逻辑学》在存在概念之后的所有概念都是有中介的,它们首先以存在概念为中介,而空洞的纯存在直接看去是无中介的。但其实纯存在是有中介的,黑格尔说过,存在概念是绝对理念作为一简单的直接东西,就是说纯存在以《逻辑学》的全体或最高概念:绝对理念为中介。这并不是说《逻辑学》是一个坏的自身循环,而是如黑格尔所言,绝对真理是无前提的,上帝是无前提无条件的绝对物。绝对真理是有中介或前提的,但这个中介或前提是它自身。存在概念之后的所有概念都以存在概念为前提,存在概念则以《逻辑学》的最高概念:绝对理念为前提或中介。其实真理是,《逻辑学》的所有概念都以《逻辑学》的全体和完成:绝对理念为前提。《逻辑学》的全体或绝对理念绝对在先,但它认识或思维自己,却是从把自己作为一仿佛无中介的简单的直接东西来直观开始,并启示给人类,这就是为巴门尼德达到的直接看去最空洞最抽象的纯存在。

思辨逻辑学是无前提的绝对知识绝对科学,一切直接看去在它之外的东西都来自它所是的纯粹思维,它不可能有在它之外的前提或中介,但它作为一种知识形式上看必须有开端,所以形式上看《逻辑学》的开端"不能是任何间接性的东西,也不能是得到了进一步规定的东西"。但这只是形式上说,只是直接看去,因为绝对地说,并且到了概念论阶段就会知道,纯存在是那作为全体的能动的概念或绝对理念设定的,是它把作为全体的自己首先设定为空洞的纯存在。真理的发展,一切有生命东西的发展是从抽象到具体,好似从一个胚胎成长为一成熟的个体,是一种内在目的论的过程,在生命的胚胎中潜存着后来的成熟生命作为其目的。纯粹思维纯粹精神就是这种从抽象到具体的内在目的论的发展,所以绝对的理念科学的发展是从空无内容的纯存在开始的。

理解为何以空虚的纯存在作为绝对知识的开端还不算太困难,真正困难的是把握这个纯存在,它或许可说是《逻辑学》最难理解的概念之一,这是因为它的极度空洞抽象。虽然《逻辑学》考察的是概念不是表象,但《逻辑学》的大部分概念都有某种甚至多种相应的表象,比如《逻辑学》的最高概念绝对理念,其表象就是基督教的上帝。尽管大部分人不信更不理解这个上帝,这个表象却是大家熟知的,所以尽管黑格尔说熟知非真知,但当黑格尔说绝对理念就是上帝时,人们对绝对理念还是会有某种朦胧的知,不会是完全的茫然。又比如,《逻辑学》存在论中的数,尽管人们很难读懂《逻辑学》中对数之所言,因为《逻辑学》说的是数的概念。但由于任何人对数都很熟知,都有诸多关于数的表象,所以人们不会对《逻辑学》中的数是什么全然茫然。但纯存在这个概念由于其内容的绝对空洞抽象,严格说来人们对它不能有任何的表象,黑格尔下面就说"纯存在是不可表象的"(§86附释一)。因为任何表象都或多或少是具体的。如果硬说对纯存在可以形成某种表象的话,这种表象要么是纯然否定性的,只能说它不是什么,不能说它是什么,要么是那种自相矛盾的表象。就前者而言,可以说纯存在不是任何存在者,不是一,也不是多,等等。对纯存在还可以形成某些自相矛盾的表象,比如说纯存在是无规定的规定性,是不存在的存在,不是的是,没有的有。巴门尼德称纯存在是可说的,但这个"可说的"却是没有什么可说的。故可知纯存在似乎很神秘,但这个神秘毕竟是对表象意识而言,对表象意识常识思维而言《逻辑学》的所有概念都很神秘,纯存在只不过相当于其他概念更神秘罢了。

有两种对纯存在的理解在这里可以提一下,一是把它理解为开始:思想的开始,存在的开始。这个理解当然是正确的,但不充分,因为它未正面言及这个只是开始思维却什么都不思、开始存在却什么都不是的纯存在是什么样的思想或存在。另一种是把它理解为决心:决心行还未行,决心去认识但还不是任何认识。这种理解来自黑格尔。这种理解的错误及黑格尔为何犯这一错误,我们前面对导言§17的解说中已有详细阐明,这里不再赘言。无论是开始还是决心,都已是较为具体的表象,都是某种规定了的存在,不是空无任何规定的纯存在。笔者以为,最贴近这个纯存在的表象就是巴门尼德之所言:可说的,对此可参阅拙著《思辨的希腊哲学史(一):前智者派哲学》(人民日报出版社)第167页开始的论述。

以上讨论启示我们,理性不是语言,不能还原为语言,语言不是存在或理性的家,理性的家是它自身,是纯粹思维。上述讨论的另一启示是,纯粹理性或思辨哲学不适合用自然语言表达。但思辨的思维并无自己的形式上与自然语言区别开的专业语言,犹如数学语言那样,因为语言只是一种表象,任何语言都是如此,数学语言等一切人工语言也都是如此,而思辨的纯粹思维属于超越一切表象的纯粹的绝对的精神,故可知由事情的本性决定,任何语言,不管是自然的还是人工的,都不适于表达思辨的纯粹思维,所以说纯粹思维思辨哲学不得不用自然语言来表达,这是一无可奈何的事。又,一直有人试图把辩证逻辑亦即辩证法符号化甚至代数化,由上述讨论可知这是不可能成功的,因为辩证法或辩证逻辑的本质是客观的纯粹思维,它是超越一切语言表象的。

【正文】〔说明〕只要我们能够简单地意识到开端的性质所包含的意义,那么,一切可以提出来反对用抽象空洞的存在或有作为逻辑学开端的一切怀疑和责难,就都会消失。存在或有可以界说为"我即是我",为绝对无差别性或同一性等等。只要感觉到有从绝对确定性,亦即自我确定性开始,或从对于绝对真理的界说或直观开始的必要,则这些形式或别的同类的形式就可以看成必然是最初的出发点。但是由于这些形式中每一个都包含着中介性,因此不能是真正的最初开端。因为中介性包含由第一进展到第二,由此一物出发到别的一些有差别的东西的过程。如果"我即是我",甚或理智的直观真的被认作只是最初的开端,则它在这单纯的直接性里仅不过是有罢了。反之,纯有若不再是抽象的直接性,而是包含间接性在内的"有",则是纯思维或纯直观。

【解说】"我即是我"是说费希特,费希特知识学就是以这个命题开始:我设定我自己。"绝对无差别性或同一性",这是说谢林,谢林哲学的开端和原则是思维与存在的无差别的绝对同一。他们跟黑格尔不一样,黑格尔哲学是从空洞的存在概念开始的。纯存在当然也是一种思维与存在的绝对同一,但这个绝对同一可不是思维与存在的绝对无差别。

"只要感觉到有从绝对确定性,亦即自我确定性开始,或从对于绝对真理的界说或直观开始的必要,则这些形式或别的同类的形式就可以看成必然是最初的出发点。"

这里黑格尔说,严格来说哲学体系可以有两种开端,"这些形式或别的同类的形式"其实只有两种形式的开端,这两种开端在近代哲学中都出现过。第一种开端是从自我开始,因为我对我自己是绝对的清楚明白,这就是近代哲学的自我确定性或自我意识的确定性原则,就是笛卡尔的我思,笛卡尔、康德、胡塞尔的哲学原则都是我思或自我意识的确定性。自我(意识)的确定性意思就是对我来说的清楚明白,显然存在概念不具有这个确定性,因为这里面没有我。注意,自我确定性仅指主体或我对表象或对象的意义、内涵毫无疑惑,完全的清楚明白,并不涉及这个表象或对象的内涵或意义是什么,这个"什么"是对确定性的具体规定,确定性本身还不涉及具体的规定性。

近代哲学中的另一种哲学开端是"从对于绝对真理的界说或直观开始"。自我确定性亦即清楚明白的我思只是主观的,并不是真理,真理是主观与客观的统一,自我确定性原则缺乏真理的客观性。自觉到我思原则的缺点的人就提出应以绝对或真理本身为哲学的开端。这种开端要么是从对绝对真理的界说亦即定义开始,斯宾诺莎哲学就是如此。要么是从对绝对真理的直观开始,谢林和雅可比就是如此。《小逻辑》的第二导言"逻辑学概念的初步规定"里面谈"思想对客观性的三个态度",第三个态度是直接或直观知识,黑格尔就选择雅可比哲学为代表。这一派哲学意识到以我思的确定性为哲学开端的缺点:仅是主观的,而真理是主观与客观或自我意识与实体的统一,也自觉到斯宾诺莎这一派的缺点。斯宾诺莎哲学具有很高的真理性,受到了黑格尔的高度评价。斯宾诺莎哲学是以绝对真理本身作为哲学的开端的,在斯宾诺莎哲学的绝对真理:实体那里,主观思维与客观存在的差异被设定为是被实体超越扬弃了的。但这种设定只是一种独断的宣称,没有证明,并且斯宾诺莎对实体是绝对真理的界说或定义也是一未经证明的独断,并以这一独断为其哲学的开端,就是说斯宾诺莎哲学形式上看是一种独断论。谢林和雅可比意识到了斯宾诺莎哲学的这一缺点,故这一派推崇对绝对的直观认识作为哲学的开端。这一派哲学家知道,真理或绝对是思维与存在主观与客观的统一,也同意康德的见解:思维仅是主观的,达不到真正的客观东西:本体或自在之物,由此他们主张真理或上帝作为主观与客观思维与存在的统一不能籍思维而只能籍信仰或某种神秘的理智直观达到。在这种信仰或理智直观中,绝对或真理作为主观与客观的统一在内心中被直接把握。

"但是由于这些形式中每一个都包含着中介性,因此不能是真正的最初开端。因为中介性包含由第一进展到第二,由此一物出发到别的一些有差别的东西的过程。"

这些哲学开端,无论自我意识的确定性,还是对上帝的直观、信仰或独断的界说,在黑格尔看来,就它们的内容或逻辑内涵来讲,它们都是概念或纯思发展到一定阶段才会产生的,所以说都是有中介有前提的,故都不能作为思辨逻辑学的真正开端,因为这种哲学的真正开端应当是那原初无中介的直接东西,至少形式上看应是如此。

"如果'我即是我',甚或理智的直观真的被认作只是最初的开端,则它在这单纯的直接性里仅不过是有罢了。反之,纯有若不再是抽象的直接性,而是包含间接性在内的'有',则是纯思维或纯直观。"

这里所说的"有"是存在,"纯有"是纯存在。贺译本有时把逻辑学开端的存在概念译为"有",笔者以为这一译法不太妥,这里就不具体说了①。黑格尔这里指出,用我思的确定性:我等于我或我设定我做开端,或者用神秘的理智直观作开端,由于真正的开端的极度抽象空洞,这事实上相当于把我思,及把以主观与客观的统一为其内容的理智直观当做那极度抽象毫无内容的纯存在了。而纯存在如果不是如其本应是的那样毫无中介、只是极度抽象空无内容的直接性,而是有了中介,那么这种富有中介和内容的所谓"纯存在"事实上就是作为纯粹的我思的纯思维,或者是纯粹直观,不管它是对空间时间的纯感性直观,还是对康德所说的以超越的本体或上帝为对象的理智直观。

这里有个问题:对这段话中的纯思维和纯直观该如何理解? 全部《逻辑学》都是纯粹思维,极度抽象空虚的纯存在已是一种纯思维,当然不是意识中仅仅作为被认识的对象的静止不变的抽象观念,而是能思与所思均潜存于其中的那原初的绝对的纯思。这里的这个纯思维是指《逻辑学》所是的绝对纯思吗? 这个"纯思维是包含间接性在内的'有'",而《逻辑学》纯存在之后的所有概念都是这种"有"或存在。黑格尔这里把纯思维与纯直观放在一起相提并论,但考虑到他从不会把《逻辑学》中的纯思称为纯直观,因为黑格尔认为一切直观的本质都是思维,绝对的纯粹思维是一切自然和精神东西——包括各种被称为直观的东西——的纯粹

---

① 这一译法为何不妥? 拙著《思辨的希腊哲学史(一):前智者派哲学》第203页对此有讨论,可以参阅。

的和绝对的本质。故可知这里的这个纯思维和纯直观不可能指《逻辑学》中的某个纯思。根据上下文,可以肯定,这里所说的纯思维只能是指"我就是我"这种主观的纯思。近代的先验唯心主义考察的首先是那内在于我思的思维,由于这种哲学的先验立场和方法,它们所考察的所有思维及作为这些思维的原初根据的我思都是一种纯思,因为一切感觉和后天经验的内容在这里都抽象掉了。

明白了纯思维,纯直观的意思也不难知道了。纯直观只能有两种意思,一是指康德所说的纯粹感性直观:先验意义的对空间时间的纯粹直观,一种是对作为思维与存在的统一的上帝或绝对的理智直观,也是康德设想到的。这种理智直观当然也是纯粹的,故也是一种纯直观。根据这里的上下文,这里的纯直观只能是指理智直观,因为这里谈论的是在近代哲学中出现的那两种哲学开端:主观的作为我思的纯思及绝对的理智直观。这种绝对的纯直观具有最高最丰富的逻辑内涵,当然是有中介的。

【正文】如果我们宣称存在或有是绝对的一个谓词,则我们就得到绝对的第一界说,即:"绝对就是有"。这就是纯全(在思想中)最先提出的界说,最抽象也最空疏。这就是爱利亚学派所提出来的界说,同时也是最著名的界说,认上帝是一切实在的总和。简言之,依这种看法,我们须排除每一实在内的限制,这样才可以表明,只有上帝才是一切实在中之真实者,最高的实在。如果实在已包含有反思在内,那么,当耶柯比说斯宾诺莎的上帝是一切有限存在中的存在原理时,就已经直接说出这种看法了。"

【解说】"绝对就是有"亦即上帝(是)存在,这是对上帝或绝对的一个定义。《逻辑学》是考察被表象为上帝的绝对的纯思的,所以那空虚的存在就是对上帝或绝对的第一个界说或定义。这一对上帝的认识或定义当然是最空虚的,因为一切都存在,一粒灰尘也存在。上帝作为绝对真理有无限丰富和深刻的内容,但在这个定义中这些内容都见不到了。又,黑格尔这里不是说爱利亚派提出了对上帝的一个定义,而是说,爱利亚派的存在概念后来被一些哲学家拿来用于认识上帝,说"上帝是一切实在的总和",这个实在即一切实存,不管是自然还是精神中的实存,不管是感性物还是须靠思维才能把握的作为某种本质东西的实存。显然,这些实存具有极不相同的思想内涵或逻辑规定性。这些彼此具有极大的质的差异的东西的总和直接看去就是自然和精神这两个宇宙。但这里所说的"一切实在的总和"作为对上帝的定义只能是单一的东西,那么自然和精神这两个宇宙的总和是何种单一的东西呢? 答案只能有两种。一是,它是自然和精神的一切实存所有或所是的逻辑规定性的统一,这只能是那最高最后内容最丰富的逻辑理念:绝对理念,须知绝对理念或绝对精神就是自然和精神这两个宇宙的纯粹而绝对的内容,说绝对理念是思辨逻辑学的全体概念的总和和统一也就是这个意思。"一切实在的总和"的另一种意思只能指,诸多实存东西的质的差异皆抽象掉了,此即这里说的"我们须排除每一实在内的限制"。限制是指每一实在东西所有的或所是的在抽象的存在之上的更高的思维规定,须知限定就是规定,这样就只剩下它们最抽象的同一方面:存在,所以一切实在的总和只能是那最空洞最抽象的存在,旧形而上学家对上帝的这个定义实际是把上帝认作是最抽象最空洞的存在。

这段话中的最后:"如果实在已包含有反思(译为'映现'更好,笔者注)在内,那么,当耶柯比说斯宾诺莎的上帝是一切有限存在中的存在原理时,就已经直接说出这种看法了",这句话首先是纠正前面说法的用词不准确的。前面说"上帝是一切实在的总和"、"上帝才是一切实在中之真实者,最高的实在"。但"实在(Realität)"这个词是包括具有本质——即黑格尔这里说的反思——意义的实存的,而现在是存在论阶段,考察的是未达到本质阶段的直接存在,故上面之言"上帝是一切实在的总和"、"上帝才是一切实在中之真实者,最高的实在",这些说法中的"实在"一词就不准确,而应当用"存在(Sein)"这个词。所以黑格尔说耶柯比的说法同前面的说法意思是一样的,但耶柯比用的是"存在"而非"实在"一词,故黑格尔这里有称赞他用词准确的意思。但有一点黑格尔这里没说的是,耶柯比的这句话暴露出他对斯宾诺莎哲学的错误理解。斯宾诺莎哲学的上帝其思想内涵是本质论阶段的最高概念:绝对实体,这个概念事实上已是绝对理念了,绝对实体是仅仅被客观看待的绝对理念,所以说斯宾诺莎的上帝其思想内涵远远高于存在论阶段的存在概念。耶柯比的这句话表明他不理解斯宾诺莎哲学,把斯宾诺莎的实体概念错误地理解为内容空洞贫乏的存在概念。

【正文】附释一:开始思维时,除了纯粹无规定性的思想外,没有别的,因为在规定性中已包含有"其一"与"其他";但在开始时,我们尚没有"其他"。这里我们所有的无规定性的思想乃是一种直接性,不是经过中介的无规定性;不是一切规定性的扬弃,而是无规定性的直接性,先于一切规定性的无规定性,最原始的无规定性。这就是我们所说的"有"。这种"有"是不可感觉,不可直观,不可表象的,而是一种纯思,并因而以这种纯思作为逻辑学的开端。本质也是一无规定性的东西,但本质乃是通过中介的过程已经扬弃了规定并把它包括在自身内的无规定性。

【解说】这一段所言我们前面的解说包括对导言的解说大都已经言及了。"开始思维时,除了纯粹无规定性的思想外,没有别的",这就是空无任何规定或内容的纯存在。纯存在是客观思维或思想的开始;作为这一开始,必定是尚无任何内容或规定性,因为一切规定性都是有具体内容的亦即具体规定了的存在或思想。

纯存在既是有中介的又是无中介的。直接看去它是无任何中介的，但自在地它是以绝对理念为中介的。前面我们多次阐明，纯存在已经是思维与存在的绝对同一，这个绝对同一是一种以自身为对象的纯思，这个纯思作为这种绝对同一的开端，作为纯思的开端，认为自己仅是——亦即仅把自己思维为——无中介的直接存在。所以说纯存在是有中介的，这个中介就是作为以自身为对象的纯思这一思维与存在的绝对同一，此即绝对理念本身。但在纯思的开端处这一纯思由于仅把自己思维为无中介的直接存在，所以它就仅作为无中介的直接存在，忘了或不知道自己是有中介的，这个中介就是作为思维与存在的绝对同一的绝对理念。其实在哲学史上，在纯粹思维的开端处，巴门尼德除了道出了纯存在外，还道出了思维与存在的绝对同一①。这一事实启示我们，由事情本身所决定，存在概念与思维与存在的绝对同一性犹如一块硬币的两面是不可分离的。但巴门尼德在言说存在概念时，思维与存在的绝对同一性就被他抛在脑后了，他仅把存在看做是无中介的单纯的自在存在。希腊哲学是自由的思维，故希腊哲学史与纯粹理性的逻辑发展必然是高度一致，希腊纯粹思维的开端与纯粹思维本身的逻辑开端的这种一致故可知是不奇怪的。

"其一"与"其他"都是纯粹的思维规定。在纯存在这里，既没有"其他"也没有"其一"。又，巴门尼德说存在是一，这个"一"是唯一，因为存在概念属于质的范畴，任何质的规定性都是唯一的。也可以把"存在是一"所说的这个"一"理解为客观的纯粹思维或理念本身的唯一性，因为存在概念是绝对理念之作为直接的东西，所以它是唯一。故可知"存在是一"所说的这个"一"不是"一"与"多"中的"一"。"一"与"多"属于后面的自为存在这一概念，"其一"与"其他"属于"定在"这一概念。又，黑格尔这里明确指出，对纯存在这一概念不可能有任何表象，这一点给理解这一概念造成了特别困难，这是我们前面已经说过的。但黑格尔没有说为何对纯存在不可能有任何表象，这里不妨说一下。表象的内容或多或少总是较为具体的，每个表象的内容都是若干纯概念的具体同一。但纯存在空无任何规定性，所以不存在与存在概念相对应的表象。

黑格尔这里还提到了本质。"本质也是一无规定性的东西"，这只能是指本质论的开端："同一"，即形式逻辑的同一律所说的 A = A 或 A 是 A 这一抽象的同一性，也可以称为纯同一。本质论开端所是的这个纯同一也没有任何具体的规定

---

① 巴门尼德的存在概念有多种含义，空无内容的纯存在只是其中之一。又，巴门尼德道出的思维与存在的同一性这一命题在他那里亦有不止一种含义，思维与存在的绝对同一也只是其中之一。拙著《思辨的希腊哲学史（一）：前智者派哲学》对这两点均有详细讨论，可以参阅。

性。规定性是用来回答"是什么"的,但"纯同一"还不是或没有任何具体的"什么"。如果问"同一"是什么? 只能回答同一是同一;如果问什么东西同一? 只能回答"同一同一",犹如巴门尼德说存在(是)存在。当然你可以说同一不是差别,但差别不是同一的肯定的规定性,"同一"所有或所是的肯定的规定性要到"同一"与"差别"这两个概念之后才会出现。但黑格尔指出,同一这一纯粹的本质还是有中介的,"本质乃是通过中介的过程已经扬弃了规定并把它包括在自身内的无规定性"。本质的开端:纯同一是纯粹思维扬弃了存在论阶段的诸概念而达到的,本质及一切本质的开端:纯同一乃是一全新的思维领域,作为它的中介为它所扬弃的存在论阶段的诸概念在这一全新的领域中自然是见不到的,必然是自在地消失了。黑格尔的这句话是说,本质的开端:纯同一固然也是没有任何规定的,但它是有中介的,全部存在论都是它的中介,所以和存在概念是不同的。

【正文】附释二:在哲学史上,逻辑理念的不同阶段是以前后相继的不同的哲学体系的姿态而出现,其中每一体系皆基于对绝对的一个特殊的界说。正如逻辑理念的开展是由抽象进展到具体,同样在哲学史上,那最早的体系每每是最抽象的,因而也是最贫乏的。故早期的哲学体系与后来的哲学体系的关系,大体上相当于前阶段的逻辑理念与后阶段的逻辑理念的关系,这就是说,早期的体系被后来的体系所扬弃,并被包括在自身之内。这种看法就表明了哲学史上常被误解的现象——一个哲学体系为另一哲学体系所推翻,或前面的哲学体系被后来的哲学体系推翻的真意义。每当说到推翻一个哲学体系时,总是常常被认为只有抽象的否定的意义,以为那被推翻的哲学已经毫无效用,被置诸一旁,而根本完结了。如果真是这样,那末,哲学史的研究必定会被看成异常苦闷的工作,因为这种研究所显示的,将会只是所有在时间的进程里发生的哲学体系如何一个一个地被推翻的情形。虽然我们应当承认,一切哲学都曾被推翻了,但我们同时也须坚持,没有一个哲学是被推翻了的,甚或没有一个哲学是可以推翻的。

【解说】这里说的是西方哲学史与思辨逻辑学的一致或同一性。"在哲学史上,逻辑理念的不同阶段是以前后相继的不同的哲学体系的姿态而出现,其中每一体系皆基于对绝对的一个特殊的界说"。"绝对"即绝对理念,那客观的纯思的全体和统一,表象称之为上帝。"界说"就是定义。对哲学史与逻辑学的一致我们前面尤其在导论中已有深入阐释,这里就不多说了。其实,哲学史与思辨逻辑学的同一性只是黑格尔的历史与逻辑的一致这一思想的诸多意义之一。黑格尔这一命题的意义是很广很深的,它说的是一切有生命有发展的东西都必然会遵循的一必然的先天法则。从希腊到黑格尔的古典哲学是有生命的,它是客观而绝对的纯思亦即理性本身或绝对理念在历史中逐渐被自觉的过程,这一历史过程与绝对理念从抽象到具体的逻辑发展运动必然是一致的。自然和生命过程也是如此,高级生命在自身内包含有低级生命,生命在自身内包含有无生命,犹如那在后的哲学在自身内包含有此前的那些较抽象的哲学的概念或原则。比如,人是自然领域的最高存在,故它是以植物和比人低级的动物生命为前提的。比如,人身上是有植物系统的,头发和指甲都属于人身上的植物系统。剪头发剪指甲不疼,因为头发或指甲没有神经系统,所以没有感觉,这就是植物的标志。低级的微生物也是人的生命的一个环节,肠道消化食物,靠的就是肠道内微生物的生物化学活动。这就是黑格尔所说的,一切有生命的东西都是一种发展,这一发展的较后阶段的东西在自身中必然包含有先前阶段的较抽象的东西。又,黑格尔的思辨逻辑学道出的不仅仅是哲学史的纯粹内容,它也是一切有生命会发展的实存东西的纯粹内容,自然史、生命史、哲学史、人类历史,都是思辨逻辑学所是的那绝对的客观的纯粹思维的定在或实现,思辨逻辑学所是的那绝对的客观的纯思是一切实存——不管是自然的还是精神的——的灵魂,黑格尔的哲学全书体系所以能从纯粹思维出发推演出自然和精神这两大宇宙中的一切本质性实存,缘由在此。

【正文】这有两方面的解释:第一、每一值得享受哲学的名义的哲学,一般都以理念为内容;第二、每一哲学体系均可看作是表示理念发展的一个特殊阶段或特殊环节。因此所谓推翻一个哲学,意思只是指超出了那一哲学的限制,并将那一哲学的特定原则降为较完备的体系中的一个环节罢了。所以,哲学史的主要内容并不是涉及过去,而是涉及永恒及真正现在的东西。而且哲学史的结果,不可与人类理智活动的错误陈迹的展览相比拟,而只可与众神像的庙堂相比拟。这些神像就是理念在辩证发展中依次出现的各阶段。所以哲学史总有责任去确切指出哲学内容的历史开展与纯逻辑理念的辩证开展一方面如何一致,另一方面又如何有出入。

【解说】历史上有很多不配"享受哲学的名义的哲学",这种所谓的"哲学"以前有,一直有,黑格尔之后这种只是个人的小聪明、只表达个人的主观心情或偶发之见的所谓"哲学"就更多了。前面对导言§13、14 两节[说明]部分的解说举了一些时髦的不配称为哲学的所谓"哲学"的例子,可以参阅。

一切真的哲学都是有生命的和永恒的,是永恒的现在,永远活在当下,永远不会过时。真的哲学的生命即在于,这一哲学的概念或原则永远是活生生的现实东西,或者是构成这种现实的一必要环节。人们通常是意识不到哲学史上的那些大哲学家所把握的概念,因为人们是生活在表象中的,人们意识到言说着的东西都是表象。但支配有发达理智的文明人的意识和生活的诸表象都是诸纯粹概念的综合统一,是这种统一之作为直接的东西。比如,纯数学亦即真正的数学科学是诞生在毕达哥拉斯派那里的,纯数学就是关于数或量的概念的一种纯粹表象,数学家们的意识就受这种表象支配,实际是受数和量的概念支配,但数学家们却意识不到这一点。鉴于数学在近现代科学技术中的重大作用,鉴于科学技术在现代人生活中的重大作用,完全可以说数或量的概念内在于并支配着现代人的日常生活,只是人们不知道这一点罢了。数或量的概念是毕达哥拉斯最早意识到的,毕达哥拉斯哲学的内容就是对数的概念的初步自觉,所以说毕达哥拉斯哲学是有永恒意义的,是永活着的,是活在现代人每分每秒的生活中的。所有真正的哲学都是如此,因为真正的哲学一定是对那永恒的、具有最高现实性的绝对理念中的某个环节或某一纯概念有自觉。哲学和哲学史考察的是永恒的事情,不考察时间、空间中的事情,首先并不关心时间、空间中的事情、历史中的事情。但永恒的理念支配着时间进程历史进程中的一切。所以它也能依据对这种永恒的理念的认识去考察、理解历史,包括哲学自身的历史。真正的哲学史就是要洞见到历史上那些真正的哲学所把握的纯粹概念,洞见到纯粹概念的历史发展。哲学史上的诸哲学当然也有意义不大的甚至错误的东西,但真正的哲学史关心的不是这个,而历史上诸哲学中的永恒东西。这些永恒的东西是真正现实的和永活的东西,所以说是神圣的东西,所以黑格尔说哲学史不是"人类理智活动的错误陈迹的展览",而应比作众神像的神圣庙堂。但历史总有外在的偶然的方面,哲学史亦是如此,所以哲学史也应该指出历史上的诸哲学中与绝对理念的逻辑进程不一样的地方。

【正文】但这里须首先提出的,就是逻辑开始之处实即真正的哲学史开始之处。我们知道,哲学史开始于爱利亚学派,或确切点说,开始于巴门尼德的哲学。因为巴门尼德认"绝对"为"有",他说:"惟'有'在,'无'不在"。这须看成是哲学的真正开始点,因为哲学一般是思维着的认识活动,而在这里第一次抓住了纯思维,并且以纯思维本身作为认识的对象。

【解说】黑格尔对哲学的定义很严格。哲学必须与种种表象划清界限,与科学——科学是一种表象思维——划清界限,哲学必须抓住纯粹思想,有能力做纯粹思维,这才是真正的哲学,所以哲学的真正开端不在伊奥尼亚学派那里,而在巴门尼德那里。伊奥尼亚学派只是哲学在时间上的开端,不是哲学的真正开端亦即逻辑开端。东方人的哲学由于它从来没有意识到理性思想的纯粹性,故黑格尔认为它不是真正的哲学。又比如,唯物论是常识水平的表象,它根本没有进入思想,也没有能力去思想,这不叫哲学。有很多深刻的崇高的乃至神圣的思想,比如奥古斯丁和马丁·路德的神学、中世纪艾克哈特大师的神学,其内容都是很神圣很深刻很崇高的,但它们没有用思想的形式去表达,所以严格说来也不属于哲学。思想史不是哲学史,所以孟德斯鸠和帕斯卡的思想尽管很深刻,值得高度评价,但都不属于严格意义的哲学。黑格尔的哲学和哲学史概念非常严格，这不是苛求，不是故弄玄虚。犹如科学与经验、技术等在概念上不是一回事，必须加以区别一样，哲学与科学、宗教、文学等在概念上也不是一回事。可以说，在概念上澄清真正的哲学与文学、数学、科学、宗教神学等诸多表象意识的区别，是黑格尔的一大成就。黑格尔能有这一成就，是因为他在哲学史上第一次充分自觉到何谓纯粹思维。黑格尔之前纯粹思维的哲学有不少，古代的巴门尼德、近代的斯宾诺莎、康德等都是，但在概念上充分阐明纯粹思维这个东西，这一功绩属于黑格尔。

并不是只有哲学才有概念，数学、自然科学、宗教、艺术等都有其概念，当然这些概念的根基都在纯粹哲学中。概念是客观的，不是可以凭主观聪明随便下定义的。在概念上搞明白一个东西一件事情对相关领域的专家学者来说是基本的要求，但也是不容易的。比如关于儒家或儒教是不是宗教的争论，如果不明白宗教的客观概念，这一争论就是没多大意思的，对人们真正理解无论是宗教还是儒教都没有多大帮助。能在概念上搞明白一件事情是一种思想教养，不少所谓学者在自己从事的学术领域就没有这种本应有的基本教养，比如研究科学史的学者不知道科学的概念，把科学与经验、技术混为一谈，英国那个著名的李约瑟和中国一些所谓的科学史家都是如此，他们主张中国古代有科学，甚至比西方古代科学还发达，这种昏话证明这些人完全不知道科学的概念，作为科学史家是不合格的。

【正文】人类诚然自始就在思想，因为只有思维才使人有以异于禽兽，但是经过不知若干千年，人类才进而认识到思维的纯粹性，并同时把纯思维理解为真正的客观对象。爱利亚学派是以勇敢的思想家著称。但与这种表面的赞美相随的，常常就有这样的评语，即这些哲学家太趋于极端了，因为他们只承认只有"有"是真的，而否认意识中一切别的对象的真理性。说我们不应老停滞在单纯的"有"的阶段，这当然是很对的。但认为我们意识中别的内容好象是在"有"之旁和在"有"之外似的，或把"有"与某种别的东西等量齐观，说有"有"，某种别的东西也"有"，那就未免太缺乏思想了。真正的关系应该是这样：有之为有并非固定之物，也非至极之物，而是有辩证法性质，要过渡到它的对方的。"有"的对方，直接地说来，也就是无。总结起来，"有"是第一个纯思想，无论从任何别的范畴开始（如从我即是我，从绝对无差别，或从上帝自身开始），都只是从一个表象的东西，而非从一个思想开始：而且这种出发点就其思想内容来看，仍然只是"有"。

【解说】真正的哲学是对纯粹思想亦即纯粹理性的自觉，但理性思想首先或最初并不是以如此的方式被人把握的。大部分有理智的人终身不知道纯粹理性，连科学也只是一种表象形式的理性而不是纯粹理性。在巴门尼德把握第一个纯粹思想之前，希腊哲学已是受理性思想支配了。甚至在希腊科学或哲学产生前，在希腊人进入国家阶段之前,希腊神话中也已经有理性思想了;今天的人能读希腊神话,就是因为内在于这种神话中的理性思想在起作用。同样,中国古代哲学不是真正的哲学,中国古人的意识中理性思想是相当贫乏,但在它们那里不是一点理性都没有。今天的中国人能读先秦典籍,甚至能读三千年前的《尚书》,也只是由于内在于其中的理性思想在起作用,因为理性是以自身为对象的,理性只能理解它自身。所以黑格尔说在巴门尼德之前人类已经思维了很多年了,须知神话意识、诗的语言,都可看作是理性思想的某种显现或表象形式。理性思想之有无构成了人与动物的区别,动物不仅没有哲学,也没有神话和诗,因为只要不是没有物我之别人我之别的起码意识,国家产生之前的各民族的神话和诗中已经有理性了,须知物我之别人我之别的意识都只能来自理性。但自在地有理性和知道自己有理性、仅仅自在存在的理性和自觉自身的纯粹理性仍然有莫大的区别。知不知道纯粹思维,这一点关系甚大。只有西方有科学,正如只有西方有真正的哲学一样,这完全来自希腊和西方有纯粹思维。从希腊开始至今的西方文明与东方文明的区别的诸多方面就是由希腊和西方有纯粹思维的哲学而东方没有这一点造成的。

可以说人类有语言就开始在思维了,在原始神话中已经有理性思想了,但是不在神话中、诗的想象中、众多感性的表象或知觉中去思想,而是抓住思想的形式,纯粹地去思想,这是从爱利亚派才开始的。为什么只有古代希腊人才有真正的科学? 因为科学必须以纯粹思想的某种自觉为前提,比如必须自觉到数的概念,真正的数学才能产生,日常的实用算术不是数学。小孩子都有数的表象,五千年前的原始人就能用数的简单表象做计算了,但这与知道数的概念、建立纯粹数学这门科学完全不是一回事。同理,不知道种、属和个别性的概念,就不可能建立逻辑学;亚里士多德就是因为自觉到了这些概念,才创立了逻辑学。亚氏之前的人正是因为对种、属、个别性等只有表象没有概念,所以他们尽管天天都在下判断做推理,却无能建立逻辑学,因为他们不知道判断和推理的概念,种、属和个别性的概念同一地就是判断和推理的概念。存在概念也是如此。巴门尼德之前的人,读不懂巴门尼德和黑格尔哲学的人,就只知道种种表象中的存在者,不知道纯粹的存在亦即存在概念。明白了上面所言的数的概念及种、属与个别性概念被自觉的意义,就可明白存在概念被自觉的意义。存在概念是纯粹理性的开端,是理性本身的开端,故它是一切真正理性的事情理性的科学的开端,任何一门理性科学:数学、物理学、生物学、逻辑学、道德哲学等都以存在概念的自觉为其最基本的前提。比如,固然可以说区别于实用算术的数学科学是在巴门尼德之前的毕达哥拉斯创立的,但只是在巴门尼德之后,数学才能摆脱野蛮任性的想象等无思想的东西的纠缠而达到成熟,因为数的概念以存在概念为前提,而数学科学乃是对数或量的概念的一种纯粹表象。在巴门尼德之前的毕达哥拉斯对数的概念的自觉只是初步的,这一自觉的充分、纯粹只能在自觉到存在概念的巴门尼德之后。故可知,没有对存在概念的自觉,认识和精神中的一切真正的理性事情理性科学都是谈不上的。又,黑格尔这里用的思想或思维(Denken)这个词容易引起误会,因为在常人的观念中思想总被认为是主观的,只存在于人的意识中,同客观存在不相干。为了避免这种误会黑格尔的严格说法是概念(Begriff),黑格尔的概念是主观与客观思维与存在的不可分离和绝对同一,纯存在或存在概念就是第一个这样的概念。

"爱利亚学派是以勇敢的思想家著称",他们把一切感觉经验常识表象科学等全部抛弃,宣称它们都是不存在不真实的,只有存在本身才是真实的,只有存在存在。所以就有这种批评:"这些哲学家太趋于极端了,因为他们只承认只有'有'(存在)是真的,而否认意识中一切别的对象的真理性"。巴门尼德是哲学史上最伟大的人物之一,他的思想的勇敢和颠覆性绝不亚于康德,其革命性和意义也丝毫不亚于康德,甚至可说是超过康德。没有康德或康德似的人,对西方文明的基本面貌影响不会太大,比如西方的科学、艺术、民主政治等基本东西就不会受什么影响。但若没有巴门尼德或巴门尼德似的人,西方就没有真正的科学和哲学,西方文明就完全不是今天这个样子。

"说我们不应该老停滞在单纯的'有'的阶段,这当然是很对的。但认为我们意识中的别的内容好象是在'有'之旁和在'有'之外似的,或把有与某种别的东西等量齐观,说有'有',某种别的东西也'有',那就未免太缺乏思想了"。

我们明白地确定地说出的、意识到的一切东西都存在,所以巴门尼德说了一个存在,就把一切可说的全说了,没有遗漏任何东西,因为一切可说的都(是)存在,意识到的一切观念、对象都被存在概念囊括了,它们并不在存在概念之旁或之外。确实如巴门尼德所说,在存在之外什么都没有,存在之外就是绝对的无。人类能够理解和思维的一切都在存在之内,因为它们都(是)存在。由此亦可知,存在是最空洞最外在的思想,是外延最大的思想,以致于理性意识能够想到的、说出的一切东西统统(是)存在,孙猴子、哪吒太子都存在。

"真正的关系应该是这样:有之为有并非固定之物,也非至极之物,而是有辩证法性质,要过渡到它的对方的。'有'的对方(非存在)直接说来,也就是无"。

空洞的"存在"保持不住自己,它不是固定不变的,更不是绝对物如斯宾诺莎的实体或黑格尔的绝对理念,它必然会走向自己的反面,成为无或"非存在"。

"总结起来,'有'是第一个纯思想,无论从任何别的范畴开始(如从我即是我，从绝对无差别，或从上帝自身开始），都只是从一个表象的东西，而非从一个思想开始；而且这种出发点就其思想内容来看，仍然只是'有'"。

认哲学的开端从"我是我"开始，是费希特；从"绝对无差别"开始，指谢林；从上帝开始是指耶柯比，因为耶柯比主张直接知识，这个直接知识的对象就是最高的无条件的存在：上帝。这三种哲学的开端都只是表象而非概念或纯思想。"我"并不是纯粹思想，"我"只是一个表象，这一表象的内容在不同人不同地方可以很不相同，亦即很多不同逻辑内涵的思想都能表象为"我"。比如在逻辑学第二阶段本质论时就有我了，主观反思的我就被意识到了，但这种"我"被认为仅是主观的，没有实质性内容。第三阶段概念论中，概念也可说是"我"，这是更内在的我，具有彻底能动性的我。所以说"我"只是一个表象，不是有明确的客观规定的纯粹思想或概念。费希特的"我＝我"和康德的先验自我在黑格尔看来都是把本质论阶段的相互映现水平的概念和概念论阶段的那能自身否定和发展的概念混为一谈了。

"上帝"亦只是一个表象而不是概念，不同宗教不同哲学家所说的"神"或"上帝"其内容可以很不相同，比如，犹太人所说的"上帝"和基督教所说的"上帝"其内容就是不同的。所以说"上帝"不是一有明确规定的客观概念。谢林的"绝对无差别"为什么说也是表象？绝对无差别说的是思维与存在的绝对同一。我们前面在导论中反复阐明，思辨逻辑学的每一个概念：从存在到绝对理念都是一种思维与存在的绝对同一或绝对无差别，但它们每一个又都是思维与存在的绝对有差别，不同概念的内容差异就来自这一绝对同一中的差异方面，所以说"绝对无差别"也只是表象不是概念。

真正哲学的开端不能有任何规定性，一切内容或具体的思维规定都是要从哲学中推演或证明出来的，所以无论用什么表象东西做哲学的开端，由于开端只能是空无规定的东西，故开端不论是"我"还是"上帝"，这个"我"或"上帝"作为哲学的开端实际就只相当于空洞的存在罢了。

§87

【正文】但这种纯有是纯粹的抽象，因此是绝对的否定。这种否定直接地说来，也就是无。

【解说】纯粹的抽象就是绝对的抽象，一切规定性都否定了。注意，这个抽象不是人的抽象，而是客观的事情本身的抽象。有一种见解认为，巴门尼德是从诸多具体的存在者中进行抽象或归纳，最终得到空洞的存在概念的。这一见解大错特错。巴门尼德对存在概念是直接把握的，可以说是一种理智直观，用他自己的话说就是女神启示给他的。绝对的抽象就是绝对的否定,这个"有"或"存在"没有任何规定性,它什么都没有什么都不是,所以说它是"无","有"就是"无",存在就是非存在,这是思辨逻辑学的第一个推演。说存在就是非存在,巴门尼德是不会同意的。《逻辑学》的这个存在就是巴门尼德的存在,但是黑格尔看待存在概念的眼界要比巴门尼德高。巴门尼德抓住了空洞的存在本身,但他没有也不可能有黑格尔那种辨证思维,所以在"存在"之后的支配这个"存在"使它运动、过渡的力量巴门尼德是看不到的。

有(存在)与无(非存在)是绝对不同的,但上面的论证表明二者又是绝对的无差别。巴门尼德只知道二者的绝对不同,不知道它们又是绝对的无区别。"存在"空无任何规定性,所以在那里什么都没有什么都不是。有什么? 有"无",存在就是非存在。这一推演不难理解,但从中还可以进一步推出"变"。既然有和无是绝对的不同,所以有就是无这一无中介的过渡就是变。关于从非存在或无向"变"的过渡,我们后面再说。

【正文】〔说明〕(1)由此便推演出对于绝对的第二界说:绝对即是无。其实,这个界说所包含的意思不外说:物自身是无规定性的东西,完全没有形式因而是毫无内容的。或是说,上帝只是最高的本质,此外什么东西也不是。因为这实无异于说,上帝仍然只是同样的否定性。那些佛教徒认作万事万物的普遍原则、究竟目的和最后归宿的"无",也是同样的抽象体。

【解说】真理亦即绝对或上帝是逻辑学的对象,故逻辑学中的许多概念都可看作是对绝对或上帝的认识或定义。如果思维水平停留在逻辑学的开端:存在概念上,在开端处对真理或绝对的认识就是:绝对(是)存在。现在既然已经证明有(存在)就是无(非存在),故这一思维水平相当于说上帝或绝对是无。前面说绝对(是)存在,这里说绝对(是)不存在,这是一绝对的矛盾。

"其实,这个界说所包含的意思不外说:物自身是无规定性的东西,完全没有形式因而是毫无内容的"。

物自身就是存在本身。被我们意识到的存在叫现象,但存在本身应当是自在的客观的,而真理或上帝是无条件的绝对的存在或存在本身。这一存在本身现在被规定为是"非存在"或"无",亦即没有任何规定性或确定性,毫无内容,亦可说是没有任何形式,因为任何形式都是一种规定性,因而是一种规定了的存在。

"或者说,上帝只是最高的本质,此外什么东西也不是"。

"上帝只是最高的本质"这句话所说的本质由于没有任何确定的规定性,故这一本质作为一空无任何规定的东西,只能是与"无"或"非存在"相同一的空洞的存在,故这句话实际说出的是:上帝是绝对的否定性,上帝或绝对什么都不是,亦即上帝是无。但这个"无"或"非存在"与佛教所说的"无"是一回事吗？佛教的"无"就是佛教追求的最高境界或真理:涅槃。在涅槃中一切知觉、意识、表象、观念全消失了,它没有任何确定的规定性,就这点来说佛教的涅槃或无,还有道家的道或无,与逻辑学现在所说的无确乎相当接近,似乎是一回事。但它们不是一回事。二者的区别在于,佛教的涅槃及道家的"道"或"无"都是绝对不可言说的神秘。东方宗教达到涅槃或"无"靠的是废弃一切理性的知觉或意识的神秘直观,而思辨逻辑学这里所说或所是的"无",亦即巴门尼德的非存在或"无"虽说也是空无任何规定性,但并不神秘。不仅"非存在"或"无"不神秘,思辨逻辑学的所有概念都不神秘,也不可能神秘,因为它们都是理性的概念或规定性。巴门尼德言:存在是可说的,这句话对一切理性概念都成立。一切理性的东西都是可以明白而客观地表达出来的,都属于可说的存在,理性没有不可言说的神秘。理性的东西可以深奥,不可能神秘,不可言说的神秘只能属于非理性的东西。东方宗教和哲学根本上说都属于不可言说的非理性的神秘。但神秘不是深刻,并无自在的神秘,神秘来自理性精神的缺失,神秘就是丧失理性或未达到理性时的精神,所以说毫无理性的原始人的文化必然是神秘的。古代印度人和中国人已不是原始人,以印度和中国为代表的东方文明已不是毫无理性,理性在其中是萌发了的。但由于东方民族的理性意识从未达到成熟,亦即理性在东方从未意识到自己的独立性或绝对性,如在希腊那样,故理性意识在传统东方人的精神中只能是表面的、不独立的,是从属于传统东方宗教的非理性精神的,故东方文明中较深层次的东西必然是非理性的,是不可说的神秘。不可说不是因为其内容深刻或深奥,不是因为其内容超出了理性,而只是因为它并无任何真正的内容,须知并无自在的神秘,神秘只能来自理性的缺失。如果理性足够发达成熟的话,在理性之光的光照下一切神秘都将消失。

由此可知作为东方宗教的最高真理的"无"完全是非理性不可说的神秘,而这仅仅是因为在东方人的最高最内在的精神中毫无理性的地位。这种"无"作为非理性的神秘,它必然缺乏一切客观的肯定的规定性,因为一切客观的肯定的规定性都来自理性。故可知从消极的方面看,东方宗教和哲学所说的"无"与思辨逻辑学这里所说的"无"是一样的,都属于一切肯定的规定性的缺失。但这两种"无"根本上又不是一回事。前者所说的"无"是完全的非理性,而后者所说的"无"则完全属于理性,只是它作为理性的开端尚无任何确定的内容,所以说是无。显然,思辨逻辑学这里所说的"无"丝毫不神秘,这个"无"是理性概念,这一理性概念本身就是内容,这个内容是尚无任何确定的规定性,但它并不缺乏确定性,它甚至可以说就是确定性本身,因为它是可说的,所以说这个"无"丝毫不神秘,并无在这个

"无"之内或之后的某种不可说的东西,这个"无"的内容就是它自身。但东方宗教和哲学所说的"无"不是概念或思想,其本身只是一抽象表象,它指向在它之内或之后的那不可言说的神秘东西。故可知,黑格尔这里说佛教认其是最高真理的"无"同逻辑学这里所说的"无"是同样的抽象体,这仅是在说二者形式上的一致性:都缺乏客观的肯定的规定性,这当然成立。黑格尔这里绝不是说这两种"无"的内容是一回事,因为我们上面对这两种"无"的本质差异的认识完全来自对黑格尔哲学的某些认识的理解消化,所以说黑格尔不可能不知道它们根本上不是一回事。

以上所言还可以帮助我们理解,为何思辨逻辑学是从有或存在开始,而不是从"无"或非存在开始? 不仅黑格尔的思辨逻辑学是如此,从希腊到黑格尔的全部西方哲学都是如此。无论是以空洞的存在开始,还是从我思、上帝或绝对同一开始,它们都是有,甚至是绝对的有。东方哲学则相反,根本上是从"无"开始。这个问题不是今天的人才提的,莱布尼茨、海德格尔都提出和思考过这个问题。莱布尼兹问:为何有某物存在而不是无物存在? 海德格尔亦问:为什么是存在者存在而不是无存在①? 这两人都相当熟悉哲学史,他们都意识到,西方哲学是从绝对的存在或有开始的。莱布尼兹对这一问题的回答是独断的,因为他用上帝的全知全能来解答这个问题②。海德格尔则让这一问题的答案停留在不确定的模糊状态中③。莱布尼兹可能不知道,东方人认为真理是神秘的无而不是有或存在。海德格尔倒是知道这一点,但他不明白为何东方文明认真理是"无"而西方文明认真理是绝对的有或存在? 亦即:为何东方文明认为真理是从无开始,而西方文明则认真理是从绝对的有或存在开始? 因为,如果他明白的话他的哲学就不会陷入语言迷信和故弄玄虚了。除黑格尔外,大部分西方哲学无能理解东方哲学东方文明,黑格尔则籍其深邃无比的精神概念彻底阐明了东方文明的神秘性是怎么回事,亦彻底阐明为何西方文明西方哲学认真理是绝对的有。黑格尔的回答简单说来就是:真理作为真理乃是绝对,作为绝对它必然是无前提的。但真理根本上是以自身为对象的精神,只是它最初不知道这一点。真理或绝对精神最初对自己的这一无知首先是绝对的,这一绝对的无知表现或实现为东方文明,在那里真理或绝对完全不知道自己是精神,仅认自己属于自然。由于一切客观的肯定的确定东西都只能来自以自身为对象的理性思维,那不知自己是精神仅认自己是自然的东方精

---

① 祖庆年译《莱布尼兹自然哲学著作选》第 132 页,中国社会科学出版社,1985;《海德格尔选集(上)》第 512 页,孙周兴编,上海三联书店,1996。
② 祖庆年译《莱布尼兹自然哲学著作选》第 133 页。
③ 具体见《海德格尔选集(上)》第 513~530 页。

神必然是缺乏任何客观的确定的肯定规定的,必然被认为是无,而且是神秘的无,因为神秘就是确定性的缺失。但真理作为根本上是精神的东西不可能停留在这一无知而神秘的自然状态中,它必然会超出自己的这一绝对无知而开始知道自己是以自身为对象的精神。绝对精神的知自身就是肯定自身,由此真理开始自知自己是绝对的有。这一开始知自身的真理或绝对其表现或实现就是从希腊开始的西方文明。但真理或绝对知道自己是以自身为对象的精神,这一知最初仅是自在的,其现实的自觉的知则是仅认自己是自在存在,不认或不知道自己是自知的精神,这就是理性意识或哲学在希腊开始时的状况。其实,不仅希腊哲学刚开始时是如此,至新柏拉图主义为止的整个希腊哲学根本上都是如此,比如,新柏拉图主义就认为绝对或最高真理是那不仅不是自知、甚至连知都不是的"太一"。真理或绝对绝对地知道自己是自知的精神,最早在基督教那里,但在基督教中真理对自己的绝对的自知只是表象形式的,还不是彻底的纯粹的,还不具有思想的形式。这一绝对自知的精神作为绝对的知之达到彻底和纯粹,是从近代哲学开始的。

以上所言原则上阐明了为何希腊哲学西方哲学认真理首先是绝对的有,为何东方文明认真理是绝对的神秘的无。所以说希腊哲学西方哲学黑格尔哲学所说的"无"或"非存在"是有前提有条件的,它以绝对的无条件的有或存在为前提,故可知思辨逻辑学开端的那个有或存在固然是空无内容,因而被认为同时是无,但这个有作为有是绝对的,自在地是有充实的肯定的内容的,且这一内容只能来自这一绝对的肯定的"有"自身,因为它是绝对的无条件的有,所以说这一最初空无内容的有或存在必然会逐渐充实自己,让自己成为具有诸充实的肯定的规定性的具体的有。同理可知,思辨逻辑学第二个概念"无"或非存在,这个"无"是相对的有条件的,它不过是那绝对的"有"的内容或规定性的暂时缺失罢了,且这一缺失亦即"无"必然会被否定,而过渡或发展为诸具体的规定了的有,这就是逻辑学中"有"和"无"之后的发展。东方文明所说所是的"无"则是绝对的,故从这种"无"中不可能产生任何客观而确定的肯定东西。由此我们可以明白,为何传统东方人认为一切实存都是飘忽不定变易无常,为何他们在认真理是绝对的"无"的同时认为"变易"或"无常"是统治一切实存的最高原则。

【正文】(2)如果把这种直接性中的对立表述为有与无的对立,因而便说这种对立为虚妄不实,似乎未免太令人诧异,以致使得人不禁想要设法去固定"有"的性质,以防止它过渡到"无"。为达到这目的起见,我们的反思作用自易想到为"有"去寻求一个确定的界说,以便把"有"与"无"区别开。譬如,我们认"有"为万变中之不变者,为可以容受无限的规定之质料等,甚或漫不加思索地认"有"为任何个别的存在,任何一个感觉中或心灵中偶然的东西。但所有这些对"有"加以进一步较具体的规定,均足以使"有"失其为刚才所说的开始那种直接性的纯有。只有就"有"作为纯粹无规定性来说,"有"才是无——一个不可言说之物;它与"无"的区别,只是一个单纯的指谓上的区别。

【解说】这段正文的头几句话贺译本译得不清楚,梁译本译得明白。我们看梁译本:"如果这种直接性中的对立被表述为存在与无的对立,那么,认为这种对立是子虚乌有的看法就会显得太令人诧异,所以有人不禁要设法去固定存在,防止它过渡到无"。认为有与无是对立的,这是常人的常识见解,黑格尔也是同意的。但黑格尔同时指出,这种对立又是子虚乌有的,因为有与无又是同一的。说有与无是同一的,这一违反常识的认识是常人很难理解的,所以为防止有过渡为无,人们就"想要设法去固定'有'的性质",想"为'有'去寻求一个确定的界说……以便把'有'与'无'区别开"。为达到这目的,不自觉的反思就上来了,比如"认'有'为万变中之不变者,为可以容受无限的规定之质料……认'有'为任何个别的存在,任何一个感觉中或心灵中偶然的东西。""但所有这些对'有'加以进一步较具体的规定,均足以使'有'失其为刚才所说的开始那种直接性的纯有"。作为逻辑学开端的有或存在是空无任何规定的,而上面所言的那些"有"都是具体规定了的,这些具体的有或存在是从空洞的存在概念开始具体发展起来的,在黑格尔哲学中有考察它们的地方。

"只有就'有'作为纯粹无规定性来说,'有'才是无——一个不可言说之物;它与'无'的区别,只是一个单纯的指谓上的区别"。说空洞的存在是"不可言说"的,这只应理解为不可表象的,须知如果不是客观的纯粹思维的言说,一切言说都是表象,而我们前面说过,那空洞的存在概念是不可表象的。说这空洞的有或存在与"无"的区别只是"指谓上的区别",是说二者的区别只是名称上的,实质是没有区别的。但二者的区别又不仅是无关宏旨的名称之别,而是实质之别,二者实质上又是绝对不同的,否则空洞的有与无的统一就不会是一个新概念:变易了。空洞的有与无既是完全相同的又是绝对不同的,这是一绝对的矛盾。我们不能说这违反形式逻辑的同一律矛盾律,因为同一律矛盾律还没有资格用在这里。形式逻辑能用于其上的都是具有某种自身同一的本质内容的东西,这种东西在本质论阶段才会有。照形式逻辑的同一律矛盾律看来,同一个东西可以有看似矛盾的方面,但它们只能是同一个实体的两个不同属性或性质,一个人可以既是白的又是黑的,他的脸是白的,头发是黑的。但这个人本身是超越了他的肤色、头发颜色这些不同性质的自身同一的本质性的个体和实体。但这种具有自身同一的本质内容的东西在逻辑学存在论阶段还没有,就是说形式逻辑在存在论阶段是用不上的;这同一地意味着,用抽象知性的眼光看,存在论阶段的概念都是违反形式逻辑的。不仅仅是空洞的存在和非存在违反同一律矛盾律,所有自然数都违反同一律矛盾律。比如,我们知道自然数1有任意多个。现在问:两个不同的1是同一个1还是不同的1? 任何两个1都是相等的,所以它们是同一个1;但它们是有区别的两个1,所以这个1不是那个1,二者又是绝对不同的。这里不能说两个1的不同只是同一个本质东西的不同性质或属性的区别,因为在这里本质、实体、属性这些东西还不存在,所以说自然数就是绝对的自相矛盾。同理,在逻辑学开端处的空洞的存在与非存在既是绝对的同一又是绝对的矛盾,这不违反形式逻辑,因为形式逻辑还没有资格用在这里,或者说同一、差异、对立这些概念在这里还未发生,这些概念都是本质论阶段才有的。以上讨论告诉我们,形式逻辑是有条件的,在概念上是可以追究它的起源的,它不是真正的逻辑。真正的逻辑是无条件的,形式逻辑只是真正的逻辑发展到一定阶段的产物罢了。

【正文】凡此所说,目的只在于使人意识到这些开始的范畴只是些空虚的抽象物,有与无两者彼此都是同样的空虚。我们想要在"有"中,或在"有"和"无"两者中,去寻求一个固定的意义的要求,即是对"有"和"无"加以进一步的发挥,并给予它们以真实的,亦即具体的意义的必然性。这种进展就是逻辑的推演,或按照逻辑次序加以阐述的思维过程。那能在"有"和"无"中发现更深一层含义的反思作用,即是对此种含义加以发挥(但不是偶然的而是必然的发挥)的逻辑思维。因此"有"和"无"获得更深一层的意义,只可以看成是对于绝对的一个更确切的规定和更真实的界说。于是这样的界说便不复与"有"和"无"一样只是空虚的抽象物,而毋宁是一个具体的东西,在其中,"有"和"无"两者皆只是它的环节。"无"的最高形式,就其为一个独立的原则而言,可以说就是"自由"。这种自由,虽是一种否定,但因为它深入于它自身的最高限度,自己本身即是一种肯定,甚至即是一种绝对的肯定。

【解说】明白了以上所言,这一段正文大都容易理解。"'有'和'无'获得更深一层的意义,只可以看成是对于绝对的一个更确切的规定和更真实的界说。于是这样的界说便不复与'有'和'无'一样只是空虚的抽象物,而毋宁是一个具体的东西,在其中,'有'和'无'两者皆只是它的环节。",比如红帽子就是一具体规定了的存在,"红"和"帽子"都是它的规定性,其中红是一种抽象的感性质,属于存在论阶段的定在范畴。帽子则不仅是一种本质,更是一个种属概念,属于概念论阶段的范畴。红帽子是一种存在或有,亦即空洞的有是它的一个环节,这好理解,但"无"或"非存在"如何也是"红帽子"的一个环节呢? 其实在极多的方面,"无"都是"红帽子"的一个环节。比如,红帽子不是白帽子,红帽子不是红鞋子,这里的"不是"就是作为"红帽子"的一个环节的"无"。

"'无'的最高形式,就其为一个独立的原则而言,可以说就是'自由'。这种自由,虽是一种否定,但因为它深入于它自身的最高限度,自己本身即是一种肯定,甚至即是一种绝对的肯定。"

真正的自由既是绝对的肯定又是绝对的否定,既是有又是无。当然自由所是的有和无早已不是逻辑学开端的那空洞抽象的有和无了。说自由是作为一个独立原则的绝对的无,是因为真正的自由是超越一切有限的肯定东西的绝对的否定力量。自由不是任何一种有限物,不会停留在任何一个有限物中而被其束缚,它在一切有限物之上,所以说它是对一切有限的肯定东西的绝对否定,所以说是一种绝对的无。真实的自由是独立自在的东西,因为它是自身规定,自己使自己存在,所以说自由同时是绝对的有,故它不依赖任何东西,其他东西倒是依赖它。显然,这种真实的自由作为一种绝对的"无"绝对的否定性是一"独立的原则",而逻辑学开端的那抽象的无就不是独立的,而是绝对的依赖性抽象性,这个"无"依赖"有",依赖一切具体的"有",它是对一切"有"的抽象。但真正的自由又是绝对的"有",它是对一切具体东西的绝对肯定,甚至可以说一切具体规定了的东西都是从它那里派生出来的,它作为对一切具体东西的绝对肯定必然是超越一切具体的有限东西的,所以说它又是绝对的否定性绝对的无。这既是绝对的有又是绝对的无的真正的自由就是宗教上被表象为上帝的东西,其概念就是绝对理念。又,斯宾诺莎的实体其实自在地已是这一真正的自由,它既是绝对的有又是绝对的无。斯宾诺莎的实体作为绝对的否定性或"无"是对一切具体东西的超越或否定,但这一绝对实体又是一切具体的有限物的绝对本质,故是对一切具体东西的绝对肯定,所以说是绝对的有。只是,这一自在地已是绝对自由的东西在斯宾诺莎那里仅仅被客观地看待,所以它还不知道自己是绝对的自由,斯宾诺莎哲学的缺点就在这里。又,为基督教所表象或信仰的上帝是真正的自由,但三位一体的真理启示我们,有限的人也是可以享用这种自由的。基督徒如果在现实生活中理解了他(她)们的信仰,其生活就会享有这种自由,宗教改革后的西方历史走的就是这条路。还有,那既是绝对的有又是绝对的无的真正的自由是在《逻辑学》的最后才达到的,显然这一自由是返回到了开端,因为开端就是有与无的绝对同一,所以说真理是一圆圈。不过开端所是的这种有与无的绝对同一是空洞的抽象的,而《逻辑学》最后所是的那一绝对自由则是具有最丰富内容的有与无的最高最具体的同一性。

【正文】附释:"有"与"无"最初只是应该有区别罢了,换言之,两者之间的区别最初只是潜在的,还没有真正发挥出来。一般讲来,所谓区别,必包含有二物,其中每一物各具有一种为他物所没有的规定性。但"有"既只是纯粹无规定者,而

"无"也同样的没有规定性。因此,两者之间的区别,只是一指谓上的区别,或完全抽象的区别,这种区别同时又是无区别。在他种区别开的东西中,总会有包括双方的共同点。譬如,试就两个不同"类"的事物而言,类便是两种事物间的共同点。依据同样的道理,我们说,有自然存在,也有精神存在,在这里,"存在"就是两者间的共同点。反之,"有"与"无"的区别,便是没有共同基础的区别。因此两者之间可以说是没有区别,因为没有基础就是两者共同的规定。如果有人这样说,"有"与"无"既然两者都是思想,则思想便是两者的共同基础,那末,说这话的人便忽视了,"有"并不是一特殊的、特定的思想,而毋宁是一完全尚未经规定、因此尚与"无"没有区别的思想。——人们虽然也可以将"有"表象为绝对富有,而将"无"表象为绝对贫乏。但是,如果我们试观察全世界,我们说在这个世界中一切皆有,外此无物,这样我们便抹熬了所有的特定的东西,于是我们所得的,便只是绝对的空无,而不是绝对的富有了。同样的批评也可以应用到把上帝界说为单纯的"有"的说法上面。这种界说与佛教徒的界说,即认上帝为"无",因而推出人为了与上帝成为一体,就必须毁灭他自己的结论,表面上好似对立,但实际上是基于同样的理由。

【解说】有与无既是绝对的有区别又是绝对的无区别。就后者来说,有与无"只是应该有区别罢了",就是说"两者之间的区别最初只是潜在的,还没有真正发挥出来"。区别意味着内容的区别,这种有内容的——亦即具体规定了的——区别在空洞的有和无那里尚只是潜在的,这一潜在的区别以后会发展出来成为现实的规定了的具体区别。而在开端初,这一区别空无内容,所以是无区别。下面黑格尔说,两个有区别的东西总是有共同基础的,区别是在这一共同基础上的区别,并以"自然存在"和"精神存在"为例,说二者区别的共同基础是"存在",而抽象空洞的"有"与"无"就缺乏共同基础。但这里可以反驳黑格尔,因为,逻辑学开端处的那抽象空洞的"有"与"无"的区别是有共同基础的,这个基础是"有"或"存在",因为这个"无"同一地就是"有"或"存在"。但黑格尔显然不同意这个说法,因为他下面驳斥了一类似的说法,这个说法是:有与无都是思想,思想就是二者的共同基础。黑格尔反驳这个说法,说思想应当是具体规定了的思想,不能是无任何规定的与"无"没有区别的思想。由黑格尔这里对"思想"的限定可知,黑格尔上面说"自然存在"与"精神存在"这两个有区别东西的共同基础是"存在",这个"存在"不是空洞的无任何规定的存在,而是具体规定了的存在,须知自然与精神都是具有内涵很高很丰富的规定性的东西。总结以上所言,黑格尔这里要说的是,两个有区别的东西必须是两个规定了的东西,二者的区别就是这两个东西的规定性的区别,这一区别的基础就是规定性,二者的区别就是有规定性的区别,亦即规定了的区别。逻辑学开端的空洞抽象的有和无是空无任何规定性的,二者的区别是空无规定的,所以是无区别的。

黑格尔下面把有和无没有区别,有就是无这一点用到对上帝的那一抽象认识上,这一认识认为上帝只是单纯的存在。黑格尔正确地批评说,单纯的存在由于没有任何规定性,所以就是无或非存在,这一对上帝的认识与佛教徒之认上帝亦即真理是无是没有区别的。佛教徒的生活就是要把真理或上帝是无这一点在生活中实践出来,这一实践追求的理想就是死寂,不仅一切知觉、意识要消灭,身体也要消灭。佛教发展出了具体的修行方法来达到这种死寂,这就属于彻底非理性的领域了。

§88

【正文】如果说,无是这种自身等同的直接性,那末反过来说,有正是同样的东西。因此"有"与"无"的真理,就是两者的统一。这种统一就是变易(Das Werden)。

【解说】这段正文是紧接上一节开始处的正文说的。那里说抽象的纯有或存在直接就是无,无也直接就是有,自身等同的直接性说的就是这种有是无无是有的抽象的直接等同,就是有向无无向有的直接过渡,这一过渡就是变,亦即有与无的统一就是变(Werden)。关于逻辑学的开端向变的过渡我们下面会具体说,这里要说的是,逻辑学开端所是的这一自身等同不过是最抽象的自身等同,它是以纯粹理性本身所是的绝对的自身等同为前提的。或者说,自身等同并不仅是逻辑学开端所是的这种抽象的直接的自身等同,因为有绝对的自身等同。

逻辑学开端的有和无都是无规定的直接性,作为这种直接性二者都是直接的自身等同。注意,这个"自身等同"不是常人所说的"自身同一","自身同一属于不变的抽象本质,不变性或本质在这里还不存在。这里"自身等同"是最抽象意义的,就是存在的意思,就是巴门尼德所谓"可说的"。一切都是自身等同的,因为一切都是可说的,一切可说的都是自身等同的,不可说就是缺乏这一抽象的自身等同,自然宗教东方宗教追求的真理都缺乏这种自身等同,都是不可说的。这种直接的自身等同或自身等同的直接性可称为理性的直接确定性,是一切确定东西的开端,亦是理性本身的开端。所谓确定性是说有可以客观明确地表达的内容或规定性,所以说是可说的,确定性就是规定性的开始,确定性作为规定性的开始还不是任何具体的规定性,一切具体的规定性都是规定了的确定性。显然,巴门尼德的存在,亦即《逻辑学》开端的存在就是理性的直接确定性或确定性本身,只有确定性本身才适合作为理性的开端。又,赫拉克利特的"逻各斯"的一个意义就是指理性的直接确定性,因为"逻各斯"就是理性本身,理性本身首先就是理性的直接确定性,就是确定性本身。对理性的直接确定性近现代人很不熟悉,或者说,由于过于熟知而对其相当无知。近现代人熟悉的是近代理性所说的确定性:自我意识或我思的确定性,这种确定性不是空无规定的确定性本身,而是具有某种发达的规定性的确定性,我思就是对这种规定性的最切近的表象,近代哲学就是从这种确定性发端的,我思是近代理性的开端。

理性的直接确定性为何说是理性直接的自身等同? 这个自身等同来自——不如说就是——纯粹理性或理性本身所是的思维与存在的绝对同一,纯粹理性自始至终都是这种绝对同一,这种绝对同一第一是思维以自身为对象,是对自身的绝对的思或知,第二,被思的思维作为存在其规定性是由同一个思作为能思的思思维而来,就是说纯粹理性是心想事成的思维,它如何思维自己自己就如何存在。故可知"自身等同"所说的"自身"就是以那以自身为对象的理性自身,"等同"就是理性本身所是的思维与存在的那一绝对同一,指的是存在及其规定性来自思维这一绝对的事情本身。这一绝对的自身等同或自身同一最初是抽象的,思维在这里不知自己是思维,仅认自己是单纯的空虚的存在,这就是理性本身事情本身的最初的直接性或开端,理性本身的最初的直接性就是空虚的无中介的存在,所以说存在或无作为理性本身的开端就是直接的自身等同,就是自身等同的直接性。以上讨论亦表明,任何一个简单的实存,即便是意识中的一抽象观念如"红"这一观念,由于它是一具体规定了的实存,而一切规定性都来自纯粹理性自其空洞的开端开始的发展,且理性的开端自在地已是纯粹理性的全体,是这一全体所是的思维与存在的绝对同一,故可知任何一简单的实存都是以纯粹理性的全体为前提的,全体在部分之先全体决定部分这一真理不仅对纯粹理性成立,对一切有限实存都成立。

以上是对逻辑学的开端是自身等同的直接性这一点的纯粹理解,亦可从精神或绝对精神的发展这一方面去理解这个说法。精神或绝对精神最初仅把自己看作是属于自然,这是原始人和东方文明的精神。但精神不可能停留在这一自然阶段,精神必定会超出这一自然水平的精神而返回自身,自觉到自己是作为绝对的思或知的精神本身,这乃是精神知道自己是以自身为对象,这就是精神与自身的绝对同一或绝对等同关系,其纯粹内容就是思维与存在的绝对同一。这一绝对同一的开端就是抽象的直接的——当然亦是绝对的——自身同一自身等同,这一自身等同就是思维认自己仅是——亦即等同于——单纯的存在,西方哲学史就是从意识到这一点开始的,这就是巴门尼德的存在概念。

【正文】〔说明〕(1)有即是无这命题,从表象或理智的观点看来,似乎是太离奇矛盾了,甚至也许会以为这种说法,其用意简直是在开玩笑。要承认这话为真,事实上是思想所最难作到的事。因为"有"与"无"就其整个直接性看来,乃是根本对立的。这就是说,两项中任何一项都没有设定任何规定,足以包含它和另一项的联系。但有如上节所指出的那样,两者也包含有一共同的规定(即无规定性)。从这点看来,推演出"有"与"无"的统一性,乃完全是分析的。一般的哲学推演的整个进程,也是这样。哲学推演的进程,如果要有方法性或必然性的话,只不过是把蕴涵在概念中的道理加以明白的发挥罢了。说"有"与"无"是同一的,与说"有"与"无"也是绝对不同的,一个不是另一个,都一样是对的。但是,既然有与无的区别在这里还没有确定,因为它们还同样是直接的东西,那末,它们的区别,真正讲来,是不可言说的,只是指谓上的区别。

【解说】这一段正文的意思前面基本都说过了,这里无须赘言。理智思维就是表象思维,就是那只知道抽象的同一律的知性。知性只知道有是有,无是无,它对逻辑学开端处的纯有和纯无完全无知,它所说所知的这种遵循抽象的同一律的有和无都是抽象的共相或观念,逻辑学开端处的纯有和纯无距它们相差甚远。说"推演出'有'与'无'的统一性,乃完全是分析的",这里所说的分析与只知道遵循形式逻辑的抽象同一律的分析不是一回事,仅遵循抽象同一性的分析是只涉及表象不涉及内容的,它只能推出有是有无是无,不可能推演出有是无。黑格尔这里所说的分析是指把逻辑学开端处的纯有和纯无自在地所是的那一直接的相互过渡明白地说出来,这一直接的相互过渡就是变。洞见到纯有和纯无自在地是直接的相互过渡,这可不是分析,而是概念的洞见,是概念思维。黑格尔下面说:"一般的哲学推演的整个进程,也是这样。哲学推演的进程,如果要有方法性或必然性的话,只不过是把蕴涵在概念中的道理加以明白的发挥罢了。"说的就是这个意思:思辨推演乃是洞见到在表象中见不到的概念所蕴含的东西,此即概念自在地所是的东西,并把它明白地说出来,这同时是概念从抽象到具体从潜能到现实的发展。

有与无的"区别,真正讲来,是不可言说的,只是指谓上的区别"。不可言说就是不可表象。纯存在是理性的直接的纯粹确定性,理性的直接确定性就是可说性。但纯存在由于没有任何明确的规定性,所以这一可说性没有任何可说的,所以是不可言说的。"无"及"有"与"无"的同一亦即"变"这两个概念由于与"有"的直接同一,都没有任何明确的规定性,故也是不可言说或不可表象的,因为任何可言说可表象的东西都有某种明确的规定性。理性是可说的,存在概念作为理性的直接确定性就是可说性,所以说存在概念是可说的,无及变由于其与纯存在的直接同一亦可说是可说的,所以我们能思维它们。但这三个概念又是不可表象不可言说的,这是一绝对的矛盾,思辨逻辑学的进一步发展就是要解决这一矛盾。其实这一矛盾并没有初看上去那么不可思议。这一矛盾无非是告诉我们,可言说可表象的东西是以某种不可言说不可表象的东西为前提的,只是因为这种不可言说或表象的东西是可言说可表象的东西的前提,才可以说前者是可言说可表象的。这一矛盾向我们启示:人的思维和言说有其绝对超越的神圣前提或根基的,这一前提或根基是上帝的思维。可思维却不可言说,由此可知黑格尔逻辑学的思维不是人的思维,它超出一切表象语言,超出语言本身。但黑格尔及读黑格尔的人还是要籍语言去思维这超越了人的思维的上帝的思维,这是无可奈何的事。

【正文】(2)用不着费好大的机智,即可以取笑"有即是无"这一命题,或可以引申出一些不通的道理来,并误认它们为应用这命题所推出的结论,所产生的效果。例如反对这命题的人可以说,如果有与无无别,那末,我的房子,我的财产,我所呼吸的空气,我所居的城市、太阳、法律、精神、上帝,不管它们存在(有)或不存在(无),都是一样的了。在上面这些例子里提出反对意见的人,有一部分人是从个人的特殊目的和某一事物对他个人的利益出发,去问对自己有利的事情的有或无,对他有什么差别。其实哲学的教训正是要使人从那无穷的有限目的与个人愿望中解放出来,并使他觉得不管那些东西存在或不存在,对他简直完全无别。但是,一般讲来,只要一提到一个有实质的内容,便因而与别的存在、目的等等建立一种联系,在这个联系中,别的存在、目的等就成了起作用的前提,这时就可以根据这些前提去判断一个特定内容的有或无是否也是一样的。这样一来,一个充满内容的区别便代替了有与无的空洞区别。——但另一部分人却对主要的目的、绝对的存在和理念用单纯的有与非有的范畴去说明。但这种具体的对象不仅是存在着或者非存在着,而另有其某种别的较丰富的内容。象有与无这样的空疏的抽象概念,——它们是最空疏的概念,因为它们只是开始的范畴,——简直不能正确地表达这种对象的本性。有真实内容的真理远远超出这些抽象概念及其对立。每当人们用有与无的概念去说明一个具体的东西时,便会引起由于不用思想而常犯的错误,以为我们心目中除了现在所说及的单纯抽象的有与无之外还另有某种事物的表象。

【解说】这段正文的思想大都是前面说过的。

"其实哲学的教训正是要使人从那无穷的有限目的与个人愿望中解放出来,并使他觉得不管那些东西存在或不存在,对他简直完全无别。"

学习古典哲学,尤其是客观唯心主义哲学,绝对能让你的生活态度、境界高一点,别整天计较那些鸡零狗碎的事情,计较感性的名利和功利,这些东西的有和无确实没有多大区别,多两个钱少两个钱没多大区别,甚至多活几年少活几年也没多大区别,生命在质量不在数量,永恒的东西不在时间中。爱因斯坦虽然不信宗教也不是哲学家,但作为最伟大的物理学家,一些宗教上、哲学上的真理他是懂一些的。他晚年说过:我们这些有信仰的物理学家,都知道过去、现在、未来的区别是一种顽固的幻觉①。时间是纯粹的感性物,作为感性物它没那么重要,生命的本质不在时间中。西方古典哲学在这一点上有点像宗教,能够让人从外在的功利的感性的利害关系中超脱出来。有没有钱可能有所谓,但有多少钱确是无所谓,只要不是营养不良就够了,有衣有食就当知足(《提摩太前书》6:8),重要的是你精神自由,精神不自由的人再多的外在东西都是他的负担,都是对他的奴役。

"一般讲来,只要一提到一个有实质的内容,便因而与别的存在、目的等等建立一种联系,在这个联系中,别的存在、目的等就成了起作用的前提,这时就可以根据这些前提去判断一个特定内容的有或无是否也是一样的。这样一来,一个充满内容的区别便代替了有和无的空洞区别。"

有实质的内容就是规定了的内容,一切规定性都是同时是与其他东西的联系,这种联系常常就是内容的实质,所以这种内容或有这种内容的实存就和空无内容的单纯的存在完全不同。空洞的存在不可能不存在,但它的存在亦是不存在,空洞的抽象的"有"的有与无完全是一回事。但任何一规定了的存在或实存完全可以丧失其存在,只要它丧失了这一内容或规定性,所以它的有和无就完全不是一回事了。空洞的抽象的有和无是一回事,但一笔钱,即便只是一块钱,它的有和无就不是一回事了。

"象有与无这样的空疏的抽象概念,——它们是最空疏的概念,因为它们只是开始的范畴,——简直不能正确地表达这种对象的本性。"

这里所谓"简直不能正确地表达这种对象的本性",就是前面说过的,对逻辑学开端的空洞的存在没有任何相应的表象。不仅对存在概念是如此,对与它相同一的无,以及作为有和无的统一的变,都没有相应的表象。常人所说的"无"总是某个东西的没有或无,亦即具体规定了的无;不是某个东西的无,而是纯粹的空无任何规定的无,这种无是没有任何相应的表象的。

"每当人们用有与无的概念去说明一个具体的东西时,便会引起由于不用思想而常犯的错误,以为我们心目中除了现在所说及的单纯抽象的有与无之外还另有某种事物的表象。"

这里所说的"不用思想"是说人们不知道概念,纯粹的抽象的有与无的概念。

---

① 沃尔特·艾萨克森《爱因斯坦传》第 476 页。张卜天译,湖南科技出版社,2014。

人们平常所说的有和无一则是表象不是概念,二则是具体规定了的有与无,不是空无任何规定的纯有与纯无。人们还带着这种无知去读黑格尔逻辑学,以为逻辑学开端的有与无的概念就是人们平常所说的有与无。

【正文】(3)也许有人会这样说:我们不能形成有与无统一的概念。但须知,有与无统一的概念已于前面几节里阐明了,此外更无别的可说了。要想掌握有与无统一的性质,就必须理解前几节所说的道理。也许反对者所了解的概念,比真正的概念所包含的意义还更广泛些。他所说的概念大约是指一个较复杂、较丰富的意识,一个表象而言。他以为这样的概念是可以作为一个具体的事例表达出来的,而这种事例也是思想于其通常的运用里所熟习的。只要"不能形成概念"仅表示不习惯于坚持抽象思想而不混之以感觉,或不习惯于掌握思辨的真理,那末,只须说哲学知识与我们日常生活所熟习的知识以及其他科学的知识,是的确不同类的,就可解答明白了。但是如果"不能形成概念"只是指我们不能想象或表象有与无的统一,那末这话事实上并不可靠,因为宁可说每人对于有与无的统一均有无数多的表象。说我们没有有与无统一的表象,只能指我们不能从任何一个关于有与无统一的表象里认识有无统一的概念,也不知道这些表象是代表有与无统一的概念的一个例子。

【解说】纯有直接过渡为纯无,纯无直接过渡为纯有,这就是空洞的有和无的统一性,这一过渡或统一性就是"变"这一概念。注意,变的概念不是变的表象,一般人所说的变只是表象不是概念,因为,常人所说的变都是指某个东西的变,或者指某个东西本身的有变无或无变有,或是指某个东西的某一性质或属性的变,如树叶变黄了。人们对变似乎有无数多的表象,但所有这些表象都不是变的概念,所有关于变的表象都比变的概念规定性丰富一些。这里要记住:一切表象都比逻辑学开端的这几个概念内涵丰富,所以说这几个概念是没有相应的表象的。就变的表象来说,一切变的表象都是指某个东西的变,而变的概念不是指某个东西的变,而是变本身,可称之为纯粹的变,如同逻辑学开端的有和无是纯粹的有和无一样。"东西"或"某个东西"亦是一种规定性,一种规定了的存在,其规定性至少是"变"这一概念之后的"定在"或"某物",所以说某个东西的变其概念不是变,而是"定在"或"某物"。古代各民族用生灭、阴阳、无常这些术语来指称变,但只要不理解黑格尔这里说的空洞的有与无的直接过渡或统一,这些术语就只是变的表象不是变的概念。

由于人们所说的变总是某个东西的变,这表明,严格说来,犹如纯有和纯无一样,对变这一概念亦是没有相应的表象的。黑格尔说"每人对于有与无的统一均有无数多的表象",这不是说对抽象而纯粹的变这一概念有相应的表象,因为,变及变之后的每一个概念都是有与无的一种统一，并且每一个表象都是有与无的一种统一，亦即都是对有与无的统一的一种表象。纯粹的变亦即变这一概念只是有与无的最抽象的统一，一种尚未规定尚无任何具体内容的统一，而变之后的概念及任何一种表象，均是有与无的某种规定了的统一。比如太阳这一表象就是有与无的一种规定了的统一。太阳是一种有。但太阳这种有或存在中亦有非存在或无这一环节。太阳不是方的，太阳不是地球，这都是太阳这种有中的无或非存在这一环节，所以说太阳这一表象是有与无的一种统一，并且这一统一是具体规定性的。比如，太阳是圆的，是一自身同一的实存，太阳不是方的，太阳不是黑的，等等。这里的"圆"、"自身同一"、"实存"都是太阳这种有与无的统一中"有"这一方面的规定性，而"方"、"黑"是这一统一中"无"这一方面的规定性。以上讨论表明，黑格尔这里说"每人对于有与无的统一均有无数多的表象"，这可不是说人们对纯粹的变这一概念有相应的表象。由于变这一概念是有与无的最抽象的统一，所以说变是内在于变后面的所有概念中的，也是内在于一切表象中的。故可知，人们所以"不能从任何一个关于有与无统一的表象里认识有无统一的概念"，原因不仅在于人们通常只知表象不知概念，没有概念思维能力，亦是因为，人们关于有与无统一的表象总是具体的，而变却是空无任何规定性的有与无的最抽象的统一。

又，变的概念不是变的观念。变的观念就是"变"这一抽象共相，犹如柏拉图的红本身相等本身那样。作为一抽象共相或观念，"变"不是某个东西的变，而确乎是不变的"变本身"，它与诸多变化的个别东西相联系和相对立，是这些个别实存的一抽象本质。显然，作为一抽象观念的"变"或"变本身"是从诸多个别的变化事例中抽象来的，但变的概念不是"变"这一观念，它不是不变的本质或共相，更不是抽象来的，犹如巴门尼德的存在不是抽象来的一样。

从纯有推演出纯无，从纯无推演出纯有，然后推演出变，这都不是形式逻辑的推理，而是思辨逻辑学的概念推演。形式逻辑是不会下蛋的鸡，形式逻辑的推理是不涉及内容和实存的，它推不出新内容，也不会从思想过渡为实存，而思辨逻辑学的概念推演是推出新的内容，并且同时是从思维过渡为存在，是思维与存在的一种绝对统一。这种产生新内容的思辨逻辑的推演首先是客观的，它内在于一切实存东西中，也内在于人的意识中，但又超越一切有限实存有限意识，既充满时间又超越时间，无时无刻不在发生，这是我们在导论中已经阐明了的。

从纯有推演出纯无，这一推演的根据是纯有由于空无任何规定性，所以就是无，而这个无作为一直接的自身等同，所以就是有。有人以为这里的有和无因此说的是同一个东西，是同一个东西的不同称呼，这种理解大错特错。纯有或纯无不是关于某个东西的不同称呼，不是指向某个内容的形式，这里还没有任何内容或东西，更谈不上什么内容与形式的区别，或者说内容与形式的区别在这里还不存在，这是我们前面已经说过的。如果把这里的有与无理解为指称同一个内容的不同形式，那么有与无的统一就不是任何新东西，那就无能理解变这一概念从何来，无能理解为何变是与纯有、纯无不同的新东西。同理，如果仅仅看到或知道纯有和纯无是绝对同一的，是绝对的无差别，同样无能理解二者的统一为何是变这一新概念。前面已反复阐明，逻辑学开端的有与无既是绝对的同一又是绝对的不同，既是绝对的无差别又是绝对的有差别，二者是绝对的矛盾，故变这一概念作为有与无的统一，作为有与无的直接的相互过渡，与单纯的有和无都不是一回事。变，却不是某个东西的变，变是有过渡为无及无过渡为有，这里的有和无既是绝对有别又是绝对无别，这对常识或表象意识来说确乎神秘。但它们都是理性概念，根本说来不神秘，只是因为逻辑学开端的这三个概念太抽象，而常识或表象总是较为具体，故对表象意识来说它们显得很神秘。由于人们只知道表象不知道概念，而表象所说的变总是较为具体，故用变这个词来表达逻辑学的这第三个概念是极易引起误解的。但这也是没办法的事，客观的纯粹思维没有也不可能有区别于表象的专属自己的语言，因为任何语言都属于表象，这是我们前面已经阐明的。为了避免这种误解，我们最好抛开变这个词，而把这个概念仅理解为纯有和纯无的直接统一，亦即这二者彼此的直接过渡，这个概念确乎也只是这一统一，只是这一直接过渡。同时要记住，如同纯有和纯无一样，这个概念在语言中及在通常的意识中同样是没有相应的表象的。

　　《逻辑学》开端的这三个概念已足以表明，黑格尔逻辑学不是人的思维而是超越的绝对的客观思维，用表象语言说就是上帝的思维。鉴于逻辑学开端的这三个概念如此抽象如此难以把握，人们不禁怀疑它们是客观的吗？它们是不是黑格尔的故弄玄虚？它们是客观的，不是黑格尔的故弄玄虚。思辨逻辑学只能以空无规定的存在概念开端，这在前面解说存在概念时已充分阐明的，哲学史也证明了这一点，巴门尼德的存在概念的意义之一就是作为逻辑学开端的那空洞的存在。既然绝对而纯粹的客观思维以空无规定的存在概念为开端是必然的，无、变这两个概念作为从存在开始的纯粹思维的发展的最初产物也同样是客观的必然的。按照历史——首先是哲学史——与逻辑的一致这一真理，《逻辑学》的诸概念，至少是那些关键的重要的概念，在哲学史的相应阶段上必然是被自觉到的。当然，哲学史上对这些纯粹概念的把握不可能有黑格尔《逻辑学》所言的那么纯粹，比如赫拉克利特哲学与变这一概念或许可以说是大体对应的，但赫拉克利特的表述是太阳每天都是新的、两次不能踏入同一条河流之类，很不纯粹。这是可以理解的，纯粹思维的纯粹同时是一种深刻,对纯粹思维的最纯粹的表述或自觉只能是很晚的事情。

【正文】足以表示有无统一的最接近的例子是变易(Das Werden)。人人都有一个变易的表象,甚至都可承认变易是一个表象。他并可进而承认,若加以分析,则变易这个表象,包含有有的规定,同时也包含与有相反的无的规定;而且这两种规定在变易这一表象里又是不可分离的。所以,变易就是有与无的统一。——另一同样浅近的例子就是开始这个观念。当一种事情在其开始时,尚没有实现,但也并不是单纯的无,而是已经包含它的有或存在了。开始本身也是变易,不过"开始"还包含有向前进展之意。——为了符合于科学的通常进程起见,人们可以让逻辑学从纯思维的"开始"这一观念出发,也就是从"开始本身"这一观念开始,并对"开始"这一观念进行分析。由于这样分析的结果,人们或许更易于接受有与无是不可分的统一体的理论。

【解说】注意,黑格尔这里是说人人都有某种变易的表象,可没有说人人都有变易的概念,这句话也不能理解为:对作为纯有与纯无的统一的变易这一纯粹概念可以有相应的表象。又,这里说"开始"可以作为纯粹思维的开端。这个说法是不严格的,这样说只是照顾或迁就人的表象思维罢了。"开始"只是一表象不是概念,并且它所包含的规定性比逻辑学开端的这三个概念都要高,所以说黑格尔说它只是一个"浅近的例子"。"开始"不仅作为逻辑学的开端不合适,把它看作是一种关于变的表象都不合适,因为"开始"只是一种从无到有,而纯粹的变不仅是从无到有,亦是从有到无。

【正文】(4)还有一点须得注意,就是"有与无是同样的",或"有无统一"这种说法,以及其他类似的统一体,如主客统一等,其令人反对,也颇有道理。因为这种说法的偏颇不当之处在于太强调统一,而对于两者之间仍然有差异存在(因为,此说所要设定的统一,例如,有与无的统一),却未同时加以承认和表达出来。因此似乎太不恰当地忽视了差异,没有考虑到差异。其实,思辨的原则是不能用这种命题的形式正确表达的。因为须通过差异,才能理解统一;换言之,统一必须同时在当前的和设定起来的差异中得到理解。变易就是有与无的结果的真实表达,作为有与无的统一。变易不仅是有与无的统一,而且是内在的不安息,——这种统一不仅是没有运动的自身联系,而且由于包含有"有"与"无"的差异性于其内,也是自己反对自己的。——反之,定在就是这种的统一,或者是在这种统一形式中的变易。因此定在是片面的,是有限的。在定在中,有与无的对立好象是消失了,其实,对立只是潜在地包含在统一中,而尚未显明地("显明地"三个字原文没有,应当去掉)设定在统一中罢了。

【解说】这段文字有两处翻译问题。先说第一处。括号里的话译得不对,梁译本正确。梁译是:"因为说的是存在和无,而它们的统一已经设定"。根据上下文,括号里这句话想说的是:有与无的统一是两个有差别东西的统一,即便在这个统一中,差别仍然存在,这就是黑格尔说的:"统一必须同时在当前的和设定起来的差异中得到理解"。但通常关于统一性比如有与无的统一的表述,只表达了统一,对其中的差别"却未同时加以承认和表达出来",太强调统一,未看到差异。真实的统一不是取消差异而是扬弃差异,差异以扬弃了的方式继续存在于统一体内。黑格尔进而指出,思辨的真理是不适合用命题的形式表达的。为什么这样说? 因为命题亦即判断的形式是知性的,知性的自觉思维水平只是抽象的同一律,知性总是把同一与差别分离开来孤立地表达看待,命题的形式就是如此,不知道同一中有差别差别中有同一,二者不可分离。又,命题或判断不适合表达真理的另一缘由在于,一切都是有中介的,但判断却只给出一个直接的现成结果,所以说判断不如推理。判断只属于知性,理性是推理不是判断,因为推理至少形式上给出了中介,推理或证明的一个意义就是说出中介,自觉到中介是真理的一必要环节。又,黑格尔这里有批评谢林和谢林的追随者之意,后者知道真理是主客体的统一,但很多时候把这个统一表述和理解为二者的绝对无差别。

还有,"设定(setzen)"一词译成"建立"更好,《小逻辑》贺译本正文中所有译为"设立"的地方都应改成"建立"。其缘由前面对§84的解说中已经说过了。《逻辑学》经常讲"(被)建立起来"、"(被)建立起来的东西",意思是说这个东西或概念不是直接的、现成的,而是有中介的,是由先前概念的运动发展出来的,亦即是由这一运动建立起来的。整个逻辑学中似乎只有开端的"存在"是直接的,不是建立起来的。但读到最后的概念论,你才明白连开端的存在概念都是建立起来的①,存在概念以绝对理念为它的前提。思辨逻辑学是一圆圈,没有一个概念是没有中介的。

"变易就是有和无的结果的真实表达",变就是有与无的直接统一。在这个统一中,有与无并没有消失。不仅是未消失,还绝对地起作用,"是内在的不安息",绝对的不安息。在统一中的两个对立环节得不到丝毫的安息,这种情况仅出现在变这一概念中,逻辑学的其他可说是两个对立环节的统一的概念都不是这种情况。比如变后面的定在,它亦是有与无的一种统一,在这一统一有与无这两个环节在某种程度上是安息了的,亦即二者是安于它们的这一统一的。为什么单纯的

---

① 严格说来,《逻辑学》所说的"(被)建立起来"还是有程度不等的区别的,最抽象意义的"(被)建立起来"仅是指有中介而已,而充分意义的"(被)建立起来"在存在论阶段是没有的。

变是绝对的不安息？因为变仅是有与无的直接统一，故仅是形式的统一，这个统一并没有真正高于纯有和纯无的规定性；如果有的话，这一规定性就是对有与无二者的具体规定，有与无的抽象对立在这一具体规定中就被扬弃了。单纯的变仅是有与无的形式统一，它并无高于有和无的真实内容或规定性，它只是有与无的直接的相互过渡罢了，所以黑格尔说这种直接的相互过渡就是二者的永不安息，所以说有与无的这一统一仅是形式的，毫无真实的内容，单纯的变不是有与无的真正的统一。显然，变这一所谓统一中的有与无这两个环节的永不安息同一地即是变本身的不安息，因为单纯的变作为有与无的统一仅是形式的，这个所谓统一的内容就是纯有与纯无的无休止的相互直接过渡，故变不仅是纯有与纯无的绝对矛盾，亦是变与其自身的绝对矛盾。有直接过渡为无，变就作为无，无直接过渡为有，变就作为有，作为有的变与作为无的变是绝对的矛盾，变同时是这两者，所以说变是与自身的绝对矛盾，是绝对的不安息。

又，"这种统一不仅是没有运动的自身联系，而且……"这句话译错了，梁译本译得对："这种统一并不是单纯作为自相联系就没有运动，而是……"如此改正后的这一复合句就是："这种统一并不是单纯作为自相联系就没有运动，而是由于包含有'有'与'无'的差异性于其内，也是自己反对自己的。"这句话的意思很清楚，就是上面说过的。有过渡为无，这是有与自身的自相联系，因为有在自身中直接就是无；同理，无过渡为有，也是无与自身的自相联系。由于是自相联系，仍停留在自身中，似乎可以说在这里没有运动，变作为有与无的统一只是这一自相联系，似乎可以说单纯的变会安于自身不会运动。但纯有和纯无又是绝对的对立，所以说变就是绝对的自己反对自己的运动，就是绝对的不安息。但真理不会停留在这一没有任何肯定的规定性的抽象中，纯粹的变的真理是有与无的一规定了的统一，是有肯定的规定性的有与无的统一，这就是某物或定在。

有人会问：单纯的变为何不停留在自身？为何理性会超出纯粹的变而成为某物或定在？这是知性思维表象思维才会提的问题，这乃是把变的概念理解成变的观念了。变的观念就是作为一抽象共相的"变"。作为抽象观念的"变"当然不会运动，也不可能运动，只是停留在自身中，一切抽象观念都是如此。但抽象观念第一只是主观的，第二它以极多的东西为前提，所以说真理不在抽象观念中，只在产生抽象观念的那些前提或中介中；并且真理是主客观的统一，逻辑学就是考察这种统一的，这种统一就是概念，逻辑学就是考察概念的，现在所考察的变就是这样一个概念。当然说变是主客观的一种统一可能不合适，因为在这里，在整个存在论阶段，区别开的主观与客观还没有发生。但逻辑学的所有概念都是思维与存在的绝对同一，变的概念就是思维与存在的一种绝对同一，在这一同一思维认自己仅是自在存在着的变,不知道自己同时是思维。思辨逻辑学的立场是思维与存在的绝对同一,进入逻辑学前必须超越主客观对立的意识,超越朴素意识所是的主观思维表象思维,否则对逻辑学是没有资格提问的。

绝对的客观纯思不会停留在单纯的变上,希腊哲学西方哲学的思维也没有停留在这上面,因为自由的纯粹理性不会安于未解决的矛盾,必然会解决一切对立矛盾。陷入解决不了的矛盾,自己与自己对立而无能自拔,这是绝对的异己性而不是自由。自由的理性不仅是绝对的自身否定,亦是、更是绝对的自身肯定,是绝对的肯定的安息于自身,不会陷入无能解决的矛盾对立中。有限意识有限的思维常常会陷入矛盾而无能自拔,但那绝对自由的理性本身不会。自由的纯粹理性在希腊人那里自觉到理性是客观的逻各斯。希腊逻各斯概念有两种意义,一是指理性的确定性,那空洞的存在概念就是这一确定性本身,是尚无规定的纯粹确定性。二是指理性的规定性,亦即这一确定性的规定性,或者说是规定了的确定性,当然是客观的肯定的规定性。显然,逻辑学开端的那三个概念都不是这种意义的逻各斯,这种逻各斯是从定在开始的。有发达理性的人所表象的这个世界虽说有变化,但变化不是绝对的,这个世界并不是瞬息万变毫无肯定性或规定性,并不是佛教所说的刹那生灭,现实世界还是确定性规定性占上风,这一切都表明和证明自在自为的理性本身不可能陷入自身解决不了的矛盾中,纯粹理性必然会超越单纯的变而成为一规定了的肯定东西。

但我们知道,确乎有停留在单纯的变这一水平上而无能进一步发展的世界观,这就是古代中国人和印度人的世界观,认为世界的最高真理就是无常变易。古代东方人的世界观所以是如此,传统中国人印度人的理性思想所以超不出变,是因为其理性思维不成熟,不知道理性思想是在感觉之上之外的独立自在的东西,故摆脱不了感觉的束缚。变动不居的感觉就是仅停留萌芽阶段的不成熟的理性的显现。在不知道自己是超感性的东西、摆脱不了感觉束缚的理性那里是没有任何自在的肯定的规定性的,因为一切有起码的自在存在或起码的肯定性的东西都只能来自那自由的理性本身,都是理性本身的规定性,而这种可以明白地说是什么的规定性是从定在开始的。故可知,严格说来,逻辑学的定在这一范畴也是传统东方哲学未达到的。逻辑学中的定在是有明白的肯定的规定性的,它固然仍是感性物,它的规定性可以说是一种感性的质,但这种感性的质已不是如纯然的感觉那样每时每刻都变动不居,而是有其自在存在的方面,有起码的肯定的规定性,它的真理是自为的不变的一(如原子),而不是变。古代东方人认为感性物的真理是变,不知道不变的自为的一和数的概念,这亦证明东方哲学未达到定在这一范畴,古代东方人所说的感性物其概念严格说来不是逻辑学的定在。

定在简单说来就是有直接的质的规定的东西,这些质的规定性都是感性的规定性,如红(的东西)、热(的东西)、痛苦、愉快、这里(的东西)、那个(东西),等等。定在的规定性才可说是规定性,是真正的规定性的开始。逻辑学开端的那三个概念都不是规定性,因为规定性必须有明白的肯定的内容,能明白地肯定地说是什么,开端的那三个概念都不是这种东西。纯存在只是理性的直接确定性而不是规定性。正因为纯存在还不是规定性,所以这一确定性是无规定的,是无,而有和无的直接同一就是绝对的不确定,所以它是纯粹的变。定在是有和无的这样一种统一,在这种统一中,有和无暂时都得到了安息,所以说"在定在中,有与无的对立好象是消失了"。定在是有和无的统一的最初完成。全部逻辑学都可说是考察有和无的统一的,逻辑学的最高概念绝对理念就是有和无的统一的最高最后的完成。其实有与无的对立在定在中并未消失,只是在暂时扬弃了。定在是落实在有的形式中的有与无的统一,或者说是实现为有的形式中的变,因为定在是一种肯定的规定了的有。有与无的统一的无的方面,否定的方面,变的方面,在定在中似乎消失了。但它并没有消失,而是实现为在这一定在之外的另一定在上。由于每个定在都只是有与无的具体统一的一个方面,所以说定在是片面的,有限的。这种有限性同一地表现为,定在的规定性是有限的规定性,只是一直接的感性的质,在这一感性的质之外有极多的其他感性的质构成对它的否定,所以说它是绝对有限的。由于每个定在都是有与无的一种初步完成的统一,但又只是这一统一的一个方面——有或无的方面——的显现,所以说有与无的"对立只是潜在地(an sich,译为'自在地'更好)包含在统一中"。定在作为有与无的统一包含着有与无的对立,这个对立在这个统一或定在中也一定是扬弃了的;但这个"包含"只是自在地包含,故定在对有与无的对立的扬弃亦只是自在的,还不是自为的充分的,因此这个对立在这个定在之外一定会充分表现或实现出来,这就是在这一定在之外的与之对立的另一定在,因为对立就是否定性,而否定性是内在于一切东西一切概念中的绝对力量,它必然会实现出来,所以说红的东西必然会变成黄的或白的东西,热的东西必然会变成凉的东西。

在定在中有与无的对立"只是自在地(an sich)包含在统一中",这就意味着这个对立"尚未设定(译为'建立'更好)在统一中"。若想明白对立尚未建立在统一中是什么意思,首先应明白何谓对立建立在统一中。所谓对立建立在统一中,意思是说,对立东西的真正统一乃是这样的:不是对立的东西在先而是二者的统一在先,对立反倒是由统一建立的;也正是由于这一点,其所建立的对立在这个统一中也是得到充分扬弃的。对立或否定的东西是由扬弃了它(们)的统一建立起来的,这种对立及对立东西的统一的一个例子是生命。生命处处都是对立,处处充满对立,也处处都是对对立的扬弃。这些对立都是生命自己能动地建立起来的,生命本身就是这些对立东西的统一,这个统一同一地亦是对这些对立的充分的能动的扬弃。如果生命丧失建立自己的否定方面并扬弃这种否定性的能力,就意味着死亡,死亡就是一个东西被他物否定。一切没有能力否定自身的东西都必然会被自己之外的他物否定,这种没有生命的东西就是定在,一切无机物都是定在。定在没有生命,不是生命,这意味着定在所包含的否定东西并不是由定在自己建立的,因为定在所是的那种有与无的统一虽然已不是如变易所是的那个统一那么抽象,但仍是直接的,亦即仍仅是自在地,所以说定在只是有与无的一种自在的统一,故定在对有与无的对立的扬弃远不是充分的,这一对立必然会表现或实现出来,这一表现当然也只能是直接的或自在的,故亦是外在的,这就是作为对这一定在的否定的另一定在,就是这一定在(某物)向另一定在(他物)的变或过渡。

最后要说的是,逻辑学的第三个概念 Werden 译成"变"或"变易"是有问题的。德语这个词的意思是"成为"。"成为"是一种变,变可不是"成为",它只是"成为"中的一个环节。所以说这个概念似乎更应该译为"变成"。① 在大逻辑中黑格尔把 Werden 这一概念区别为三个环节:1,有与无的统一;2,生与灭;3,变的扬弃,亦即变成,此即从 Werden 向 Dasein(定在)的过渡。汉语的"变"只是其中第二个环节的意思,它当然蕴含有有与无统一的意思,这是可以分析出来的。但汉语的"变"至少没有明确包含"变成"或"成为"这一意义,"变"与"变成"或"成为"不是一回事;又,传统东方哲学所说的无常、变易也没有"变成"的意思,赫拉克利特的万物皆流也没有这个意思;黑格尔之前的全部西方哲学都没有与它相应的概念。就前者来讲,逻辑学的 Werden 概念彰显了传统东方哲学与西方哲学的一重大差异:理性思想在传统东方哲学中停留在单纯的变上,无能超越这一否定性而达到一客观的肯定东西;就后者来讲,这一概念彰显了《逻辑学》作为纯粹理性本身与哲学史的差异。固然希腊和西方哲学史的本质是自由的纯粹的思维,固然逻辑学与哲学史根本上是同一的,但纯粹理性与其在哲学史中的显现还是有区别的。纯粹理性在哲学史中的显现有其外在性偶然性的方面,二者并不直接就是一回事。

【正文】(5)有过渡到无,无过渡到有,是变易的原则,与此原则相反的是泛神论,即"无不能生有,有不能变无"的物质永恒的原则。古代哲学家曾经见到这简单的道理,即"无不能生有,有不能变无"的原则,事实上将会取消变易。因为一物从什么东西变来和将变成什么东西乃是同一的东西。这个命题只不过是表现在

---

① 邓晓芒教授最早指出了这一点。笔者在武大读书时听邓老师在课堂上讲过这一点。

理智中的抽象同一性原则。但不免显得奇异的是,我们现时也听见"无不能生有,有不能变无"的原则完全自由地传播着,而传播的人丝毫没有意识到这些原则是构成泛神论的基础,并且也不知道古代哲学家对于这些原则已经发挥尽致了。

【解说】古代哲学家指爱利亚派,他们否定运动和变化,认为存在是唯一的,不变不动的,存在(有)不能变成非存在(无),非存在(无)也不能变成存在(有),亦即"无不能生有,有不能变无"。黑格尔称其是物质永恒的原则,这是对爱利亚派这一思想的一种相当宽泛的理解。不过这一理解还是有根据的。在爱利亚派那里固然还没有物质或质料概念,但这一概念及物质永恒不灭的思想——包括近代科学的物质不灭定律(亦即质量守恒定律)——确乎是从爱利亚派不变不动的永恒的存在概念中发展出来的。希腊哲学是存在与非存在、形式与质料的二元论。爱利亚派是存在与非存在,发展到亚里士多德那里则是形式与质料。亚氏的质料概念有相对和绝对两种意义。比如建筑材料如制好的砖瓦是一种质料,但与泥土相比它就是形式,所以建筑材料是相对意义的质料。绝对意义的质料又可称为纯质料或第一质料,其中没有任何形式。亚里士多德虽没有纯质料或第一质料这种术语,但这一概念是其哲学明确蕴含着的①。由于事实上主张有不含有任何形式的纯质料,亚氏哲学是形式与质料的二元论。但亚氏的纯质料已不是巴门尼德的那与存在仅是对立的不可说的非存在,亚氏的纯质料是被存在概念中介了的,甚至可说是被形式概念中介了的,因为形式与质料是一相互中介的反思规定。亚氏意识到质料亦是一种不变的本质或实体(《形而上学》1042ᵃ34~35),不过它是一种为他存在的本质,而形式本身则作为自为存在。一切形式或本质都是自为存在与为他存在的统一,在亚氏那里这种统一作为自为存在就是形式本身,作为为自为存在扬弃了的为他存在就是质料。质料是非形式的形式,非本质的本质,是为他——为本质自身——存在的本质,故也是一种形式或本质,故质料亦有不变的方面,所以亚里士多德有质料永恒的思想②,这是最早的明确的物质不灭观念。以上讨论表明,亚氏的质料或物质永恒不灭的思想是从爱利亚派不变不动的存在概念亦即"无不能生有,有不能变无"这一思想发展出来的,故黑格尔称爱利亚派这一思想是物质永恒原则,并不为过。

黑格尔还称爱利亚派的这一思想是泛神论。泛神论是认有限物甚至是自然物为神圣,故东方宗教东方哲学是一种泛神论,这是我们在导论第九节已经说过的。爱利亚派的存在概念内容极其空泛,因为一切可说的都存在,并且爱利亚派

---

① W. D. 罗斯《亚里士多德》第185~186页。王路译,商务印书馆,1997。
② 同上,第203页。

认真理就是存在,实际是认存在为神圣,由此可以推出一切可说的或存在的东西都是神圣的,故可知,说爱利亚派明显蕴含一种泛神论是不为过的。所以黑格尔说"'无不能生有,有不能变无'的原则……是构成泛神论的基础"。但这句话所说的泛神论不是指所有的泛神论,比如它不包括东方宗教东方哲学所是的那种泛神论。东方宗教和哲学固然是迷信有限的自然物,甚至认其为神,但它们认为一切有限物自然物都是变动不居的,这种有限物自然物不属于爱利亚派所说的不变的存在,故东方宗教和哲学所是的泛神论与爱利亚派所蕴含的那种认一切不变的存在都神圣这一泛神论思想不是一回事。

黑格尔称"无不能生有,有不能变无"这一原则是"理智的抽象同一性",因为爱利亚派事实上把其所说的存在主要看作是一种不变的抽象本质,故他们强调存在是不变不动的唯一者。爱利亚派的存在概念内涵较为复杂,作为《逻辑学》开端的那一存在概念仅是其含义之一,这一意义的"存在"巴门尼德称之为"可说的"。这一意义的存在与非存在或无是直接等同的,这是爱利亚派不知道的。作为《逻辑学》开端的仅仅可说的存在当然是唯一的,但绝不是不变的,故在爱利亚派强调存在是不变不动的唯一者时,这种存在是指向本质的,是一种抽象本质,因为一切本质都是不变不动的,都是唯一的。比如,作为不变不动的唯一者的存在概念蕴含着柏拉图的理念,柏拉图的理念论就受到爱利亚派的这种存在概念的重大影响。变或变易当然是与作为不变的抽象本质的存在对立的,但若对"变"这个思想具体理解的话,既可以认为作为抽象同一性或抽象本质的存在概念超越或扬弃了"变",亦可说这一意义的"存在"在概念上是低于"变"的,是被"变"扬弃或超越了的。如果把变理解为《逻辑学》开端处的纯有与纯无的直接过渡,或是理解为感性物的变,那么这种变在概念上是低于抽象同一性的,是被"无不能生有,有不能变无"这一抽象同一性原则扬弃了的。但如果把变理解为否定性本身,亦即理解为一切有限物因其有限都将被他物或更高的东西否定或扬弃,那么"无不能生有,有不能变无"这一抽象同一性原则在概念上就低于变,是被作为绝对否定性的概念的"变"所扬弃的。从这段正文的语气来看,黑格尔这里想说的是,理智的抽象同一性是要被否定的,是逃不出"变"的,故这段正文所说的"变易"是指广义的变:作为绝对否定性的概念的"变",不是逻辑学开端处的那纯粹的变,自然亦不是感性物的变。当然,我们可以也应当把逻辑学开端处的那纯粹的变理解为绝对的否定性概念,纯粹的变只是这一绝对概念的开始,是最抽象的绝对否定性。就此来说,变,亦即有会变成无,无中可以生有,是绝对的原则,比如绝对理念向自然的过渡,在宗教上被表象为上帝从无中创造世界,就是一绝对的无中生有。

【正文】附释:变易是第一个具体思想,因而也是第一个概念,反之,有与无只是空虚的抽象。所以当我们说到"有"的概念时,我们所谓"有"也只能指"变易",不能指"有",因为"有"只是空虚的"无";也不能指"无",因为"无"只是空虚的"有"。所以"有"中有"无","无"中有"有";但在"无"中能保持其自身的"有",即是变易。在变易的统一中,我们却不可抹煞有与无的区别,因为没有了区别,我们将会又返回到抽象的"有"。变易只是"有"按照它的真理性的"设定存在"(Ge-setztsein)。

【解说】这段正文的意思我们前面的解说都已经言明了,无须赘言。不过有一点必须说明。这里说变易是第一个具体思想,这绝不是说对这个纯粹的变可以有相应的表象。前面已经阐明,逻辑学的第三个概念"变"同逻辑学开端的存在概念一样是没有相应的表象的,故理解这一概念同理解空洞的纯存在一样困难。说"变是第一个具体思想",这里的"思想"是指概念,不是指表象意义的思想。变是纯有与纯无的统一,形式上当然比纯有和纯无具体。又,最后那句话:"变易只是'有'按照它的真理性的'设定存在'(Gesetztsein)",这个"设定"应改为"建立"。"变"是"有"按其真理性的被建立的存在,就是说那空洞的纯有的真理是变。注意,这里用的是被动态:被建立起来。被什么建立起来?被能动的概念建立起来。《逻辑学》的概念自始至终都是能动的,但在存在论阶段,概念还不知道自己是能动的,不知道自己是心想事成的思维,仅认自己是单纯的自在存在。但概念的能动性是绝对的,概念运动的最高理想:成为绝对自知的和与自身的绝对同一的概念亦即绝对理念这一点亦是绝对的,这使得纯粹概念的运动是绝对的内在目的论的运动。正是概念的绝对能动性及概念的那一理想绝对地起作用,才使得纯粹思维必然超出在其开端处的纯有与纯无的抽象对立而过渡为变,所以说是绝对能动绝对自知的概念建立了"变"。但存在论阶段的概念的自觉思维水平仅是直接的自在存在,在这里概念或思维仅认自己是单纯的自在存在,故存在论阶段的纯思不知道诸自在存在的概念其实是被建立起来的。但叙述存在论阶段的概念运动的纯思是超出这一阶段的诸概念的,它对概念的全体和统一是有所知的,所以它知道存在论阶段那些被认作是仅仅自在存在的诸概念其实是被建立起来的。以上讨论告诉我们,《逻辑学》作为纯粹概念对自身的思,那能思的思比被思的思或概念是多一些东西的。后者仅是当前这一阶段这一环节被考察的思或概念,前者则不仅是当前的这一被考察的思之作为(能)思,这一能思还对纯粹思维的全体和统一有所知,否则它是无法叙述纯思的运动的,《逻辑学》所是的这种思辨逻辑学就是不可能的。

【正文】我们常常听见说思维〔思〕与存在〔有〕是对立的。对于这种说法,我们首先要问对存在或"有"要怎样理解?如果我们采取反思对于存在所下的界说,那末,我们只能说存在是纯全同一的和肯定的东西。现在我们试考察一下思维,则我们就不会看不见,思维也至少是纯全与其自身同一的东西。故存在与思维,两者皆具有相同的规定。但存在与思维的这种同一却不能就其具体的意思来说,我们不能因而便说:一块石头既是一种存在,与一个能思维的人是相同的。一个具体事物总是不同于一个抽象规定本身的。当我们说"存在"时,我们并没有说到具体事物,因为"存在"只是一纯全抽象的东西。而且,按照这里所说的,关于上帝存在(上帝是本身无限具体的存在)的问题也就没有什么意义了。

【解说】界说就是定义,反思对于存在所下的定义只能是:存在是自身同一者,因为抽象的同一是反思或反映阶段亦即本质论阶段最抽象的思想,犹如空洞的存在是存在论阶段最抽象的思想一样。显然这里所说的反思是最抽象的反思,是本质论阶段的开端:纯同一这一立场。站在这一立场看,一切都是自身同一的。"存在是纯全同一的和肯定的东西",这个"纯全"就是纯粹,"纯全同一"就是抽象的自身同一,"肯定"仅是最抽象的肯定,亦即抽象的自身同一或纯同一。"现在我们试考察一下思维",这一考察当然也是站在纯反思的立场上;站在这一立场看,思维也是一种与自身的抽象同一,所以思维与存在是同一的。所以说站在抽象的纯反思立场,不仅不能理解思维与存在的真实的具体的同一性,连常识所言的思维与存在的对立都无能理解。黑格尔这里想说的是,即便是抽象的变已经是一种思维与存在的一种具体同一,站在纯反思的立场是无能理解这一点的。站在这一立场,完全可以说一块石头和一个能思维的人是同一的,因为石头和人都是自身同一者。一块石头和一个能思维的人都具有相当复杂且相当高的概念规定性,且后者所有或所是的规定性远比前者高,并且这二者所有或所是的规定性大都比纯同一高。当然,无论是一块石头还是一个能思维的人,每一个都是一种思维与存在的具体统一,这种具体统一所有或所是的概念规定性甚至都超出了《逻辑学》的范围,因为思辨逻辑学考察的是不涉及实存的抽象的纯粹概念,而无论是石头还是能思维的人都是一种具体实存了,是在《自然哲学》和《精神哲学》中才能得到考察的。又,依据《自然哲学》和《精神哲学》中的有关概念得到的关于石头和能思维的人的知识与通常的表象科学如地质学物理学生理学心理学等关于它(他)们的知识可不是一回事,前者是站在绝对理念的立场看有限物,后者是站在有限的表象思维的立场看作为一种表象或现象的有限物,二者差异甚大,这是我们在导论十五节中已经说过的。

【正文】变易既是第一个具体的思想范畴,同时也是第一个真正的思想范畴。在哲学史上,赫拉克利特的体系约相当于这个阶段的逻辑理念。当赫拉克利特说:"一切皆在流动"时,他已经道出了变易是万有的基本规定。反之,爱利亚学派的人，有如前面所说，则认"有"、认坚硬静止的"有"为唯一的真理。针对着爱利亚学派的原则，赫拉克利特于是进一步说："有比起非有来并不更多一些"。这句话已说出了抽象的"有"之否定性，说出了"有"与那个同样站不住的抽象的"无"在变易中所包含的同一性。从这里我们同时还可以得到一个哲学体系为另一哲学体系所真正推翻的例子。对于一个哲学体系加以真正的推翻，即在于揭示出这体系的原则所包含的矛盾，而将这原则降为理念的一个较高的具体形式中组成的理想环节。但更进一层说，变易本身仍然是一个高度贫乏的范畴，它必须进一步深化，并充实其自身。例如，在生命里，我们便得到一个变易深化其自身的范畴。生命是变易，但变易的概念并不能穷尽生命的意义。在较高的形式里，我们还可见到在精神中的变易。精神也是一变易，但较之单纯的逻辑的变易，却更为丰富与充实。构成精神的统一的各环节，并不是有与无的单纯抽象概念，而是逻辑理念和自然的体系。

【解说】黑格尔这里对赫拉克利特评价很高，他的哲学史也是如此。但这个评价不符合事实，赫拉克利特的"变"就是老子、周易所说的变，不值得过高评价。黑格尔所以高度评价赫拉克利特，应该是出于反对西方传统的形而上学只强调同一性不变性、对运动变化发展无能真正理解这一弊端。其实赫拉克利特哲学更有价值的东西不是变而是"逻各斯"。赫拉克利特的"逻各斯"是对超感性的理性本身的预感，而从巴门尼德开始的希腊哲学正面把握了纯粹思维。相反，中国哲学就停留在变这一思想上而无能超越，无能把握超感性的思想本身。黑格尔这里说变"是第一个具体的思想范畴，同时也是第一个真正的思想范畴"，这句话中的前半句成立，后半句不成立。注意，这段正文来自附释，附释来自学生的听课笔记，是黑格尔课堂的随意发挥，未必严密，甚至学生的笔记都可能有误，所以后来编辑出版黑格尔全集的哲学全书体系这部分时，有人主张不宜把来自学生听课笔记的东西放入黑格尔全集，这种谨慎是有道理的。"变"是《逻辑学》的第三个概念，是开端的那极度抽象的纯有和纯无的统一，所以说它是第一个具体概念是成立的，但说它"是第一个真正的思想范畴"是不成立的，第一个真正的概念或思想范畴是纯存在！又，说"变"是"第一个具体的思想"，这里所说的"思想"是纯粹思想，故这句话对《逻辑学》中的"变"成立，对赫拉克利特的"变"可不成立！因为后者不是纯粹思想，赫拉克利特对"变"的表述不是纯粹思维而是表象形式的，甚至是形象化的，比如"太阳每天都是新的"、"两次不能踏入同一条河"之类。纯粹思维是从巴门尼德开始的，赫拉克利特在巴门尼德之前，黑格尔的哲学史把赫拉克利特放在巴门尼德之后是错误的。这一错误应该与黑格尔在解释哲学史时对哲学史与逻辑学的一致这一原则的应用有时过于机械有关。由于并不是任何时候都能恰当处理有某种偶然性外在性的哲学史与哲学史与逻辑学的一致这一原则的具体关系,黑格尔有时有意无意地忽视甚至歪曲某些历史事实。不仅是哲学史,黑格尔的宗教哲学也有这种令人遗憾的错误,比如他的宗教哲学讲演完全把伊斯兰教漏了,原因应该是黑格尔发现他无法在他的宗教发展史的逻辑构想中为伊斯兰教找到恰当位置,索性就不提它了。黑格尔历史与逻辑的同一性原则是有真理性的,他的哲学史和宗教哲学讲演也都是无比深刻精彩,但我们还是应当把黑格尔的历史与逻辑的同一性、精神概念的辩证法这些具有真理性的东西与其在哲学史、宗教哲学等领域中的应用区别开。黑格尔的哲学史与宗教哲学也属于这种应用,黑格尔在具体运用上述那些真理去理解哲学史与宗教史时完全可能有牵强附会甚至错误的地方。就赫拉克利特哲学与巴门尼德哲学的时间顺序与这两家哲学原则的逻辑顺序的矛盾这点来说,用黑格尔的哲学史与逻辑学的同一性这一原则是可以说清楚的。巴门尼德的存在是纯粹思维的开始,意识到超感性的纯粹思维及其真理性,是以意识到生灭流变的感觉水平的东西没有真理性为前提的,赫拉克利特对"变"的自觉其意义正在于此,故赫拉克利特在巴门尼德之前是有必然性的。但也正因为如此,赫拉克利特对"变"的自觉不是纯粹的,仅是表象形式的。对变的概念的纯粹思维亦即纯粹自觉是以对存在概念的纯粹意识为前提的,所以说《逻辑学》中"变"在"存在"之后亦是必然的。故可知,赫拉克利特的"变"与《逻辑学》中的"变"并不完全等同,二者有不容忽视的区别。

黑格尔这里还有一个错误。"赫拉克利特于是进一步说:'有比起非有来并不更多一些'"。这是德谟克利特的话,不是赫拉克利特的。我不知道黑格尔的这一史实错误是有意还是无意,但就这句话来说,把"有"和"非有"理解为《逻辑学》开端初的纯有和纯无是完全成立的。但德谟克利特这句话中的"有"和"非有"的意思都是较为具体的:"有"指原子,"非有"指虚空。原子论者承认虚空存在,认识到虚空这种非存在一点不比原子缺乏存在,或者说原子这种存在并不比虚空这种非存在具有更多或更高的存在。如果虚空不存在,原子就不可能存在,二者是不可分离的。

"从这里我们同时还可以得到一个哲学体系为另一个哲学体系所真正推翻的例子。对于一个哲学体系加以真正的推翻,即在于揭示出这体系的原则所包含的矛盾,而将这原则降为理念的一个较高的具体形式中组成的理想环节。"

这是黑格尔的哲学史观,来自他的发展观。真正的哲学,在前的哲学原则总是在后的哲学原则的一个环节,因为发展是从抽象到具体。在前的哲学原则包含有自身解决不了的矛盾,这一矛盾的解决就是那在后的更高的哲学原则。这句话有个词译错了,"理想环节"这个地方梁译本译的对,是"观念环节"。黑格尔哲学经常有这样的说法："观念性的东西"、"一个观念性的存在"。"观念"英语是 idea，德语是 Idee，在西方语言中这个词有好几种意思，"观念"是其最低级的意思，指仅仅主观的东西，如意识中的一个想法一个抽象思想之类；这个词还有"理想"的意思，这一意义就比较高级了，来自柏拉图的理念。但在这里，这个词的意思是"观念"而非"理想"。显然，"观念"这一意义包含有抽象之意。一个仅仅是主观观念的东西当然是抽象的，抽象依赖具体，从属于具体，具体的东西规定、支配抽象的东西，而不是相反，具体的东西才是真实的东西，具体的东西若不存在，抽象的东西不可能存在。比如，任何一个抽象观念都从属于意识，而意识从属于精神。精神，即便是主观精神，也是意识、欲望、情感、意志等诸多东西的统一。决定一个人行为的是这个人的精神而非其头脑中的某个抽象观念，人不是按照头脑中的抽象观念行动的。道德律、善、正人君子等都是抽象观念，但现实的人的现实行为不是按照这些抽象观念行动的。所以一个人是什么样的人，我们要根据他的行为而不能根据他的意识中的某些观念来判断，根据他做什么来判断他，而不能依据他说什么来判断，因为他说出的东西只是观念性的东西，观念性的东西就是不真实的抽象东西。固然观念性的东西也表明了真实具体的人的某个方面，但只是其不够真的低级的抽象方面。明白了"观念"的抽象性，就会明白黑格尔说一个所谓被推翻的哲学体系，实际意义乃是这个体系的原则在推翻它的那更高体系或原则中被降为它的一个观念性环节，亦即前者被扬弃而成为后者中的一个抽象环节，纯有和纯无与变这一概念的关系就是如此，有和无都是"变"中的抽象环节。

"但更进一层说，变易本身仍然是一个高度贫乏的范畴，它必须进一步深化，并充实其自身。例如，在生命里，我们便得到一个变易深化其自身的范畴。生命是变易，但变易的概念并不能穷尽生命的意义。"

生命就总是在变，生命如果不变，我们说它死了，它死后也在变，当然不是作为生命在变，而是作为更低级的生命：微生物在变，最后是作为矿物质，作为无机物在变。但变不能穷尽生命，因为生命还是变中的不变。如果生命仅仅是变的话，那生命就和无机物没有区别了，生命是理念，有灵魂，生命的变是有灵魂东西的发展，所以说生命的逻辑内涵远远高于变，高于不变的本质，高于一般的变和不变的对立。

"在较高的形式里，我们还可见到在精神中的变易。精神也是一变易，但较之单纯的逻辑的变易，却更为丰富与充实。构成精神的统一的各环节，并不是有与无的单纯抽象概念，而是逻辑理念和自然的体系"

"单纯的逻辑的变易"就是纯粹的抽象的变。精神首先是生命，但又高于生命，精神是有意识和自我意识的生命，并且精神本身还超出了意识和自我意识。

说精神是生命,是因为它和生命一样有灵魂会发展,比如一个有理智的人的精神的发展。人的生命从幼年到成年的发展同时是精神从完全被自然的感觉欲望支配向一个有理智、有自我意识和意志的精神的发展。同样,客观的精神如民族精神也有发展,一个民族几千年的历史就是这一民族精神发展的历史。发展是变,但远远地超出变;精神是发展,但远远地超出单纯生命的发展,所以说精神所是的变较之抽象而纯粹的变"更为丰富与充实"。

"构成精神的统一的各个环节,并不是有于无的单纯抽象概念,而是逻辑理念和自然的体系"。这是黑格尔说他的哲学全书体系了,第一部分逻辑学,逻辑学发展为自然哲学,自然之后产生精神,所以逻辑理念和自然就构成了精神产生过程中的环节,构成精神变的环节。逻辑理念的发展最后超出自身,亦即否定自身使自己成为自然,自然的发展最后又超出自身亦即否定自身使自己飞跃而成为精神。抽象的逻辑理念及自然都被否定掉了,所以说都变了,最终变成精神,逻辑理念及自然都是精神形成过程中的环节,亦即是产生精神的那一变化过程中的环节,所以说逻辑理念和自然是精神中的扬弃了的环节。

第二节　定在(Dasein)

§89

【正文】在变易中,与无为一的有及与有为一的无,都只是消逝着的东西。变易由于自身的矛盾而过渡到有与无皆被扬弃于其中的统一。由此所得的结果就是定在〔或限有〕。

【解说】从变向定在的过渡前面已经基本阐明了,这里无须赘述。"定在"(Dasein)这个词后来海德格尔用来表述他所谓的人的存在,中译为"此在"。"此在"比"定在"在字面上更接近 Dasein。da 的意思是这里、那里、这时、那时,Dasein字面意思就是这里的存在那时的存在之类。但 Dasein 在德语中早就超出了狭隘的字面意义,早就被用来表述一般的存在者或实存。黑格尔有一著名的系列演讲叫"对上帝存在的证明":Vorlesungen über die Beweise vom Dasein Gottes,其中就用Dasein 来表述上帝的存在。因为上帝不是逻辑学开端的那毫无规定的纯存在,而是有极其丰富具体的规定性的东西。一切存在者亦即规定了的存在都可用 Dasein 来表达,而在海德格尔《存在与时间》中及黑格尔《逻辑学》中这个词的意义均有严格限定。前者仅用这个词指称人的存在,而人是精神的存在,故海德格尔的

Dasein 大致是属于黑格尔的主观精神领域的东西。《逻辑学》的 Dasein 仅指有直接的质的规定的东西,"定在"的"定"亦即 Da 是规定或规定性的意思,但意义还更严格,仅指直接的质的规定性。直接的质是感性的质,如红(的)、明亮(的)、热(的)、粗糙(的)之类。注意,这里所说的直接的质如红、热之类是感性的,故是变动的,不是不变的本质。红、热之类的感性质形式上看可以是某种不变的本质,作为本质它们就是作为抽象共相的红本身热本身,属于柏拉图的理念。不变的红本身热本身与作为直接的感性质的红、热等当然不是一回事,前者从属于《逻辑学》概念论中的主观概念,在那里才能对其内涵及其来历做充分考察。又,限有就是定在:Dasein,方括号里的那 3 个字原文是没有的。

【正文】〔说明〕在这第一个例子里,我们必须长此记住前面§82及说明里所说的话。要想为知识的进步与发展奠定基础,唯一的方法,即在于坚持结果的真理性。(天地间绝没有任何事物,我们不能或不必在它里面指出矛盾或相反的规定。理智的抽象作用强烈地坚持一个片面的规定性,而且竭力抹煞并排斥其中所包含的另一规定性的意识。)只要在任何对象或概念里发现了矛盾,人们总惯常作这样的推论,说:这个对象既然有了矛盾,所以它就不存在。如芝诺首先指出运动的矛盾,便推论没有运动。又如古代哲学家根据太一〔或太极〕为不生不灭之说,因而认为生与灭,作为变易的两方面,是虚妄的规定。这种辩证法仅注意到矛盾过程中否定的结果,而忽略了那同时真实呈现的特定的结果,这个结果是一个纯粹的无,但无中却包含有,同样,这个结果也是一个纯粹的有,但有中却包含无。

【解说】§89〔说明〕前的正文没有举任何经验事例,这里说的"例子(Beispiel)"只能是指定在这一概念。定在指感觉可以把握的个别的感性物,如(这个)热的东西(那个)红的东西,就是说定在这一概念有相应的表象,并且其表象是可以作为经验例子来言说的个别的感性物,而此前的纯存在、无、变皆是不可表象的,更谈不上是感性的经验东西这种表象了,所以说定在是第一个有相应的恰当表象的纯概念,并且其表象还是个别的感性的经验事例,故可知这里说的"例子"只能是指定在这一概念。

这里所谓坚持结果的真理性,是说客观的事情本身其否定或变化是有结果的,这个结果不是无。主观意识主观思维中的否定,其结果是无,比如把黑板上的一幅画擦掉,这幅画就没有了,结果仿佛是无。但主观思维正因其是主观的,所以是抽象的不真实的,主观思维中的否定及其结果都是抽象不真的,真实的否定亦即客观的事情本身的否定其结果从来不是什么都没有的无。即便拿擦掉黑板上的一幅画这一主观的否定来说,其真正的结果也不是无。擦掉画的结果是黑板,是黑板的黑;拆掉黑板的结果是一堵墙,拆掉墙的结果至少还有蓝天和空气,等等。真理是全体和总体,作为全体和总体的真理是不可能被否定的,这不是说真理就没有它的否定面,而是说它的否定面就是它自身。此外,如果否定的是真理中的某些环节,结果也不是无,而是新环节新东西的出现,比如乌云被否定了,消失了,结果是蓝天,这才是属于事情本身的真实的客观的否定。

"天地间绝没有任何事物,我们不能或不必在它里面指出矛盾或相反的规定。"最抽象的就是逻辑学开端的纯存在或有,它也有否定面:非存在或无,有与无是不能分离的。最丰富最具体的是绝对理念,是作为全体的自然本身,及作为全体的精神本身,它们都有对立的方面,都与其对立面不能分离。绝对理念的对立面是自然,自然的对立面是精神,自然和精神是相互对立的。但绝对理念必然过渡为自然,若没有这一过渡它就不是真实的绝对理念,不创造世界的上帝不是真实的上帝而只是人的抽象。自然必然会过渡为精神,这一过渡或飞跃每时每刻都在发生,永恒地在发生。如果自然没有这一过渡,它就不是真实的自然,而是一种抽象,比如近现代自然科学所说的自然就是这样的一种抽象,这种自然只是现象而不是真正的自然本身,这是我们在导论十四节中已经说过的。自然是精神的对立面,精神以自然为前提,离开这一前提,精神就是虚幻的幽灵而非真实的精神。所以说"天地间绝没有任何事物,我们不能或不必在它里面指出矛盾或相反的规定"。

"芝诺首先指出运动的矛盾,便推论没有运动"。运动中的矛盾具体是怎么回事?芝诺为何无能理解这一矛盾?拙著《思辨的希腊哲学史(一):前智者派哲学》第七章对此有充分阐述,可以参阅。

"古代哲学家根据太一〔或太极〕为不生不灭之说,因而认为生与灭,作为变易的两方面,是虚妄的规定"。古代哲学家指爱利亚派,"太一"或"太极"就是爱利亚派所说的唯一的"一",这个"一"就是存在概念。我们现在知道空无规定的存在或有会变成无,无也会变成有,但空洞纯粹的有与无的相互过渡在表象中是见不到的,而通常所说的生灭是表象水平的变,所以说在表象意识看来纯粹的有是不生不灭不变的。爱利亚派所以看不到有与无的相互过渡而坚持无中不能生有、有不能变成无,缘由在此。又,"生与灭,作为变易的两方面",这里所说的生灭不是通常的表象水平的生灭,而是指纯粹的生灭,表象水平的生灭是某物的生与灭。纯粹的变有两种,一种是从无到有,是(纯粹的)生,一种是从有到无,是(纯粹的)灭。生和灭是变的两个方向,每一个都是变本身。爱利亚派否定变,必然是既否定生又否定灭,认为二者都是虚幻不真的。

"这种辩证法仅注意到矛盾过程中否定的结果,而忽略了那同时真实呈现的特定的结果,这个结果是一个纯粹的无,但无中却包含有,同样,这个结果也是一个纯粹的有,但有中却包含无。"

这种辩证法指爱利亚派的辩证法,亦即爱利亚派如芝诺对存在是(唯)一、存在不变不动的证明。称这种证明是辩证法,这是亚里士多德之前的希腊哲学的说法。辩证法与形式逻辑被明确区别开是很晚的事情,在中世纪和古代不是这样,尤其是亚氏之前,辩证法指一切不诉诸感觉经验的理性证明。"这种辩证法仅注意到矛盾过程中否定的结果",这说的是爱利亚派对存在是一、存在不变不动的证明,这些证明都是反证法,都是这样开头的:假如存在(是)不存在,假如"一"不存在之类。爱利亚派的这种证明遵循的是抽象的同一律,所以黑格尔批评爱利亚派的这种所谓辩证法"仅注意到矛盾过程中否定的结果,而忽略了那同时真实呈现的特定的结果"。矛盾过程指在爱利亚派的证明中发生的——虽说是在"假如"中发生的——有向无的过渡、"一"向非存在(无)的过渡这种事情,这种过渡遵循的只是抽象的同一律,所以在爱利亚派的证明中,从"假如存在(是)不存在"中推出的就是无或非存在,此即黑格尔这里所说的"否定的结果"。虽说爱利亚派的这种证明最终结果是恢复了有或存在,但这是靠在证明过程中诉诸一些未经证明的独断,甚至靠语义上的诡辩才达到的,所以黑格尔批评这种辩证法"忽略了那同时真实呈现的特定的结果",这一"真实呈现的特定的结果"是一切客观的矛盾客观的否定都有的,这一特定结果是规定了的无。一切规定性都是一种有,所以这一特定结果亦是一种有,而不是纯然的无。"这个结果是一个纯粹的无,但无中却包含有,同样,这个结果也是一个纯粹的有,但有中却包含无",这句话是对真正的客观的纯有与纯无的相互过渡来说的,亦即是对客观的纯粹的变来说的。纯有直接过渡为无,结果就是纯粹的无,纯无直接过渡为有,结果就是纯粹的有。但这一纯粹的无同一地就是有,黑格尔的话是"无中却包含有",这一纯粹的有同一地亦是无,黑格尔的话就是"有中却包含无",这就是纯粹的变,这是前面已经说过的。爱利亚派的辩证法是从"假如存在(是)不存在"开始的,但第一,存在(有)向非存在(无)的过渡是客观的必然的,不是仅发生"假如"中的;第二,纯有过渡为无,结果所是的那纯粹的无不是纯然的无,而是自身包含有或者说自己同时是有,爱利亚派对这两点都不懂,所以受到黑格尔的批评。

【正文】因此第一,限有〔或定在〕就是有无的统一。有无两范畴的直接性以及两者的矛盾关系,皆消逝于这种统一中。在这个统一体中,有无皆只是构成的环节。第二,这个结果〔限有〕既然是扬弃了的矛盾,所以它具有简单的自身统一的形式,或可说,它也是一个有,但却具有否定性或规定性的有。换言之,限有是变易处在它的一个环节的形式中,亦即在"有"的形式中。

【解说】限有就是定在:Dasein。这里两个方括号里的字都是原文没有的。

变只是有和无的直接统一,定在才是有与无的一种真实、具体的统一。关于纯粹的变向定的过渡及其必然性,前面已经基本阐明了。有与无的矛盾在定在中并未得到解决,所以变乃是它自身及有与无的永恒的不安息,这种不安息在定在中停止了,定在是有与无的矛盾的真正的——当然也是最初的——解决,是有与无的统一之作为直接的肯定的东西。这里我们第一次遇到了直接性与间接性的辩证法:一切有中介的东西在达到某种完成时都会作为仿佛无中介的直接东西显现,定在就是这种东西,有与无的直接的相互过渡亦即纯粹的变作为它的中介在这里被扬弃了,自在地消失了,定在因此就是一自身统一的简单东西,是一种"具有否定性或规定性的有"。它的规定性是一直接的质,这是定在的肯定方面或"有"的方面,它的否定方面亦即"无"或非存在方面则是作为在它之外的另一定在,定在本身则是有与无的统一处于"有"的形式中。定在是第一个真实的具体东西,也是第一个可以表象的东西,纯粹的有、无及二者的直接过渡亦即变都不是真实具体的东西,都是无法表象的。同样,纯粹的变向定在的过渡也不是真实具体的东西,也是无法表象的。这一过渡之所以无法表象,原因同纯有、纯无、变一样,是因为太抽象,它们都是内在于可以表象的具体东西中的最抽象环节,所以也都是客观的。

【正文】附释:即在我们通常对于变易的观念里,亦包含有某种东西由变易而产生出来的意思。所以变易必有结果。但这种看法就会引起这样的问题,即变易如何不仅是变易,而且会有结果呢? 对于这个问题的答复,可以从前面所表明的变易的性质中得出来。变易中既包含有与无,而且两者总是互相转化,互相扬弃。由此可见,变易乃是完全不安息之物,但又不能保持其自身于这种抽象的不安息中。因为既然有与无消逝于变易中,而且变易的概念〔或本性〕只是有无的消失,所以变易自身也是一种消逝着的东西。变易有如一团火,于烧毁其材料之后,自身亦复消灭。但变易过程的结果并不是空虚的无,而是和否定性相同一的有,我们叫做限有或定在。限有最初显然表示经过变易或变化的意思。

【解说】变向定在的过渡及其必然性,前面的解说已经说过了。"即在我们通常对于变易的观念里,亦包含有某种东西由变易而产生出来的意思"。这句话中的"变易"是 Werden,变成、成为的意思。一个词就是一个观念,由此可明白黑格尔为何这么说了。这句话对汉语的"变"似乎也成立,虽说汉语的"变"没有变成的意思,但人们通常说"变"时,大部分时候确乎有某种东西由变易而产生出来的意思。

"既然有与无消逝于变易中,而且变易的概念〔或本性〕只是有无的消失,所以变易自身也是一种消逝着的东西。"这句话的意思就是前面说过的,纯粹的变是有与无的不安息,变作为有与无的无休止的直接的相互过渡由此也是不安息的东西。纯粹的变的不安息的缘由在于,它不仅是有与无的直接统一,也是有与无的直接冲突或对立,作为有与无的尖锐冲突的变与作为有与无的直接统一的变是对立的,所以说变是自己与自己的激烈冲突,这一冲突不可能安于自身而不被扬弃,所以说"变易自身也是一种消逝着的东西"。"限有最初显然表示经过变易或变化的意思",因为限有或定在是规定了的有,是纯粹的有得到了规定,或者说是纯粹的有变成了规定了的有,所以说限有是经过变化而来的东西。又,这里的"限有或定在"原文只是一个 Dasein。

§90

【正文】(α)定在或限有是具有一种规定性的存在,而这种规定性,作为直接的或存在着的规定性就是质。定在返回到它自己本身的这种规定性里就是在那里存在着的东西,或某物。——由分析限有而发展出来的范畴,只须加以简略地提示。

【解说】这里第一次出现了规定了的存在,也第一次出现了直接的质这种规定性,这也是规定性的第一次出现。规定性首先是确定性,但确定性未必是规定性,比如空洞的纯存在就只是确定性而非规定性,纯存在是纯粹的确定性。确定性的意思就是巴门尼德所谓"可说的",即可以明白而确切地说出来。但确定性如果没有内容,亦即没有得到具体规定,它就是空的,这个"可说的"也就没什么可说的,所以这个空虚的"可说的"只是可说性罢了,纯存在作为理性的直接确定性就是可说性。理性当然不会空虚到只是空无内容的可说性,纯粹理性在开端后的第一个真正的进展就是理性的确定性开始具有内容或规定性,理性第一次成为规定了的存在或规定了的确定性。这里就有个问题:规定性从何而来? 或者说,直接的质这种最初的规定性是怎么产生的?《小逻辑》是授课讲义,是大逻辑的简写本,很多在大逻辑中得到详细考察的东西在《小逻辑》中都省略了,比如上述问题就是如此。与这个问题相关联和相同一的是下面这些问题:定在为何会具有规定性? 定在本身又是怎么产生的? 此外还有一个问题:定在作为这个或那个规定了的存在如这个红的东西、那里的那个东西,它为何会有"这个""那个"这种个别性形式? 亦即,定在的个别性形式是怎么产生的? 这些问题《小逻辑》大都未涉及,或者是即便有论及也不深入。鉴于这些问题的基本和重要,下面我们就根据大逻辑对定在概念的论述扼要解答上面这些问题。

　　黑格尔有言:定在是"第一个否定之否定"①,也就是说"变"并不是真正的否定之否定。形式上看变似乎是一种否定之否定:纯有、纯无、变,有与无是相互否定,变则是有与无的抽象对立的扬弃,是有与无的统一,故是否定之否定。但事实上变所是的否定之否定仅是形式的,变实际只是纯有与纯无的无休止的相互过渡,亦即只是这二者的相互否定,这里只有否定,没有真正的否定之否定。真正的否定之否定的第一次出现是在定在中,严格说来就是,定在是第一个真正的否定之否定的产物。纯有、无、定在是第一个真正的否定之否定,变只是纯有与无的相互否定,定在则扬弃或超越了二者的抽象对立而返回到存在,这一向存在或有的返回同一地是把空虚的纯存在提高为规定了的具体存在亦即定在,定在的"定(da)"就是规定了的意思。定在这种存在的具体性一则在于它是规定了的,与某一直接的质这种规定性相同一。二则在于定在具有个别性形式,定在总是这个或那个规定了的东西或存在,如这个红的东西、那个热的东西、那里的那个东西之类。定在的具体性的这两方面:明确的规定性及个别性都来自定在藉此而产生的那一否定之否定的运动。定在的规定性是直接的质,亦即感性的质,如红、热、这里、那里、愉快、痛苦之类。直接的质是有与无的这样一种统一,这种统一是包含了无的直接的有,亦可说是包含了有的无,用黑格尔的话就是"被吸收到有中的非有",这就是直接的质这种规定性②,如这里、那里、这时、那时、热(的)、红(的)之类。直接的质这种存在在自身包含并扬弃了否定性或无,因而有某种内在性或自身统一性。但这种内在性或自身统一仍是直接的自在的,故它对否定性或无的扬弃远不是充分的,这使得这一统一仍有否定性在它之外,这一外在的否定东西同它的对立面一样本身亦是一肯定的、有某种内在性或自身同一性的有与无的统一,比如(这个)红的(东西)之外或之旁必然有(某个)黑的(东西),这里的(这个)(东西)之外或之旁必然有那里的(那个)(东西)。与定在相同一的直接的质就是定在本身所是的那一有某种内在性或自身统一性的有与无的统一,直接的质亦即那最初的规定性就是这种统一。

　　注意,虽说直接的质有某种内在性或自身统一性,仿佛是某种能保持自身的东西,仿佛是一种自为存在,但根本说来它不是,根本上讲它是一种为他存在,它保持不住自身,是处于变化中的东西,必然要变为他物,亦即根本上讲它是绝对的外在性,所以说定在亦即有直接的质的规定的存在是一绝对的矛盾,它既有某种内在性根本上又是外在的东西,能在一定程度上保持自身根本上又是保持不住自

---

① 《逻辑学》上卷第109页。
② 《逻辑学》上卷第101页。

身,而是处于变化中的东西,在这一矛盾中变化、外在性、为他存在才是它根本的本质的方面。由此可知,定在的规定性的内在性或自身统一方面是不够真的,缺乏真正的客观性或自在存在。定在的规定性的这一方面甚至可说是主观的。比如,这个红的东西的红就缺乏客观性。我们完全可以设想大部分人都患有一种色盲症,以至于都知觉不到红,这个例子表明定在的规定性本身亦即这一规定性的内在性方面是缺乏客观性的。所以说,定在的规定性的本质方面不在它的内在性或自身同一方面,而在它的为他存在方面,亦即在它的与他物的差别方面。比如,这个红的东西的红是主观的,缺乏客观性,但这个红的东西与那个白的东西的差别,亦即红(的)与白(的)这两种直接的质的规定的差别却是有一定的客观性的,而它会过渡为另一直接的质或者说被另一直接的质否定更可说是客观的必然的,所以说定在的自在存在不是其本质方面,为他存在亦即变为他物或者说被他物否定才是定在的本质方面。当然,定在的规定性的差别方面所是的这种客观性仍是不高的,比如,这种客观性就比不上量的规定及其差别的客观性,这就是为何量是比定在更高的概念、为何自然科学研究中总是要用数或量的规定来规定感性的质的根本原因。

定在是逻辑学开端处的那空洞的纯存在经由非存在而对自身的否定之否定,这一否定之否定乃是存在返回自身,把自己提高为规定了的存在。这一规定了的存在由于经由某种否定之否定而具有某种程度的内在性或自身统一性,同时亦是一直接存在,故显得是某个实在的东西或某物(etwas),东西或某物就是自身同一者之作为直接的存在。同样是由于这种内在性或自身统一性,定在这种直接的存在与其他实在东西显得具有一种无限的区别,故定在具有个别性形式,亦即定在是一个或某个东西,须知“一”就是最抽象的个别性,而个别性就是无限的自身规定,亦即这个东西之所以是这个东西,之所以与其他实在东西有别,其缘由或根据皆在其自身。定在是存在经由非存在或无而返回自身,这一否定之否定或存在的返回自身建立了直接的质这一规定性,不如说这一返回自身的运动的产物就是直接的质。显然,存在经由这一否定之否定的运动而返回自身,同一地即是返回到直接的质这一规定性中,因为所返回的自身就是直接的质,这就是黑格尔所说的:“定在返回到它自己本身的这种规定性里就是在那里存在着的东西,或某物”。这句话的原文是:Das Dasein als in dieser seiner Bestimmtheit *in sich* reflektiert ist *Daseiendes*, *Etwas*,梁译本译为:“特定存在在它的这种规定性里被映现到自身之内,就是特定存在着的东西,即某物”。显然贺译本译得不大好,梁译本更准确。贺译本把 reflektiert(被映现)译为“返回”是不对的,至少极易引起误解,让人误以为形成定在的那一否定之否定的运动乃是定在返回自身。这一否定之否定的运动不

是定在返回自身,而是逻辑学开端处的那空洞的纯存在返回自身。但梁译本把
Dasein 译为"特定存在",这一译法不如译为"定在"好。《逻辑学》存在论中的 Da-
sein 并不是某种特定或特殊的存在,而是直接的感性存在一般,是一切有感性规
定性的存在,不管这一感性规定为何。

何谓"定在在它的这种规定性里被映现到自身内"? 由前面的讨论可知,定在
与定在的规定性是融为一体的,它们是一个东西,二者的区别仅是形式的。直接
的质乃是形成定在的那一否定之否定的运动的结果,而这一运动乃是存在返回自
身,所返回的自身同一地是这一返回自身的运动所建立的直接的质这一规定性,
所以存在返回自身同一地就是返回到直接的质这一规定性中,存在返回自身成为
定在与存在返回自身成为直接的质这一规定性是同一件事情,所以说定在与它的
规定性是同一的。同一性是一种相互映现的关系,是最抽象的相互映现,所以说
定在是在它的规定性中映现自身亦即与自身同一;同样可以说,直接的质这一规
定性在定在中映现自身,亦即在定在中与自身同一。不过定在与它的规定性的这
种映现或同一关系是非常抽象的,这一映现关系在定在中不是本质的事情,在这
里本质性的事情是直接的存在,无论是定在还是定在的规定性都首先和决定性地
是直接的存在。以上讨论告诉我们,映现或反映并非只是本质论阶段才有,只是,
在本质论阶段映现关系是本质性的事情,在那里直接性或直接的存在是被本质所
是的那一映现关系扬弃了的,从属于本质或映现,这就是本质论阶段的作为直接
的存在的现象对作为映现关系的本质方面的本质东西的从属关系。但在存在论
阶段,映现关系如果有的话只能是非本质的,是从属于直接存在的。

定在的规定性与定在本身是融为一体的,二者是一个东西,二者的区别仅是
形式的,所以说定在的规定性还不是抽象共相抽象观念这种东西。定在的规定性
是直接的感性的质,这种直接的质诚然有某种自身同一性,但根本上是直接的,其
表象仍是感性的,故是会变动的,它还不是抽象共相这种抽象本质。比如这个红
的东西,红在这里还不是不变的红本身这种抽象本质,而是与定在这一直接的必
会变动的存在相同一的。但定在的变动或被否定来自定在的规定性的变动或被
否定,就是说定在之为定在的本质方面是其规定性或质,而非定在本身所是的那
个东西和某物,比如说这个红的东西,一旦这个东西丧失了红,成为这个或那个黄
的东西,那么这个红的东西就消失了,亦即被否定了,此即定在本身被否定了,作
为某物的定在就过渡为作为他物的另一定在。同理,定在具有个别性形式,定在
总是这里的这个东西或那个热的东西,"这个""那个"就是个别性。但定在的个
别性与定在本身及其规定性都是同一的,在这里个别性还没有超出直接存在,没
有超出其与直接的感性的质的同一性,所以说个别性在这里不仅属于定在本身,

亦属于定在的规定性,比如这个红的东西,"这个"不仅属于这一定在本身所是的那一东西或某物,也属于这一定在的红,所以说定在的规定性如红总是这时这里的这个红或那时那里的那个红,而不是那作为一种不变且唯一的抽象本质的红本身,作为抽象本质抽象观念的红本身是唯一的,作为定在的某一规定性的表象的"红"则是任意多个,每一个都是特殊的,每一个特殊的红都与一特殊的个别定在相同一,所以说定在的规定性无论其内容还是形式都是特殊的,感性的。显然在这里个别性与特殊性尚无区别,在这里特殊性亦即规定性还不是共相,个别性也还不是概念。个别性的概念乃是无论在形式还是内容方面都超出一切特殊规定性的无限的自身规定,生命个体的个别性就是如此,这种个别性要到概念论那里才会出现,在定在这里,个别性只是空洞的无内容的形式。所以说定在的个别性和规定性与定在本身是融为一体的,三者的区别仅是形式的,这三者是相互从属的。

由以上讨论可知,与定在相对应的表象就是略微具体一点的感性表象,如这里这时的这个红的东西,那里那时的那个热的东西,这里、这时、那里、那时都只是直接的质,还不是具体的空间和时间规定,如空间和时间广延中的某一规定诸如长一米持续五秒之类。具体的空间和时间规定以量的概念为前提,定在则是不涉及量的概念的直接的质的东西。

至此我们把定在这一概念的全部环节及其内容基本都阐明了,下面的解说就简单了。

【正文】附释:质是与存在同一的直接的规定性,与即将讨论的量不同,量虽然也同样是存在的规定性,但不复是直接与存在同一,而是与存在不相干的。且外在于存在的规定性。

【解说】这里所说的质是作为定在的规定性的直接的质,其表象乃是感性的质。注意,质并非只能是直接的或感性的质,直接的质只是质的低级形式,质的更高形式是本质,本质论考察的就是这种质。"质是与存在同一的直接的规定性",这句话所说的存在是定在的存在,亦即定在本身,因为定在本身与其规定性或质是同一的,相互从属的,某物丧失了其质,它就消亡了,比如这个红的东西的红消失了,变成了黄的东西,这个红的东西就消失了。所以说直接的质与量不同。量也是一种直接存在,量的规定性都是直接存在的规定性,但量这种直接存在与质这种存在不同,它与质的存在首先是不相干,比如一棵树长大了,它从3米长成5米,它原有的量的规定性丧失了,但是它的质没变,仍然是树,仍然是这棵树,量的规定性的改变不影响它作为树及这棵树的存在。所以说量是外在于存在的规定性,这句话中的存在是质的存在。当然,这里说量的规定性或存在是外在于质的存在,与质的存在不相干,这种不相干是有限度有条件的,这种限度就是尺度,尺度既不是单纯的量也不是单纯的质,不过现在不是考察尺度的时候。又,"质是与存在同一的直接的规定性",把这句话中"直接的"拿掉,这句话仍然成立:质是与存在同一的规定性,这里质未必是作为定在的规定性的直接的质,可以是本质,存在则可以是有本质东西的实存,比如这棵树的存在,树是它的本质规定性(当然树不仅仅是本质,更是种属这样的概念),这棵树如果失去了它的这一本质规定性,它就不能作为这棵树或一棵树存在了。

【正文】某物之所以是某物,乃由于其质,如失掉其质,便会停止其为某物。再则,质基本上仅仅是一个有限事物的范畴,因此这个范畴只在自然界中有其真正的地位,而在精神界中则没有这种地位。例如,在自然中,所谓原素即氧气、氮气等等,都被认为是存在着的质。但是在精神的领域里,质便只占一次要的地位,并不是好象通过精神的质可以穷尽精神的某一特定形态。譬如,如果我们考察构成心理学研究对象的主观精神,我们诚然可以说,普通所谓〔道德上或心灵上〕的品格,其在逻辑上的意义相当于此处所谓质。但这并不是说,品格是弥漫灵魂并且与灵魂直接同一的规定性,像刚才所说的诸原素在自然中那样。但即在心灵中,质也有较显著的表现:即如当心灵陷于不自由及病态的状况之时,特别是当感情激动并且达到了疯狂的程度时,就有这种情形。一个发狂的人,他的意识完全为猜忌、恐惧种种情感所浸透,我们很可以正确地说,他的意识可以规定为"质"。

【解说】某物就是定在,定在与其规定性或质是同一的,所以说某物"失掉其质,便会停止其为某物"。"质基本上仅仅是一个有限事物的范畴,因此这个范畴只在自然界中有其真正的地位,而在精神界中则没有这种地位。例如,在自然中,所谓原素即氧气、氮气等等,都被认为是存在着的质。"这里所说的质未必只是作为定在的规定性的直接的(亦即感性的)质,可以是本质,就是说一切质,不管是直接的质还是本质,都是有限事物的规定。有限事物是指感性和知性领域的一切实存,一切无生命无精神的东西,比如石头、氧气、这个红的东西,等等。黑格尔的时代化学还不成熟,人们对氧气氮气的质或本质——这首先是它们的分子结构——知道的很不充分,甚至错误。但氧气氮气作为无生命无精神的有限物,某些不变的本质就是它们的最高规定。除了那实则已开始是无限的概念的绝对本质——即斯宾诺莎的实体——外,一切本质都是有限的,具有这种本质的有限物都是可以且必然会丧失其本质,被某个他物否定,化学反应就是作为有限物的无机物由于其本质被他物否定而丧失存在成为另一种他物的过程,比如氧化反应中的氧气就是如此。

"但是在精神的领域里,质便只占一次要的地位,并不是好象通过精神的质可以穷尽精神的某一特定形态"。"精神的某一特定形态"就是某种具体的精神,如一个民族精神,或一个人的精神。黑格尔这里提到精神,其实也包括生命。生命和精神的东西中当然包含诸多质或本质,但生命和精神无限地超出一切质和本质,用质——无论是直接的感性质还是超感性的不变的本质——去规定、认识它们是很不充分的,比如用因果范畴来解释任何一种生命或精神现象都是不充分的,因为原因只是一种有限的本质。比如一个人感冒了,医生说原因是受寒了。但受寒是这个人得感冒的充分原因吗? 不是,因为以前同样的寒气同样的衣着他怎么没有感冒? 人们就说还有一个原因是年龄大了,但同样年龄的其他人在这种情况下怎么没感冒? 人们就说因为他免疫力下降了,这才说到点子上,因为免疫力是一种有灵魂有生命的东西,确乎是这种生命能力的强弱决定了一个人会不会得某种病。但免疫力为何会下降? 人们说因为年龄大了,但同样的年龄为何其他人的免疫力没有下降? 人们就说因为他饮食不当,但同样的饮食为何有人的免疫力就不受什么影响? 比如丘吉尔首相一辈子抽烟喝酒且不爱运动,健康地活了近100岁,高血压心脏病等与他无缘,故可知严格说来任何一种生活习惯都不能充分解释任何一种疾病,因为生活习惯只是一种有限的质,而疾病却是无限的生命现象。同样,对免疫力这种有生命的东西,作为一种质的任何有限因素都是不能充分理解解释的,所以说对任何人的任何一种病,严格说来我们都不能说其原因是某种或某些有限的原因所致。生命根本上讲是自己规定自己自己决定自己的东西,一切生命现象如疾病等只能用生命本身去解释。生命和精神的东西是超越了一切质或本质的无限的概念,概念就是能自己否定自己、并且只有通过这种自身否定才能保存和发展自己的无限物,而一切质或本质的东西都是有限物,都没有自身否定的能力,只有等待他物来否定,并且必然会被他物否定。如果大家对黑格尔所说的概念这个东西很陌生的话,只要明白发展是怎么回事就行了。发展就是籍绝对的自身否定而达到绝对的自身肯定,而只有生命和精神才有发展,这只是因为,无限的概念是一切生命和精神东西的灵魂,发展的概念就是概念本身。

"譬如,如果我们考察构成心理学研究对象的主观精神,我们诚然可以说,普通所谓〔道德上或心灵上〕的品格,其在逻辑上的意义相当于此处所谓质。但这并不是说,品格是弥漫灵魂并且与灵魂直接同一的规定性,像刚才所说的诸原素在自然中那样"。

主观精神就是作为个体的人的精神。"刚才所说的诸原素"就是上面举例说的氧气氮气之类。无机物等有限物是可以被某些有限的质或本质东西充分规定的,任何有限物都是被某种或某些质或本质弥漫渗透充满的,但对真正精神的东西这种事情就不存在。心灵或道德品格如幽默、勇敢、机智、恐惧之类是主观精神领域的有限的质,但一个真正的个体精神或灵魂其内容无限地超出一切品格,因为心灵或精神的品格也只是有限的质或本质,而心灵或精神本身是无限的概念。有句话说人是不能打标签的,就是这个意思。

"但即在心灵中,质也有较显著的表现:即如当心灵陷于不自由及病态的状况之时,特别是当感情激动并且达到了疯狂的程度时,就有这种情形。一个发狂的人,他的意识完全为猜忌、恐惧种种情感所浸透,我们很可以正确地说,他的意识可以规定为'质'"。

陷入极度偏执的人同疯狂的人一样,其精神完全被某一有限的质所浸透,其灵魂或精神就可以规定为"质"。显然,这是精神的极度病态,所以说是精神病。精神病患者不是真实的精神,亦可说其精神已经死了。真实的精神是自由的无限的概念,不可能被一有限的质或本质充分规定,不可能陷入某一有限的质中而无能自拔。顺便说一句,理性程度越高,人的精神的自由程度就越高,陷入精神的偏执病态的程度或可能性就越低。原始人按今天的标准几乎都是种种精神病患者,因为原始人的精神极度缺乏理性,而真正的理性就是概念,理性精神就是自由精神,不自由的人就是精神束缚在某些有限的质中无能自拔的人。

§91

【正文】质,作为存在着的规定性,相对于包括在其中但又和它有差别的否定性而言,就是实在性。否定性不再是抽象的虚无,而是一种定在和某物。否定性只是定在的一种形式,一种异在(Anderssein)。这种异在既然是质的自身规定,而最初又与质有差别,所以质就是为他存在(Sein-für-anderes),亦即定在或某物的扩展。质的存在本身,就其对他物或异在的联系而言,就是自在存在(Ansichsein)。

【解说】实在性指规定了的肯定的实在,其规定性是规定了的直接的质,这种具体规定了的直接的质就是在自身中包含有否定性或无的有或存在,这就是定在或某物。定在或某物是包含有否定性或无的,这一否定性或无已不是抽象的虚无亦即那空无规定的纯无,而是具体规定了的。这一具体规定了的无首先是内在于定在本身中,成为定在的规定性或质中的一个环节。在定在本身中的无是内在的并扬弃了的,所以说定在本身首先是有与无的统一实现在有的形式中,这一有的形式就是这里所说的实在性,在这一肯定的实在中无或否定性是隐藏着的,仅是内在的,尚未显现或实现出来。但否定性或无并不仅是内在于定在本身中,定在本身所是的有与无的统一对无或否定性的扬弃只是直接的,所以是外在的,故远不是充分的。故这一否定性或无的环节又在定在本身之外构成对它的否定。当然作为对定在本身的外在否定的无亦是规定了的,亦是一种有与无的规定了的统一,可以说是有与无的统一实现在无的形式中。但这个"无"的意思是指定在本身外在的否定方面,它本身亦是一肯定的实在,"是一种定在和某物",这就是这里所说的,"否定性只是定在的一种形式,一种异在",异在就是在定在本身之外作为它的否定方面的那个定在。如果说定在本身是某物,作为它的否定方面的异在就是作为他物的定在。当然这个他物也是一某物,它有它的他物,某物与他物的区别完全是相对的。

"这种异在既然是质的自身规定",这里"自身规定"原文是 eigene Bestimmung,梁译本译为"固有规定"更准确。异在是质的固有规定,亦即是定在本身的固有规定,因为定在本身与其规定性是完全同一的。定在本身依其概念就有另一定在在它之外作为它的否定方面或异在,这是上面已充分阐明的。"这种异在既然是质的固有规定,而最初又与质有差别,所以质就是为他存在,亦即定在或某物的扩展"。规定了的质或定在本身依其概念就有另一质或定在在它之外与它对立,所以说根本上讲定在本身或质不是自为存在,而是为他存在,根本上是被在它之外的另一定在或他物规定的,必然会过渡为他物。显然,定在或直接的质的否定性环节首先并不是异在或他物这个环节,因为异在或他物本身亦是一肯定的实在或定在,而是定在的为他存在这一环节,亦即定在向他物的过渡这一环节。

"质的存在本身,就其对他物或异在的联系而言,就是自在存在"。这句话贺译本错误,梁译本对。梁译本是"质的存在本身相对于这种与他物的联系而言,就是自在存在"。质的存在亦即定在本身是有某种内在性或自身统一性的东西,同时是一直接存在,所以说是一种自在存在。但这种自身统一性是相当有限的,这种自身统一性所是的自在存在仅是直接的,它并不是那种扬弃了一切直接性外在性的自身同一性,这种自身同一性只有本质论阶段的诸本质才有,故与他物的联系才是定在的更高方面。一般说来"联系"是一种反映或映现关系,但这里所说的联系并不只是一种与他物的反映或映现关系,而亦是一直接存在,作为一直接存在的为他存在或与他物的联系就必然是变,是变为他物或过渡为他物,定在的概念决定了它必然会变为他物。

【正文】附释:一切规定性的基础都是否定(有如斯宾诺莎所说:"一切规定都是否定")。缺乏思想的人总以为特定的事物只是肯定的,并且坚持特定的事物只属于存在的形式之下。但是有了单纯的"存在",事情并不是就完结了,因为我们在前面已经看到,单纯的存在乃是纯全的空虚,同时又是不安定的。此外,如果象这里所提及的那样,把作为特定存在的定在与抽象的存在混淆起来,虽也有正确之处,那就是因为在定在中所包含的否定成分,最初好象只是隐伏着的。只有后来在自为存在的阶段,才开始自由地出现,达到它应有的地位。

【解说】据学者考证,斯宾诺莎的原话是"规定都是否定",而非"一切规定都是否定"。又,斯宾诺莎的"规定都是否定"并无辩证法意义,而是一种无思想的抽象形而上学,与黑格尔这里的理解差异颇大①。斯宾诺莎的这句话是说其哲学的最高概念:神或实体的。斯宾诺莎说神有无限多的属性,每一个属性都是无限的,但人的理性只能认识其中的两个属性:思想和广延。显然,作为神的属性的思想和广延都是无限的,故不可认为神在思想和广延这两个属性方面是规定了的,因为这样一来神就是一有限的思想东西和广延东西了。比如不可说神在广延方面是一立方体,因为立方体这一规定了的广延完全是有限的;说神在广延方面是立方体,就蕴含着神在广延方面不是圆的,不是三角形,等等,广延方面的其他规定性神就完全没有了,神在广延方面就是完全有限而非无限的了,因为规定就是否定,某个东西在某一方面被具体规定了,这就意谓着这一方面的其他规定性这个东西皆是没有的,这个东西在这一方面就被认为是绝对有限的了。有限物就是如此,有限物在一切方面都是规定了的,故在一切方面都是有限的。但神或实体在一切方面都是无限的,故神在一切方面都是未规定的。显然,斯宾诺莎对无限实体的这一认识及他的"规定就是否定"的命题毫无辩证法意义,是毫无思想的抽象的形而上学。斯宾诺莎的这一认识把本具有最高最丰富的内容或规定的无限实体弄成了空无任何内容的虚无,他不懂真正的无限既是有限又是无限,不知道真正的无限不是没有规定不受规定,而是自身规定,不知道真实的无限是自己赋予自己以有限的规定,但不会停留在现有的有限规定中而必然会超越它们。斯宾诺莎的实体是一内涵很高的无限概念,但我们应把这一客观概念与斯宾诺莎对它的认识区别开,斯宾诺莎对无限实体的某些认识是没什么价值的。芝诺悖论亦是如此。芝诺悖论事实上揭示了量的概念的辩证法,故在哲学史上意义巨大,但芝诺对运动和量的某些认识却是无思想的,比如他割裂一和多、他不知道运动和量是无限超越了一和多的,等等②。

由上述讨论可知,对"一切规定都是否定"这句话我们应当完全抛开斯宾诺莎、完全把它当作黑格尔的思想去理解。这是一伟大命题,它不仅对定在这一概念成立,它对逻辑学各阶段的所有概念都成立。这一命题不仅道出了规定的辩证法,也是否定的辩证法。这一命题的内涵极其丰富,蕴含着极多东西:一切规定都

---

① 具体见洪汉鼎《斯宾诺莎哲学研究》附录二。人民出版社,1993。

② 拙著《思辨的希腊哲学史(一):前智者派哲学》(人民日报出版社)对芝诺悖论有详细透彻的考察,可以参阅。

来自否定或否定之否定,因为真正的否定总是具体的,总是会产生另一规定或他物的;一切规定都在自身中包含了否定性,规定性总是连同着否定性;一切规定性中的否定性不仅仅是内在或潜在的,亦是现实的;不仅仅是静态的,亦是动态的能动的,故任何规定都有它的对立方面,一切规定与它的否定方面都是不能分离的,都会变为、过渡为或发展为另一规定,这就是规定的辩证法,规定的辩证法就是否定的辩证法。

　　这段话的前半部分意思甚明,前面已经说过,无需赘言。下面看后半部分:"此外,如果象这里所提及的那样,把作为特定存在的定在与抽象的存在混淆起来,虽也有正确之处,那就是因为在定在中所包含的否定成分,最初好象只是隐伏着的。只有后来在自为存在的阶段,才开始自由地出现,达到它应有的地位"。这里所谓"抽象的存在"指人们对存在(物)的那一抽象的常识见解:一切存在都是不变的,都是能保持自身的。黑格尔这里说,认直接的质的存在亦即定在是不变的,能保持自身的,这一认识也有某种正确的地方,因为定在本身毕竟有某种程度的自身统一性,故它并不是刹那生灭瞬息万变,而是能在一定程度上保持自身,这是因为内在于定在中的否定性最初好像是潜伏的,不起作用。但应知,内在于定在中的否定性不仅是内在的,更是直接的和绝对的,故定在必然会被否定而向他物过渡。所以说定在必然会变为他物,早晚会变为他物。定在必然会变,它保持不住自身,这与自为存在、与否定性自由地出现有何关系? 何谓否定性自由地出现? 自为存在是紧挨着定在之后出现的概念,是定在的真理,它是第一个摆脱了变化的能保持自身的东西,希腊原子论所说的原子、爱利亚派所说的"一"和"多"中的一,都是自为存在。自为的意思就是为自身,它的对立面是为他存在。为他存在的最基本意义就是受他物限制或规定,必然会过渡为他物,亦即必然会变,这个他物就是在定在那里的否定性环节的直接的或外在的存在。定在所以说是这种为他存在,是因为其否定性在它之外,或者说定在的否定性环节不是来自自身而是来自他物。自为存在所以摆脱了变,不是因为在它那里没有否定性,而是:在自为存在那里的否定性环节并非来自他物,而是来自自身,就是说自为存在的否定性乃是自己否定自己,这就是自由的否定性,就是黑格尔所说的否定性自由地出现。显然,所谓自由的否定性,所谓否定性自由地出现,与§88[说明](4)最后间接提到的对立被建立在统一中是一个意思。自由不是没有规定没有否定,自由是自身规定亦即自身否定,是自己规定自己或者说自己否定自己,一切能保持自身的东西保持自身的能力都来自这一点:它是自由的否定性,是自身否定。当然,定在之后的那个自为存在是所有自为存在中最抽象的,它只是直接的——因而是外在的,仅仅自在的——自为存在,还不是绝对的自为存在。生命和精神(如人的理性认识能力)是绝对的自为存在①。如此可知,黑格尔这段话乃是说,真正能保持自身的东西是从定在之后的自为存在开始的,定在只仿佛是一种能保持自身的肯定东西罢了,因为在定在那里的否定性还不是自由的,亦即不是自为的,自为或自由的否定性是在定在之后的那最抽象的自为存在那里才开始有的,故真正的能保持自身的肯定东西也是从这种自为存在开始的。这段话最后说,否定性自由地出现乃是否定性达到它应有的地位,这乃是说,否定性的理想或概念乃是自己否定自己这种自由的否定性,在变易和定在中的那种为他的不自由的否定性则尚未达到其理想或概念。在黑格尔那里,理想并非是与现实对立的东西,真正的理想必然具有现实性。这一点与黑格尔区别现实与现存有关,这在导言§6中已经说过了。真正的理想是具有现实性的,这就意味着,自由的否定性才是现实的否定性。自巴门尼德开始,有理性的人都认为变化的东西是不真实的,真实的或现实的东西是不变的,而不变性来自自由的否定性,所以说自由的否定性才是真实的现实的否定性,变化则是不够真的低级的否定性的表现。这不是说那些具有自由的否定性因而能保持自身的东西会免于变化,而是:它们能在自身内扬弃、超越其变化。

【正文】假如我们进而将"定在"当作存在着的规定性,那末我们就可以得到人们所了解的实在。譬如,我们常说到一个计划或一个目标的实在,意思是指这个计划或目标不只是内在的主观的观念,而且是实现于某时某地的定在。在同样意义之下,我们也可以说,肉体是灵魂的实在,法权是自由的实在,或普遍地说,世界是神圣理念的实在。此外我们还用实在一词来表示另外一种意思,即用来指谓一物遵循它的本性或概念而活动。譬如,当我们说:"这是一真正的〔或实在的〕事业",或"这是一真正的〔或实在的〕人"。这里"真正"〔或实在〕并不指直接的外表存在,而是指一个存在符合其概念。照这样来理解,则实在性便不致再与理想性不同了。这里所说的理想性立刻就会以"自为存在"(Fürsichsein)的形式为我们所熟识。

【解说】定在是一直接的存在,是直接存在的规定性,所以定在是一种实在或实存。当然,活的肉体亦是一种实在,自由的法权——亦即现实的有法律保障的自由的权利——则是精神领域中的实在。但活的肉体与自由的法权这两种实在与定在这种实在大为不同,因为前者具有理想性,后者不具有理想性。当然定在亦是一种概念的实存,这概念就是直接的质,只是这个概念太抽象,不具有理想性。具有理想性的概念叫作理念(当然不是柏拉图的理念),理念才是真正的理

---

① 直接的自为存在有何缺点? 后面会说。

想。真正的理想不仅仅是（主观的）理想,亦是现实。不具有现实性的理想不是真正的理想,只是一抽象观念罢了。真正的理想或理念是在自身中包含客观性的概念,理念自身就是其与客观性或实存的统一,故理念这种真正的理想必然会过渡为客观实存,是具有理想性的实存。生命与自由的精神——即这里所说的自由的法权,亦可说是自由的伦理生活——就是最常见的两种合乎理想的实在。活的肉体的理想或概念就是灵魂,而自由的法权的理想或概念则是自由的概念,亦即意志的概念,一种欲求认识和实现自身的无限的冲动。灵魂作为生命的概念本身不是实存,但它必然会超出自身成为一种实存,这种实存完全为灵魂所规定和渗透,成为灵魂的定在,这一定在就是活的肉体,生命就是灵魂与肉体的统一,死亡则是灵魂与肉体的分离。与灵魂分离的肉体不再是真的肉体,而开始腐烂变质成为低级的实存,乃至成为无机物,而与肉体分离的灵魂则回到它的概念中,不再是真实具体的灵魂。同样,自由意志的概念本身不是实存,但它必然成为一种实存,这就是自由的法权。今天的人很少谈灵魂了。这里所说的灵魂没有任何神秘意义,完全是个理性概念,甚至可说是个科学概念,是个生物学概念。作为理性和科学概念的灵魂是亚里士多德第一次充分把握的,亚氏籍营养灵魂、运动灵魂、感觉灵魂等概念把无机自然与生命、生命中的植物与动物客观地区别开,生物学植物学动物学等生命科学由此诞生。如果说灵魂一词尚有表象意谓的话,那么我们可以用生命理念这个词来表述灵魂的内容或概念,《逻辑学》用的就是这个词。至于自由意志的概念,其纯粹内容首先是《逻辑学》临到最后时所说的善的理念。灵魂和自由意志的概念都是理念,而理念是概念与客观性的统一,故生命理念与善的理念必然会过渡为相应的实存,并且是理想的实存。

一切理想都是自为存在,都是具有自身规定亦即自身否定的能力。最抽象的理想亦即最抽象的自为存在就是定在概念之后的自为存在这个东西,爱利亚派所说的一和多（虽说他们否定多）中的“一”,古代原子论者所说的原子,就是哲学所认识到的最早最抽象的一种理想存在。

“世界是神圣理念的实在”。世界就是自然和精神这两大宇宙,神圣理念就是逻辑学的全体和完成:绝对理念,其表象就是基督教的上帝。《逻辑学》最后绝对理念过渡为自然这一实在,亦即把自己直观为自然这一外在的实存着的理念。自然的发展最后会过渡为精神这种实在,精神是能意识到自身、并在这一意识或知中发展和实现自身的绝对理念。所以说自然和精神是绝对理念的实在或定在,在表象上这就是上帝从无中创造世界的信仰。

“一真正的〔或实在的〕事业,一真正的〔或实在的〕人”,方括号里面的字是译者加的。所谓实在的人可不是中国人所说的实在人。中国人所说的实在人是指处处讲实际和实用的人,这里所说的实在的人,实在是客观唯心主义所说的实在,即合乎理想,真正的或实在的就是合乎理想的:合乎真、善、美的理想,合乎人的理想,而人的理想,真善美的理想,实际是一个东西:自由的理想亦即自由的概念。比如,在古代世界,希腊人就是合乎——至少是最接近——理想的人;在近代,新教徒则是合乎——至少是最接近——理想的人,因为无论是古代的希腊人还是近代的新教徒,都对真善美的理想、人的理想有较充分的认识,而真的理想是有客观性的,古希腊人和新教徒的生活都是为这一理想所客观规定了的。

§92

【正文】(β)离开了规定性而坚持自身的存在,即"自在存在"(Ansichsein),这只会是对存在的空洞抽象。在"定在"里,规定性和存在是一回事,但同时就规定性被设定为否定性而言,它就是一种限度、界限。所以异在并不是定在之外的一种不相干的东西,而是定在的固有成分。某物由于它自己的质:第一是有限的,第二是变化的,因此有限性与变化性即属于某物的存在。

【解说】这段正文的第一句话是有问题的,不是翻译有问题,而是原文有问题。现在暂不考虑原文的问题来解说这段正文。定在是一种自在存在。但如此看待定在时,是不考虑定在的规定性的。定在的规定性是直接的规定性,故是免不了变,这样定在就是为他存在,必然会变为他物,所以说只有把定在的否定方面抽象掉,定在才显得是一种自在存在。但定在的否定性与规定性是直接同一的,拿掉定在的否定性,就是拿掉定在的规定性。没有规定性的存在当然是一种空洞的抽象,所谓"对存在的空洞抽象"就是指拿掉定在的规定性,只剩下一个空洞的抽象的自在存在,所以说定在的自在存在是一种抽象,这种抽象没有看到定在的规定性与其否定性是一回事,没有看到定在由于其规定性的否定性因而亦是为他存在。

以上解说实际已经暴露了原文的问题了。把定在看作是免于变化的自在存在,这来自把定在的规定性的否定方面抽象掉,而并非来自把定在的规定性抽象掉。诚然定在的规定性与其否定性是一回事,但认定在是免于变化的自在存在这一见解正来自把定在的规定性与其否定性人为分离这一错误的抽象,这一抽象保留了定在的规定性而丢掉了这一规定性的否定性。所以第一句话应为"离开了规定性的否定性而坚持自身的存在,即'自在存在'",这样也才与上一节(§91)正文的意思一致。上一节正文是说,定在的实在性亦即定在的自在存在来自相对于定在的否定方面的定在的规定性,亦即,定在的自在存在来自把其否定方面抽象掉之后的定在的规定性本身。本节第一句话原文是"Das von der Bestimmtheit als unterschieden festgehaltene Sein, das Ansichsein"，贺译本和梁译本的翻译大同小异，都是正确的，但与上一节的意思完全不一致，而这两节的内容是紧密相连的。我认为黑格尔这里明显是犯了粗心的错误。顺便说一句，薛译本把这句话译为"这种作为有别的而被固持于规定性的存在，这种自在存在"。薛译本的翻译作为中文比较别扭，但意思大体可以明白。这一翻译倒是与上一节正文的意思一致，但与黑格尔的原文意思不同。薛华先生这里是不是意识到原文有问题，因为与上一节不一致，而有意在译文中做了改正，就不得而知了。

下面看这段正文下面的话。"在'定在'里，规定性和存在是一回事，但同时就规定性被设定为否定性而言，它就是一种限度、界限"。定在的规定性在自身内具有否定的方面，这种否定还是直接的，故是外在的。这种否定性在定在的规定性中就表现或实现为界限。界限是一种区别，但区别未必是界限。大致说来，诸自为存在之间的区别不是界限，比如，这个 1 和那个 1 有别，这个区别不是界限。这两个 1 固然相等，亦即有同一性，但毕竟是不同的 1，它们作为不同的 1 的区别就不是界限。界限乃是自在存在与为他存在的直接同一，是在某物那里的他物，界限既是某物开始成为某物的地方，也是某物开始丧失自身向他物过渡的地方。比如，水和冰的区别就是一种界限，这个界限在正常大气压下就是 0℃，0℃ 既是水开始成为水的地方，也是水开始丧失自己的质开始变成冰的地方。在真正的自为存在亦即无限的东西那里，为他存在（比如变化、变为他物）绝对地扬弃了，所以说在真正的自为存在那里，由于它的自在存在是由其自为存在建立的，所以其自在存在是没有界限的，亦即界限在这里完全被扬弃或超越了。一般说来，有限物才可能有界限，无限物没有界限。比如真正的个别性东西如生命个体，生命个体的自在存在由于是其自为存在建立的，故超越一切有限的规定性，所以它是没有界限的，亦即不同的生命个体的区别就不是界限。比如，张三和李四的区别就是无限的区别，这一区别不是界限。张三不会因为头发变白了，或是个子长高了，或是变胖了，张三就不是张三而变成李四了。头发的颜色、身高、体重等都是有限的规定性，而张三作为一生命个体固然有诸多有限的规定性，但张三作为一无限物，作为无限的个体性东西，是完全超越了他的这些有限规定的，这些有限规定不可能构成张三与其他东西其他个体的区别或界限，张三与其他东西其他个体的区别是无限的区别，这种区别不是界限。不仅真正的自为存在或无限物的区别不是界限，被抽象反思孤立和固定起来的抽象本质彼此间也没有界限，比如作为抽象的观念物的红本身绿本身这些抽象共相，它们之间当然有区别，但这种区别不是界限。实存的有限物才有界限，或者说这种有限物的区别才是界限。但实存着的有限物如果不是定在,亦即这种有限物的规定性超越了直接的质,那么其规定性和界限是有区别的,其规定性有界限,但规定性本身不是界限,是超出界限的。比如上面所说的水和冰的区别或界限,在这里水和冰不是作为定在而是作为尺度而有区别。尺度的规定性不是直接的质,尺度的规定性有一个量的幅度,只是在这一幅度的边缘,规定性才成为界限,比如水的规定性:温度在 0℃ 才是界限,是水与冰的界限,0℃ 以上 100℃ 以下,温度作为水的规定性就不是界限,就不构成水与其他东西的区别。但定在的规定性是直接的质。直接的质固然是有中介的,但这个中介不是任何规定性,而只是纯有纯无这种绝对空虚的东西,所以直接的质这种规定性就没有内涵或深度,或者说直接的质这种规定性由于是最初的直接东西,是没有内涵或深度的,这使得直接的质自身就是界限,就是自在存在与为他存在的同一性,亦即界限与直接的质或定在是完全同一的,亦可说界限充满了定在或定在的规定性。这个界限既是作为某物的定在开始成为某物的地方,亦是其开始丧失自身变为他物的地方。故可知定在既是直接的自在存在又是直接的为他存在,所以说是某物变为他物而他物变为他物的他物这种无休止的变化。

这段正文的其他部分,前面已反复阐明,这里无须赘言。

【正文】附释:在定在里,否定性和存在仍是直接同一的,这个否定性就是我们所说的限度。某物之所以为某物,只是由于它的限度,只是在它的限度之内。所以我们不能将限度认作只是外在于定在,毋宁应说,限度却贯穿于全部限有。认限度是定在的一个单纯外在规定的看法,乃基于混淆了量的限度与质的限度的区别。这里我们所说的本来是质的限度。譬如,我们看见一块地,三亩大,这就是它的量的限度。但此外这块地也许是一草地,而不是森林或池子,这就是它的质的限度。——一个人想要成为真正的人,他必须是一个特定的存在〔存在在那里 dasein〕,为达此目的,他必须限制他自己。凡是厌烦有限的人,决不能达到现实,而只是沉溺于抽象之中,消沉暗淡,以终其身。

【解说】这段文字的意思大都是前面说过的。"在定在里,否定性和存在仍是直接同一的,这个否定性就是我们所说的限度",亦即界限。"某物之所以为某物,只是由于它的限度,只是在它的限度之内"。由于定在的规定性与否定性直接同一,所以定在的规定性与其界限直接同一,所以说某物之为某物只是由于它的规定性,与说某物之为某物只是由于它的界限,二者是一回事。"我们不能将限度认作只是外在于定在,毋宁应说,限度却贯穿于全部限有",亦即定在的存在亦即定在的规定性被界限充满,与界限直接同一,它并无超出界限与界限不相干的内涵或自在存在,所以说限度或界限不是"定在的一个单纯外在规定"。只是一个单纯外在规定的界限这种东西是有的,这种界限是与质或本质的规定性不相干的量的界限,定在的界限不是量的而是质的界限。"认限度是定在的一个单纯外在规定的看法,乃基于混淆了量的限度与质的限度的区别"。量的界限是与质或本质的规定性不相干的东西,比如三亩大的一块地,一块地首先是质,三亩大是这个质的东西的量的规定性,在这里量的规定性与质是不相干的,故量的规定性的界限与质亦是不相干的。三亩大的一块地,这块地的四周边缘是其量的规定性的界限,但不是这块地之为这块地的质的界限。这块地的量突破了它的界限,变成四亩大或两亩大,都不影响这块地之为这块地的质或存在。除了量的界限与质的界限外,还有一种界限:尺度的界限,对此我们前面已经说过了。

"这块地也许是一草地,而不是森林或池子,这就是它的质的限度"。草地、森林、池子亦即水池都是质。如果我们不考虑尺度的话,那么质的规定性的界限与规定性本身、与质的东西的存在是直接同一的,这块地要么是草地、要么是耕地、要么是一片森林,质本身就是质的界限。

"一个人想要成为真正的人,他必须是一个特定的存在〔存在在那里 dasein〕,为达此目的,他必须限制他自己"。实在是有限,定在是有限,真正的人是理想的人,但真正的理想是有现实性的,所以真正的人也是现实的人。真正的现实由于来自真正的理想,而真正的理想是无限,真的无限在自身中包含有限,同时亦超越了有限,这才是理想的真正的无限性,所以真正的理想的人一定是在某一或某些有限领域活动的人,其成就也是某一有限领域的成就。但这一有限作为真的有限是来自无限的,自在地是受无限或理想规定的,所以他在这一有限领域中的有限成就可以是有无限性的。比如科学家的某一科学成就,这一成就是有限的,但只要这门科学是客观的真的科学,这门科学一定是来自客观的无限的理念,比如任何一门真的自然科学都是无限的自然理念——此即作为绝对理念的他在的自然的概念——中的一个领域,自在地是被无限的理念规定了的,这门科学中的任何一具体东西具体成就也一定是被无限的理念自在地规定了的,所以科学家可以籍某一有限的科学成就而达到永恒。大部分人不是科学家艺术家哲学家,不会在任何领域有杰出成就,但这丝毫不影响人们可以在有限的职业活动中达到无限或永恒。新教徒就是如此,新教精神实现了无限与有限、理想与现实、永恒与当下的彻底统一,任何一个人都可以藉着新教信仰而在其有限的生命有限的职业活动中达到这种统一。

"凡是厌烦有限的人,决不能达到现实,而只是沉溺于抽象之中,消沉暗淡,以终其身"。这句话当然是普遍真理,但也是有所指的,是在批评东方宗教尤其是佛教对理想和无限的认识。以佛教为代表的东方宗教停留在抽象中,不知道真的无限在自身中包含有限,真的有限同时是超出自己的有限性而与无限相同一的。单纯的有限不是真理,不具有理想性,但与有限割裂的无限或与现实隔离的理想不是真正的无限和理想。如黑格尔所言,与有限只是对立亦即只是在有限之外的无限,由于有限物在它之外构成对它的限制,这种无限只是绝对的有限,甚至是绝对的空虚,因为它缺乏内容,而内容首先是有限。佛教等东方宗教不懂上面所言的有限与无限理想与现实的真理,无思想地割裂有限与无限、理想与现实,其所追求的理想或无限如涅槃、梵我合一、天人合一之类就只能是绝对的抽象和空虚。

【正文】如果我们试进一步细究限度的意义,那末我们便可见到限度包含有矛盾在内,因而表明它自身是辩证的。一方面限度构成限有或定在的实在性,另一方面限度又是定在的否定。但此外限度作为某物的否定,并不是一个抽象的虚无,而是一个存在着的虚无,或我们所谓“别物”。假定有某物于此,则立即有别物随之。我们知道,不仅有某物,而且也还有别物。但我们不可离开别物而思考某物,而且别物也并不是我们只用脱离某物的方式所能找到的东西,相反,某物潜在地即是其自身的别物,某物的限度客观化于别物中。如果我们试问某物与别物之间的区别,就会见到两者是同一的,两者之间的这种同一性,在拉丁文便用 aliud - aliud〔彼—此〕来表示。与某物相对立的别物,其本身亦是一某物。所以我们常常说:“某种别的东西”;同样,反过来说,那最初的某物与被认作和某物特定的别物相对立,其本身也同样是一别物。

【解说】这一段的意思都是前面说过的。定在的界限或限度既是定在的肯定规定也是对定在的否定,因为定在的规定性与否定性是直接同一的。由于规定性与否定性的直接同一,故这一否定性亦是外在的否定性,这就是某物之外的他物,他物是定在的界限的客观化,因为定在的界限就是定在的否定性,他物作为定在中的否定性环节的客观实现同一地亦是定在的界限的客观实现。

【正文】当我们说“某种别的东西”时,我们最初总以为某物单就它本身而论,只是某物,它具有别物的规定,只是通过一种单纯外在的看法加上给它的。譬如,我们以为月亮是太阳以外的别物,即使没有太阳,月亮仍然一样地存在。但真正讲来,月亮(就其为某物言)具有它的别物于其自身,而它的别物就构成它的有限性。柏拉图说过:神从“其一”与“其他”的本性以造成这个世界;神把两者合拢在一起之后,便据以造成第三种东西,这第三种东西便具有其一与其他的本性。——柏拉图这些话已一般地道出有限事物的本性了。有限事物作为某物,并不是与别物毫不相干地对峙着的,而是潜在地就是它自己的别物,因而引起自身的变化。在变化中即表现出定在固有的内在矛盾。内在矛盾驱迫着定在不断地超出自己。据一般表象的看法,定在似乎最初即是一简单的肯定的某物,同时静止地保持在它的界限之内。我们诚然也知道,一切有限之物(有限之物即是定在)

215

皆免不了变化。但定在的这种变化，从表象的观点看来，只是一单纯的可能性，而这可能性的实现并不基于定在自己本身。但事实上，变化即包含在定在的概念自身之内，而变化只不过是定在的潜在本性的表现罢了。有生者必有死，简单的原因即由于生命本身即包含有死亡的种子。

【解说】这一段的意思也都是前面说过的。黑格尔这里以月亮和太阳为例来说明某物与他物的不可分离的关系，这个例子易引起误会，故需要解释一下。黑格尔在《自然哲学》中认为理性能证明太阳和月亮是不可分离的，有太阳必有月亮①。黑格尔的这一说法和这一证明都是错误的。黑格尔的《自然哲学》原则上讲是有真理性的，但在《自然哲学》中黑格尔经常犯以哲学思辨取代作为经验科学的自然科学的错误。黑格尔为何会犯这种错误，前面在对导言§16〔说明〕的解说中已经说过，这里无须赘言。现代天文学对月球起源的研究尚无最终定论，但大体已经确定，太阳系有月亮是偶然的，月亮的存在与否不影响太阳和太阳系的存在。当然，月亮如果不存在，太阳系的面貌尤其是地球的面貌会大不相同；这就意味着，太阳系和地球今天的状况在很大程度上是偶然的。月亮的存在与否在理性看来是偶然的，但从《圣经》启示出发的神学却能证明月亮的存在及今天地球的如此状况是必然的，当然这已不是理性的事了。

不仅月亮的存在是偶然的，任何一个有限物的存在都是偶然的。纯粹理性只能证明，有物存在是必然的，作为全体的自然的存在是必然的，不变的自然法则的存在是必然的，生命存在是必然的，精神的存在是必然的。但任何一个有限物、任何一个生命个体、任何一个人的存在都是偶然的。与黑格尔同时期的克鲁格教授对黑格尔哲学的思辨推演很不以为然，曾要求思辨哲学把他手上拿着的那支笔推演出来，因而遭到黑格尔的嘲笑（《自然哲学》§250注释）。纯粹理性承认偶然性，但不承认有绝对的偶然性。所谓绝对的偶然性是指完全不受理性的普遍性必然性支配的偶然性，偶然性总是被普遍性必然性扬弃了的，是为普遍性必然性而存在的，正如无生命的东西是被生命和精神所扬弃、为生命和精神而存在一样。克鲁格先生某一时刻手中是否有一支笔、那支笔是否是某一特定的笔，这都是偶然的，甚至克鲁格先生本人的存在都是偶然的。但使得克鲁格先生手中的那支笔得以被制造出来的前提：诸多必然的自然法则的存在是必然的，那支笔及所有的笔都是为精神的东西而存在，故不是那支笔拿着克鲁格先生，而是克鲁格先生拿着那支笔，这亦是必然的。

明白了以上所言，对黑格尔这里举的月亮与太阳的例子我们只宜理解为，月

---

① 具体见《自然哲学》103~107页。

亮在这里只是作为某物一般的代表,太阳则是作为某物之外的他物的代表。"月亮(就其为某物言)具有它的别物于其自身",括号中的那个短语证明这一理解符合黑格尔的本意,就是说,这个例子不是想说月亮之外有太阳是必然的,尽管黑格尔的自然哲学(错误地)认可这一点,而是说,某物之外有他物是必然的。

这里提到的柏拉图的话见《蒂迈欧篇》35A～B,原文如下:"我们接下来谈谈造物主造灵魂的方式和所用的材料。造物主用永恒同一的不可分割的存在和变化可分的存在合成一种包容两者的存在。对于同与异,祂以同样的方式合成兼有不可分割和可以分割的同和异,然后将这三者再混合为一体,强使同和异结合起来,尽管异的本性拒绝结合。于是存在和异同结合为一体。"①显然,黑格尔只是对《蒂迈欧篇》这段文字做提纲挈领性的解释而非准确翻译,这个解释是正确的。柏拉图这里是在说宇宙灵魂是怎么造出来的。柏拉图认为宇宙是有灵魂的,灵魂是宇宙的统一性,亦是自身运动的能力。宇宙是有统一性的,宇宙是自身能动运动不息的,宇宙灵魂是宇宙的这两个根本特性的统一。宇宙直接看去是诸相互外在的部分构成的多,但根本上是一,这个"一"作为宇宙的能动的统一性是在自身中包含多的一,这个"一"必分裂自身为多,这就是黑格尔这里说的:"这第三种东西便具有其一与其他的本性"。第三种东西就是作为宇宙的能动的统一性的宇宙灵魂,那绝对的一,它是绝对在先的,在作为多的宇宙之先。其一与其他就是作为多的宇宙的各部分,它们互为他物,互为其一与其他。但这个互为他物的多是观念性的,宇宙诸多部分的相互外在是要被扬弃且已是被扬弃的,这些多的运动变化、某物或某一过渡为他物或其他,就是对这个"多"之不够真的证明,是"多"亦即其一与其他或某物与他物之被作为宇宙灵魂的一所扬弃的证明。这里我们要理解并记住一个真理:理性或真理首先和绝对地是一不是多,首先和绝对地是不变不动而非变化或运动。多、变化、运动是客观的必然的,并不是东方宗教所说的幻象,但它们不够真,它们由那唯一而绝对的一自身否定而来,它们也是要被——且已经被——那绝对的一所扬弃的,运动变化就是它们不够真、被那绝对的一所扬弃的显现和证明,因为一切未扬弃的多、变化、运动都是被某种他物否定或超出,比如机械运动就是由来自他物的否定所致,这种否定在机械力学中就叫力,而一切力都是外力,都是外部作用。所以说某物之外必有他物,不可能只有一没有另一,只有一个定在或某物而没有他物,直接的感性的一只能是多中之一,且这些直接的实在东西必然变化运动不已,某物必过渡为他物。抽象理智当然可以设想宇

---

① 译文取自谢文郁译《蒂迈欧篇》31页。上海世纪出版集团,2003。这段文字的意思可见该书此处的注释。

宙或实在世界只有一个感性物别无其他,可以设想只有一个感性的一而没有另一个"一",亦即只有一没有多,但这只是抽象理智的主观设想,不是客观思想,不是客观的事情本身,所以说是不真的抽象的,须知抽象就是:把真正的客观东西中的某一环节抽象出来孤立看待。

注意,多可以不是直接的亦即感性的多,运动可以不是直接的亦即感性的运动;在超感性的本质领域,直接的感性的多和运动都消失了,那里是本质的或知性的多或运动。我们知道有任意多无限多个本质,比如超感性的不变的自然规律每一个都是不变不动且唯一的本质,但这样的本质东西有很多,甚至可以说有任意多无限多。在超感性的本质或知性领域仍然有运动,当然不是直接的感性的运动,而是诸超感性的本质或思想的运动,是诸本质或思想之间的映现或过渡,《逻辑学》本质论就是考察那些最抽象的本质东西的运动的。理性或真理是一不是多,是不变不动,这对知性或本质领域亦是成立的。当然在存在论阶段,及在《蒂迈欧篇》中,所说的多或运动都是直接的感性的。

"有限事物作为某物,并不是与别物毫不相干地对峙着的,而是潜在地就是它自己的别物,因而引起自身的变化。在变化中即表现出定在固有的内在矛盾。内在矛盾驱迫着定在不断地超出自己。"定在固有的内在矛盾就是:定在在自身中就包含自己的否定方面,定在本身既是与其否定方面的统一,更是自己与其否定方面的矛盾,这个统一和矛盾都是直接的,这一矛盾的解决就是:这一定在之外必有另一定在,某物之外必有他物。由于这一矛盾及矛盾的解决都是直接的,故定在之超出自己亦即向他物过渡亦会直接表现出来,此即:不仅仅是某物之外有他物,而首先是:某物必变为他物。所以说某物变为他物并不是单纯的可能性,而是客观的绝对的必然性,某一定在基于其概念必然会变为另一定在。"变化即包含在定在的概念自身之内,而变化只不过是定在的潜在本性的表现罢了"。定在的潜在本性就是定在的概念,而概念不仅是潜在更是现实,故定在的变化是必然的。

"有生者必有死,简单的原因即由于生命本身即包含有死亡的种子"。由于是在存在论的定在阶段,这里所说的生、生命应该是指一个定在或某物的产生,死则是指一个定在的消亡亦即被否定,死亡的种子就是定在中的否定性环节。但定在的死或消亡乃是向另一定在的过渡,是另一定在的生,故可知有生必有死同一地意味着有死必有生,东方宗教和哲学所说的生死循环生死相依就是这个意思。当然,黑格尔的这句话对个体生命亦是成立的,因为生命不仅仅是普遍性,是种属,亦是个别,并且这一个别还是直接的①,故生命的个别性同时是一有限的直接定

---

① 有永恒的绝对的个别或个体性,绝对理念亦即基督教所说的上帝就是这种个别性。

在,故一切生命个体必然都是既有生又有死。

§93

【正文】某物成为一个别物,而别物自身也是一个某物,因此它也同样成为一个别物,如此递推,以至无限。

【解说】这节意思甚明无须多说。当然,这个无限是坏的无限。

§94

【正文】这种无限是坏的或否定的无限。因为这种无限不是别的东西,只是有限事物的否定,而有限事物仍然重复发生,还是没有被扬弃。换句话说,这种无限只不过表示有限事物应该扬弃罢了。这种无穷进展只是停留在说出有限事物所包含的矛盾,即有限之物既是某物,又是它的别物。这种无限进展乃是互相转化的某物与别物这两个规定彼此交互往复的无穷进展。

【解说】坏的无限又称为否定的无限,或者说是消极的无限,而不是真正的无限。坏的无限只是有限物中的矛盾的暴露而非矛盾的解决,亦即只是有限物的单纯否定,而不是否定之否定。否定之否定才是真理,才是矛盾的解决,否定之否定才是——或才能达到——真无限。坏的无限随处皆是,举目皆是,比如感性世界中有无限多个感性物,这个无限就是坏的无限。自然数亦是一种坏的无限,比如任何一个自然数都有无限多个,自然数的大可以大到无限,这都是坏的无限;常人的空间和时间观念也都是一种坏的无限,所以说空间和时间中的东西不够真。坏的无限不仅感性领域亦即存在论领域有,超感性的本质领域亦有,正如运动和多不仅仅存在于感性领域中。比如一个事情的原因,这个原因本身可以看做是另一原因的结果,对原因的原因还可以找原因,这是可以无限进行下去的,这显然是一种坏的无限。常人的思维只是感性和知性,只是抽象理智,抽象理智只知道坏的无限不知道真无限。坏的无限只是同一个或同一种有限东西的无限重复,坏的无限只是表明有限物应当被超越但还没有被超越。在定在阶段,坏的无限就是某物过渡为他物、他物过渡为他物的他物亦即另一个某物的无限进展,此即某物与他物的坏的无限的循环过渡。

【正文】附释:如果我们将定在的两个环节,某物与别物,分开来看,就可得出下面这样的结果:某物成为一别物,而别物自身又是一某物,这某物自身同样又起变化,如此递进,以至无穷。这种情形从反思的观点看来,似乎已达到很高甚或最高的结果。但类似这样的无穷进展,并不是真正的无限。真正的无限毋宁是"在别物中即是在自己中",或者从过程方面来表述,就是:"在别物中返回到自己"。对于真正无限的概念有一正确的认识,而不单纯滞留在无穷进展的坏的无限中,这具有很大的重要性。

【解说】所谓在别物中即是在自己中,是说一个东西被否定而过渡到他物或自己的否定方面,但它作为自己的否定东西同时仍在自身中,这意味着它的否定性环节完全被扬弃在它自身中了,这又叫作在别物中返回到自己。当然,这一返回自身同一地是把自身提高为一真的无限物,真的无限就是在别物中即是在自己中,这样的自己就是一真的无限物,尽管它同时亦是一有限物,不过是更高领域中的有限物了。坏的无限和真无限也就是无限概念的消极意义和积极意义。无限的消极意义乃是无确定的规定性,即不能明确地说它是什么,亦可说其规定性是未完成的。

举个例子,一道计算题,计算结果是这么一个无限序列之和:$1 + 1/2 + 1/4 + \cdots + 1/2^n + \cdots$,这就是一个没有明确规定的东西,亦即是一个其规定性未完成的东西,是一个坏的无限。由于它缺乏肯定的完成了的规定性,所以这道题做到这就不往下做了,是不会得分的。但我们知道这个无限序列之和其实是有明确的肯定的规定性的,它的规定性是 2。2 是个有限的数目,亦即是一明确规定了的数目。2 本身是有限,但对那个坏的无限序列和来说它就是一真无限,是这个坏的无限的真理。坏的无限亦即消极的无限亦可说是其规定性来自自身外,而非来自自身,亦即是受他物规定。消极的无限由于其规定性来自自身外,它就没有真正的自己或自身,永远是未完成的东西。坏的无限就是这种东西:永远没有完成,永远有待于完成,而这只是因为,它是受他物规定,永远有他物在它之外限制它亦即规定它,使它永远达不到完成,所以说坏的无限与消极的无限是一回事。积极的无限不是没有规定性,而是其规定性来自自身,即自身规定,故是完成了的,是一真的自身。但自身规定就是真无限,积极的无限就是真无限,所以说一切东西只有当它是——或作为——某种真无限时才有真的自己或自身。

还是上面那个例子。$1 + 1/2 + 1/4 + \cdots + 1/2^n + \cdots$,显然它的规定性亦即它的值是不确定的,未完成的,因为你计算这个序列和无论算到哪一项,永远有在已算的项之外的项,所以说这个序列和永远是受他物规定,其规定性永远是未完成的,这就是消极的或恶的无限,二者是一回事。但相对于这一消极的恶的无限,2 就是积极的无限,是真无限。2 形式上看已是一种自身同一,故是完成了的,是一种自身规定,所以说是一种真无限,须知自身同一性已是一种自身规定,虽说数量领域中的自身同一性还是很抽象的,但那一坏的无限序列和连这一抽象的自身同一都没有;相对于那一恶的无限序列和,2本身所是的那抽象的自身同一或自身等同已具有一种抽象的理想性,已是一种抽象的自己或自身,而那一恶的无限序列和连这种抽象的理想性或自身性都未达到。

这个例子可能有点远,因为我们还未达到数和量的概念,那么我们看一个关于定在的恶的无限的例子。比如这个红的东西,它就是一个其规定性未完成的,因而未达到实在的理想,没有真正的自己或自身的恶的无限。你说这个红的东西的规定性是红,但它现在变成一个黄的东西了;在你说它是一个黄的东西时,它变成一个白的东西了。所以说定在作为直接的质的东西其规定永远是未完成的,或者说它的自己或自身永远是不确定的,未完成的,是一种恶的无限。所以说定在就是它的变,它的变属于恶的无限,这就叫未达到理想。一切理想都有一种完成了的确定的规定性,这是因为一切理想的东西都是一种自身规定,所以说理想的东西,自身规定的东西,才是真无限,才是完成了的东西;真无限不是没有规定性(无限的字面意思就是没有规定性),而是:其规定性来自自身。作为直接的质的东西的定在所以说其规定性是未完成的,没有真正的自己或自身,就是因为其规定性来自他物,不是自身规定。定在是直接的质的东西,直接的质就是外在的质,诸直接的质都是彼此外在互为他物的:红(的)在黄(的)之外,白(的)又在红(的)和黄(的)之外。定在是与其规定性直接同一的存在,故定在的规定性变了,定在本身即被否定了;定在的规定性是未完成的,定在本身亦同一地是未完成的。

【正文】当我们谈到空间和时间的无限性时,我们最初所想到的总是那时间的无限延长,空间的无限扩展。譬如我们说,此时——现在——,于是我们便进而超出此时的限度,不断地向前或向后延长。同样,对于空间的看法也是如此。关于空间的无限,许多喜欢自树新说的天文学家曾经提出了不少空洞的宏论。他们常宣称,要思考时间空间的无限性,我们的思维必须穷尽到了至极。无论如何,至少这是对的,我们必须放弃这种无穷地向前进展的思考,但并不是因为作这种思考太崇高了,而是因为这种工作太单调无聊了。置身于思考这种无限进展之所以单调无聊,是因为那是同一事情之无穷的重演。人们先立定一个限度,于是超出了这限度。然后人们又立一限度,从而又一次超出这限度,如此递进,以至无穷。凡此种种,除了表面上的变换外,没有别的了。这种变换从来没有离开有限事物的范围。假如人们以为踏进这种的无限就可从有限中解放出来,那末,事实上只不过是从逃遁中去求解放。但逃遁的人还不是自由的人。在逃遁中,他仍然受他所要逃避之物的限制。

【解说】"无论如何,至少这是对的,我们必须放弃这种无穷地向前进展的思考"。这句话译得不太好,梁译更明白准确:"说我们终究应该放弃这种总是不但进展的考察,这无疑是很正确的"。空间和时间的无限性:空间在长宽高3个方向的无限延伸,时间的向前无限进展及向后无限追溯,是人们最常见到的坏的无限。这种坏的无限的空间或时间只是一种抽象观念,它并不是现实的、客观的时间和空间。这种坏的无限的空间时间源于人们对真实的量真实的空间和时间的无知;由于这种无知,人们把量或空间时间从那事实上与它们不可分离的物理世界亦即种种物质或力中抽象出来孤立看待,由此得到纯粹的——亦即抽象而孤立的——坏的无限的空间和时间表象。当然,这种抽象在量的概念中有其根据。空间和时间是量的概念的一种显现或表象,而量的概念确乎是理念的一个环节。理念或纯粹理性的任何一个环节都可以被孤立出来抽象看待,抽象理智如此看待量及其表象,它对其他概念亦是如此,比如知性的因果概念就被抽象理智孤立出来抽象地绝对地看待,在那些因果概念在其中已失效的领域仍只知道运用因果概念去思维,比如现代的心理学、认识论、社会学、史学研究皆是如此。牛顿力学的空间和时间观念就是这种恶的无限的抽象东西。从爱因斯坦开始物理学摆脱了这一缺点,比如爱因斯坦的引力场方程所描述的宇宙就是空间和时间皆有限的宇宙,他认识到空间时间与物质或力是不可分离的,不真实的恶的无限的空间和时间观念被他超越了。现代物理学告诉我们,空间、时间和物质都是有限的,都是有起源的,它们的产生不超出140亿年。空间和时间是有限的,是有一个从无到有的发生过程的,这是抽象理智无法想象无能理解的。

恶的无限是同一个或同一种有限东西的无休止的重复发生和消亡,没有发展,没有本质上的新东西产生。一个领域丧失真理或达不到真理,就会陷入恶的无限,比如战国以来的中国历史就是如此。战国以来的中国历史没有发展,是如空间般草木般的历史,这种历史的进展就像一年四季的轮回似的,就那点有限东西的生生灭灭。历史是精神的展示,中国历史陷入恶的无限的循环,这乃是汉民族精神丧失真理性的必然表现和证明。

"人们先立定一个限度,于是超出了这限度。然后人们又立一限度,从而又一次超出这限度,如此递进,以至无穷。凡此种种,除了表面上的变换外,没有别的了。这种变换从来没有离开有限事物的范围。"限度就是界限,界限就是某个有限物停止其为自身的地方,是有限物开始过渡为他物的地方,且有限物由其概念所决定必然会被否定,必会成为他物,这个他物是同一水平的有限物的无休止的重复发生。故可知一切界限,不管是主观所立还是属于客观的事情本身,都是要被超出的,界限就是将被超出且必然会被超出的东西。但超出界限并非超出原来的有限物,而是再次落入那同一水平的有限物的范围。

"假如人们以为踏进这种的无限就可从有限中解放出来,那末,事实上只不过是从逃遁中去求解放。但逃遁的人还不是自由的人。在逃遁中,他仍然受他所要逃避之物的限制。"这里实际说了两件事情,一是,恶的无限不是无限,恶的无限乃是陷入同一水平的有限物的无休止的纠缠中,是绝对的有限,故恶的无限绝不是自由;自由乃是摆脱有限物的纠缠而成为自身规定,成为真无限。二是说,恶的无限是有限物自身的矛盾的暴露,而非矛盾的解决。矛盾的解决是超越恶的无限达到真无限。想达到自由必须勇于正视矛盾解决矛盾,而非逃避矛盾,逃避矛盾就是逃避自由,逃避自由就是绝对的不自由,就是陷入恶的无限,永远被无能解决的矛盾所纠缠,永远被有限物所奴役,所以说自由可以逃避,矛盾是逃避不了的。逃避矛盾就是想逃避他对付不了的有限物的奴役或纠缠,这是不可能的。

【正文】此外还有人说,无限是达不到的,这话诚然是完全对的,但只是因为无限这一规定中包含有抽象的否定的东西。哲学从来不与这种空洞的单纯彼岸世界的东西打交道。哲学所从事的,永远是具体的东西,并且是完全现在的东西。——当然有人也这样提出过哲学的课题,说哲学必须解答无限如何会决意使自己从自己本身中迸发出来的问题。这个问题根本上预先假定了有限与无限的凝固对立,只好这样加以答复:这种对立根本就是虚妄的,其实无限永恒地从自身发出来,也永恒地不从自身发出来。如果我们另外说,无限是"非有限",那末就可算得真正道出真理了,因为有限本身既是第一个否定,则"非有限"便是否定之否定,亦即自己与自己同一的否定,因而同时即是真正的肯定。

【解说】"此外还有人说,无限是达不到的,这话诚然是完全对的,但只是因为无限这一规定中包含有抽象的否定的东西。哲学从来不与这种空洞的单纯彼岸世界的东西打交道。"

无限所包含的抽象的否定的东西就是无限这个词的字面意思:没有任何规定性,就是纯粹的虚无。说虚无是抽象的否定的东西,是说虚无是通过把一切实在东西现实东西的一切规定性都抽象掉否定掉才能得到的。哲学的对象是理念,也是现实,因为真正的理念必然是现实的,所以说"哲学从来不与这种空洞的单纯彼岸世界的东西打交道"。注意黑格尔这里把虚无称之为空洞的单纯彼岸世界的东西,这句话是有所指的,它是批评某些人对基督教天国的理解的毫无思想性。圣经中唯一对彼岸天堂的生活有所描述的是最后一篇"启示录"。但读"启示录"会让几乎一切人——包括大部分基督徒——对基督教的天国生活大失所望,因为"启示录"告诉我们,天堂生活的主要内容就是整天赞美上帝。但是稍稍有一些思想的人会不禁认为这样的生活非常贫乏无聊,如此的天堂生活内容太空洞太贫乏了,还不如在尘世间听首小夜曲呢。这并不是说基督教的天堂没有意义,而是说这种对天堂的见解很糟糕。从字面意思看,可以说"启示录"对于无限或真理、对基督教的天国没有真见解,对天堂的认识停留在纯然抽象的否定的水平上。"启示录"所说的天堂把一切确定的规定性全抹掉了,这样的天堂和虚无就没区别了,不会令人向往。圣经中有句话:"字句叫人死,精意叫人活"(《哥林多后书》3:6),这启示我们,对"启示录"所描述的天堂生活不可从字面上去理解。"哲学从来不与这种空洞的单纯彼岸世界的东西打交道"。哲学的对象就是无限,是真无限而非空虚的无限。真无限是在自身中包含着有限的,真无限是有规定性的,不是毫无规定性的虚无。但真无限的规定性来自自身,而非像有限物那样来自他物,并且真无限同时又超出自己的任何有限的规定性,所以说真无限既是有限又是无限。

"哲学所从事的,永远是具体的东西,并且是完全现在的东西"。具体的东西首先是有限。但这个具体的东西同时又是完全现在的东西。完全的现在就是永恒的现在,而只有真正的无限亦即真的理念才是那种既具体或有限、同时又超越一切有限的永恒的现在,哲学的对象就是既具有现实性又具有理想性或超越性的永恒的现在。

"当然有人也这样提出过哲学的课题,说哲学必须解答无限如何会决意使自己从自己本身中迸发出来的问题。这个问题根本上预先假定了有限与无限的凝固对立,只好这样加以答复:这种对立根本就是虚妄的,其实无限永恒地从自身发出来,也永恒地不从自身发出来。"

这里所谓"无限……决意使自己从自己本身中迸发出来",这个自己本身是指与有限只是对立只是相互外在的无限,这种无限是不真的,故黑格尔说"这个问题根本上预先假定了有限与无限的凝固对立,只好这样加以答复:这种对立根本就是虚妄的",在此语境下的这个问题亦是个伪问题。说无限永恒地从自身发出来,是因为真无限是扬弃有限于自身内的,有限从属于无限,所以无限只能出自它自身。但真无限同时又是有限,它自己规定自己为有限,真无限的内容任何时候直接看去皆是有限,所以说无限也永恒地——就是绝对地——不从自身发出来,而是从有限发出这里。但无限同时亦超出自己所有和曾有的任何有限的规定性,故无限并不出自作为有限的自身,所以说"无限绝对地从自身发出来,也绝对地不从自身发出来"。比如,我或我思就是一种真无限,我永远是具体的,我不是在这一行为中就是在那一行为中,不是具有这个想法就是有那个观念,所以说我的内容是有限的。但我是自由的,我不会被限制在任何一有限的行为或观念中,我之为我是永远——亦即绝对地——超出我所有和曾有的任何一有限的行为或观念的,故可知这个无限的自由的我只能是来自作为无限的自由的我自身,而非来自处于某一行为或观念中的我。

"如果我们另外说,无限是'非有限',那末就可算得真正道出真理了,因为有限本身既是第一个否定,则'非有限'便是否定之否定,亦即自己与自己同一的否定,因而同时即是真正的肯定。"

"无限是'非有限'",这是一个不定判断。不定判断不是否定判断,"无限是'非有限'"与"无限不是有限"这个否定判断不是一回事。"有限本身既是第一个否定",这第一个否定否定的是无限,因为真无限是自身否定,它最初——注意不是时间意义的——是尚未实现的潜能,可以说是无。但这个尚是无的潜能必将否定自己,让自己进入一具体实在,成为现实,成为一规定了的有限,所以说有限来自无限对自身的第一个否定。但无限毕竟是超出有限的,它必然会否定自己曾有或现有的任何有限的规定性,所以说无限是"非有限",这是第二个否定,是否定之否定。自己与自己同一的否定乃是说否定来自自身,被否定的也是自身,一切否定之否定都是这种来自自身或与自己同一的否定,亦可说是否定性的自身相关或自身相关的否定性。否定之否定才是真正的肯定,亦即真无限才是真正的肯定。一切规定都是否定,但如果只有单纯的否定,由此而来的规定性只是有限的规定,有限的规定必然会被否定,这个否定仍然只是单纯的否定,结果不过是另一有限规定。由于一切有限规定都保持不住自身,亦即没有真正的自身,所以说有限的规定只是抽象的肯定,真正的肯定必须能保持住自身,这种自身只有籍否定之否定而来的无限物才有,否定之否定才有真正的肯定真正的自身。

【正文】这里所讨论的反思中的无限只可说是达到真无限的一种尝试,一个不幸的、既非有限也非无限的中间物。一般说来,这种对于无限的抽象看法,就是近来在德国甚为通行的一种哲学观点。持这种观点的人认为,有限只是应该加以扬弃的,无限不应该只是一否定之物,而应该是一肯定之物。在这种"应该"里,总是包含有一种软弱性,即某种事情,虽然已被承认为正当的,但自己却又不能使它实现出来。康德和费希特的哲学,就其伦理思想而论,从没有超出这种"应该"的观点。那无穷尽地逐渐接近理性律令的公设,就是循着这种应该的途径所能达到的最高点。于是根据这种公设,人们又去证明灵魂的不灭。

【解说】"这里所讨论的反思"指对无限的那一抽象见解:只知道坏的无限。坏的无限"只可说是达到真无限的一种尝试,一个不幸的、既非有限也非无限的中间物"。坏的无限只是想达到无限而已,是一种既非有限也非无限的中间物,它不满足于单纯的有限,但又达不到无限,它就是这么一个不确定未完成的东西。当然,根本上讲它仍是有限。"一般说来,这种对于无限的抽象看法,就是近来在德国甚为通行的一种哲学观点。"这是在批评康德和费希特的伦理学或道德哲学。"持这种观点的人认为,有限只是应该加以扬弃的,无限不应该只是一否定之物,而应该是一肯定之物。在这种'应该'里，总是包含有一种软弱性，即某种事情，虽然已被承认为正当的，但自己却又不能使它实现出来。康德和费希特的哲学，就其伦理思想而论，从没有超出这种'应该'的观点。"这里的无限指的是完全出于纯粹道德意志的那种行为。为什么叫无限？因为有限就掺杂着感性的、功利的东西，一切感性、功利的东西都是纯然的有限物，无限则是把这些感性、功利的东西全部剔除了，这里只有纯粹的仅仅遵从道德律的动机。道德律和自由意志都是自己规定自己的无限物，至少形式上看是如此。但这种剔除了一切尘世动机的纯粹道德行为在现实中几乎是没有的，只是一否定之物，它不具有任何有限的规定性，故康德所说的这种纯粹道德只是一种不真的抽象的无限。如此抽象的纯粹道德现实的人是不可能有的。康德知道这一点，所以他只是说纯粹道德应该在现实中实现。无限应该也是肯定的东西，亦即应该同时是具体的现实的，这种肯定的具体性现实性是康德的这种纯粹道德纯粹的无限物达不到的，这就是康德道德哲学的软弱之处，它的软弱就是无能在现实中实现。这不仅是康德道德哲学的软弱，亦是纯粹道德本身的软弱，是那种抽象的自由意志本身的软弱。确乎有康德所说的纯粹道德这种东西，康德哲学的一伟大贡献就是对这种完全超越的纯粹道德的发现或论证①。但这种纯粹道德的有或存在仅局限于抽象的主观的观念世界中，它仅是抽象的观念世界中的无限，不是具有现实性的真无限。纯粹道德这种无限无能在现实中实现，但它应该在现实中实现，因为所谓道德就是用来规定现实东西的一种理想。康德认为为保证纯粹道德的现实性，有必要设立一些先验的公设，诸如上帝存在灵魂不朽之类。注意，灵魂不朽在康德那里是一先验假设，康德没有证明灵魂不朽。《小逻辑》的附释来自学生听课笔记，有些地方不是完全可靠，黑格尔课堂上的随意发挥也可能有细节上的不严谨。

§95

【正文】(γ)事实上摆在我们前面的，就是某物成为别物，而别物一般地又成为别物。某物既与别物有相对关系，则某物本身也是一与别物对立之别物。既然过渡达到之物与过渡之物是完全相同的（因为二者皆具有同一或同样的规定，即

---

① 提起道德，人们都会想起孔子的"己所不欲勿施于人"，它被誉为道德的黄金律。但康德早已指出，这条所谓黄金律不能作为对纯粹道德的严格表述，它甚至可以用来为罪恶辩护（康德《道德形而上学原理》第68页。苗力田译，上海世纪出版集团）。己所不欲勿施于人只是一种粗糙的经验反思，经不起严格的反思，儒家道德不是真正的道德。由于篇幅和主题所限，这里不是具体讨论这个问题的地方。

同是别物),因此可以推知,当某物过渡到别物时,只是和它自身在一起罢了。而这种在过渡中、在别物中达到的自我联系,就是真正的无限。或者从否定方面来看,凡变化之物即是别物,它将成为别物之别物。所以存在作为否定之否定,就恢复了它的肯定性,而成为自为存在(Fürsichsein)。

【解说】定在向自为存在的过渡是一否定之否定。作为某物的定在会被否定而过渡为另一定在:他物,这个他物亦会被否定而过渡为第三个定在:他物的他物。这种否定是无休止的恶的无限,只是单纯的直接否定的无聊的重复,没有真理性,真理是否定之否定。在存在论阶段,否定之否定仅是自在地——亦即客观地,但不是自身能动地——发生,并且大部分否定之否定的运动都是不可表象的,只能籍概念思维去把握[①],表象中见到的基本只是否定之否定的运动完成的结果,这个结果在表象中呈现为仿佛无中介的直接东西。否定之否定的运动是客观的,比如直线就是对点的否定之否定的产物。对点的单纯否定结果是另一个点,这种简单的直接否定可以无限重复下去,得到的是诸多个点而不是线,线来自对那简单的直接否定的否定,这个否定不再是那种简单的直接否定,否则得到的只是更多的点而已。否定之否定作为对那简单的直接否定的否定是返回自身的否定。简单的直接否定乃是丧失自身成为他物,否定之否定是返回自身,而所返回的自身是由这一返回自身的运动建立的,直线就是由否定之否定所是的那一返回原来的点自身的运动建立的。但这一返回自身的运动所达到的自身已不再是点,而是线,否定之否定所是的那一返回自身的运动把原来作为点的自身提高为线,相对于点来说直线就是真正的自身真正的无限。当然也可以说,否定之否定这一返回自身的运动所要返回的自身原是潜存于这一运动的出发处,这一运动则使这一潜在成为现实。"在过渡中、在别物中达到的自我联系,就是真正的无限"。这里的自我联系(die Beziehung……auf sich selbst)应该改为自身联系,这个自身联系就是否定之否定所是的返回自身这一环节,定在的这一返回自身的否定之否定的运动把定在提高为第一个真正的自身真正的肯定和无限:自为存在。

对否定之否定,我们可以问,也应该问:为何不是仅有单纯的否定就拉倒,而还有否定之否定这种事情? 答案是:真正的存在、真理是内在目的论性质的。最高的绝对的真理是欲求认识和实现自身的绝对理念,它不可能停留在单纯的直接的自在存在上,它一定会、必将会发展为自为存在,并进而发展为生命,最终发展为认识和绝对认识。真理是内在目的论性质的,故真理、一切较高级的存在或概

---

① 只有量的领域中的某些否定之否定是可以表象的,比如机械运动实际就是对点飞跃为线这一否定之否定运动的表象。

念都是内在于低级的存在或概念中的,并且会绝对地起作用,所以必然会有否定之否定的运动,只有通过这一运动才能达到或建立更高级的存在或概念。

自为存在仍是一直接的存在,不过却是有中介的,它是原先那空洞的存在经由定在而回到自身,这一回到自身或否定之否定就达到或建立了质的阶段的最高存在:自为存在。至此,存在论的第一阶段达到完成;这一阶段的开始是无限的存在,不过是空虚的无限。这一无限被定在这种有限的存在否定,而后定在被否定而回复到无限的存在,但不再是空虚的无限而是充实的无限。

【正文】〔说明〕认为有限与无限有不可克服的对立的二元论,却没有明了这个简单的道理,因为照二元论的看法,无限只是对立的双方之一方,因而无限也成为一个特殊之物,而有限就是和它相对的另一特殊之物。象这样的无限,只是一特殊之物,与有限并立,而且以有限为其限制或限度,并不是应有的无限,并不是真正的无限,而只是有限。——在这样的关系中,有限在这边,无限在那边,前者属于现界,后者属于他界,于是有限就与无限一样都被赋予同等的永久性和独立性的尊严了。

【解说】这里所说的二元论意义是特定的,仅指认有限和无限只是彼此外在相互对立那一抽象见解。这段文字所说的对有限与无限的关系的误解,及有限与无限的真实关系是什么,前面的解说中已详细说过,这里无需重复。其实,这里并不是阐述有限与无限的关系的合适地方,因为自为存在这种无限物固然是经由对定在这种有限东西的否定之否定的运动而来,与有限并非绝缘,但有限与无限的真实关系在定在和自为存在这里是无法表象的,亦即定在向自为存在的飞跃这一否定之否定的运动是不能表象的。在表象中我们能见到定在,诸如这个红的东西那个热的东西,也可以表象在虚空中杂乱无章地运动的原子(原子是对自为存在最恰当的表象),但这两种表象是不相容的,从定在向自为存在的飞跃这一否定之否定的运动更是无法表象的。对有限与无限的真正关系进行阐释的合适例子是生命和精神现象,它们属于逻辑理念的最高阶段:概念论,比如概念的普遍性个体性与特殊性的关系就是无限与有限的真实关系的最纯粹最鲜明亦最充分的实现。具体一点说,我就是普遍性,就是无限物,我的任何特殊行为、观念、欲望等是作为特殊性的有限物,我既内在于我的一切特殊行为、观念、欲望中,同时又完全超越了它们,扬弃它们于无限的我之内。生命现象亦是无限与有限的真实关系的一种纯粹、鲜明而充分的实现,这里就不具体说了。

【正文】有限的存在被这种二元论造成绝对的存在,而且得到固定和独立性。这种固定的独立的有限,如果与无限接触,将会销融于无形;但二元论决不使无限有接触有限的机会,而认为两者之间有一深渊,有一无法渡越的鸿沟,无限坚持在那边,有限坚持在这边。主张有限与无限坚固对立的人,并不象他们想象的那样,超出了一切形而上学,其实他们还只是站在最普通的知性形而上学的立场。因为这里的情形与无限递进中所表明的情形是一样的:有时他们承认有限不是自在自为的,没有独立的现实性,没有绝对存在,而只是一种暂时过渡的东西;但有时他们又完全忘记这些,而认为有限与无限正相对立,与无限完全分离,将有限从变灭无常中拯救出来,把它当作独立的、自身坚持的东西。如果我们以为这样一来,思想就可以提高到无限,殊不知,适得其反。因为这样,思想所达到的无限,其实只是一种有限,而思想所遗留下来的有限,将会永远保持着,被当作绝对。

【解说】有限与无限是不可分离的,每一方都不能孤立存在,但有限从属于无限,依赖无限,在自身中包含有限同时亦超越了有限的无限才是真实的无限和绝对。有限与无限的隔离、相互独立,"不使无限有接触有限的机会",这种二元论是主观的抽象思维造成的,仅存在于主观而抽象的观念世界中,现实则是有限与无限的不可分离,是有限向无限的飞跃及无限向有限的过渡,这种飞跃和过渡无时无处不在发生。比如,随处可见的简单的机械运动就是有限向无限飞跃的一个例子。机械运动可以被表象为点运动成线,线对点来说无限,点运动成线就是有限向无限的飞跃。又,生命既是有限向无限的飞跃,亦是无限向有限的过渡。比如消化食物,就是食物这种有限物向动物的生命这种无限物的飞跃;又,动物呼吸吸入的氧气在动物体内所经历的变化亦是一种有限向无限的飞跃,植物的光合作用亦是如此。但生命亦是相反的运动,是无限过渡为有限,比如一切生命个体在其生命活动中总是不停地在产生和排泄废物(比如动物呼吸呼出的 CO_2),这就是一种无限向有限的过渡,所以说生命既是有限向无限的飞跃,亦是无限向有限的过渡,这种飞跃和过渡无时无刻不在进行;它们一旦停止,生命就死亡了,就停止其为生命了。也许有人对用否定之否定、用有限与无限的思辨关系来解释植物的光合作用、动物的呼吸、新陈代谢等生命现象不以为然,认为现代科学对这些生命现象的奥秘已经研究的很明白了,还有必要用玄妙的哲学去说?这不是倒退吗?有这种认识的人还是不明白我们在导论中已阐明的表象思维与概念思维的莫大区别,不知道自然科学研究的只是自然的现象,故是没有真理性的,而黑格尔似的概念思维才有能力研究自然本身,才可能有真理性。故表象水平知性水平的自然科学与思辨哲学不能相互取代,但只有后者才有真理性。关于表象水平知性水平的自然科学的局限、它与思辨哲学的关系,在本书导论及对导言的解说中已说的较充分了。如果无能超越根深蒂固的表象思维,超越近代理性的主客观的二元分裂,是无法读客观唯心主义哲学、读黑格尔哲学的,在这一领域更是没有资格提问的。

"主张有限与无限坚固对立的人，并不象他们想象的那样，超出了一切形而上学，其实他们还只是站在最普通的知性形而上学的立场。"这句话主要是针对近代经验论说的。近代经验论和许多经验科学家持一种反形而上学的立场，认为形而上学所说的都是虚无缥缈的与现实和经验不相干的超验对象或无限物，而现实东西和经验中的东西都是与无限物不相干的有限物。比如牛顿就有一句有名的话：物理学，请警惕形而上学①。经验论的哲学家和科学家不知道经验中的有限物在自身中就蕴含有无限物，甚至自身就是与无限物的关系。故可知，如果说形而上学是以无限物为对象的话，那么形而上学事实上是深刻地介入了经验或有限物，经验科学与形而上学是不可能绝缘的；如果说形而上学是依孤立、静止、片面的立场和观点看事物的话，那么经验科学就是一种形而上学，不过是一种坏的形而上学，即黑格尔这里说的知性形而上学。知性形而上学实则是一种同一哲学，因为它所自觉的唯一思维范畴就是形式逻辑的同一律，并且它对同一律的自觉是抽象不真的，因为它不知道同一与差异不可分离，在它的自觉意识中一切都仿佛是可以独立存在的。经验思维、常识思维、经验科学的思维皆是如此，皆是这种坏的形而上学。其实，对经验中的有限物及经验科学不可能与形而上学绝缘的最深刻的论证乃是阐明，有限的经验对象以纯粹概念为前提，黑格尔逻辑学的一个意义即在于此，本书导论及对导言的解说对此至少原则上亦已阐明。

"这里的情形与无限递进中所表明的情形是一样的：有时他们承认有限不是自在自为的，没有独立的现实性，没有绝对存在，而只是一种暂时过渡的东西；但有时他们又完全忘记这些，而认为有限与无限正相对立，与无限完全分离，将有限从变灭无常中拯救出来，把它当作独立的、自身坚持的东西。"经验论者若抽象孤立地反思一下，也会承认一切有限物都会消失，它们的存在不是绝对的，它们没有独立的现实性。但在思考经验科学的方法论时，立即就陷入对真无限、对形而上学的无知和敌视，"而认为有限与无限正相对立，与无限完全分离"，这样事实上相当于"将有限从变灭无常中拯救出来，把它当作独立的、自身坚持的东西"。为什么这样说呢？因为有限物的消亡或变化源于它们不是无限物，故免不了变化、消亡。对有限物的变化、消亡还可以有更高的认识，此即：有限物的变化、消亡来自无限物对它们的否定，源于根本上讲有限物来自无限物，无限物否定自己使自己过渡为有限物，同时亦扬弃、超越有限物而回到自身，藉此证明自己是超越了有限物的无限物，所以说有限物的变化、消亡乃是其被无限物扬弃、超越的一必然表现。若想明白无限物与有限物的关系的这一真理，需读懂概念论，至少要读懂本

---

① 转引自《哲学史讲演录》第四卷第162页。

质论中的实体概念,因为实体是显现为客观东西的无限的概念。由上述所言可知,由于有限物变化、消亡的根源在于其与无限物的关系,故"认为有限与无限正相对立,与无限完全分离",实际就是把有限物变化无常的根源拿掉,这就相当于"将有限从变灭无常中拯救出来,把它当作独立的、自身坚持的东西"。故可知,有限与无限是不可分离的,二者不是纯然对立的关系。说"这里的情形与无限递进中所表明的情形是一样的",是指无思想的经验论者在"承认有限不是自在自为的,没有独立的现实性"和"又完全忘记这些,而认为有限与无限正相对立,与无限完全分离"这二者之间来回摇摆,一会持这种见解一会持对立的见解,是一种恶的无限。

"如果我们以为这样一来,思想就可以提高到无限,殊不知,适得其反。因为这样,思想所达到的无限,其实只是一种有限,而思想所遗留下来的有限,将会永远保持着,被当作绝对。"整个这一大段正文都是在批评把无限与有限割裂的那种二元论,但其中的各小段文字,有的应理解为是在批评无思想的经验论者,有的应看作是针对那种无思想的经验论的对立面:认为有限不是真理无限才是真理的某些形而上学家,但这些形而上学家同样不知道有限与无限的辩证法,无思想地割裂有限与无限,故这两种人的思想都属于黑格尔这里批评的那割裂有限与无限的二元论。这里的这几句话应是批评承认无限但割裂无限与有限的那种形而上学家,他们认为只有无限才是真理,而无限与有限毫不相干。但这样的话有限就在无限之外构成对无限的限制,这样的无限其实只是一种有限。并且,由于把有限与无限割裂,这事实上相当于否定了有限物的变化,因为前面已经阐明,有限物的一切变化都与无限脱离不了干系。这样做的结果就恰和这些形而上学家的本意相反,事实上是把有限弄成了不变不动的绝对或无限了。

【正文】当我们经过上面这番考察,指明了知性所坚持的有限与无限的对立为虚妄之后(关于此点,试比较柏拉图的《菲利布篇》,当不无益处),我们自易陷入这种说法,即既然无限与有限是一回事,则真理或真正的无限就须宣称并规定为无限与有限的统一。这种说法诚然不错,但也足以引起误解和错误,有如前面关于有无统一所指出的那样。

【解说】这里说的是《菲利布篇》(Philebus)23C ~ 26D 的内容,黑格尔对这段对话内容的理解发挥可见《哲学史讲演录》中译本第二卷215 ~ 216 页。这部分对话说和谐、美、健康等一切美好的东西是有限与无限的混合,其中无限指可热可冷可强可弱等易变的东西,相当于《逻辑学》的定在,有限指确定的规定性。但这种有限或确定的规定性不是定在所是的那直接的质的规定性,因为后者属于柏拉图所说的无限,故柏拉图所说的有限所是的确定的规定性只能是指自身规定,故是一种自为存在的规定性,此即黑格尔所说的真无限之为真无限的那种无限的规定性。《菲利布篇》的这段对话的结论是:真实的东西(相当于黑格尔的自为存在等真无限,亦即能自身规定的东西)如健康、美或善的东西是有限(相当于自身规定这种无限的规定性)与无限(相当于黑格尔的定在)的混合(亦即统一),这一结论用黑格尔的话说就是:真理或真无限在自身中包含有限,真理是无限与有限的统一;真理是无限,但真理也是有限,因为真理作为自身规定的无限物亦是有确定的规定性的,一切确定的规定性形式上看都是有限。但一则真理作为真无限是超越了它的任何一种确定的——因而是有限的——规定性的,二则是,真无限的任何一确定的规定性都来自真无限本身所是的自己规定自己这种无限性,所以说真理乃是在自身中包含有限并产生有限的无限。

　　黑格尔下面立即提醒我们,不可把有限与无限的统一理解为二者的无区别的等同或同一,不可认为有限和无限是一回事,如同不可把《逻辑学》开端的有与无的统一理解为这两者的完全无区别一样。有限与无限是有同一性,但更有差别,二者不是一回事;在二者的统一中,差别只是被扬弃而非消失,并且在这个统一中有限是从属于无限、是受无限规定、支配的。真理是无限与有限的统一,这个统一本身就是无限,故有限与无限的统一亦可表述为,无限是其自身与有限的统一;比如,生命这种无限物就是其自身与无机物这种有限东西的统一;在这种统一中,不仅仅是无机物被生命所消化、扬弃,这一消化扬弃乃是无机物被统一在生命之下,亦是无机物被转变或提高为生命(比如活的肉体就是这种东西),这乃是无机物被统一在生命之中,所以说无限(如活的肉体)是其自身(如活的肉体的生命力或灵魂)与有限(活的肉体中完全被扬弃的无机质料)的统一。

　　【正文】此外,这种说法还会引起有限化无限或无限化有限的正当责难。因为在这种说法里,有限似乎只是原样保留在那里,而并未明白说出有限是被扬弃了的。——或者,我们试略加反思,有限既被设定为与无限统一,则它无论如何,决不能保持当它在此统一关系以外时的原样,它的性质至少必有所改变(就好象碱与任何一种酸化合,必失去它的一些原有特质一样),同样,无限也免不了改变,当有限与无限统一时,作为否定性的无限也在对方之前失掉其尖锐性了。实际上对于知性的抽象、片面的无限性,的确发生过这样的变化。但真正的无限并不单纯象那片面的酸,而是能保持其自身。否定之否定并不是一种中性状态。无限是肯定的,只有有限才会被扬弃。

　　【解说】这种说法指有限和无限是统一的、有限和无限有同一性之类的说法。"这种说法还会引起有限化无限或无限化有限的正当责难"。有限化无限指无限直接被认作是等同于有限,无限化有限指有限直接被认作是等同于无限。把有限和无限的统一看作是二者的无区别,结果就是有限化无限和无限化有限这种错误。"我们试略加反思,有限既被设定为与无限统一,则它无论如何,决不能保持当它在此统一关系以外时的原样,它的性质至少必有所改变(就好象碱与任何一种酸化合,必失去它的一些原有特质一样),同样,无限也免不了改变,当有限与无限统一时,作为否定性的无限也在对方之前失掉其尖锐性了"。无限所以说是否定性的,因为无限与有限是对立的,它有能力且必然会去否定有限,所以说无限在有限面前有其尖锐性。但在无限与有限的统一中这种尖锐性就消失了,因为尖锐性无非是指有限与无限的对立,但在二者的统一中这种对立扬弃了。黑格尔这里用比喻说,如同酸与碱的化学反应,酸与碱在结果(亦即盐)中都要有所变化一样,在有限与无限的统一中,有限与无限这两者都是会有所改变的。但他下面立即指出这一比喻的不当。如果对无限持知性水平的抽象见解,那么在有限与无限的统一中这种无限确乎会改变。对无限的知性水平的抽象见解事实上是把无限看作是一种有限物,因为抽象的知性认为无限与有限是不相干的,二者只是外在对立;这样的所谓无限实则只是一种有限。有限物在与另一东西结合之前和之后当然会经历实质性变化,因为有限之为有限即在于它根本上是受他物规定,而有限物与另一东西结合就是一种受他物规定。但真正的无限是免除了这种变化的,因为无限的概念就是自身规定而不是受他物规定,所以黑格尔说:"但真正的无限并不单纯象那片面的酸,而是能保持其自身。否定之否定并不是一种中性状态。无限是肯定的,只有有限才会被扬弃。"无限与有限的统一是一种否定之否定,这种否定之否定的运动乃是从无限出发,最终又返回到无限自身。比如,活的肉体这一无限物是灵魂这种无限东西与构成肉体的质料这种有限物的统一,这种统一是这样的否定之否定的运动,这一运动从作为潜在的生命的灵魂——灵魂是生命的概念,是现实的生命亦即活的肉体的能动的生命力——出发去充分彻底地规定作为无机物的质料,并在这一规定中同时是返回自身,所返回的无限自身已不是单纯的灵魂而是现实的生命。但灵魂与活的肉体亦即现实的生命是同一个东西,它不过是生命的潜在状态,所以说在无限与有限的统一中,无限没有实质性变化,而始终是能保持自身的真正肯定的东西,在这种统一有变化亦即被扬弃的只是有限。

生命的例子较为复杂,下面举一个简单一些的例子。万有引力定律和自由落体定律的关系就是一种无限与有限的统一,在这里自由落体定律是有限,万有引力定律是无限。在没学万有引力定律之前,人们实际是把自由落体定律看成是一个独立的东西,事实上看成是一种自为存在或无限物。但懂了万有引力定律后,才知道自由落体定律是万有引力定律的一个特殊化。机械力学领域中的绝对物无限物是万有引力定律,它乃是这一领域中的真无限,而自由落体定律就是扬弃在这一真无限中的一个有限,故完全可以说,万有引力定律乃是它自身与自由落体定律的统一,这个统一乃是这样一种否定之否定的运动,这一运动从万有引力定律的概念出发去绝对地规定自由落体定律这一有限物,这一绝对的规定亦是绝对的扬弃,并因而是返回到作为无限物的万有引力定律自身,不过所返回的万有引力定律已不是万有引力定律的概念而是现实的万有引力定律。万有引力定律的概念即是作为潜能的万有引力定律,这一潜能内在于自由落体定律这一有限物中,并在那一无限的否定之否定的运动中把自己从潜能提高为现实①。所以说在这一无限与有限的统一中作为无限物的万有引力定律并没有真正的改变,被改变被扬弃的是作为有限物的自由落体定律,因为现在自由落体定律被看作是来自万有引力定律。

【正文】在自为存在里,已经渗入了理想性(Idealität)这一范畴。定在最初只有按照它的存在或肯定性去理解,才具有实在性(§91),所以有限性最初即包含在实在性的范畴里。但有限事物的真理毋宁说是其观念性(Idealität)。同样,那种与有限并列起来,本身仅仅是两个有限事物之中的一个有限事物的知性的无限,也是一个不真实的东西,一个观念性的东西(ideelles)。这种认为有限事物具有观念性(Idealität)的看法,是哲学上的主要原则。因此每一真正哲学都是理想主义(Idealismus)。

【解说】上面这段正文是笔者自己译的。这段正文贺、梁、薛三个译本都有问题,贺译本问题最大。这3个译本这部分译文的共同问题是,都未弄清楚黑格尔那里的理想与观念的区别,此外贺译本还有一个地方未译明白,故这段正文只好笔者自己译,当然尽量利用了这三个译本中正确的地方。在黑格尔哲学中有重大区别的理想与观念(性)这两个东西德语是一个词。理想与观念的区别此前已说过,这里不妨再说一下。理想与观念的区别同一地亦是理念与观念的区别。黑格尔把理想与理念基本看作是一回事:理念是真正的客观的理想,是自在自为的存在,比如生命是一种理念亦即客观的理想,人的理性认识能力和理性精神则是更高的客观理想或理念。在黑格尔那里,仅仅主观的理想不是真正的理想,故不是理念,而仅是一种观念。观念是主观的抽象的,仅是抽象的自身同一,没有客观性,更不具有理想性,真正的理想是有客观性的。但任何观念都可说有一种抽象的理想性,此即不变性和唯一性。比如红本身这一抽象观念,与众多个别的红的东西相比它的唯一性可说是一种理想;与作为定在的这个红的东西相比,它的不

---

① 对万有引力定律与自由落体定律的关系这一具有真理性的理解来自笔者对黑格尔《自然哲学》§267～§269有关论述的解读。

变性亦是一种理想。又,"观念(性)的"一语还有"被扬弃了的"、"从属的"这种意思,比如有限物在真的无限物那里是被扬弃了的,亦即是观念性的。

明白了上面所言,这段正文就不难理解了。"在自为存在里,已经渗入了理想性这一范畴。"理想必须是不变的,理想也应是无限的自身规定,而自为存在就是最初最抽象的自身规定的无限物,所以说自为存在开始具有某种理想性。"定在最初只有按照它的存在或肯定性去理解,才具有实在性(§91),所以有限性最初即包含在实在性的范畴里。但有限事物的真理毋宁说是其观念性。"定在的存在或肯定性就是它的实在性,此即定在的直接的质的规定性的自在存在方面。由于是直接的质的规定,当然是有限的,故"有限性最初即包含在实在性的范畴里",亦即实在的东西最初是有限物。"但有限事物的真理毋宁说是其观念性",有限物根本上是为他存在,在理想的东西亦即真的无限物那里它是被扬弃的观念性东西,是从属于无限物的,这就是有限物的真理。

"同样,那种与有限并列起来,本身仅仅是两个有限事物之中的一个有限事物的知性的无限,也是一个不真实的东西,一个观念性的东西。""两个有限事物"指抽象的知性所认的有限和无限。知性认为无限与有限彼此外在毫不相干,这种无限由于在有限之外,故本身就仅是一种有限。这种有限不仅做无限物不合格,做有限物亦不合格。真实的有限物毕竟是一种实存,而被知性认作是无限的那个有限东西其实只是一个抽象观念,不具有实在性,所以说是不真实的东西。

"这种认为有限事物具有观念性的看法,是哲学上的主要原则。因此每一真正哲学都是理想主义。"理想主义(idealism)通常译为唯心主义或观念论,比如近代英国的经验论就是一种观念论,一种 idealism,不过英国经验论所是的这种 idealism 可不是黑格尔说的作为理想主义的 idealism,英国经验论那种 idealism 只是一种观念论,但观念不是理想。真正的哲学作为(真正的)理想主义乃是认为有限事物只是观念性的东西,亦即是被真正的理想扬弃了的,并不具有理想性。"每一真正哲学都是理想主义",真正的哲学就是真正的理想主义,真正的理想主义对有限物有真的认识:认识到"有限事物具有观念性",亦即是被真正的理想东西扬弃了的。所以说英国经验论和唯物主义都不是真的哲学,因为唯物主义无思想地认直接的感性物有限物为真,不知道有限物的本质或根据不在它自身内,它的本质和概念是无限物这种理想的存在。所以说真正的哲学关心的首先不是有限物,而是有限物的真理,亦即有限物的概念。有限物的概念就是:有限物是为他存在,是被扬弃了的观念性东西。所以说柏拉图的理念论是一种真正的哲学,一切客观唯心主义哲学皆是如此,而先验唯心主义至少可以说具有真正哲学的因素。人是形而上学的动物,而真正的形而上的东西都是理想的存在。人的本性是向往无限和理想的,不是像动物那样只要能吃喝拉撒睡和繁衍后代就会满足。故可知人权首先不是生存权,猪才只要求生存权,人不行,真正的人权只能是一种理想的、自为的精神东西。

【正文】但最要紧的是,不要把那些本身性质为特殊或有限之物当作无限。——因此,关于这点区别,这里才加以长篇讨论,借以促其注意。哲学的基本概念,真正的无限,即系于这种区别。这个区别通过本节前面所讲的一些反思给弄清楚了,这些反思是十分简单的,因而似乎不甚重要,却是无可反驳的。

【解说】"最要紧的是,不要把那些本身性质为特殊或有限之物当作无限。"唯物主义就是如此,它对有限物的有限性或不真无知,事实上是认有限物为绝对或无限。唯物主义是一种抽象的知性思维,而知性思维由于只知道抽象的同一性,事实上认一切具有抽象同一性的东西都能独立存在,故它事实上是把有限物看作是免于变化或否定的无限物了(这里且不提真的无限不是免于否定或变化,而是超越否定和变化)。

"因此,关于这点区别,这里才加以长篇讨论,借以促其注意。哲学的基本概念,真正的无限,即系于这种区别。"这种区别就是真无限和假无限的区别,而假无限不仅仅是恶的无限,亦包括抽象的知性所认的与有限不相干、只是与有限外在对立的那种实只是一种有限的假无限。

"这个区别通过本节前面所讲的一些反思给弄清楚了,这些反思是十分简单的,因而似乎不甚重要,却是无可反驳的。"这些反思不是那实则只知道抽象的同一律的知性反思,而是客观的思辨的概念思维。表面看去知性反思似乎不仅知道同一律,亦知道及运用诸多概念或范畴,比如因果概念实体概念等,但它不知道这些概念之间的关系和运动,不知道这些概念每一个都不能独立存在,所以说它对一切概念或范畴都是无知的,它对同一律亦是无真知,因为它不知道同一与差异不可分离互为前提,所以说知性反思只知道抽象的同一性。又,"这些反思是十分简单的",但简单不是肤浅,复杂不是深刻,比如 $1 + 1/2 + 1/4 + \cdots + 1/2^n + \cdots$,这一坏的无限序列可谓复杂,却不深刻,深刻的是它的真无限:2 这个简单的东西。又比如"我"是一个简单的表象,但它却有很深刻的内涵,深刻到全部希腊哲学都不理解它。黑格尔的直接性与间接性的辩证法告诉我们的一个真理是,再深刻的东西都可以作为一个简单的东西呈现或被把握。这一真理在科学研究中给我们的一个重要启示是:如果在研究中未达到一个简单明确的概念或结果,那常常是因为问题未解决未搞明白,因为无论真理有多深刻,无论达到真理的过程或中介多么复杂,在被把握的真理中中介是自在地消失了的,致使真理显得是一个简单的东西。

第三节　自为存在(Fürsichsein)

§96

【正文】(α)自为存在,作为自身联系就是直接性,作为否定的东西的自身联系就是自为存在着的东西,也就是一。一就是自身无别之物,因而也就是排斥别物之物。

【解说】自为存在这一概念黑格尔用了三节去考察,并对这三节加了α、β、γ这三个标识,这是要从肯定,否定,否定之否定这三个阶段去叙述自为存在这一概念。逻辑学的每一重要概念都要经历这种形式的发展,这一发展在最后阶段同时是向下一阶段的更高概念过渡。客观的事情本身就是这种三一体式的结构和运动,在近代这是康德最先发现的。

自为存在是一种自身联系,亦即一种自身统一。这个自身联系或自身统一不是抽象的静态的自身同一,如 A = A、红是红之类,具有这种抽象的自身同一性的东西都是抽象观念,而非思辨逻辑学所说的概念。自身联系作为概念的一环节或形式规定性其意义有二:一是,它是那经由某种否定之否定的运动而建立起来的具有某种自身性的东西的自身性,简单说来就是:自身联系就是自身性。二是指只是逻辑学开端的那三个最抽象的概念(即纯存在、无、变易)才有的那最抽象的直接的自身联系,这种自身联系不具有自身性。这里先说自身联系的第一种意义,第二种意义的自身联系下面在解说本小结附释时再说。第一种意义的自身联系是由否定之否定的运动建立的。一切否定之否定的运动都是一种返回自身的运动,所以说是一种自身联系或自身统一。返回自身的运动建立了所要返回的自身,比如这里所说的自为存在本身。建立自为存在的否定之否定的运动从定在出发,运动的结果却是自为存在这一全新的东西,为何能说否定之否定的运动是返回自身的运动? 因为否定之否定的运动同一地是从潜能向现实的运动。建立自为存在的运动是从定在出发的,而自为存在是潜在于定在中的,故完全可以说这一否定之否定的运动是从潜在的自为存在出发而达到现实的自为存在,所以说是返回自身的运动。显然,一切否定之否定的运动所建立的那个自身作为一种自相联系或自身统一,这个自身统一乃是潜在的自身与现实的自身的统一,这个统一同一地是建立现实的自身的运动。

一切否定之否定的运动其结果都会作为一仿佛无中介的直接东西显现,而否定之否定的运动作为这个直接的东西的中介在这一直接性中自在地隐去了，这就是直接性与间接性的辩证法。一切能作为直接的东西显现的东西，都必然具有某种自身联系，这种自身联系只能是由一种返回自身的否定之否定的运动建立的。如果某物缺乏这种自身联系，它必然缺乏最起码的保持自身的能力，亦即缺乏起码的自身性，它就不可能作为某种直接东西显现，因为只有否定之否定的运动才能扬弃那无所不在的抽象而绝对的否定性。这种无所不在的绝对否定性所以说是抽象的，是因为它只是单纯的否定而不是建设性的否定之否定；所以说是绝对的，是因为它是无条件的，无所不在的。一切规定都是否定，但那无条件的抽象而绝对的否定性却在一切规定性之前，那空无规定的纯存在和无相互间的直接过渡就是其表现或证明。具有某种自身性而能作为一直接东西呈现，这种东西最早就是定在，现在自为存在也是这种东西。定在所具有的自身性亦即自身联系来自建立定在的那一否定之否定的运动，这一运动是从纯存在出发，经由其否定：非存在或无而返回自身，这是前面对§90的解说中已经说过的。

　　具有与自身性相等同的自身联系而能作为一直接东西显现，这是从定在开始的，此前的纯存在、无、变都不是这种东西，亦即都不具有这种意义的自身联系。纯存在作为逻辑学的开端当然是直接的，但这一直接性是直接的和抽象的。因为它缺乏否定之否定这一中介，它不是经由否定之否定的运动建立的，所以纯存在缺乏起码的自身性，它完全无能保持自己。完全无能保持自己的东西是无法表象的，因为任何表象都必须具有起码的稳定性亦即某种自身同一性，这种自身同一只能来自某种否定之否定的运动，这种运动建立了有某种自身性的某物，自身同一性不过是对某物的自身性亦即能（在一定程度上）保持自身这一环节的表象。有人说我们完全可以表象那空虚的纯存在，亦即完全可以形成——比如想象——一个空虚的纯存在的表象。但须知，那能够被表象的空虚的纯存在只是一主观的抽象观念，作为一主观的抽象观念的纯存在只是主观的观念世界中的一种存在者，它具有诸多具体规定，比如主观性、观念性、抽象的自身同一等都是它的具体规定，故可知它根本不是那空无任何规定、既非主观又非客观的纯存在这一概念。认为人们可以表象作为思辨逻辑学开端的那空虚的纯存在，这只能是出于对概念与表象这二者的区别的无知。

　　但我们知道，逻辑学开端的那空虚的纯存在是有中介的，只是这一中介不是否定之否定。纯存在的中介是作为逻辑学的全体和完成的绝对理念。思辨逻辑学是全体在部分之先全体决定部分的有生命的东西，就此说来绝对理念不仅是纯存在的中介，亦是逻辑学所有概念的中介。绝对理念作为这种中介就不是那把某种直接性建立起来的中介，而只是自在地起作用的背景这种东西。自在地起作用只是一种抽象的映现关系,而能把某种肯定东西建立起来的中介则是否定之否定的运动。前面对§83附释的解说中已经阐明,绝对理念是如何成为纯存在的中介的。绝对理念作为思维与存在的绝对同一最初仅认自己是与思维不相干的无中介的直接存在,这表明作为能动的思维的绝对理念在这里自在地隐去了;换句话说,只是因为在纯存在这里那绝对能动绝对起作用的理念丝毫未被自觉,所以说在这里它只是作为未被自觉的仿佛背景一般的东西自在地——当然亦是绝对地——起作用。纯存在是纯思的全体亦即绝对理念之作为仿佛无中介的单纯的直接东西,绝对理念与纯存在的这一同一性亦可说是一种自身映现:绝对理念在纯存在那里映现自己,把自己映现为仿佛无中介的直接存在。当然这一映现关系是很抽象的。真正的映现或反映关系,关系的双方及双方的映现关系都是明白地表现出来的,如本质与现象及其相互关联、原因与结果及其相互关联等,但在绝对理念与纯存在的这一映现关系中,绝对理念作为映现的一方却自在地消失了,所以说这是一种很抽象的映现。按理说映现是一种否定之否定:每一方都是对对方的否定,但每一方都在对方中映现自身亦即回到自身,所以说是一种否定之否定,但绝对理念在纯存在那里的映现却是:纯存在不知道不认为自己是思维,仅认自己是无中介的直接存在,所以说纯存在对尚仅是自在着的绝对理念只是简单的直接否定而非否定之否定,虽说二者同时亦是一种抽象的映现关系。

但绝对理念并非只能以抽象的映现或仅仅自在地起作用的背景东西之类的抽象方式成为中介,它亦可以成为那绝对地现实地起作用的中介,亦即能把某种肯定东西建立起来的中介,绝对理念作为这种中介是一绝对的自身否定,这一自身否定的中介运动建立起来的那一肯定东西或直接性当然不是空虚的纯存在,而是自然①,是自然概念的开端:空间,逻辑学最后绝对理念向自然的过渡就是如此。

纯存在的直接性不是这里所说的建立起来的直接性;同理,逻辑学开端处的另两个概念:"无"和"变"也都不具有这种直接性,都完全缺乏这种直接性所要求的那种起码的自身性,因为这两个概念都未经任何否定之否定的运动的中介。"无"只是对纯存在的单纯否定,这里没有否定之否定;"变"也是如此,"变"只是纯存在对"无"及"无"对纯存在的单纯否定而已,这是前面在解说"变"和定在时已经阐明的,故可知"变"同样完全缺乏那种具有起码的自身性的直接性。所以说,逻辑学开端的这三个概念都不是可以被表象的直接东西,都不是那种经由否定之否定而来的自身联系的直接性,这与它们都缺乏起码的稳定性这一点完全一

---

① 当然不是作为人的意识的对象亦即科学所说的自然,而是作为绝对理念的他在的自然,亦即作为上帝的对象的自然。

致。换句话说就是，它们缺乏起码的自身性。故可知这三个概念只能作为其他所有概念和表象中的扬弃了的抽象环节而存在，前面说纯存在的直接性是抽象的，就是这个意思。由于这种抽象性，由于这三个概念没有丝毫的自身性，它们只能是处于无休止的彼此过渡或变易中，并且这种过渡或变易也只是完全不可表象的极度抽象。

自为存在自然是具有以上所言的经由否定之否定的运动而来的自身联系的，这里说"自为存在，作为自身联系就是直接性"，其中所说的自身联系首先是这种意义的自身联系。但这句话也可以另作他解，这就与自身联系的第二种意义相关了，对此下面解说本小结附释时会具体说。

"自为存在……作为否定的东西的自身联系就是自为存在着的东西，也就是一。"什么叫否定的东西？逻辑学的一切概念都可以叫做否定的东西，从最低级的纯存在到最高级的绝对理念，自身都带有否定性环节，故都是否定的东西。否定的东西就是原先东西的对立面，并且原先的东西必然会过渡为或成为自己的对立面，这就是无时无处不在的抽象而绝对的否定性。纯存在的否定性环节是非存在或无。绝对理念自身的否定性环节是自然。从天上到地下，从自然到精神，从纯概念到实存，你找不到一个东西里面不带有否定性，黑格尔辩证法就是否定的辩证法，当然亦是否定之否定的辩证法。具体的东西不仅是否定的东西，同时亦是否定之否定，是自身联系或自身相关，自己和自己相联系，就是说它能超越或扬弃自己的否定方面而回到自身，成为一自身统一的东西。当然，除非是完全自由的概念（绝对理念就是一完全自由的概念），一切概念中的否定方面是不可能在概念自身中完全被扬弃的，故概念的否定方面同时又程度不等地构成了对这一概念的外在否定，比如本质论阶段的第一个概念纯同一，在它之外就有差异与它对立。差异首先是纯同一自身中的否定环节，被纯同一扬弃在自身内，否则纯同一不可能保持自身。但纯同一无能充分扬弃或超越自身的这一否定环节，所以这一否定环节必然同时就成为在纯同一之外的与之对立的东西，这就是差异。在自为存在这里，概念自身不能充分扬弃的否定环节就作为另一个自为存在，亦即另一个一，这是后面将要说的。

由此可知，这里所说的否定的东西亦即自为存在的否定方面，不是前面说的从定在向自为存在的飞跃这一否定之否定的运动所扬弃的那一单纯的否定方面：作为另一定在的某物之外的他物，而是自为存在自身中的否定方面，这一否定方面将和自为存在自身所是的自身联系这一环节相统一而被建立为另一个自为存在。以上讨论给我们的启示是，一个具体东西具体概念的建立和保持需要两种否定之否定的运动，一是从低级东西向作为相对而言的高级东西亦即这一具体东西的飞跃所是的否定之否定的运动,一是这一具体东西为保持自身而有的扬弃自身的否定方面这一否定之否定的运动。显然,需要两种否定之否定的运动以建立和保持一具体东西,这种事情的第一次出现并不是在自为存在这里,而在此前的定在那里。固然定在是可变的东西,保持不住自己,但它毕竟不是瞬息万变,它作为可以被表象的东西是具有某种最起码的自身性的,这就要求定在在某种程度上具有在自身中扬弃自身中的否定环节这一否定之否定的能力。《小逻辑》作为大逻辑的简写本对此基本未谈,大逻辑对定在的这一环节则有详细论述。

自为存在是一,这是什么意思? 自为存在所是的这个一不是作为数的1,作为数的1是量,而自为存在所是的一仍属于质。量是从自为存在发展出来的,这在后面会谈。自为的一仍是一种质,但不是定在所是的那种直接的特定的质,如(这个)红(的东西)(那个)热(的东西)之类,当然更不是本质,如物、根据、原因等,而是已超越了直接的质但还未超越质本身的一种纯粹的质,黑格尔下面称之为完成了的质,它是存在论第一阶段:质这一领域的最高阶段和完成,下面的发展就进入量而不再是质了。完成了的质是纯粹的质,直接的质的东西彼此间的质的差异,如红与黑的差异,热与冷的差异,在这里都消失了。自为存在由对定在的否定之否定而来,这一否定之否定的运动从作为定在的某物出发,经由某物的否定方面他物而返回自身,这一返回自身的运动扬弃了某物与他物的差异。某物与他物的差异就是两个定在的质的差异。定在是与其规定性直接同一的存在,而定在的规定性是直接的质,亦即是直接被规定的,定在的质作为规定了的质因而是特定的质。故可知,某物与他物的差异之被扬弃,意味着一切直接的特定的质的差异消失了,故自为存在作为这一否定之否定运动的结果,其规定性或质是超越了一切特定的质的差异的纯粹的质。自为存在因而是一种纯粹的存在,这个纯粹不是逻辑学开端的纯存在所是的那种空无任何规定性的纯粹,而是超越了一切特定的质的差异的纯粹,它仍是一种规定性或质,这种纯粹的质作为自为存在就是自为的纯粹的一。一般说来,一切自为的东西都可称之为一个某物或东西(Something 或 etwas),但现在这种纯粹的自为存在却不能说是一个东西,而只可说是作为一的东西,因为它尚无更多的规定性以构成"东西"与"一"的区别。作为一的东西是为自身的一,亦即自为的一,仍是一种直接的质的存在。

何谓质? 何谓质的存在? 大致说来,质意味着实在性:客观的或主观的实在,比如红本身热本身这些抽象观念是一种质,并且是主观的实在,而蓝天、黄土地则是作为客观的实在的质的东西。质的存在意味着实在东西实在的存在。人们对事物的认识首先区别为质和量这两大类。黑格尔有言:量是与存在不相干的东西(《小逻辑》§99),意思是说,一个东西的量的规定性的变化一般说来不会影响这个东西的存在,因为事物的存在首先在其质的方面,比如一块地的面积由四亩减小为三亩,但不影响它仍是一块地,不影响它作为一块地的存在,因为一块地之为一块地的存在在于它的质:土地,而不在于它的量的方面的大小。说起质,人们首先想到的是红、黑、冷、热之类。定在是直接的质的东西,如(这个)红的东西(那个)热的东西,定在的质或存在人们是通过知觉表象到的,就是说定在的表象是作为感觉或知觉的对象的存在。但实在性或实在的存在并不仅是定在,自然科学所说的物质亦是一种实在或实在性。物理学上有物质不灭定律,又叫质量守恒定律,说的就是这种基本的物理实在。物质这种实在东西不可能通过感觉或知觉被把握,而只能通过思维去把握,这一思维所是的概念首先就是纯粹的自为存在。当然,物理学所说的物质其逻辑内涵并不仅是自为存在,还包括更高的概念,但它首先是自为存在。又,物质——包括物理学所说的物质——概念主要有两种意义,一是与运动、力和广延相关联乃至相同一的物质,一是质料意义的物质。自为存在与第一种意义的物质直接相关,空间、力和物质一样其思想内涵首先是自为存在。自为存在与质料意义的物质的关系较为间接,这种意义的物质要到本质论阶段才会出现。

自为存在所是的一不是数或量的1而是质的一。自为存在是纯粹的质,这种纯粹的质超越了任何直接的特定的质,但还不是本质。本质完全是间接性,而自为存在仍是一种直接的存在。一切自为存在都是一种能保持自身的东西,一种自身统一或同一,因为变化来自他物否定,自为存在则是一种自身否定。自为存在是一种一切差异在其中都已消失的不变的自为的纯粹的质,同时又是直接存在,故它的自身统一性只能是一种纯粹的质的一,对这种纯粹的质的一的一个最为人熟知的表象就是原子论所说的原子,这是后面会说到的。

“一就是自身无别之物,因而也就是排斥别物之物”。自为存在作为质的一如果自身有别,就会有其一和其他,就不是纯粹的质的一而是不纯粹的质的多了。自身无别之物一定是排斥别物之物。质的一本身不是别物,但它在自身中蕴含着别物。前面说过,自为存在同大部分概念一样有其不能充分扬弃的否定方面,这种扬弃不了的否定性就是自为的一的分裂或排斥自身,如此就出现诸多相互外在并相互排斥的自为存在,这在表象中就是物质的分离运动,是一个物质东西分裂为2个乃至多个物质东西,及诸多抽象的物质东西的相互排斥或远离的运动,这种相互外在、排斥、远离作为这些自为存在的相互否定都源自自为存在概念的自身否定这一环节。但自为存在亦同一切能作为直接东西出现的东西一样必然有一种保持自身同一的能力,这种自身同一的能力不是静态的抽象观念而是能动的过程,如同自为存在的自身分裂这一否定环节不是抽象观念而是能动的过程一样。自为存在的这种自身同一的能力对他物亦即其他自为存在对自己的否定有能力予以某种否定或排斥,否则它不可能保持自身成为自身同一者。自为存在的这种(保持)自身同一的能力不是静态地保持自身同一不变,静态地保持自身不变只是一种不真的抽象,真实的具体的自身同一乃是能否定他物对自己的否定,能把外在的他物同化到自身中,这在纯粹的自为存在这里就是多个自为存在统一为一个自为存在,这在表象中就是物质东西的相互吸引,多个物质东西相互吸引结合为一个物质东西这一运动。由以上所言可知,原子并不是对自为存在恰当的表象。原子是不可再分的物质东西,是物质的最小单元,这个观念与自为存在的概念不符。自为存在有其不能充分扬弃的否定性,故自为存在必然会分裂自己成为诸多自为存在。由自为存在的这一概念可知,对抽象的物质东西来说没有不可分的最小单元这种东西。

自为存在仍是一种直接的存在,而直接性就是外在性,故由自为存在排斥自身而来的东西作为自为存在自身的否定方面必然亦是一直接的存在。自为存在是自身无质的差异的纯粹的质,自为存在的否定方面是作为自为存在本身的一个环节绝对的自身否定,故自为存在的否定方面与自为存在是同一的。这是一普遍法则:一切东西一切概念的否定方面与这一东西或概念必然具有同一性,这一则表明每一东西的否定性否定的是这个东西的全体,二则表明这个否定的东西不过是原先东西的己外存在。比如,本质论阶段的差异是同一的否定方面,但差异本身也是一个自身同一的东西。自为存在的否定方面与自为存在是同一的,这表明那被自为存在排斥在自身外的否定方面亦是一自为存在或质的一,故可知自为存在的概念决定了自为存在作为自为的质的一必然同一地是多个一的相互外在和排斥,同时亦是这些一的相互吸引。

明白了以上所言的自为存在的概念,《小逻辑》后面对这一概念的所言大都不难把握了。

【正文】附释:自为存在是完成了的质,既是完成了的质,故包含存在和定在于自身内,为其被扬弃了的观念性(原译是"理想的",错误,应为"观念性")环节。自为存在作为存在,只是一单纯的自身联系;自为存在作为定在是有规定性的。但这种规定性不再是有限的规定性,有如某物与别物有区别那样的规定性,而是包含区别并扬弃区别的无限的规定性。

【解说】自为存在是完成了的质。质是存在论的第一阶段,第二阶段是量,第三阶段是尺度。存在概念作为第一阶段质的存在的开端尚空无任何规定。定在作为质的存在的发展有了规定性,但其规定性是直接的质,故是被规定的质,亦即定在所是的质的规定性是来自他物而非来自自身,故定在是为他的存在而非自为存在。质的领域的最高阶段和完成是自为存在。自为存在仍然是质的存在，但作为质的存在的最高阶段和完成，自为存在所是的质的规定性是来自自身的无限的质这一无限的规定性，亦即是自己规定自己或自身否定的规定性。一切规定都意味着某种否定或区别，但自身否定亦即自身规定的规定性其所包含的区别只能是来自自身，故同时是在自身内扬弃了的。

　　自为存在所包含并且扬弃在自身内的区别为何？《小逻辑》对此基本未提，这要看大逻辑。自为存在是为自身的存在，故这里就有了两个环节：一是为他——这个他是自身——存在，二是为他存在所为的那个自身，自为存在所包含的区别首先就是这两个环节的区别。这个区别是自为存在自己建立的。自为存在是为自身的存在。为了能够为自身，首先要否定或分裂自身，故自为存在是能动的自身否定，把自己分裂为二：作为为他存在的自身和这个为他存在所为的自身，亦即自为的自身。这两个环节显然是同一的，并且前者是扬弃在后者中的，这两个环节就如此统一为或者说融合为一个自为存在，一个自为的一。比如，我就是人们最熟知的一种自为存在。我就是自我意识，自我意识就是我以我自身为对象，故自我意识首先是我的能动的自身分裂，分裂为作为被知的对象的我和能知能动的我，前一个我同时是扬弃在后一个我之中，故二者是同一个我，统一为一个能知能动的我。当然，自我意识这种自为存在与存在论阶段的自为存在是有区别的，前者的内容比后者丰富深刻得多；比如，我所知的一切对象、观念等都首先被扬弃在被知的我中，故可知我作为自为存在所包含和扬弃了的区别不仅仅是能知的我和被知的我的区别，同时还包括那扬弃在被知的我之内的我所意识到的诸对象或观念之间的区别。但存在论阶段的自为存在是最抽象的自为存在，其内容亦即其所包含和扬弃的区别是最抽象的，区别的两环节都是纯粹的质的一，这个质的一是为他的存在，但其所为的是自身，所以亦是自为存在，是为自身而存在的质的一，自为存在本身作为质的一是作为为他存在的质的一与其所为的质的一的统一或融合。

　　又，说自为存在的规定性"是包含区别并扬弃区别的无限的规定性"，这里所说的区别还应括不同的自为存在的区别，因为不同的自为存在从概念上讲来自自为存在自身的那个区别或否定方面，由此才有了诸多彼此外在的自为的一，故诸多自为存在的区别应看作是包含在自为存在的概念中的。不同的自为存在是彼此外在对立的否定关系，故自为存在必须有能力扬弃其他自为存在对自己的否定才能保持自己的自身统一。但这种来自其他自为存在的否定同一地就是不同自为存在的区别，所以说自为存在所包含并扬弃了的区别是包括彼此外在的不同自为存在的区别的。

自为存在必然"包含存在和定在于自身内,为其被扬弃了的观念性环节"。自为存在首先(是)存在,其次它是规定了的存在亦即定在,所以说存在和定在在自为存在这里都是被其扬弃了的观念性环节。

"自为存在作为存在,只是一单纯的自身联系"。"单纯的"原文是 einface,亦可译为简单的、纯粹的。贺译本在这里译为单纯的是很准确的,意思是:尚无任何内容的,尚未得到规定的。这句话的意思就是:自为存在作为存在,只是一尚未得到规定的完全空洞的自身联系,就是说存在概念是一尚未得到规定的空无内容的自身联系。空洞的存在概念所是的这种自身联系就是前面在解说本节正文时只是提到而未加以解释的自身联系的第二种意义。作为逻辑学的开端的那空洞的存在虽然不可表象,虽说空无内容,但自在地却是以逻辑学的全体和完成:绝对理念为其中介的。思辨逻辑学是全体在部分之先全体决定部分的东西,故绝对理念自在地是逻辑学中任何一个概念的中介,当然亦是逻辑学开端的那空洞的存在概念的中介,存在概念事实上是绝对理念自身之作为一简单的无中介的直接东西。绝对理念是以自身为对象的绝对物,是绝对的自身等同,存在乃是这一绝对的自身等同之作为一简单的无中介的东西,故存在概念是一简单的直接的——亦即无中介的——自身联系,是一种抽象的自身映现,存在概念的空无内容表现为它所是的那一自身联系是空无任何规定的,故是单纯或纯粹的自身联系或自身映现。存在概念与绝对理念自在地所是的这一关联意味着,存在概念的自觉事实上是以逻辑理念的全体自在地已达到或完成为前提的,这在哲学史上表现为,巴门尼德对存在概念的自觉作为希腊哲学的逻辑开端是以希腊的自由精神为前提的。希腊人的自由精神实现或表现在希腊人生活的诸多方面,它首先和决定性地实现或表现在宗教中,因为宗教是民族精神的首要和决定性的表现形态。自由精神的逻辑内涵是那自己规定自己自己决定自己的理念的全体,简单说来就是绝对理念。所以说,巴门尼德对存在概念的自觉自在地以希腊的自由精神为前提,实际即是以逻辑学的全体和完成:绝对理念为前提,它是希腊人的自由精神亦即绝对理念之作为——亦即映现自身为——一单纯或纯粹的自在存在着的思想而被自觉,绝对理念所是的那绝对的自身等同在这里就成为无中介的单纯的自身联系自身映现,此即空洞的存在概念。

其实,存在概念是单纯的直接的自身联系,这一点可以更简单地证明。思辨逻辑学的所有概念都是思维与存在的一种绝对同一,这种绝对同一的具体内容或规定构成了不同概念的内容及其区别。存在概念是思维与存在的一种绝对同一,所以说是存在与其自身——或者说是思维与其自身,这两个说法是一回事——的一种绝对的同一关系亦即自身联系,存在概念的空无内容则表现为这一自身联系的空无规定,亦即是一种单纯的自身联系。存在概念是无中介的直接存在,故存在概念是一无中介的单纯的自身联系。由于一切概念一切东西首先都(是)存在,故可知一切概念一切东西都首先是一单纯的直接的自身联系。由此可知,这一附释前面的那一正文中的第一句话:"自为存在,作为自身联系就是直接性"完全可以另作他解。这句话里的"自身联系"可理解为存在概念所是的这种自身联系,"直接性"就可理解为存在概念所是的那最抽象的无中介的直接性,这样的话这句话与附释中的"自为存在作为存在,只是一单纯的自身联系"这句话就是一个意思了。

【正文】我们可以举出我作为自为存在最切近的例子。我们知道我们是有限的存在,首先与别的有限存在有区别,并且与它们有关系。但我们又知道这种定在的广度仿佛缩小到了自为存在的单纯形式。当我们说我时,这个"我"便表示无限的同时又是否定的自我联系。我们可以说,人之所以异于禽兽,且因而异于一般自然,即由于人知道他自己是"我",这就无异于说,自然事物没有达到自由的"自为存在",而只是局限于"定在"〔的阶段〕,永远只是为别物而存在。

【解说】一切自为存在都同时是存在和定在。"我"这种自为存在作为定在"与别的有限存在有区别,并且与它们有关系",因为定在就是诸多规定了的存在,并且其规定性来自他物,故定在同一地意味着诸多定在的关系:我与他人的关系、我与这本书那棵树的关系,在这里我、他人、这本书、那棵树都是作为定在而有的彼此关系。但我、他人、这本书那棵树又都不仅是定在,它们还都是自为存在,作为自为存在都是某种自为的一。作为定在的我的广度就是我所有的诸多规定性,比如我的体重、身高、我的身体、我意识到的对象、我的意识中的观念、我的诸兴趣爱好、我与他人和他物的关系等等。但在作为自为存在的我这里,作为定在的我的这种广度仿佛浓缩为单纯的一。这个一是自为的一,自为的一就是自为存在的单纯形式,就是这里所考察的最抽象的自为存在。"我"这种自为存在当然没有这里考察的那单纯的亦即最抽象的自为存在那么抽象,前者的内容或规定性远比后者丰富深刻。但一切自为存在都是一种自为的一,这个一是某种无限的同时又是否定的自我联系(译成自身联系更好),"我"就是一种无限的同时又是否定的自身联系。无限是指自身规定,否定的是说自身规定同时是自身否定。"我"所是的否定的自身联系亦即我的自身否定有好几种含义,一是,我作为定在所有或所是的一切特殊东西特殊规定都被我扬弃和超越了,其意思乃是:我在我的一切具体规定那里同时是在我自身中,用康德的话说就是"我思伴随着我的一切表象",这就是我超越了我的一切具体规定性的自由。但康德这句话并没有穷尽黑格尔这里说的"我"是一种无限的同时又是否定的自身联系这句话的含义。"我"是无限的自身联系,无限性意味着自己规定自己,这意味着作为定在的我所有或所是的一切具体规定都来自我的自身否定,用黑格尔的话说就是:概念的普遍性特殊化自己,使自己成为诸多特殊的东西,而"我"就是一种概念的普遍性,这乃是"我"是否定的自身联系这句话的第二种含义。这句话的第三种含义是,我是自身否定,我就分裂为自为的能知的我与作为对象的被知的我,而能知的我作为对被知的我的意识乃是对被知的我的扬弃,亦即我与作为对象的仿佛是一种异己东西的那个我的联系实则是一种自身联系。显然,这第三种含义就是自我意识概念的基本含义。

"人之所以异于禽兽,且因而异于一般自然,即由于人知道他自己是'我',这就无异于说,自然事物没有达到自由的'自为存在',而只是局限于'定在'〔的阶段〕,永远只是为别物而存在。"自为存在是一种自由,因为自由就是自身否定,就是自己规定自己,就此来说禽兽是有某种自由的,因为禽兽是一种生命,而生命是自然中的自由。但禽兽的这种自由只是自在的,因为禽兽不知道自己是自由的,这表现为禽兽说不出"我",故禽兽不是"我",不享有自由,只是在我们看来禽兽才拥有某种自由,比如禽兽能自身运动,所以说叫动物,无机物就没有这种能动性或自为性,无机物只是被动。但禽兽不知道自己的这种能动性亦即自为性或自由,禽兽的生活因此仍是完全束缚在种种偶然和必然的自然力量之中而丝毫不享有自由,禽兽是不自由的仅仅自在着的自为存在。有理性的人则不同,因为人能说出我,人知道自己是我,这意味着人知道自己是自由的,亦即人是自由的自为存在,故人能超越与一切有限物的偶然或必然的关系(如偶然的欲望、情感及必然的自然律)而回到自身,意识到自身,须知意识已经是一种超越,意识到对象就是扬弃对象于意识自身中,使自己在与对象的关系中成为自由;说出我,亦即意识到自身,则是更高的自由。前一种自由是与自然的关系中的自由,它尚不具有自由的形式,因为自然根本上只是自在存在,必然性就是最高形式的自在存在,故自然作为意识的对象是有必然性的,意识形式上须服从这种必然性,似乎是没有自由的。但说出我的这种自由则是我与自身的自由关系,这乃是自然之上之外的精神自由的开始。

禽兽生命是自然的最高阶段,生命的局限就是自然的局限。禽兽的生命自由是束缚在自在存在之中的,故自然根本上仅是自在存在,比如必然的自然律就是一种自在存在,动物生命就有其无能超越的必然性,比如生理学生物学的诸多必然法则就是生命无能超越的。自然根本上仅是自在存在,而仅是自在存在的东西同一地是为他存在,比如自然科学所说的必然的自然律都是被规定的,亦即每一必然的自然律的根据都在这一自然律之外,犹如原因在结果之外一样。故黑格尔说"自然事物没有达到自由的'自为存在',而只是局限于'定在'〔的阶段〕,永远只是为别物而存在。"因为定在就是仅仅自在存在的东西,就是其规定性来自他物永远只是为别物而存在的东西,所以说一切自然物根本上都仅是一种定在。自然中有自为存在(如生命),甚至自然本身亦即作为一全体和总体的自然宇宙亦可说是一种自为存在①,但自然不知道自己是一种自为存在,故自然没有自由,即便是最高的自然事物如生命、如整个自然或宇宙本身,也仅是不自由的自为存在。

【正文】再则,自为存在现在一般可以认为是理想性,反之,定在在前面则被表述为实在性。实在性与理想性常被看成一对有同等独立性,彼此对立的范畴。因此常有人说,在实在性之外,还另有理想性。但真正讲来,理想性并不是在实在性之外或在实在性之旁的某种东西,反之理想性的本质即显然在于作为实在性的真理。这就是说,若将实在性的潜在性加以显明发挥,便可证明实在性本身即是理想性。因此,当人们仅仅承认实在性尚不能令人满足,于实在性之外尚须承认理想性时,我们切不可因此便相信这样就足以表示对于理想性有了适当尊崇。象这样的理想性,在实在性之旁,甚或在实在性之外,事实上就只是一个空名。惟有当理想性是某物的理想时,则这种理想性才有内容或意义,但这种某物并不仅是一不确定的此物或彼物,而是被确认为具有实在性的特定存在。这种定在,如果孤立起来,并不具有真理。

【解说】这一段正文所言与§95〔说明〕部分的最后一段正文重复,这里就不赘言了,而只想强调一点:真正的理想与实在或现实的不可分离其表现形式有二种,一是理想内在于尚不具有理想性的实在东西中,并且必然会实现出来,但实现出来的理想作为那实在东西的真理却显得是与它不相干的另一种东西;并且,这种实在东西的恶的无限的重复(比如感性物亦即定在的生灭变化,又比如运用因果范畴为某种实存寻找原因,再找原因的原因这种无休止的努力)具有两种意义:一是,它是这种实在东西自身不具有理想性的表现和证明;二是,它可看作是不具有理想性的实在东西向理想的实在的向往,是这种东西向理想东西过渡的失败尝试。定在与自为存在的关系就是这种情况。定在就是感觉或知觉所把握的实在,如这个红的东西那个热的东西,自为存在则是靠思想才能把握的,其最恰当的表象就是在空间中无休止地运动的抽象物质,但将其表象为原子或牛顿力学所说的微粒这种东西也不算太离谱。前面所言的定在与自为存在的关系告诉我们,物质是变化不已的感觉东西所向往而又达不到的理想和真理,这两种实在东西的事实

---

① 自然是绝对理念的他在,亦即理念的一种存在形式,而一切理念都是一种自为存在,故自然本身是一种自为存在。

上的不可分离是思维告诉我们的,而抽象理智告诉我们的正相反,是二者的不相干。

又比如,用因果概念去思维,寻找某种实在事物的原因。但原因在本质领域根本上亦是一种为他存在的有限物,不具有理想性,因为理想是自为存在的无限物,故对一个原因总是可以再问其原因是什么,这种追问是无止境的,是一种恶的无限。它的真理,它所向往而总是达不到的理想则是概念论所说的概念和理念。这种概念或理念本身可以同时是一种实存,比如自然中的生命及人的精神,故可知完全可以说,生命是内在于受因果必然性支配的无机的自然东西中的,它是后者的真理,是后者向往而又达不到的理想,原因之外还有原因这种恶的无限就是无机自然向生命过渡的失败尝试,而生命作为无机自然的真理却显得是在无机自然之外的东西。但在概念和理念这里,我们见到了理想与实在或现实的不可分离的第二种表现形式。如上所言,第一种表现形式是:某种实在东西的理想性仅是相对于不理想的实存而言,它自身并不具有理想性,根本上仍是为他存在。理想与实在的不可分离的第二种表现形式是:实在东西的理想性不再是相对的而是绝对的,理想本身是完全的绝对的自为存在,是完全的绝对的自身否定或自身规定,故这种理想东西的实存完全来自理想自身,以至于没有在这种理想的实存东西之外的实存;因为,如果有这种实存的话,这种实存就在那个理想之外构成了对它的否定,那个理想就不能说是充分的绝对的自为存在了。生命在一定程度上已开始是这种理想的实存,因为生命有能力扬弃无机的自然东西对自己的否定,从而证明生命东西的实存完全来自自身,这就是生命的概念或理念,生命在一定程度上可说是第一种可称之为充分的绝对的自为存在的东西。当然,最充分最完全意义的理想或自为存在乃是绝对理念,它的实存乃是全部自然和精神东西的总和和统一,任何有限的自然或精神东西都是绝对理念的实存的一部分。

【正文】一般人区别自然与精神,认为实在性为自然的基本规定,理想性为精神的基本规定,这种看法,并不大错。但须知,自然并不是一个固定的自身完成之物,可以离开精神而独立存在,反之,惟有在精神里自然才达到它的目的和真理。同样,精神这一方面也并不仅是一超出自然的抽象之物,反之,精神惟有扬弃并包括自然于其内,方可成为真正的精神,方可证实其为精神。

【解说】这里所说的精神包括意识和自我意识,但不仅仅是意识和自我意识。意识是对他物或对象的意识,自我意识是能说出我的意识。自我意识还包括诸多自我意识的关系,道德就属于这种自我意识。黑格尔指出,意识和自我意识只是精神的现象,还不是精神本身。精神本身作为客观精神是社会、国家、伦理、历史这些东西,作为绝对精神就是宗教、艺术和哲学。当然,感觉、想象、情感也属于精神,叫主观精神,意识和自我意识也都属于主观精神的范围。主观精神、客观精神、绝对精神,一个比一个层次高,彼此都有质的差异,后者不能还原为前者,比如社会契约论所犯的错误就是把客观精神(社会)还原为自我意识;马克思说宗教是自我意识的异化,这个说法就犯了把绝对精神(宗教)还原为自我意识这种主观精神的错误。又,虽然感觉与意识都属主观精神,但二者有质的差异,意识亦即对自然的知识就不能还原为感觉,反映论就犯了这个错误。

精神区别于和高于自然的地方有二:第一它是知,第二,它所是的这个知及所知的对象都是精神自身能动地建立起来的,并且精神对其对象的知是一种自身肯定。如果精神或知在对象那里达不到自身肯定,它就会通过改变自身——这同一地亦是改变对象——以达到这种自身肯定,因为精神的概念就是绝对的自知,是绝对的自为存在或自身同一。比如康德已经证明,意识在那仿佛是独立于意识的外在对象那里其实是与自身同一。当然,直接看去有在对象那里达不到自身肯定或自身同一的所谓精神,如原始人的精神或精神病人的精神,原始人对自然的恐惧及精神病人的精神分裂都是精神未达到起码的自身同一自身肯定或丧失了这种自身肯定自身同一的表现,这都是不真实的精神,是精神的病态,故可知真实的具体的精神必然是精神作为知在对象那里的自身肯定自身同一,精神必然会达到这种自身同一,因为它的对象根本上讲就是它自身,精神就是自己否定自己,使自己成为自己的对象,而精神自身作为对这个形式上看是异己的对象的知乃是精神的自身肯定,那异己的对象由此完全被扬弃在能动的精神自身中了。所以说精神既有实在性又有理想性。精神作为以自身为对象的自为存在是理想的东西,精神本身则是一种实存,精神作为知就是一种实存或实在东西。一般人们所说的实存只是无精神的自然中的实存,不知道精神东西是更高更真的实存,更不知道无精神的自然实存根本上说是来自精神的实存,自然的实在性是从属于精神的实在性的。自然作为现象乃是意识的对象,自然本身则是绝对理念的对象。但康德已经证明,自然作为现象,作为意识的对象,是由意识之后的能动的精神建立的,所以说作为现象的自然是为精神而存在的,黑格尔则证明,自然本身作为绝对理念的对象是绝对理念建立的(见逻辑学最后向自然的过渡),在宗教表象上就叫上帝创造世界。所以说自然的实在性从属于精神的实在性,自然根本上是为他存在,故不具有理想性,精神才具有理想性。自然是精神的产物,自然依赖精神或绝对精神(绝对理念是纯粹的绝对精神),这与朴素唯物论的见解正好颠倒。朴素唯物论认为自然是与精神不相干的独立自在的东西,这是认自然不仅具有实在性亦具有理想性,因为独立的东西就是自为存在。唯物论的见解乃是一种抽象,这个抽象把自然为之而存在的精神抽象掉了,它不知道真理是自然与精神的不可分离,自然是精神和绝对精神的产物。当然这个抽象不是纯然主观的,它在真理或精神中是有某种根据的。对自然的这种朴素唯物论的见解停留在主观精神阶段的意识这一环节上,它对意识本身是一种抽象、意识从属于更高的精神东西等完全无知。意识的立场就是认意识的对象是不依赖意识的独立自在的东西。朴素唯物论的立场是不容易克服的,自然科学家的自觉思维皆是这一立场,甚至是千古伟哲康德都未能充分超越这一立场,康德那著名的自在之物就是对此的证明。

以上讨论证明,"自然并不是一个固定的自身完成之物,可以离开精神而独立存在,反之,惟有在精神里自然才达到它的目的和真理"。自然是为精神而存在的,它只是真实具体的精神中的一抽象环节,这一抽象东西在精神那里才达到完成,精神作为自然为之而存在的东西是自然的目的或真理。"同样,精神这一方面也并不仅是一超出自然的抽象之物,反之,精神惟有扬弃并包括自然于其内,方可成为真正的精神。"因为真实的精神是其与自然的不可分离。这种不可分离具体说来是:自然是精神的产物,精神本身则是超越了自然,把自然扬弃为自身内的一个环节。精神超越了自然,自然是为精神扬弃了的,这并非是仅能通过哲学思辨或宗教信仰才能把握的真理,有理性的常人的意识事实上已是对此的证明。自然是意识的对象,但这个对象完全是观念性的,就是说有起码理性的人在对自然的关系或意识中完全是自由的,不会像无知的古人那样依赖偶然的自然现象来决定意识自身的行为。原始人及无知的古人经常用占卜来做决定,占卜算卦这些迷信东西的本质就是精神受自然奴役,依赖偶然的自然现象来决定或规定精神自身。有理性的人的意识则完全超越了自然,在对自然的关系中取得了自由,自然在理性的意识中完全被扬弃为与精神不相干的、从属于精神或意识的观念性东西了。并且,只有在超越了自然的理性意识中真正的自然亦即自然本身才向精神显现出来,精神由此才取得了对自然的真的认识(此即科学);此亦即是,自然只有在超越了自然的理性精神中才成为它自己,才符合自然的概念,而自然的概念是:自然是为精神而存在的,自然只是理性精神中的一扬弃了的观念性环节。又,由以上讨论亦可知种种唯灵论思想的错误。比如某些片面的哲学和宗教教导说,这个世界、肉体是败坏的可恶的,甚至是虚幻的,人的精神或灵魂只有脱离肉体束缚放弃感性世界才能达到理想和自由,摆脱了肉体的精神或灵魂才是真实的存在。这种抽象的唯灵论所犯的错误和唯物论正好相反,后者认为自然可以脱离精神独立存在,前者则把这种抽象的独立性赋予精神。脱离自然的精神与独立于精神的自然都是对真实的存在或真理的一种抽象,都是不真实的。说这个世界是败坏的,这有相当的合理性;但现实世界的恶并非来自自然而是来自精神,摆脱或战胜恶不是靠弃绝身体和自然,而是靠精神的重生,基督教的原罪说和重生的说法所以说是有真理性的。

【正文】说到这里,我们顺便须记取德文中 Aufheben(扬弃)一字的双层意义。扬弃一词有时含有取消或舍弃之意,依此意义,譬如我们说,一条法律或一种制度被扬弃了。其次,扬弃又含有保持或保存之意。在这意义下,我们常说,某种东西是好好地被扬弃(保存起来)了。这个字的两种用法,使得这字具有积极的和消极的双重意义,实不可视为偶然之事,也不能因此便责斥语言产生出混乱。反之,在这里我们必须承认德国语言富有思辨的精神,它超出了单纯理智的非此即彼的抽象方式。

【解说】Aufheben 这个词的一个意思是抛弃,另一个意思是保存。康德、费希特都用过这个词,但都不是"扬弃"的意思。把这个词的这两个意思综合,使其具有"扬弃"的意思,应该是从黑格尔开始的。"扬弃"在汉语中也是新词,是诗人李季(著名新诗《王贵与李香香》的作者)在 1951 年创造的,他创造这个词就是为了翻译黑格尔和马克思的 Aufheben 这个词①,这个词以前音译为"奥付赫变"。李季造的这个新词非常成功。"扬弃"顾名思义既有继承发扬的意思,又有否定抛弃的意思,与黑格尔赋予 Aufheben 的那一新意完全相符。黑格尔以这个词为例说德语富有思辨精神,我德语不好,对此无能发表意见。但有一点是肯定的:一个民族的哲学与其语言是有内在的一致性的。但我们不能因此就说哲学来自语言,语言是存在的家。哲学与语言的这种一致性是有中介的,这个中介就是精神,一个民族的哲学同其语言一样是这个民族的精神的产物。哲学和语言一样都来自精神,但哲学经由精神这一中介而与语言的关系在不同民族中是不一样的。对某些哲学,可以说不掌握这个民族的语言是无能学习的,比如中国的禅宗哲学。禅宗思想与汉语的某些特殊的质料东西相关,这种质料因素与理性的普遍性没有同一性,故是不可译的。禅宗在这一点上类似于唐诗宋词。唐诗宋词很美,但这种美与汉语的某些特殊的质料因素密切相关,这种质料东西并不同时具有理性的普遍性,故唐诗宋词的美是不可译的,想欣赏唐诗宋词的美非得懂汉语不可。但并不是所有哲学都是不可译的,诗也是如此。比如希腊神话和史诗,如果翻译好的话,中国人完全能欣赏它们的美。我读的希腊神话史诗是楚图南先生的译本,我觉得译得非常好,原作的美被充分表达出来了。

为什么唐诗宋词的美不可译而希腊神话和史诗的美却是可译的? 原因是,唐诗宋词的美不具有理性的普遍性,亦即这种美不是黑格尔所说的理想的美,希腊神话和史诗的美则具有这种真正的普遍性或理想性。当然,希腊神话和史诗作为

---

① 引自陈兆福"奥付赫变(aufheben)译运"(《博览群书》2001 年第 6 期)。

诗歌肯定有与古希腊语的某些特殊的质料东西密切相关的方面,这一方面当然也是美的,却是不可译的,犹如唐诗宋词的美一样,原因是一样的。黑格尔有言:美是理念的感性显现,这个理念指理性的普遍性。理性是普遍的人性,理性的普遍性就是人性的普遍方面,这一普遍性是超越一切民族的人种、语言、历史、风俗等特殊方面而内在于所有文明民族的精神深处的。并不是每个民族都能意识到这一普遍的人性,但合乎普遍人性的东西一旦被充分地自觉和表达出来后,一切有起码的理性开化的文明民族必然都能欣赏,这一欣赏过程就是深藏于心灵深处的普遍人性被唤醒的过程。普遍人性是精神的真正的普遍性,是完全超越的,故它是超越任何特殊的民族语言的。精神决定语言,精神的东西一旦被自觉被达到,它必然会找到恰当的语言或语词来表达自己,因为语言是精神的纯粹表象或定在,真实具体的精神只能通过语言且必能通过语言来表现或实现自己[①]。由于那本身就是普遍人性的理想东西是超越一切民族语言的特殊性或局限的,这就意味着,合乎普遍人性的理想东西是可以籍任何文明民族的语言来表达的。希腊神话和史诗的美的本质方面是对普遍人性的某种自觉,这种自觉以感性的形式表达就是黑格尔所说的理想的美。每个文明民族都有其美的理想,比如汉民族美的理想就充分表达在唐诗宋词中。美的理想就是美本身。不管是哪种艺术形式,不管是哪个民族的艺术,达不到理想就不美,达到了理想才是美的。每个民族都有其美的理想,但一种美亦即美的理想是否具有真正的理想性却是另一回事。由上述讨论可知,在古代唯有希腊艺术达到了真正的理想性,在诗歌中唯有希腊神话和史诗达到了真正的理想性。古希腊人能达到美的真正的理想是不奇怪的,这根源于希腊人的自由精神,这一自由精神不仅表现在希腊宗教和艺术中,亦表现或实现在希腊人生活的一切方面,比如民主政治,比如希腊人的体育竞技,当然亦表现或实现在希腊科学和哲学中。自由精神就是理性精神,自由的理想就是理性的最高理想,自由就是最高最普遍的人性和理性,故可知自由的理想是内在于一切文明民族的心灵中的,这就是为何各民族的人都能欣赏希腊神话和史诗的美,都能在对其阅读中获得极大的精神愉悦的根本原因。各文明民族都能欣赏希腊神话和史诗,甚至都能通过自己的民族语言来欣赏它,但唯有古希腊人能创造出这种具有真正的理想性的美的艺术,这正是希腊人精神的卓越之处,这一卓越之处根源于,在公元前的古代世界中唯有希腊人的精神是真正的自由精神,唯有希腊人的精神自觉到了自由这一最纯粹最普遍的理性,达到了人性或理性的最高理想。

---

① 故可知,一个人说自己的思想如何深刻以至于难以用语言去表达,这事实上只是掩饰自己无思想的借口。

其他文明民族对自由并非一无所知,艺术美就是自由精神的感性显现,而每个文明民族都有其美的理想,都在其艺术尤其是诗歌中表达了这一理想,所以说每个文明民族对自由都是有所知的。但唯有古希腊人对自由的自觉是充分的纯粹的,而其他民族对自由的自觉则都受到了其民族文化的那些仅仅特殊的东西的严重束缚,无能达到自由的理想。

以上对艺术如诗歌之所言对哲学亦完全成立。某些哲学如中国禅宗思想不可译,但从希腊到黑格尔的西方古典哲学却是可译的,原因即在于西方古典哲学的内容是真正的纯粹的理性,亦即是普遍的人性,所以说西方古典哲学是超越了任何一民族语言的特殊局限的,尽管这种哲学最初是籍某些民族语言产生的。故可知,希腊哲学和德国古典哲学是可译的,各文明民族的人完全可以通过本民族语言的翻译去学习研究它们,如同可以籍本民族的语言去学习和研究西方科学一样,因为西方古典哲学的内容和西方科学一样都仅来自纯粹理性,而纯粹理性是普遍的人性,它内在于每个文明民族的心灵中。故可知,西方古典哲学的内容和西方科学一样并不仅属于西方民族,而是属于每个文明民族,属于全人类,因为它的内容来自纯粹理性,而纯粹理性就是普遍的人性。以上所言并不是要大家不去学外语,不懂古希腊语,不懂德语,对我们学习希腊哲学和德国古典哲学肯定会有不便。但外语好并不意味着西方哲学就能学好,外语不好也不意味着西方哲学就一定学不好。任何一种自然语言作为自然形成的民族语言都有其仅仅特殊的方面,都是一种特殊的表象形式,而西方古典哲学则是超越了一切仅仅特殊的东西的纯粹理性的东西,属于超越一切表象的纯粹的绝对的自由精神,这二者可不是一回事。

§97

【正文】(β)否定的东西的自身联系是一种否定的联系,也是"一"自己与自己本身相区别,"一"的排斥,或许多一的建立。按自为存在的直接性看来,这些多是存在着的东西,这样,这些存在着的"一"的排斥,就成为它们彼此的相互排斥,它们这种排斥是当前的或两方相互的排除。

【解说】这段正文的意思前面的解说中已充分阐明,这里就不多说了。

【正文】附释:只要我们一说到"一",我们常常就会立刻想到多。这里就发生"多从何处来?"的问题。在表象里,这问题是寻不着答复的,因为表象认多为直接当前的东西,同时也只认一为多中之一。反之,从概念来看,一为形成多的前提,而且在一的思想里便包含有设定其自身为多的必然性。因为,自为存在着的"一"

并非象存在那样毫无联系,而是有近似定在那样的联系的。但是这种"一"的联系不是作为某物与别物的联系,而是作为某物与别物的统一而和自己本身相联系,甚至可以说,这种自身联系即是否定的联系。因此,"一"显得是一个纯全自己与自己不相融自己反抗自己的东西,而它自己所竭力设定的,即是多。我们可以用一个形象的名词斥力来表示自为存在这一方面的过程。"斥力"这一名词原来是用来考察物质的,意思是指物质是多,这些多中之每一个"一"与其余的"一"都有排斥的关系。我们切不可这样理解斥力的过程,即以为"一"是排斥者,"多"是被排斥者;毋宁有如前面所说的,"一"自己排斥其自己,并将自己设定为多。但多中之每一个"一"本身都是一,由于这种相互排斥的关系,这种全面的斥力便转变到它的反面——引力。

【解说】这段正文还是在解释多从何来?为什么不是仅有一就了事,而是还有多亦即多个一?对表象意识或常识思维来说这不是问题,"因为表象认多为直接当前的东西",就是说常识思维认为多亦即多个一的存在是不言而喻自在自明的。表象思维"同时也只认一为多中之一",就是说表象思维只知道作为多中之一的一,不知道作为自为存在的概念的一。多中之一的那种一只是一个表象,而作为自为存在的概念的一则是概念,概念与表象可有着无限的差异。比如,一切概念都是一绝对的自身否定,而表象东西只是一抽象的自身同一;又,概念是思维与存在的绝对同一,表象东西则是以思维与存在的分裂为前提的,它要么仅是一种单纯的存在或客观东西(如一个对象或物体),要么只是一种单纯的思想或主观东西(如一个抽象观念)。

"自为存在着的'一'并非象存在那样毫无联系,而是有近似定在那样的联系的。但是这种'一'的联系不是作为某物与别物的联系,而是作为某物与别物的统一而和自己本身相联系"。作为逻辑学开端的那空洞的存在是无中介的直接性,故它毫无内容,亦即毫无联系。内容就是规定性,而规定就是否定,规定性就是一种否定的联系,但这种联系也是那空洞的存在概念没有的。有人说存在与无或非存在是一种否定的联系。但纯有与纯无的直接等同或同一不是任何一种联系,因为联系的双方须有差异,而纯有和纯无没有任何差异。但定在却是一种联系,定在所是的这种联系来自定在的规定性。定在是直接的质的存在,而一切直接的质都会过渡为它的否定方面(如热的东西会变为冷的东西),故一切定在作为某物都是向作为他物的另一定在的过渡,这就是定在本身所是的那种联系。自为存在或一"有近似定在那样的联系",这句话可有两种理解。一是:不同的自为存在是有联系的,这种联系类似于不同的定在之间的联系,如某物和他物的联系。第二种理解是:定在所有或所是的联系是基于定在本身的规定性,自为存在或一所有或所是的联系也是类似的，这种联系是基于自为存在本身的规定性。但由于定在和自为存在的规定性的差异，这两种东西的内容或联系是有重大差异的。定在所有或所是的联系是两个不同质的东西的联系，而自为存在所有的联系的双方则没有质的差异，所以说这种联系不是"作为某物与别物的联系"，须知某物与他物是有质的差异的。自为存在所有或所是的联系的双方没有质的差异，这种联系无论理解为两个不同的自为存在的联系，还是理解为同一个自为存在自身中的联系，实际上是一回事：自为存在所有或所是的联系是"作为某物与别物的统一而和自己本身相联系"。自为存在是某物与别物的统一，在这种统一中质的差异消失了，故自为存在的内容或规定性乃是自己与自己相联系。联系的双方是对立的，但对立的双方无质的差异，双方都是自为存在或一。自为存在所是的这种自身联系首先存在于自为存在自身中，每个自为存在都是这种自身联系。但自身联系就是自身否定，自为存在作为一种直接的存在，其所是的自身否定必然表现为是直接的。直接的就是外在的，故自为存在基于其自身联系或自身否定的规定性，同时就是不同的自为存在，是不同的自为存在或一的外在区别或对立，这就是斥力。但不同的自为存在又是同一的，因为彼此无质的差异，这种同一性叫引力，引力就是自为存在的自身联系亦即自身同一。引力与斥力是对立的，但二者又是互为前提，并且相互过渡为对方。自为存在作为一种自身联系乃是引力，但联系只能不同东西或对立的东西的联系，故自为存在首先须排斥自己成为自己的对立方，才能是自身联系。排斥自己是斥力，所以说引力以斥力为前提。自为存在由于是自身排斥，才是自身同一或自身联系，这乃是斥力过渡为引力。同样，自为存在作为一种自身排斥（斥力），它首先须是自身，能保持自身同一或自身联系（引力），否则它不可能排斥自身（斥力），所以说斥力以引力为前提，故自为存在由于是自身联系（引力），所以才是自身排斥（斥力），这乃是引力过渡为斥力。

引力和斥力无非是自身同一与自身否定这两个概念环节在自为存在概念中的特殊形式，是自为存在中的自身同一与自身否定这两个环节。一切东西或概念都是否定的东西，否定是无时无处不在的抽象而绝对的力量，这是前面已阐明的。否定性是绝对的，在每个东西每个概念那里的绝对否定性否定的不是这一东西或概念的某一部分，而是这一东西或概念本身，亦即是这一东西或概念的全体。但在每个东西每个概念那里的否定性又是与这个东西或概念是同一的，故在每个东西或概念那里的否定的东西与这一东西和概念具有同一的内容，这也是前面已阐明的。自为存在是自为的一，故在自为存在那里的否定东西亦是这种自为的一。由于自为存在是直接的存在，故自为存在的否定性必然表现为诸多彼此外在并列的自为存在，所以说多（亦即多个一，或多个自为存在）来自一，来自自为存在本身,这也是前面已阐明的。抽象理智当然可以设想只有一没有多,宇宙就只有一个原子,自然数就只有一个唯一的数1。抽象理智是仅仅主观的思维,它所自觉的思想仅是抽象的同一律,在它看来只要不违反抽象同一律,一切都是可能的。自然科学的思维形式上看要比抽象理智高一些,它知道在抽象的同一律之外还有必然的自然律,但自然科学的自觉思维水平也没有超出抽象的同一律。常人(包括科学家)所知所承认的逻辑只是形式逻辑,但常人的自觉思维水平完全未达到传统形式逻辑自在地所是的思维水平,只是停留在抽象的同一律上,须知形式逻辑中的判断、推理其自在地所是的思维内容远远超出抽象的同一性。但形式逻辑仍只是一种抽象思维,一种不够真的逻辑。按那只知道形式逻辑的抽象思维,一之外还有多、自然数并非只是一个唯一的1、宇宙并非只有一个原子,这些就只是没有什么道理好讲只能被动接受的现成事实。但真正的逻辑却能洞见到一之外还有多的必然性,洞见到一与多的不可分离,洞见到一切经验和表象都逃不出那真正的绝对的逻辑东西的支配,没有在绝对的逻辑东西之外的东西。

数的1还不是这里所说的一与多中的一,但为何自然数不仅有1也有多?为何自然数1有任意多个?这里的道理同作为自为存在的一与多不可分离是一样的。自然数首先来自对自为存在的抽象。自为存在是自为的纯粹的质,把这种质的东西抽象掉,诸多自为存在的一就成为了诸多数的1这种抽象的观念物了。

作为自为存在的一与多不可分离,自为存在的概念决定了必然有任意多个自为存在或一,这一点可以解释,为何不是只有一个我而是有很多个我?我们知道人类不是孤岛上的鲁滨孙,不是只有一个人而是有很多人,每个人都是一个我,这是有道理的,是有必然性的。这一必然性就在于我或自我意识是一种自为存在。当然自我意识这种自为存在的内容或规定性远远超出纯粹的质的一这种抽象的自为存在,但自为存在却是自我意识的一切内容统一和扬弃于其下的一绝对的规定性。故可知,自为存在的概念所决定的一与多的不可分离也必然支配着自我意识,所以说不是只有一个我而是有很多个我,这是必然的,其必然性即在于自为存在的概念,在于我是一种绝对的自为存在。我们知道,胡塞尔现象学有一种主体间性学说,企图从纯粹意识或纯粹自我出发先验地构造出诸多个我。这种主体间性学说的优点在于它不把并非只有一个我而是有任意多个我无思想地看作是不言而喻的事实,而看作是有待纯粹理性去理解消化的东西。但主体间性学说的支离琐碎繁而无要使人有充分理由怀疑胡塞尔是否真正解决了这个问题。前面在对§95[说明]的解说中说过,一个领域一个问题不管其内容多深奥,真正能理解它把握它的概念常常是简单的,这甚至可说是一种辩证法:简单与深刻的辩证法。简单不是肤浅,复杂繁琐不是深刻,它倒常常是问题未解决未在概念上得到澄清、把握和解答的标志,各门科学在这方面都有极多的正反两方面的例子。黑格尔的自为存在概念简单明确而彻底地解答了多从何来、诸多个我从何而来这类问题,与胡塞尔繁而无要的主体间性学说的支离琐碎形成了鲜明对照。胡塞尔现象学的自觉思维水平只是意识和自我意识层面的知性反思,他基本不知道精神这个东西,黑格尔对康德费希特哲学的批评:停留在精神的现象层面,不知道精神本身①,对胡塞尔亦是成立的。主体间性问题属于自我意识层面,但自我意识的真理是精神,这表明自我意识自身是不自足的,自我意识领域的问题其根源常常在精神层面中,因为真理乃是:抽象或低级的领域自在地是受高级领域的东西中介或规定的。比如,道德属于自我意识层面的东西,但道德为何不具有客观性这个问题②在自我意识领域中就是无解的,这个问题的根源和解答属于超越了自我意识的伦理和宗教领域,而它们属于精神和绝对精神。黑格尔的自为存在概念属于逻辑学存在论阶段,关于存在论中的诸概念的恰当表象就是感性意识及其对象。但黑格尔是站在最高的概念论立场去叙述存在论阶段的诸概念的,因为不这样做对这些概念就没有真知,因为存在论自在地是被概念论阶段的东西中介了的。比如,否定这种无所不在的抽象而绝对的力量就来自概念本身,即便是存在论中的诸概念的否定性也都来自概念本身。观念不是概念,人们对存在、一、数只有表象或观念而没有概念,而思辨逻辑学考察的存在、一、数等东西不是表象而是概念。概念是纯粹的绝对的精神东西,存在概念、数的概念之类的术语本身就在提醒我们,人们熟知的存在、一、多、数等表象或观念其源头是在概念那里,亦即感性意识感性物的真理是那无限地超越了感性领域的精神东西。这表明,感性领域的问题,诸如为何不是仅有一而是亦有多,对其真正的彻底的解答是要诉诸精神的东西的。有人可能会疑惑:自为存在是存在论阶段的概念,其表象是原子、微粒等抽象的物质东西,而自我意识是超感性的精神领域的东西,为何能用相应于感性阶段的概念去理解解答超感性的精神领域的问题? 答案是,自为存在同否定性一样其概念都属于概念本身,这两者原本都是精神东西的根本规定。自为存在就是自由,一切自为存在的东西的个别性形式根本上都来自自由的精神东西的个别性。精神或概念本身是绝对物,一切未达到精神层面的东西自在地都是受精神东西中介或规定的,这就是为何某些感性物会具有自为存在或个别性形式的根本原因。故可知,用自为存在概念去解释主体间性问题:为何不是仅有一个我而是有诸多个我,这完全符合作为一种自由的精神东西的我的概念。现象学的自觉思维水平仅是知

① 《精神哲学》§415"说明"、《哲学史讲演录》第四卷第329页。
② 这个问题亦即是:为何有道德意识的文明人其行为常常是不道德的。

性反思,它不知道黑格尔所说的概念或精神这种东西,不知道精神的概念,故它在解答涉及精神东西的问题时会陷入支离琐碎繁而无要,是必然的。

存在论阶段的自为存在其表象或显现当然还不是"我",而是纯粹的感性物:物质。但不是被动的质料意义的物质,而是与空间、运动和力相关联乃至相同一的物质,亦即是力学所说的物质。力学考察的是最抽象最纯粹的物质,这种物质的纯粹内容首先就是自为存在这一概念。自为存在是超越了定在所是的感性的质的纯粹的质。抽象的纯粹的物质的不变性和不可入性都是对自为存在所是的那纯粹的质的不变性和自为性——这一自为性能扬弃来自他物的否定——的表象。如果物质没有不可入性,这意味着某些来自他物的否定能引起物质的实质性改变,这就证明物质在某些方面是为他的存在,纯粹物质的那抽象而绝对的自为性就不成立了。但与自为存在这一概念相应的那种抽象物质与大家熟悉的牛顿力学所说的物质还是有区别的。牛顿力学所说的物质其本性是静止不动的,这被表述为牛顿第一定律亦即惯性定律:物质在未受外力作用或外力作用彼此抵消时,物质保持静止或匀速直线运动。惯性就是惰性,惯性定律就是说,物质是有惰性的,亦即物质的本性是不动的,物质运动的原因只能是外在的。但作为自为存在的表象的那种物质其本性却是运动不已的,古希腊留基伯的原子论所说的原子就是这种物质的一种抽象形式。牛顿力学说物质的本性是不动的,物质运动的原因只能是外来的。在牛顿那个时代,西方人所知的宇宙还只是太阳系,太阳系作为一个整体为什么运动不已? 按照牛顿的惰性物质观,太阳系本身运动不已的原因只能到太阳系之外去找。但太阳系是当时人们已知的物质世界的全体,故所谓到太阳系之外去找太阳系运动不已的原因,这只能是为太阳系或整个物质世界的运动找一个超自然的原因,牛顿就说原因是在物质世界之上之外的造物主的推动,这个说法也是与牛顿的基督教信仰相一致的。但成熟的自然科学至少在形式上应当是独立自足的,超自然的第一推动力表明牛顿力学的物质概念是有不小缺点的。牛顿的惰性物质观与牛顿割裂空间、时间、物质和运动的思想是完全一致的。在牛顿看来,空间、时间、物质、运动都是可以不相干地孤立存在的,可以有空间却没有时间,也可以只有时间没有空间。当然有物质却没有空间是不可能的,但完全可以有空间却没有物质;有运动却没有物质是不可能的,但完全可以有物质却没有运动。用牛顿相信的神学的创造论语言说,上帝完全可以只创造空间不创造时间,也可以只创造时间不创造空间;上帝完全可以只创造空间不创造物质,完全可以创造了物质但不给它第一次推动,以至于宇宙的所有物质都是静止不动的。按照牛顿力学的这种见解,物质的运动根本上说是偶然的,宇宙不是空无一物的虚空而是空间中有日月星辰等物质亦是偶然的。牛顿力学的这种割裂空间、时间、物质和运动的观念也是近现代人的常识见解,这种见解是没有真理性的。爱因斯坦的广义相对论否定了牛顿的惰性物质说,证明物质出于其本性就是运动不已的。广义相对论的宇宙论证明宇宙起源于约 150 亿年前的一次无中生有的大爆炸,这事实上证明了空间、时间与物质这三者的同一性或不可分离,证明它们具有同一起源,牛顿力学的那抽象的形而上学的时空观、物质观和运动观完全被现代物理学否定了。

但物理学只是一种有限的经验科学,现代物理学对空间、时间、物质和运动的不可分离的证明仍是有限的。科学以哲学为其超越的逻辑前提和概念基础,对空间、时间、物质和运动的同一性或不可分离的真正的证明是思辨哲学的工作,而自为存在则是这一证明的核心概念,换句话说,空间、时间、物质和运动的纯粹内容都来自这一概念。物质为什么是多? 宇宙或空间为何不是空无一物的虚空而是其中有物? 物质为什么总是在运动? 为什么不是只有空间没有时间或只有时间没有空间,而是既有空间又有时间? 这些问题的答案都在自为存在这一概念及其规定性上。物质是多,亦即有诸多区别开的物质东西,这根源于自为存在依其概念必然是诸多个自为存在。物质存在于空间中,宇宙或空间不是空无一物而是其中有物,这根源于诸多自为存在之间的区别。自为存在是客观的,故诸自为存在之间的区别亦是客观的。自为存在是不变的纯粹的自为的质,诸自为存在之间的区别作为这种质的东西的不在场就是不变而纯粹的为他的质,其表象就是抽象的空间,空间首先是超越了定在所是的感性的质的不变的纯粹的绝对为他的质。一说起空间人们马上想到长宽高等量的规定。无疑空间是有量的规定性的,但空间首先是与感觉东西、与物质、与时间等有质的差异的东西,作为这种东西空间首先是一种纯粹的质。空间是客观的纯粹的绝对为他的质,空间所是的这种质其表现就是,空间与抽象的物质东西相反,是绝对的可入性,空间对任何物质东西不作任何抵抗,故可知空间的"空"其意义不仅是物的缺乏或不在场,亦是指绝对的可入性。

空间是诸自为存在之间的区别的表象,但诸自为存在及其区别来自自为存在的自身否定性这一点,黑格尔称之为斥力,所以说抽象的空间乃是对斥力亦即自为存在的否定性这一规定性的表象或显现,所以说空间的本质是力。有斥力就有引力。引力和斥力最初是物理学概念,重力、万有引力、异性电荷的相互作用等都是引力,离心力、同性电荷的排斥等则是斥力。但在物理学中引力的意义似乎比斥力大,一般人更熟悉引力而非斥力;在宇宙的四大基本力:(万有)引力、电磁力、强相互作用、弱相互作用中,电磁力有引力也有斥力,但另三种基本力都是引力。物理学中引力比斥力意义大的基本原因是,斥力的主要表现或实现形式是不同物质东西的区别,亦即空间,斥力的基本和重要大都隐藏在为人们最熟悉不过的空间表象中了。故可知,斥力和引力一样都是普遍的和基本的,引力可称之为万有(Universal,普遍的意思)引力,那么斥力也可称为万有斥力。

引力和斥力原是物理学概念,最早把它们引入哲学的是康德。关于康德的引力和斥力概念我们后面会谈到。黑格尔这里所说的引力和斥力不是物理学概念,而是最基本的哲学概念。斥力是自为存在的绝对否定性这一环节,引力则是自为存在的自身统一或同一这一环节。这两个环节是对立的,而自为存在本身则是这一矛盾的解决。就斥力方面来看,可以说斥力把引力扬弃了,自为存在的自身否定性占了上风,致使自为存在成为诸多自为存在。但就引力方面来看,亦可说引力把斥力扬弃了,这不仅表现为每个自为存在都力求扬弃其他自为存在对自己的排斥或否定而保持自身同一,亦表现为诸多自为存在总是趋向于相互吸引而统一为一个自为存在(比如行星对太阳的关系及卫星对行星的关系)。显然,诸多自为存在既是引力与斥力的矛盾的解决,亦是这一矛盾的表现和展示。

物理学所说的引力乃是作为自为存在的自身统一或同一这一环节的引力的一种显现或表象。不同的物质东西及同一物质东西的不同部分所以会相互吸引乃至彼此结合为一个物体,根源在于物质的最抽象概念就是抽象而绝对的自为存在,作为自为存在概念的一个环节的引力就显现为使得物质的不同部分会相互吸引乃至相互结合的引力。物质东西是在空间中,物质是多,是诸多区别开的物质东西,物质东西彼此间亦有排斥作用,这些则根源于作为自为存在的自身否定性这一环节的斥力,是作为概念东西的斥力的一种表现或实现形式。又,我们知道物质总是运动不已的,静止是相对的,运动是绝对的。物质东西的运动不已亦根源于作为自为存在的环节的引力和斥力这两个概念规定性,须知自为存在的这两个环节都不是抽象的观念物,而是规定、支配诸自为存在——其表象是诸物质东西——的现实的能动力量。运动既是矛盾的暴露亦是矛盾的解决。物质东西的相互排斥这种分离运动是由于斥力,它们的相互吸引这种彼此接近的运动是由于引力;由于引力和斥力,物质世界总是运动不已的,这根源于自为存在概念中的引力和斥力这两个环节,自为存在本身既是引力与斥力的矛盾的暴露,又是这一矛盾的解决,物质世界的运动不已就是对此的最为人们熟知的一种表象或表现形式。当然,物理学所说的各种力有着远比作为自为存在概念的抽象环节的引力与斥力高得多的规定性或内容,重力、万有引力的内容或规定性都比作为抽象而纯粹的逻辑东西的引力与斥力高得多,丰富得多,更不用说黑格尔还不知道的电磁力等内涵更高更复杂的力了,但作为自为存在概念中的两环节的引力与斥力却是内在于物理学所说的所有力中,成为它们的一本质东西,物理学所说的各种力乃是作为抽象的逻辑东西的引力与斥力得到了更高更具体的规定罢了。黑格尔知道这一点。黑格尔《自然哲学》第一篇力学分为三章,第一章"空间和时间"是对空间、时间、物质和运动的最抽象的考察,引力与斥力的最抽象形式在这里出现。第二章"有限力学"考察地上物体的运动及重力和自由落体定律,第三章"绝对力学"考察太阳系的运动和万有引力定律。《自然哲学》和《逻辑学》一样其内容都是从抽象到具体,这表明,重力及万有引力不过是对最抽象形式的引力(和斥力)的具体规定或发展罢了。

力原来是物理学概念,物理学用力来解释物质东西的各种运动,这本身就表明了物理学作为有限的经验科学的局限:不知道力与物质在概念上的同一性。力的物理学意义是一个物质东西对另一个物质东西的作用,这种作用导致了物质东西的运动或运动状况的变化。力与物质的分离是牛顿力学的一明显缺点,牛顿实际只是发现了万有引力及万有引力定律,他承认自己完全不理解重力或引力的本质,甚至认为科学没有必要去追究这个问题①。爱因斯坦的广义相对论基本克服了牛顿力学的力与物质分离这一缺点。广义相对论的基本思想是:物质的分布情况决定了空间的几何学性质,空间的几何学性质则决定了物质如何运动。在这里,力作为物质运动的原因被还原为空间的物理和几何学性质,空间的物理和几何学性质则被还原为物质本身,牛顿力学的力与物质分离的缺点完全被扬弃了。广义相对论与黑格尔的自为的一的概念及他的空间、时间、物质和运动的学说完全一致,在充分的意义上完全可以说黑格尔预言了广义相对论。

§98

【正文】(γ)但多是一的对方,每一方都是一,或甚至是多中之一;因此它们是同一的东西。或者试就斥力本身来看,斥力作为许多"一"彼此相互的否定联系,同样也就本质上是它们的相互联系。因为一于发挥其斥力时所发生联系的那些东西,仍然是一个一个的"一",所以在这些一中,"一"就与其自身发生联系了。因此斥力本质上也同样是引力;排他的一或自为存在扬弃其自身。质的规定性在"一"里充分达到其自在自为的特定存在,因而过渡到扬弃了的规定性〔或质〕,亦即过渡到作为量的存在。

【解说】这段正文首先是说引力与斥力互为前提相互过渡,这是我们前面说过

---

① 转引自 E. A. 伯特《近代物理科学的形而上学基础》第 211 页。徐向东译,四川教育出版社,1994。

的。后半部分说到了自为存在向量的概念的过渡,其中从"排他的一"到最后的几句话翻译有些问题。梁译本和薛译本在这个地方的翻译都没有问题。下面是薛译本的翻译:"于是排他的一或自为存在就扬弃自己。在一之内已达到其自在自为的特定存在的质的规定性,以此便转化为作为被扬弃的规定性的规定性,亦即转化为作为量的存在。"这里"作为被扬弃的规定性的规定性"原文是"die Bestimmtheit als aufgehobene",直译应是"作为被扬弃的东西的规定性"。但薛译本这里的意译也没错,因为"被扬弃"的是自为存在所是的质的规定性,得到的结果是量。量也是一种规定性,这种规定性由其来历而言可说是"扬弃了的质",亦即直接的质的规定性被彻底扬弃,结果是量。这里说自为存在所有或所是的规定性乃是"达到了自在自为的特定存在的质的规定性","特定存在"就是定在,亦即规定了的存在。自为存在也是一种规定了的存在,其规定性是自为的一,这种规定性是质的规定性之达到自在自为。自为的一及其规定性"一"是一种自在存在,但这种自在存在也是自为的,亦即它是一种自身规定,它来自自身,它是能动地自己把自己建立为"一"①。此前的定在及其规定性也是一种自在存在,但它不是自为的,它并非来自自身规定,而完全是为他的,定在所是的直接的质的规定性完全是受他物规定,这表现为定在作为直接的质的东西处于无休止的变化中,它无能保持自己,总是处于要被他物否定或者说被他物规定的状况,所以说定在只是一种抽象的自在存在,它完全不是能自己建立或规定自己的自在自为的东西,完全是为他的,而自为的一这种自在存在完全来自自身,亦即是由自己建立起来的自在自为的存在。当然,自为的一这种自在自为的东西并不是绝对的自在自为,它有它的未能充分扬弃的为他存在方面,这就是这个自为存在的否定方面,自为存在会否定或排除自己,成为另一个自为存在,所以说自为存在同时亦是为他存在,故可知自为存在本身就是其与为他存在的绝对矛盾,这个矛盾也就是在自为存在那里的引力与斥力的矛盾。这个矛盾的真正解决就是量。

但《小逻辑》这里对自为存在向量的过渡的陈述说得很不充分。对自为存在向量的概念的过渡的陈述在这段正文的后半部分:"*所以在这些一中,一就与其自身发生联系了。因此斥力本质上也同样是引力;于是排他的一或自为存在就扬弃自己。在一之内已达到其自在自为的特定存在的质的规定性,以此便转化为作为被扬弃的规定性的规定性,亦即转化为作为量的存在。*""*所以在这些一中,一就与*

---

① 自为存在这种自己把自己建立起来的能动性和建立过程是不可表象的,亦即在表象意识看来自为的一总是作为现成的完成了的东西(如运动不已的物质东西)而显现。黑格尔在大逻辑中把这种总是发生在表象之先或表象帷幕之后的、表象不可能达到的这种建设性的能动过程称之为"事先建立(vorausgesetzt)"(《逻辑学》上卷第 172 页)。

其自身发生联系了。因此斥力本质上也同样是引力",这说的是斥力向引力的过渡,斥力被扬弃在引力中,"于是排他的一或自为存在就扬弃自己","扬弃自己"指作为斥力的自为存在被扬弃,故这句话说的:斥力被扬弃在引力中。下面黑格尔说:"在一之内已达到其自在自为的特定存在的质的规定性,以此便转化为作为被扬弃的规定性的规定性,亦即转化为作为量的存在。""在一之内已达到其自在自为的特定存在的质的规定性"说的是自为存在本身的规定性:自为的质亦即自为的一,故这段正文的后半部分是说,在自为存在中发生的斥力被扬弃在引力中这件事情构成了自为存在向量的过渡。但这个说法是不成立的,至少是不充分的。这里的问题有两点:一是,量不仅是一种斥力被扬弃在引力中,亦同一地是引力被扬弃在斥力中。前者表现为量的连续性,后者表现为量的间断性。量的连续性和间断性具体是怎么回事,后面考察量的概念时会说。《小逻辑》这里只说了前者未说后者,所以说是不充分的。另一个问题是,不仅量是一种引力扬弃了斥力,自为存在本身亦是引力扬弃了斥力(当然,自为存在同时也是一种斥力扬弃引力)。但这两种引力扬弃斥力不是一回事,前者属于量后者属于自为存在,故这两种引力扬弃斥力是不同的。但《小逻辑》完全未提这一点。"所以在这些一中,一就与其自身发生联系了。因此斥力本质上也同样是引力;于是排他的一或自为存在就扬弃自己……转化为作为量的存在。"显然这里说的"因此斥力本质上也同样是引力"说的是自为存在亦即自为的一的一个环节:引力扬弃斥力,在表象上这就是多个物质东西的相互吸引,这种斥力过渡为引力亦即引力扬弃斥力与量所是的那种引力扬弃斥力不是一回事,但这段话下面就说"于是排他的一或自为存在就扬弃自己……转化为作为量的存在。"这个说法是不成立的,这里对自为存在过渡为量的关键为何完全没有言及。

大逻辑关于这个过渡的说法比《小逻辑》好一些,但关键地方还是没有言及。大逻辑是这么说的:"因为一在开始时就被建立为直接的、有的事物,同时作为结果,它又恢复为一,即同样直接的、进行排除的一,所以一就是这样的变(Werden),在这个变中,规定消失了。'一'就是这样的过程,这个过程所建立的一,所包括的一,到处都仅仅作为已经扬弃了的东西。这种扬弃最初只被规定为相对的扬弃,是对别的实有物的关系,这种关系因此本身是不同的排斥和吸引。这种扬弃同样又表现出由于否定了直接物和实有物的外在关系而过渡到中介的无限关系,其结果是变(Werden),这种变由于它的环节不安定而沉没到、或不如说是自身融合到单纯的直接性之中,这种有,根据它现在所获得的规定,就是量。"[①]"因为一在开

---

① 《逻辑学》上卷第183~184页。

始时就被建立为直接的、有的事物,同时作为结果,它又恢复为一,即同样直接的、进行排除的一"。这个"开始"不是时间意义而是逻辑意义的,是说自为的一逻辑上首先是自己建立自己的自在自为的存在,它能动地把自己建立起来。自为的一仍是一种直接的自在存在,所以说自为的一把自己"建立为直接的、有的事物",亦即直接的自在存在的东西。自为的一是自己建立自己,所以它既是开始又是结果,它是自己建立自己这一逻辑运动的开始,这一运动把自己作为这一逻辑运动的结果建立起来,所以说是"同时作为结果又恢复为一"。这种一由于其否定的方面故是自身排斥的一,结果是诸多彼此外在的一。"所以一就是这样的变,在这个变中,规定消失了"。这说的只能是自为的一向量的过渡,"变(Werden)"是指这个过渡,"规定消失了"是说在量那里质的规定性消失了。但自为的一是如何进入这个过渡为量的"变"中的? 这段文字并未提及。

　　这段文字的后半部分与上半部分重复:"'一'就是这样的过程,这个过程所建立的一,所包括的一,到处都仅仅作为已经扬弃了的东西。这种扬弃最初只被规定相对的扬弃,是对别的实有物(即其他自为的一,笔者注)的关系,这种关系因此本身是不同的排斥和吸引。这种扬弃同样又表现出由于否定了直接物和实有物(即诸多自为的一,笔者注)的外在关系而过渡到中介的无限关系,其结果是变"。这段话说的是自为的一作为诸多的一的彼此外在和对立,彼此是相互扬弃又相互建立,就是我们前面说过的,自为的一既是引力与斥力的矛盾的暴露,又是这一矛盾的解决。每一个自为的一都是扬弃了在自己之外的其他的一对自己的否定,同时又作为被其他的一所扬弃的东西,所以说自为的一所是的这种相互扬弃只是"相对的",这种相对的相互扬弃就是诸多不同的一的外在关系的实质,这种关系的实质就是诸多不同的一的彼此"排斥和吸引"。直接看去彼此外在的不同的一的这种彼此扬弃表明这些不同的一实则来自同一个一,所以不同的一的彼此扬弃实际是自为的一与自身的无限关系,所以说自为的一是无限的自身中介(无限即自己规定自己),自为的一藉着自己否定自己这一无限的中介过程而把自己建立为彼此外在的诸多自为的一,而诸多自为的一又是彼此扬弃的,诸多的一的彼此外在关系的实质乃是它们的相互扬弃,这种无休止的相互扬弃是这里所说的"变(Werden)"的环节。"这种变由于它的环节不安定而沉没到、或不如说是自身融合到单纯的直接性之中,这种有,根据它现在所获得的规定,就是量"。这种"变"的环节是引力和斥力,亦即诸多自为的一的同一性(相互吸引)和对立(彼此排斥),自为的一就是引力向斥力及斥力向引力的无休止的过渡,这种过渡可以说是一种斥力扬弃引力及引力扬弃斥力,但这种扬弃只是相对的,不过是在引力与斥力的对立中时而引力占上风时而斥力占上风这种无休止的反复,一种恶的无限罢了,不是真正的扬弃。所以说"变"的这两个环节是"不安定"的,其真理乃是量,在量的概念中自为存在的这种不安定消失了,在自为存在那里彼此外在对立永不安息的引力和斥力在量中统一为或者说"融合"为"单纯的直接性",这就是量。但大逻辑只是独断地宣称自为存在所是的那种"不安定"或"变""沉没到"或"融合到"量中,至于量这种全新的概念得以产生的关键亦即那个"融合"是怎么回事,大逻辑和《小逻辑》一样并未提及。

　　其实,如果对量的概念有真知,从自为存在向量的过渡是能说明白的。自为存在是引力向斥力及斥力向引力的无休止的过渡,这种过渡或许可说是斥力与引力的相互扬弃,但这种扬弃只是相对的,不过是二者在对抗中时而引力占上风(这表现为抽象的物质东西的相互吸引)时而斥力占上风(这表现为抽象的物质东西的相互排斥)这种恶的无限罢了,所以说自为存在就是引力与斥力的绝对矛盾。当然可以说自为存在亦是二者的矛盾的某种解决,但这种所谓解决完全是相对的。引力与斥力的矛盾的真正解决只能是这样的否定之否定:引力在与斥力的对立中充分扬弃斥力而回到自身。由于斥力被充分扬弃,故引力的这种回到自身就是安静于自身,这一充分扬弃了斥力而安静于自身的引力就是一种自身同一或统一的观念性的"一"。在这里斥力被充分扬弃在引力中,而引力安宁于自身,这样引力与斥力的质的差异就消失了,引力与斥力的冲突也消失了,须知引力与斥力的冲突正源于二者的质的差异。自为存在所是的质就是引力与斥力所是的质,这种本来已是纯粹的质之被充分扬弃就是质本身的消失,故那充分扬弃了斥力的引力作为安静于自身中的"一"就是扬弃了质的量。但量不仅是一也同时是多,因为每个量都是由部分组成的。量之所以是如此,是因为在自为存在那里的引力与斥力的矛盾的真正解决不仅是引力充分扬弃斥力,同一地亦是斥力充分扬弃了引力。由以上所言可知,量不仅是斥力安静于自身成为观念性的东西,亦是引力安静于自身成为观念性东西。引力成为静止于自身的观念性东西,说明它亦被充分扬弃了。它是被斥力充分扬弃的,因为量所是的那个安静于自身的观念性的"一"无非就是组成这个"一"的各部分的同质性,亦即各部分的质的齐一性。量是无质的,量的各部分也是无质的,但无质形式上看也是一种质,故量的各部分具有同质性亦即质的齐一性,量本身所是的那种自身同一性或"一"就是量的各部分的这种同质性意义的"一",这些"一"组成了量的多,就此来说量的"一"或自身同一性又是扬弃在多中的,而这只能源于在自为存在向量的飞跃中引力被斥力充分扬弃。由此我们证明了,自为存在向量的过渡作为引力充分扬弃斥力而返回自身的否定之否定的运动,这一过渡或运动同一地亦是斥力充分扬弃引力的运动,这证明引力充分扬弃斥力与斥力充分扬弃引力不过是自为存在向量的过渡这一运动的两个环节罢了。量既是充分扬弃了斥力的引力,也是充分扬弃了引力的斥力,量就是这样的引力与斥力的统一,在这种统一中,引力和斥力作为被充分扬弃了的东西就只是观念性的东西,量作为这两种观念性东西的统一本身亦只是安宁于自身的观念性东西。从这一统一的另一方面说,量作为引力与斥力的统一,这种统一中的引力与斥力都是充分扬弃了对方而回到自身安宁于自身的东西,故都是安静的抽象的观念物,量作为这两种抽象的观念东西的统一亦是抽象的观念物,这种无质的抽象的观念物就是自为存在的真理,就是自为存在在引力与斥力的无休止的冲突这一不安宁中向往而达不到的东西。

【正文】〔说明〕原子论的哲学就是这种学说,将绝对界说为自为存在,为一,为多数的一。在一的概念里展示其自身的斥力,仍被假定为这些原子的根本力量。但使这些原子聚集的力量却不是引力,而是偶然,亦即无思想性的〔盲目〕力量。

【解说】本节的〔说明〕和后面的附释一其实应该放在上一节中,因为这个说明和附释仍是在解释自为存在这一概念,并不涉及自为存在向量的过渡,而本节说的却是这一过渡。

黑格尔承认古希腊留基伯的原子论是对自为存在这一概念的一恰当表象。原子论这种自然哲学表明那个时候的希腊哲学事实上达到了自为存在的概念,这是希腊哲学的光荣,所以说希腊原子论不仅是自然哲学的一重大成就,在纯粹哲学中亦有重大意义。中国哲学的思维停留在感觉水平上,故它不可能产生原子论这种超越了感觉束缚的自然哲学思想。思辨逻辑学以纯粹的绝对真理为对象,逻辑学的诸多概念都可看作是对绝对的认识或规定,原子论思想实际就是认为绝对是纯粹的自为存在亦即自为的一。原子论所说的作无序运动的原子是对自为的一的一种表象,虚空则是对原子之间的斥力的表象,这就是这里说的,"在一的概念里展示其自身的斥力,仍被假定为这些原子的根本力量。"这句话是在表扬原子论的虚空思想。从毕达哥拉斯派开始,希腊哲学产生了虚空观念,但原子论之前的希腊哲学家基本都认为虚空不存在,原子论者则认为虚空存在。虚空的本质是原子之间的斥力,斥力是自为的一亦即原子概念的一必要环节,承认虚空存在是理性思维的一重大进步。留基伯和德谟克利特甚至有虚空是原子运动的原因的思想①,这就是黑格尔这里说的,斥力——在原子论中被表象为虚空——"被假定为这些原子的根本力量"。这句话是表扬,下句话则是批评:"但使这些原子聚集的力量却不是引力,而是偶然,亦即无思想性的〔盲目〕力量。"这是批评原子论者

---

① 转引自亚里士多德《物理学》265ᵇ25。

不知道引力,不知道引力亦是原子亦即自为存在概念的一必要环节。只有引力没有斥力,或只有斥力没有引力,都不可能形成自为存在的概念,都不足以解释原子的运动。原子论者承认虚空,事实上是承认斥力,却不知道引力。原子论者说原子处于无休止的分离与结合的运动中,却不知道原子之间的结合需要引力,更不知道原子本身就是引力与斥力的统一。原子论者事实上对斥力有所知,但不知道引力,就无能充分解释原子的运动。原子论者天才地直觉到原子的运动是有必然性的,却对这一必然性无能有任何具体认识,这种具体认识只能是基于对引力与斥力这两个环节的真知。这种得不到具体规定的必然性与偶然性就划不清界限,就直接过渡为偶然性,所以原子论者又认为原子彼此结合和分离的运动是盲目的偶然的。又,不仅希腊原子论事实上可看作是对自为存在概念的自觉,爱利亚派哲学亦可看作是对这一概念的事实上的某种自觉。但爱利亚派思想的缺点是,它产生了"多"的观念,知道一与多的对立,却认为只有一存在,多不存在,在这一点上爱利亚派不如原子论,原子论者对自为存在这一概念事实上的自觉水平比爱利亚派高。

又,希腊原子论所说的原子与大家熟悉的牛顿力学所说的质点或微粒不是一回事。牛顿自认为其科学是继承了希腊原子论的,认为他的质点或微粒就是希腊原子论所说的原子①。但二者有一重大差异:希腊原子论所说的原子被说成是处于永恒而必然的运动中,而牛顿力学所说的质点或微粒其本性是不动的。这一差异的缘由前面对§97附释的解说中已详细阐明,这里就不多说了。又,这里所说的希腊原子论是留基伯的原子论,不是伊壁鸠鲁的原子论。伊壁鸠鲁的原子论主要是抄袭前者的,但做了一重大修正:他把前者所说的原子的无序运动改为下落运动,因为他认为原子有重量。显然,伊壁鸠鲁是无思想地把留基伯的原子认作是有重量的物体了。重量是对运动着的物质相当具体的规定,其思想内涵相当高,在智者派之前的希腊哲学不可能自觉到内涵这么高的思想,留基伯的原子不可能有重量②。留基伯的原子论在哲学史和科学史上有很高的地位,伊壁鸠鲁的原子论则毫无思想,在哲学史和科学史上没什么价值。

【正文】只要一被固定为一,则一与其他的一聚集一起,无疑地只能认作纯全是外在的或机械的凑合。虚空,所谓原子的另一补充原则,实即是斥力自身,不过被表象为各原子间存在着的虚无罢了。

【解说】这里还是在批评希腊原子论。"只要一被固定为一,则一与其他的一

---

① 转引自朱荣华《物理学基本概念的历史发展》第56页。冶金工业出版社,1987.
② 拙著《思辨的希腊哲学史(一):前智者派哲学》对此有专门一节予以讨论,可以参阅。

聚集一起,无疑地只能认作纯全是外在的或机械的凑合。"这是在说,原子论者不知道有诸多原子这一点源于原子的概念。原子的概念是自为的一,这一概念决定了必然有任意多个自为的一。"一被固定为一"是指原子论者不知道一与多在概念上的同一性或不可分离,故每个原子都被看作是孤立的,这样一来"一与其他的一聚集一起,无疑地只能认作纯全是外在的或机械的凑合",亦即有诸多原子这一点就仅看作是一种只能被动接受的现成事实,没什么道理好讲。常识理智看待世界就是这种无思想的立场或态度:世界是诸多个别事物的外在集合,其中每个个别事物都是一自为的一。在常识理智看来,世界如果只有一个事物,这同表象见到的现实世界有众多事物一样都是没什么道理好讲、只能被动接受的现成事实。但《逻辑学》的自为存在概念告诉我们,不可能只有一个原子,不可能表象世界只有一个个别事物。有任意多个原子,表象世界有任意多个事物,这是必然的,这一必然性来自自为存在的概念亦即一的概念,这就是一与多在概念上的同一性或不可分离。机械论的世界观认为世界是众多彼此不相干的个别东西的外在集合,这些个别东西如果彼此有关系,有某种相互作用,其原因则不在这些东西本身上,而在它们之外,如同牛顿认为不同物质东西之间的引力与这些东西本身无关,而是来自在它们之外的第三者。《逻辑学》的自为存在概念则洞见到,机械论的世界观连同那些被认为是彼此不相干的个别东西,都来自自为存在这一概念,这一概念道出了那些被认为是彼此不相干的个别东西在概念上的相互关联和统一乃至同一性。众多机械东西的这种概念的同一性是感性直观和表象思维意识不到的,机械东西的缺点即在于它们属于直接存在亦即存在论阶段,这一阶段的缺点在于诸存在的统一性仅是自在的,并不显现出来,故那只能达到现象的感性直观和知性思维对此是不知道的。

　　"虚空,所谓原子的另一补充原则,实即是斥力自身,不过被表象为各原子间存在着的虚无罢了。"认为虚空存在是希腊原子论者的一卓越思想。为什么不是只有原子就了事,而是还有虚空? 通常观念认为虚空是原子运动的必要条件,因为虚空为原子提供了运动的场所,没有虚空原子怎么动? 如果虚空仅是为物质运动提供场所的话,这一理由无论在理论上还是事实上都是可以反驳的。亚里士多德就不承认有虚空,但他的自然哲学仍能为物质东西的机械运动提供一种解释。又、近代科学认识到,地球磁场来自地核内液态铁的运动,而地核被认为是完全充满没有虚空的。所以说,认为原子论者承认虚空只是因为虚空是原子运动的场所,这个说法太没有思想了。虚空实则是原子运动的一个动力。虚空的本质是自为存在或一自身中的否定性,这种否定性使得自为存在或一自己排斥自己,这样就有众多个一,它们之间的差别就被表象为虚空,所以说虚空的本质就是原子或一对自身的排斥,所以说虚空是原子的斥力这一环节的表象,它甚至还是原子运动的动力。斥力是原子对其自身的排斥,这一排斥不仅解释了诸多原子是怎么来的,亦解释了物质东西为何必然有分离运动。当然仅有斥力不足以充分解释原子或物质东西的运动(包括分离运动),但斥力确乎是原子运动的一必要前提,故原子论者甚至天才地直觉到:虚空是原子运动的原因。黑格尔称虚空为虚无,虚无就是非存在。原子是自为存在,虚空作为原子之间的区别当然是自为存在的缺乏,甚至是一切定在——亦即规定了的存在——的缺乏。比原子的思想内涵更高的存在在希腊原子论的世界还不可能有,感觉水平的诸多定在则被原子论完全超越了,在机械的原子世界图景中感觉水平的东西自在地消失了,所以说虚空不仅是自为存在的缺乏,亦是一切定在的缺乏,故黑格尔称虚空为虚无是没有问题的。但卓越的原子论者却认为这个虚空或虚无也是存在的,因为虚空是原子之间的区别,原子是自为的一,虚空就是自为的一的否定方面,是这种自为存在的为他存在环节,故可知虚空是有明确的规定性的,虚空或虚无同原子一样是有明确规定性的直接东西,所以说虚空也存在,同原子一样是一种直接的自在存在。又,希腊原子论所说的虚空还不是我们近现代人所熟悉的三维空间,如同希腊原子论者所说的原子不是有重量的物体一样。三维空间是一种具体规定了的空间或虚空,而希腊原子论者所说的虚空只是空间表象的最抽象形式,尚无任何进一步的规定。还有,希腊原子论所说的原子及虚空都只是一种假设,它们是留基伯在消化理解了爱利亚派的存在、非存在、一、多等概念的基础上,为调和那否定变化和运动的超感性的爱利亚派哲学与变动不已的感觉东西的对立而假定的一种存在于自然中的理想存在,在这一点上希腊原子论与现代科学的原子论思想大为不同,后者可不是假设①。

【正文】近代的原子论——物理学虽仍然保持原子论的原则——但就其信赖微粒或分子而言,已放弃原子了。这样一来,这学说虽比较接近于感性的表象,但失掉了思想的严密规定。

【解说】这又是在表扬古代原子论,并批评近代原子论。后者基本就是牛顿的物质质点或微粒说。黑格尔称这种学说"仍然保持原子论的原则",仅是指它同古代原子论一样认为自然物由众多不可分的微小的物质单元组成这一点。但二者的共同之处也仅限于此。牛顿自以为他的这一学说与古代原子论一致,其实不是一回事。近代原子论"就其信赖微粒或分子而言,已放弃原子了。这样一来,这学说虽比较接近于感性的表象,但失掉了思想的严密规定。"黑格尔那个时候近代化

---

① 拙著《思辨的希腊哲学史(一):前智者派哲学》第241~242页对此有详细讨论,可以参阅。

学虽不成熟,但已经起步,已经有由原子组成的区别于原子的分子概念。那时的科学对原子和分子的认识远不及现代科学那么深入具体。现代科学所说的原子早已不是牛顿设想的什么微粒,更不是假设,但黑格尔那时的科学对原子的认识还是很贫乏的,这种认识与微粒说确乎差别不大,故黑格尔称他那时的原子论其实就是牛顿的微粒说,这个说法并不为过。黑格尔称近代原子论"已放弃原子了",这表明黑格尔知道希腊原子论与牛顿的微粒说的本质差异。前者所说的原子是处于永恒而必然的无序运动中,且没有重量;后者所说的微粒则属于惰性物体,本性是不动的(这一点表述为所谓惯性定律亦即牛顿第一运动定律),甚至是有重量的,等等,所以黑格尔说这种微粒说"比较接近于感性的表象"。这里说的感性表象指近现代的那种常识观念,牛顿力学的最基本观念与这种常识世界观是一致的。空间、时间、物质、运动的互不相干彼此分离、物质或物体的本性是不动的、物体运动的原因或力在物质东西之外与物质本身不相干等,这些都是牛顿力学和近代的这种常识世界观共有的。有必要说的是,这种常识观念虽说是无思想的,其产生却是有必然性的。近代的这种关于空间时间物质和运动的常识观念是一种抽象,它把那从属于一种其思想内涵比古代原子论所说的原子要高的物质概念的诸环节抽象出来孤立看待,这种更高的物质概念在牛顿力学中被表象为自由落体运动。对此可参阅黑格尔《自然哲学》第一篇第二章,这一章按从抽象到具体的逻辑先考察惯性物质,最后考察自由落体运动。惯性物质就是黑格尔这里批评的近代的那种常识观念。又,说这种常识观念是一种抽象,这种抽象是客观的而非主观的。抽象就是把一具体东西中的某一环节孤立出来,这种抽象常常是客观的,甚至首先是客观的;并且,从抽象到具体的逻辑也首先是事情本身的客观的逻辑进程,这使得作为具体东西的抽象环节的东西常显现为在这个具体东西之外的仿佛独立自在的东西。

有人可能会问,《自然哲学》第一篇第一章所考察的其运动方式尚未得到具体规定的那种运动不已的物质,按照从抽象到具体的逻辑,这种物质概念应当是更抽象的,为何它没有成为近代人的关于物质和运动的常识观念的一部分,而是惰性物质成了近代人的常识观念? 这个问题应该这样回答。其运动方式尚未得到具体规定的那种运动不已的物质较之于做自由落体运动的物质当然是更抽象的,但这一抽象同惰性物质这种抽象的区别在于,前者所是的那一抽象本身是一全体或整体,而惰性物质这种抽象只是全体或整体中的一个环节。从抽象到具体的逻辑发展有两种意义,一是事情的全体本身的从抽象到具体的发展,一是,在全体或整体的某一发展阶段中,从作为这一阶段的全体或具体东西中的某一抽象环节向这一阶段的全体的发展。其运动方式尚未得到具体规定的那种运动不已的物质本身是抽象物质这一领域的全体之处于其发展的第一阶段,做自由落体运动的物质则是这一全体之处于其发展的第二阶段,惰性物质乃是第二阶段的全体本身中的一抽象环节,所以说从其运动方式尚未得到具体规定的那种运动不已的物质到自由落体运动这一从抽象到具体的发展——这在《自然哲学》第一篇中是从第一章发展到第二章的最后——与从惰性物质到自由落体运动这一从抽象到具体的发展——这仅是第二章中的发展——不是一回事。古代原子论者的物质概念处于物质概念发展的第一阶段,近代人的惰性物质观处于抽象物质这一领域或全体的发展的第二阶段,这就是为何是惰性物质而非其运动方式尚未得到具体规定的那种运动不已的物质成为近代人的常识观念的原因,尽管这两种物质概念都可说是抽象的。由此可以理解,为何黑格尔这里批评近代的微粒说"失掉了思想的严密规定"。近代的微粒说与近代的惰性物质观是一致的,它只是对更高更具体的物质概念的抽象,而古代原子论虽说也是一种抽象,这种抽象却是事情的全体本身的一个阶段,这一全体的思想内涵就是纯粹的自为存在这一概念,做永恒而无序运动的诸多原子乃是对这一概念的一种较为恰当的表象,所以说古代原子论是有思想的,近代那种貌似原子论的微粒说、惰性物质观是无思想的。其实,古代原子论所以说有思想性不仅在于它事实上把握了抽象物质这一领域全体的发展的第一阶段。古代原子论事实上认识到,物质的运动是无条件的,绝对的。我们知道广义相对论也是这一思想,就此来说现代物理学是在更高水平上的对古代原子论的回归。《自然哲学》第一篇第三章考察的是做永恒的绝对的自由运动的抽象物质,自己规定自己的自由物质及其永恒运动就是黑格尔对万有引力定律的理解,这一理解与广义相对论完全一致。并且,黑格尔的从抽象到具体的发展同时是一种返回自身的运动,故第三章所考察的为万有引力定律支配的天体的自由运动乃是向第一章其运动方式尚未得到具体规定的那种运动不已的物质的返回,这事实上是对古代原子论的某些基本思想的肯定,所以说希腊原子论事实上道出了物质的一绝对本性或概念,其真理性是很高的。

　　以上所言的黑格尔对原子论——不管是希腊原子论还是近代原子论——思想的认识是从纯粹哲学的层面来谈的。对作为一种自然哲学或科学的原子论来说,黑格尔首先是否定的,他不认为有不可分的微小物质单元这种东西,他事实上和阿那克萨戈拉一样,认为对有广延的物质东西的分割在量的方面是无止境的。由于在自然哲学或科学层面上否认有原子这种东西,对希腊原子论的诸多内容——比如认原子有大小、形状等——他自然是否定的[①]。黑格尔认为,在自然哲

---

① 《逻辑学》上卷第 170 页。

学或科学层面上,无论希腊原子论还是近代原子论都只是一种假说,这一假说的基本方面——亦即有不可分的微小物质单元——是不成立的。但前面的讨论告诉我们,黑格尔对古代和近代这两种原子论的具体认识还是大有区别的。黑格尔对源于牛顿的微粒说的近代原子论是全盘否定,对希腊原子论则不然。希腊原子论自在地道出了物质概念的最基本最本质的方面(此即自为存在这一概念),黑格尔对此高度评价,并在自己的《自然哲学》中事实上接受了希腊原子论这方面的思想。《自然哲学》第一篇力学考察抽象的物质,第一章考察的是抽象物质作为一全体的最初形式:与空间和时间相同一的处于永恒而必然的运动中的物质。第一章只是证明了空间、时间、物质和运动的不可分离或同一性,至于对物质运动形式的具体规定则依照从抽象到具体的逻辑放到第二、三两章去考察。二、三两章的内容其材料取自牛顿力学,但贯穿两章内容的原则或灵魂则是黑格尔自己的概念辩证法,是这种辩证法在抽象物质亦即机械力学领域中的应用。第一章对与空间和时间相同一的运动不已的物质的考察其灵魂或概念是古代原子论事实上达到的自为存在概念,就是说《自然哲学》第一篇第一章内容的本质方面与希腊原子论的某些重要思想是同一的,虽说直接看去黑格尔否定了希腊原子论的诸多具体内容(如有不可分的微小物质单元之类)。故可知,黑格尔对希腊原子论的评价大大高于牛顿力学,对前者他是肯定其某些基本思想而否弃了其具体内容的很多方面,对后者则正好相反,黑格尔接受了牛顿力学几乎所有的具体内容,但只是作为材料来接受,对贯穿或支配这些内容的基本原则则是完全否定,就是说他认为牛顿力学的价值仅在于为思辨的自然哲学——他认为这才能达到对自然的真正认识——提供有待消化的材料罢了。黑格尔对牛顿力学的这种认识、他的自然哲学与牛顿力学的关系与黑格尔对科学与思辨哲学的关系的认识是完全一致的。又,现代物理学证明了微观世界中作为物质的基本单元的原子存在的客观性,但原子不可分这一传统原子论的经典观念被现代物理学否定了,所以说黑格尔关于原子论的观点与现代物理学的关系是复杂的,现代物理学对黑格尔这些认识有肯定也有否定。但黑格尔否定以牛顿力学为基础的近代科学的原子论,认其是无思想的假说,而肯定希腊原子论关于物质运动是永恒的绝对的这一思想,这与在黑格尔之后才逐渐发展起来的现代科学完全一致。有学者指出:"原子的概念在牛顿力学中是一个非经典的概念,没有它存在的地位。"[1]故可知,在对近代原子论的否定上,在对希腊原子论某些重要思想的肯定上,黑格尔以他的天才思辨走在了科学的前面,如同他事实上预言了广义相对论一样,黑格尔思辨哲学的威力由此可见

---

①　朱荣华《物理学基本概念的历史发展》第185页。冶金工业出版社,1987。

一斑。

【正文】象近代科学这样于斥力之外假设一个引力与之并列，如是则两者的对立诚然完全确立起来了，而且对于这种所谓自然力量的发现，还是科学界颇足自豪之事。但两种力量的相互关系，亦即使两者成为具体而真实的力量的相互关系，尚须自其隐晦的紊乱中拯救出来，此种紊乱即在康德的《自然科学的形而上学原理》里，也未能加以廓清。

【解说】"近代科学……于斥力之外假设一个引力与之并列"，这就是牛顿发现的万有引力，也包括重力，重力是局限在一特殊领域中的万有引力。在黑格尔那个时代，及黑格尔之前，西方人早就熟知种种斥力，比如同性电荷同一磁极之间的斥力。又，斥力的另一基本表现是物质的不可入性，一些学者如康德认识到不可入性的本质是斥力。其实，斥力的最基本最重要的表现是空间或广延，这是黑格尔认识到的，这一认识甚有价值，我不知道有多少物理学家能理解这一点。引力或万有引力的发现是近代科学的最重大成就之一，当然是"科学界颇足自豪之事"。"但两种力量的相互关系，亦即使两者成为具体而真实的力量的相互关系，尚须自其隐晦的紊乱中拯救出来，此种紊乱即在康德的《自然科学的形而上学原理》里，也未能加以廓清。"这是黑格尔在批评他那时候的科学和哲学。就科学来讲，别说黑格尔那时的科学没有澄清引力与斥力的关系，自然科学就其本性来说是不可能解决这一问题的，至少它不可能把这一问题解决得令理性真正满意。黑格尔这里所说的引力与斥力在现代物理学中已具体化为四种宇宙基本力①，现代物理学中与黑格尔这里所说的引力与斥力的统一问题相对应的就是著名的大一统问题：四种宇宙基本力的统一问题。现代物理学至今未解决这一问题。但即便有一天物理学解决了这一问题，证明了这四种基本力的统一，亦即把四种宇宙基本力都还原为一个基本的物理概念，这一解决也不会令黑格尔这样的思辨哲学家满意，因为自然科学只是一种表象思维。表象思维是知性思维，其自觉的思维水平根本上只是抽象的同一律，这意味着从根本上讲，两个表象东西的并存在表象思维看来是没有矛盾的。物理学可能有一天有能力证明四种宇宙基本力都源于同一个物理概念，但物理学的表象思维本性决定了，它至少要用两个表象东西来表述这一最基本的物理概念，而无能把这两个表象进一步还原为一个唯一的表象，因为，如斯宾诺莎所言，一切规定都是否定，一切否定都首先是差别，而差别至少是两个东西的差别，所以说一切内容都来自差别，故可知对表象思维来说，对任何一个内容的表述或思维都意味着诉诸两个东西的差别，所以说表象思维知性思

---

① 前面对§9的解说中对四种宇宙基本力具体为何有简略解释。

维不可能真正做到把两个有差别的东西(比如引力与斥力)还原为一个唯一的表象或概念,这违反表象思维的本性。但黑格尔哲学对理性是一不是多有最彻底的自觉,这种最彻底的理性思维所要求的正是这种绝对的从一推演出多,所以说物理学由其本性决定是不可能真正解决引力与斥力的统一问题的,至少是,物理学对这一问题的解决是不可能令彻底的纯粹理性满意的。

自然科学由于其本性不可能真正澄清引力与斥力的关系以建立二者的真正统一,这个任务只能属于思辨哲学。黑格尔认为,康德最早对引力、斥力及其与物质的关系有真正的哲学思考,但康德对引力与斥力还是未能有真正的澄清。关于这一点,黑格尔后面还有话说。

【正文】在近代,原子论的观点在政治学上较之在物理学上尤为重要。照原子论的政治学看来,个人的意志本身就是国家的创造原则。个人的特殊需要和嗜好,就是政治上的引力,而共体或国家本身只是一个外在的契约关系。

【解说】黑格尔这里批评社会契约论这种政治哲学。英国经验论的政治学,卢梭等近代启蒙思想家的政治哲学都是社会契约论。社会契约论这种政治哲学是有优点的,它的优点是知道人是个体性的,人的本性是自由。纯粹的自为存在或原子就是最抽象的个体东西,自为存在形式上看就是一种最抽象的自己规定自己的自由。这种政治哲学在近代的实践后果也首先是积极的,这是众所周知的。但这种政治哲学的优点也就仅限于此了。"个人的意志本身就是国家的创造原则",这说的是社会契约论认为国家来自诸多个体的主观约定,这就把国家的起源看作是主观的,须知诸多个人的共同意志仍是主观的。但我们应知,国家的产生或建立固然有赖于人的主观意志的作为,但这种意志的内容是客观的,甚至国家本身就是一客观的意志。以上所言来自黑格尔的国家哲学,这种国家哲学被不少人批评是集权主义专制主义的国家观,但这完全是曲解,或是由于无知而有的误解。黑格尔的政治哲学属于他的客观精神概念,理解这种政治和国家哲学要以理解黑格尔的精神和客观精神的概念为前提,这是不容易的,社会契约论相比之下就太浅薄了。

"个人的特殊需要和嗜好,就是政治上的引力",这种引力把诸多个体吸引在一起,订立契约建立国家,以保护个人权利,满足每个人的特殊需要。我们还可以补充说,个人的自私自利则是斥力,这种斥力迫使人们彼此拉开距离,迫使每个人不得不尊重他人的权利和自由。社会契约论这种政治哲学的主要缺点在于它对自由、社会和国家的认识太抽象。原子论的思想完全是机械论的;并且,即便在机械力学领域,它也是很抽象的,远不足以理解机械力学的全体。在抽象的物质世界亦即机械力学领域,重力、万有引力才是本质的东西,原子似的孤立物体这种抽象而孤立的自为存在在重力及万有引力这里完全被扬弃了。抽象的原子论思想用于理解机械的物质东西已经不合适，更不用说用来理解属于精神东西的社会和国家了。诚然，社会或国家中的每个人都是一个我，一个个别的我确乎是一个自为存在，一个精神的原子，但须知我这种抽象的自为存在是有中介的，这个中介就是客观的和绝对的精神本身。没有这一中介，或者是，这一中介未达到一定发展阶段，人甚至都不知道自己是个体性的自由的我，这样的个人就完全不是社会契约论所说的知道自己是自由的那种原子似的抽象个人。世界各地有时会发现的被动物养育长大的狼孩徒有人的外形，此外在一切方面他都属于动物，这样的"人"说不出我，不知道自己是我，更无从谈起对我是自由的这一点的自觉。原始社会饮毛茹血的野蛮人也不知道自己是自由的个体性的我，古代中国人也不知道这一点，他们认为个人在家族和国家之外就毫无价值。以上所言表明，社会契约论所说的那种知道自己是自由的原子式的抽象个人是有中介的，这种中介在现实中完全可以不存在或未达到；甚至是，社会契约论这种政治哲学的产生亦是有前提或中介的，只有西方才可能产生这种学说，传统中国就不可能产生这种学说。所以说中介才是本质的事情，在精神领域就更是如此，社会契约论这种政治哲学的浅薄就源于它完全不知道这一点。

【正文】附释一：原子论的哲学在理念历史的发展里构成一个主要的阶段，而这派哲学的原则就是在"多"的形式中的自为存在。现今许多不欲过问形而上学的自然科学家，对于原子论仍然大为欢迎。但须知，人们一投入原子论的怀抱中，是不能避免形而上学的，或确切点说，是不能避免将自然追溯到思想里的。因为，事实上原子本身就是一个思想。因此认物质为原子所构成的观点，就是一个形而上学的理论。牛顿诚然曾经明白地警告物理学，切勿陷入形而上学的窠臼。但同时我们必须说，他自己却并没有严格遵守他的警告，这对他乃是很荣幸的事。唯一纯粹的物理学者，事实上只有禽兽。因为唯有禽兽才不能思想，反之，人乃是能思维的动物，天生的形而上学家。

【解说】"原子论的哲学在理念历史的发展里构成一个主要的阶段"，这是对希腊原子论的高度评价，这一评价不是就作为一种自然哲学或科学而言的原子论，而是在纯粹哲学层面上对希腊原子论事实上达到的思维水平的肯定，须知其他独立产生哲学的古代民族都未达到希腊原子论事实上达到的思维水平。比如，中国古代哲学的思维就完全停留在感觉水平上，与希腊原子论的自觉思维水平差距甚大。"现今许多不欲过问形而上学的自然科学家，对于原子论仍然大为欢迎。但须知，人们一投入原子论的怀抱中，是不能避免形而上学的，或确切点说，是不能避免将自然追溯到思想里的。"这里所说的形而上学是指一切超感性的思想，原子就是一种感官达不到的超感性的思想，原子论就是对感觉东西不信任，原子论这种科学思想产生的一必要前提就是认识到，凭感觉达不到对自然的真知，自然的本质是超感性的思想。不仅原子论是如此，一切真正的科学都是如此。原子是一种超感性的思想，比原子更抽象的物质就更是如此了。物质是感觉不到的，只能凭超感性的思维去把握，"因此认物质为原子所构成的观点，就是一个形而上学的理论"，只有凭形而上的亦即超感性的思维才能产生认物质为原子所构成的观点，才能决定去接受还是否定或质疑这种物质理论。中国所以没有产生也不可能产生科学，就是因为传统中国人的思维完全停留在感觉水平上，对真正的形而上东西亦即超感性的存在或思想完全无知。许多科学家没有哲学思维能力，不懂这一点。当然，一般来说也不需要科学家有哲学思维能力。但在科学革命时期，在科学尚未成熟的起步阶段，那种能够创立科学能发动科学革命的大科学家必须有一定的哲学思维能力，否则不可能承担时代托付给他们的历史使命。即便是黑格尔经常批评的牛顿，如果我们不像黑格尔那样去苛求他，就应知道他其实是有一定的哲学思维能力的，这一点只要翻阅一下他的《自然哲学的数学原理》就不难发现。牛顿对空间、时间、物质、运动等基本概念是有一定的哲学思考的，他的科学成就建立在这些思考的基础上。不仅牛顿是如此，哥白尼、开普勒、伽利略、笛卡尔、莱布尼茨等近代科学的创立者们都是如此，爱因斯坦、波尔、海森堡、薛定谔等现代物理学的创立者们也是如此。

"因为，事实上原子本身就是一个思想。因此认物质为原子所构成的观点，就是一个形而上学的理论。牛顿诚然曾经明白地警告物理学，切勿陷入形而上学的窠臼。但同时我们必须说，他自己却并没有严格遵守他的警告，这对他乃是很荣幸的事。"上面说了，牛顿有一定的哲学思维能力。当然他达不到黑格尔的要求，我们不能用纯粹哲学家的标准去苛求他。黑格尔这里所说的形而上学是广义的，指一切超感性的存在或思想。但牛顿说物理学要警惕形而上学，他所说的形而上学是指中古和近代初的那些抽象理智的独断论或形而上学对自然的抽象思辨或独断，这些抽象理智的独断形而上学与康德批判哲学所批评的旧形而上学是一回事，它们确乎是近代科学起步时的一个障碍，所以说牛顿的那个警告在他那个时代是有合理性的。但就一切科学概念根本上都是超感性的思想、都依赖以纯粹的超感性思想为对象的形而上学而言，确乎如黑格尔这里所言，认自己只是从事经验科学、只是如实地研究感觉或经验对象而与形而上学不相干的科学家们的思维其实无时无刻不是陷入形而上学中，他们对此只是不自知罢了。"唯一纯粹的物理学者，事实上只有禽兽。因为唯有禽兽才不能思想，反之，人乃是能思维的动物，天生的形而上学家。"如果真的像那些没有哲学思维能力的科学家所说的那样,纯粹的物理学只需摒弃一切形而上学而完全忠实于感官经验,那么只有动物才是纯粹的物理学家,因为动物只有赤裸裸的感觉而毫无思想,而文明人所言所思所行的一切都充满了思想,甚至是,文明人的感觉都是由思想规定了的。比如,人们朴素地认为感性物在我们之外的存在是我们感觉到的,却不知人们自以为是感觉到的外部对象实则是由那些既内在又超越的超感性的纯粹思想自在地建立的,动物就没有"外部对象"这种感觉或感知。所以说文明人所言所思所行所感的一切都充满了超感性的思想,都是由超感性的思想建立的,所以有充分的根据说,每个文明人作为能思维的动物都是天生的形而上学家,区别仅在于他是否意识到这一点。

【正文】真正的问题不是我们用不用形而上学,而是我们所用的形而上学是不是一种正当的形而上学,换言之,我们是不是放弃具体的逻辑理念,而去采取一种片面的、为知性所坚持的思想范畴,把它们作为我们理论和行为的基础。

【解说】有理性的文明人都是天生的形而上学家,其中的区别一则在于人们是否能意识到这一点,二则就是这里所说的,支配你的意识和思维的形而上学是好是坏,是深刻还是肤浅。这一点具体说来就是,支配你的意识或思维的那些范畴是抽象的知性还是具体的理性。"具体的逻辑理念"指具体的——亦即思辨的——理性范畴,而支配大部分人——包括几乎所有的科学家——的思维范畴主要是知性。抽象的知性思维与思辨的理性思维的区别不是两类思维范畴的区别,而是是否意识到那常常是对立的诸范畴的思辨的统一性这一点的区别。意识到这一点,即便所运用的思维范畴仅是感性或知性的(比如一与多这种范畴),其思维也是具体的思辨的理性思维,否则即便所运用的思维范畴形式上看属于既超感性又超知性的理性(比如我思、三段论推理等),其思维也属于无思想的抽象知性。注意,无论是抽象的知性思维还是思辨的理性思维,都不仅具有理论意义,亦是有实践意义的。比如,那些其意识中有一些思辨思维——当然一般都是不自觉的——的人,一般不会因为一两次挫折就心灰意冷,也不会因为一两次成功就忘乎所以,因为他们通过生活经验懂得一些诸如失败是成功之母、祸福相倚之类的朴素辩证法。相反,缺乏人生经验的青年人其行为则是由抽象的知性控制,常常是一次挫折就心灰意冷、一次成功就忘乎所以,不知道客观地看待自己。所谓客观地看待自己,其深刻的方面是指思辨。说人生经验丰富的人比没有多少人生经验的人更能客观地看待自己,其含义不仅意味着全面,也意味着思辨,人生经验丰富的一个意义即在于能经验到客观事情的思辨方面。

【正文】这种责难才是恰中原子论哲学弱点的责难。古代的原子论者认万物为多(直至今日原子论的继承者仍然持此种见解),而认偶然为浮游于空虚中的原子聚集起来的东西。但众多原子彼此间的联系却并不仅是单纯偶然的,反之,有如上面所说,这种联系乃基于这些原子本身。这不能不归功于康德,康德完成了物质的理论,因为他认为物质是斥力和引力的统一。他的理论的正确之处,在于他承认引力为包含在自为存在概念中的另一个环节,因而确认引力为物质的构成因素,与斥力有同等重要性。

【解说】"这种责难才是恰中原子论哲学弱点的责难"。这句话所说的责难是指希腊原子论这种关于物质的形而上学不能说是一种好的形而上学,因为这种形而上学一则不懂得一与多的思辨统一,把诸多原子的存在看作是无须解释的客观事实。二则是,希腊原子论事实上对斥力有所知,这表现为它承认虚空,甚至认虚空是原子运动的原因,却不知道引力。黑格尔这里批评的是原子论这两个缺点中的后者。原子论认为事物是由诸多原子机械聚集而来,但它无能解释这一点,只好认为诸原子的聚集或结合是偶然的。这里有一处翻译问题。"认偶然为浮游于空虚中的原子聚集起来的东西"这句话译得不好,梁译本译得好:"认为把浮游于虚空的原子聚集起来的是偶然性"。"但众多原子彼此间的联系却并不仅是单纯偶然的,反之,有如上面所说,这种联系乃基于这些原子本身。"这乃是说,诸多原子的聚集亦即结合是必然的,其必然性源于原子本身亦即原子的概念。原子的概念是引力与斥力的统一,是引力使得诸原子能相互吸引而结合在一起。

这段文字的后半部分是表扬康德。古代原子论的物质概念半途而废没有完成,因为它事实上只知道斥力不知道引力,而康德认为引力也是物质概念的一必要环节。物质是引力与斥力的统一,康德事实上达到了这一点,所以说"康德完成了物质的理论"。在近代德国,有一种与经验自然科学相并行甚至相抗衡的思辨自然哲学传统,它始于神秘主义者雅克布·波墨(Jakob Böehme,1575～1624),终结于黑格尔,也在黑格尔那里达到顶峰。思辨的自然哲学有其合理性,只要它不企图取代经验自然科学,这是前面在对导言的解说中已阐明的。康德和黑格尔的自然哲学都没有这种企图。康德的自然哲学集中在他的一本小册子《自然科学的形而上学基础》(邓小芒译,三联书店,1988)上,这本书是康德运用他的先验哲学去理解和表述牛顿力学。在黑格尔看来,康德自然哲学的主要成就就是他的物质概念。

【正文】但他这种所谓力学的物质构造,仍不免有一缺陷,那就是,他只是直接假定了斥力与引力为当前存在的,而未进一步加以逻辑的推演。有了这种推演,我们才可以理解这两种力如何并为什么会统一,而不再独断地肯定它们的统一了。康德虽曾明白地再三叮咛说,我们决不可认物质为独立存在,好象只是后来偶然地具有刚才所提及的两种力量,而是须将物质认作纯全为两种力的统一所构成。

【解说】这段正文是批评康德的物质概念。康德"只是直接假定了斥力与引力为当前存在的,而未进一步加以逻辑的推演。"康德先验哲学的最基本思想是:经验东西经验概念以先验的纯粹概念为前提。物质通常被认为是一个经验概念,康德却意识到,机械力学所说的物质这种经验东西是有先验基础和前提的,他认为先验的引力和斥力是物质概念或表象得以可能的先验前提,由此康德证明了,物质是引力与斥力的统一。康德从物质的不可入性这一现象中演绎出斥力。但如果只有斥力,我们就见不到任何可被知觉或表象的物质东西,康德据此又演绎出了与斥力对立的引力。黑格尔指出,康德的这种做法并不是对斥力与引力的真正的逻辑推演。在大逻辑中黑格尔指出,康德只是从假定的物质表象中推演出斥力和引力①。黑格尔这里想说的是,康德只是现成地接受了表象中的物质观念,这是不能算数的,因为彻底的理性思辨要求一切东西包括其存在都必须从纯粹理性中推演出来。由于引力与斥力从中被推演出来的前提是假定的物质表象,所以黑格尔说康德"只是直接假定了斥力与引力为当前存在的,而未进一步加以逻辑的推演。"黑格尔要求的进一步的逻辑推演是什么意思? 我们看下面:"有了这种推演,我们才可以理解这两种力如何并为什么会统一,而不再独断地肯定它们的统一了。康德虽曾明白地再三叮咛说,我们决不可认物质为独立存在,好象只是后来偶然地具有刚才所提及的两种力量,而是须将物质认作纯全为两种力的统一所构成。"这段文字的意思是清楚的。康德说不可持种见解:物质是无前提的独立存在,它之中是否有斥力与引力这两个环节倒是无所谓的,而是,必须认为物质是引力与斥力的统一。但康德只是从表象中的——因而是假定的——物质观念中推演出斥力和引力,而不是从其客观存在已被证明的斥力与引力推演出物质,而只有如此做,才是对物质是引力与斥力的统一的真正推演,这同一地亦是对物质概念真正的逻辑演绎。故可知这里所说的"进一步的逻辑推演",就是从其客观存在已被证明的斥力与引力推演出物质,亦即证明物质是引力与斥力的统一。所以说康德并未真正证明物质是引力与斥力的统一,亦即他并未从引力与斥力出发推演出物质。康德的物质学说不仅缺乏这一推演,他也未能证明引力与斥力的客观存在。故可知这段文字对康德的批评有二,一是批评他并未证明引力与斥力的客观存在,二是批评他未能真正证明物质是引力与斥力的统一。黑格尔对康德物质学说的批评是深刻的。康德这种思辨的物质学说的缺点来自他的先验哲学的立场和方法,这种方法是问:X 是如何可能的? 从中推演出使 X 得以可能的先验的纯

---

① 《逻辑学》上卷第 186 页。

粹概念。X 作为这种先验反思的出发点只是一个未经纯粹理性证明的经验表象，依彻底的纯粹理性立场看只能是假定的。

【正文】德国的物理学家在有一个期间内，也曾接受了这种纯粹的动力学。但近来大多数德国物理学家似乎又觉得回复到原子论的观点较为便利，并且不顾他们的同道、即已故的开斯特纳的警告，而认物质为无限小的物质微粒叫做原子所构成。这些原子于是又被设定为通过属于它们的引力和斥力的活动，或任何别的力的活动而彼此发生联系的。这种说法也同样是一种形而上学，由于这种形而上学的毫无思想性，我们才有充分的理由加以提防。

【解说】"德国的物理学家在有一个期间内，也曾接受了这种纯粹的动力学。"这是指 19 世纪最初十年谢林自然哲学时兴的那一时期。谢林的自然哲学继承了康德，并有很大发展，但哲学立场转为客观唯心主义。黑格尔的自然哲学是继承谢林的，同样亦有很大发展。前面说过，近代德国有思辨自然哲学的传统，这一传统与德国哲学及宗教改革的精神是一致的，这个精神就是：到最内在的精神中寻求一切事物的根基，不管是自然领域还是精神领域的事物。"但近来大多数德国物理学家似乎又觉得回复到原子论的观点较为便利，并且不顾他们的同道、即已故的开斯特纳的警告，而认物质为无限小的物质微粒叫做原子所构成。""近来"指谢林自然哲学时兴之后，这是黑格尔逐渐取代谢林成为哲学世界的新宙斯的时期。这个时期的德国科学家对思辨自然哲学已失去了兴趣，甚至感到厌恶，重新回到了以前的经验科学立场和方法。这一时期黑格尔自然哲学登场，自然是时运不济，在科学家中遭到了冷遇[①]。当时的自然科学仍是以牛顿力学为基础。牛顿力学自认是以一种原子论亦即牛顿的那种物质微粒说为基础，所以黑格尔说近来德国科学家又"回复到原子论的观点"。开斯特纳(Kästner, A. G. 1719 ~ 1800)，德国数学家和哲学家，哥廷根大学教授。这个开斯特纳与康德一样，既是科学家又是哲学家。从他反对近代原子论来看，他是有哲学头脑的。前面说过，近代原子论同希腊原子论与现代科学的原子论都大为不同。希腊原子论是一种假说，但有相当的思想性；现代科学的原子论已完全被证实，不是假说。近代原子论则是毫无思想性的假说，须知康德也是反对近代原子论的[②]。

"这些原子于是又被设定为通过属于它们的引力和斥力的活动，或任何别的力的活动而彼此发生联系的。这种说法也同样是一种形而上学，由于这种形而上

---

① 关于德国科学家在谢林自然哲学之后的这一转变，可参阅黑格尔《自然哲学》中译本译者序第三节的叙述。

② 康德认为物质是无限可分的。见康德《自然科学的形而上学基础》第一部分定理4。

学的毫无思想性,我们才有充分的理由加以提防。"所以说"这种说法……毫无思想性",是因为引力与斥力与原子亦即物质的关系并不是属于的关系,它们不是属性与实体的关系。引力斥力与物质如果是属性与实体的关系的话,那么由于属性从属于实体,可以从实体概念中把属性推演出来。但引力斥力不是从物质或原子的概念推演出来的,相反,物质作为引力与斥力的统一是从引力与斥力的概念中推演出来的。引力斥力与物质的关系不是属于的关系,而是"是"的关系:物质就是吸引和排斥作用,所以说物质既是引力又是斥力。故可知,物质东西之间的结合和分离的运动不是由于在物质本身之外的某种力的活动,而是,物质本身就是这些活动:排斥与吸引的活动。

【正文】附释二:前面这一节所提示的由质到量的过渡,在我们通常意识里是找不到的。通常意识总以为质与量是一对独立地彼此平列的范畴。所以我们总习惯于说,事物不仅有质的规定,而且也有量的规定。至于质和量这些范畴是从何处来的,它们彼此之间的关系如何,又是大家所不愿深问的。

【解说】"由质到量的过渡,在我们通常意识里是找不到的。"不仅从质到量的过渡在意识中见不到,《逻辑学》中诸纯粹概念的所有过渡都是主观意识达不到的,因为意识的对象只是表象,《逻辑学》考察的却是超越了一切表象的纯粹概念。表象与概念的区别我们在导论及对导言的解说中已多次阐明,这里就不多说了。纯粹概念已是主观意识达不到的,诸纯粹概念之间的过渡自然更是如此。"通常意识总以为质与量是一对独立地彼此平列的范畴。所以我们总习惯于说,事物不仅有质的规定,而且也有量的规定。"表象知道质和量是两种范畴,甚至知道它们是纯粹范畴,比如康德。但表象意识不知道也不可能知道这两个范畴的过渡,因为这种过渡并不发生在表象或意识中,而是发生在作为纯粹而绝对的精神东西的概念中,有这种过渡或运动的只能是这种概念而非表象或观念。在表象或观念世界中,诸范畴顶多有关系(比如原因与结果、偶性与实体之类的关系),而绝无从一个范畴到另一范畴的运动或过渡。所以表象意识只能用"也"这种毫无思想的连词去谈论它们:"事物不仅有质的规定,而且也有量的规定。"黑格尔有言:哲学就是与这个"也"作斗争①。理性是一不是多,理性不能容忍不相干的外在的多,理性就是那些貌似不相干的外在并列的多之上或之内的统一性,并且这个统一不是静态而是动态的,是运动,当然不是感性的运动,而是纯粹思维才能把握的概念的运动。作为客观的纯粹概念的质和量并不是外在的并列关系,量产生于自为的质的否定之否定的运动。这个运动当然不发生在表象意识中,更不在空间时间中。

---

① 《自然哲学》第47页。

但作为绝对而纯粹的精神东西的纯粹概念及其过渡却可以说是内在于表象或空间时间中的,因为纯粹概念既是绝对的超越又是绝对的内在,这是我们在导论中已经阐明的。比如,自为的质向量的过渡当然是超越了一切物质东西,但完全可以说这一过渡也是无限内在于一切物质东西的运动中。诸有限的物质东西的无休止的运动就可看作是自为的质向量的飞跃或过渡这一运动的否定方面的显现,因为物质东西的运动不已乃是自为的质的东西本身无真理性的显现和证明,而自为的质的真理是量,故一切数和量的表象都可看作是这一飞跃或过渡的肯定方面的显现。对表象来说,诸客观的纯粹概念之间的过渡总是已经发生了的,但也永远是正在发生中,无时无刻不在发生着,因为真正的永恒是永恒的现在,诸客观的纯粹概念之间的过渡就属于这种永恒地在发生着的事情,自为的质向量的过渡就是这样的一件事情。

表象不可能意识到自为存在向量的过渡,但它可以有关于这一过渡的产物的表象,这就是表象意识中的数和量的诸多表象。但也不是任何文明人的表象意识中都会有关于数和量的恰当表象。所谓关于某一概念的恰当表象,是说这种表象或观念与这一概念要有基本的一致或相符。表象固然不是概念,表象意识不可能对纯粹概念有充分的真正的知,但关于某一概念的表象确乎有这种表象与其概念是否相符的问题。比如,有些人认为记载在《尚书》中的上古中国人所崇拜的上帝就是犹太人和基督教的上帝,这种对基督教上帝的认识作为一种关于上帝的表象与基督教上帝的概念可说是完全相悖。今天受过基本教育的中国人关于数和量的诸表象与数或量的概念基本是一致的,这决定性地表现为,今天的国人大都知道数和量不是质,它们不是一回事。这种关于数和量的认识或表象与数和量的概念是一致的,至少是不相悖的。但这种表象或认识是从西方传来的,古代中国是没有的。古代中国人关于数和量的表象认识与数和量的概念完全相悖,因为中国古人认为数的本质是一种气。比如朱熹有言:"气便是数,……有是气,便有是数"、"数亦是天地间自然底物事"①。中国古人的理智思维对自然、万物的自觉没有超出感觉水平,朱熹这里所说的"自然"、"气"、"物事"在中国古人的自觉意识中皆是感觉水平的东西,故朱熹这里实乃是把数归结为感性的质,表现出对数乃是超感觉的自在不变的存在这一点的完全无知。中国古人自觉的理智思维水平停留在感觉水平上,完全没有达到数或量的概念,所以说中国古代哲学就其自觉的思维水平来说停留在希腊的前毕达哥拉斯阶段。毕达哥拉斯是希腊和西方第一个对数或量的概念有自觉的人,尽管这一自觉是初步的,毕达哥拉斯哲学的意

---

① (宋)黎靖德编《朱子语类(四)》第 1609 及 1608 页。中华书局,1986。

义就在这里。

数和量由质过渡而来,这个质不是变动不居的感性的质,也不是不变且唯一的本质,而是纯粹的自为存在这种自为的质。古希腊人把自为的质表象为原子这种假想的物质东西,这种表象与自为的质的概念大体相符,其缺点之一——当然这个缺点不重要——在于原子是一假设。近代科学所说的原子同样只是假设。黑格尔明智地反对原子论,他认为运动不已且无限可分的物质才是纯粹的自为存在概念的真正显现或表象,只是这种物质及其运动尚未有任何具体规定(比如形状、质量、重量等)①。没有任何具体规定的运动不已的物质这种东西在近现代人的表象中是陌生的,近现代人熟知的物质东西都是有较具体的规定的,须知即便是一粒沙子一块石头都是有较具体的规定性的。显然,黑格尔所说的未得到任何具体规定的运动不已的物质作为与纯粹的自为存在概念最相符的表象是一种抽象,这种抽象内在于一切物质东西中。近现代人对感性的物质东西的一基本观念是:它(们)是不变的,且是惰性的,即如果没有外力作用于它(们),它(们)就是静止不动的。黑格尔指出,这种物质观念是对原初的那未得到任何具体规定的运动不已的抽象物质的一种具体规定,并且这一规定性(即惰性)是相对的有条件的,那原初的直接规定:运动不已才是物质的绝对规定性。比如,我面前的这张桌子似乎是静止不动的,但不要忘了,它随着地球的自转和公转每时每刻都在运动。尚未有任何具体规定的运动不已的物质是一种抽象,且这种抽象东西内在于一切具体的物质东西中,故完全可以说,就纯粹概念间的过渡亦是内在的而言,从自为存在向量的过渡是每时每刻都发生在小到一粒沙子大到一颗天体的每个具体的物质东西的运动中的。

【正文】但必须指明,量不是别的,只是扬弃了的质,而且要通过这里所考察过的质的辩证法,才能发挥出质的扬弃。我们曾经首先提出存在,存在的真理为"变易",变易形成到定在的过渡,我们认识到,定在的真理是"变化"(Veränderung)。但变化在其结果里表明其自身是与别物不相联系的,而且是不过渡到别物的自为存在。这种自为存在最后表明在其发展过程的两个方面(斥力与引力)里扬弃其自己本身,因而在其全部发展阶段里扬弃其质。

【解说】量是扬弃了的质,这只是就量的概念得以建立的那一逻辑运动而言,不是对量的概念的正面的肯定规定。自为的质被扬弃了,以至于这种质消失了,结果就是量。自为的质并不是不存在了,而是,在单纯的数和量的领域我们见不

---

① 《自然哲学》第一篇第一章最后作为自为存在的充分概念而推演出来的就是这种未得到任何具体规定的运动不已的物质。

到它,因为它是一种质的东西而不是量。在这一点上存在论与本质论是不同的。本质论的思想或概念总是成对出现,二者相互映现,本质论中的概念的基本规定就是这种相互映现的关系。比如看到结果我们自然会找原因,知道原因我们自然会想到它的结果,我们知道原因是结果的原因,结果是原因的结果,本质论中的范畴就是这种成对映现的关系。存在论则不同,存在论中的诸概念总是一个消失于另一个中,因为存在论是概念或思想的直接性阶段,在这里每个概念都是作为仿佛无中介的直接东西孤立出现,诸概念之间的联系或过渡是在它们之后的仅仅自在发生的事情,对自觉思维水平仅停留在存在论阶段的表象思维来说这种联系或过渡是它不知道的。所谓仅仅自在发生的事情可以这么去理解:这种事情一则是在表象意识之后;二则是,对表象意识来说它总是已经发生已经完成了,表象中能见到的只是这种事情的结果。本质论阶段那些成对出现的概念其相互映现关系就不是这样,这种相互映现关系是显现在表象意识中的,比如表象意识是知道原因与结果的那种不可分离的关系的。《逻辑学》存在论知道存在论阶段诸概念的这种仅仅自在发生的联系或过渡,甚至还能叙述这种联系或过渡,是因为《逻辑学》是站在最高最后的概念论立场或高度去叙述存在论阶段的诸概念的。表象意识对存在论和本质论阶段的诸概念的认识或表象有如此大的区别,缘由即在于上面说的存在论和本质论这两阶段概念的那一重大差异。

"我们曾经首先提出存在,存在的真理为'变易',变易形成到定在的过渡,我们认识到,定在的真理是'变化'(Veränderung)。"这几句话意思很明白,不用多说。注意,《逻辑学》存在论阶段的"变易"概念原文是 Werden,原义是"变成"或"成为",《小逻辑》的 3 个中译本都把它译为"变易",这一译法是有些问题的。黑格尔这里用 Werden 一词强调的是无中生有这种意思的变成或成为,对此我们前面在解说这个概念时已经说过了。对定在的变化黑格尔用的是 Veränderung,这个词的意思就是一个东西变成另一个东西的变化,这种变化可不是无中生有。

"但变化在其结果里表明其自身是与别物不相联系的,而且是不过渡到别物的自为存在。这种自为存在最后表明在其发展过程的两个方面(斥力与引力)里扬弃其自己本身,因而在其全部发展阶段里扬弃其质。"这一段话首先是说从定在向自为存在的过渡,然后说的是从自为存在向量的概念的过渡,这都是前面已详细阐明的,这里也不多说了。

【正文】但这被扬弃了的质既非一抽象的无,也非一同样抽象而且无任何规定性的"有"或存在,而只是中立于任何规定性的存在。存在的这种形态,在我们通常的表象里,就叫做量。我们观察事物首先从质的观点去看,而质就是我们认为与事物的存在相同一的规定性。如果我们进一步去观察量,我们立刻就会得到一个中立的外在的规定性的观念。按照这个观念,一物虽然在量的方面有了变化,变成更大或更小,但此物却仍然保持其原有的存在。

【解说】前面的说了,"被扬弃了的质"说的只是量的概念的由来,不是对量的内容或规定性的肯定说法。扬弃不是取消,取消是消极的否定,其结果是无。这种否定常常是主观的。扬弃是客观的积极的否定。对一种规定了的存在的扬弃结果只能是另一种规定了的存在,并且其内容或规定性从质的方面看是新的。量作为被扬弃了的质是中立于任何规定性的存在,这里所说的规定性指质的规定性,中立于任何规定性意思是:与任何质的规定性都不相干。什么叫量中立于质?亦即,什么叫量与质不相干?举个例子,一个红房子,不管这个房子有多大,不影响这个房子的红,也不影响它是一个房子。红是一种直接的质亦即感性的质,房子是一种本质,这个房子的大小是量,在这里这个房子的量的方面的变化不影响这个房子的质,无论是这个房子的红这种感性的质还是这个房子的本质即房子本身。甚至是,在一定限度内,红的程度的变化也不影响红之为红,这也是量中立于质与质不相干的一种情况。所以说,"如果我们进一步去观察量,我们立刻就会得到一个中立的外在的规定性的观念。按照这个观念,一物虽然在量的方面有了变化,变成更大或更小,但此物却仍然保持其原有的存在。"量是有规定性的,量的大小或多少就是量的一种规定性,但量的规定性与质相比就是一种外在的规定性,是与质或质的存在不相干的规定性。

质则与量相反。"我们观察事物首先从质的观点去看,而质就是我们认为与事物的存在相同一的规定性。"这不是说量不是一种存在,量同前面所考察的质的东西一样仍是一种直接存在,这种存在有它的规定性。但量是一种抽象的存在。量不是某种实存或实存的东西,不管是直接的实存(即定在)还是较具体的实存(如一幢房子)。甚至是,本质论中的作为本质或现象的诸概念也是有实存意义的,比如结果是作为现象的一种实存东西,原因则是作为本质的一种实存东西。又,概念论阶段的种(如人类、动物等)、个体(如这棵树等)这些质的规定性都同时是具体的实存。量不是任何一种意义的实存东西,它只是一种抽象的观念性存在,而一切观念性东西都是从属于、依附于某种实存东西的。比如,空间和时间对运动着的物质来说就是抽象的观念性东西,它们是运动着的物质东西中的抽象环节,所以说量是一种抽象,一切观念性东西都是抽象。

以上所言可以让我们明白何谓"质就是……与事物的存在相同一的规定性"。这句话所说的"质"可以是定在所是的直接的质,亦可以是自为存在所是的那种自为的质,还可以是作为本质或现象的诸概念,这些概念是种种本质或与本质相关的质。上面所言的这些质都是"与事物的存在相同一的规定性"。比如,定在所是的直接的质就是与定在的存在相同一的,以至于定在丧失了它的质,就丧失了它的存在。自为的质是运动着的物质这种实存。原因、结果、实体、偶性这些本质水平的质或规定性同时是本质领域中的实存。但这句话还是有例外的。有一种质并不是"与事物的存在相同一的规定性",这就是抽象观念或抽象共相,比如红本身、相等本身之类,近代英国经验论所说的"观念(idea)"就是这种东西,柏拉图的理念的一主要意思亦是这种抽象观念。抽象共相是一种抽象的观念性东西,不是有实存意义的存在,它们是抽象来的,从属于种或个体这样的概念论阶段的实存东西。

第二章　量(Die Quantität)

第一节　纯量(Reine Quantität)

§99

【正文】量是纯粹的存在,不过这种纯粹存在的规定性不再被认作与存在本身相同一,而是被认作扬弃了的或无关轻重的。

【解说】"量是纯粹的存在"。这个纯粹不是《逻辑学》开端的纯存在所说的纯粹,而是指量的规定性不是质,与质不相干。"不过这种纯粹存在的规定性不再被认作与存在本身相同一,而是被认作扬弃了的或无关轻重的。"无关轻重的意思就是中立于事物的质的规定性或存在,与事物的质的方面不相干。

我们要注意,量作为存在论的第二阶段,其开端同第一阶段质的开端一样是一种纯粹的存在,亦即是在这一阶段中的尚没有任何具体规定的存在。质的阶段的发展是定在:规定了的存在或质,最后是自为存在:达到了自为存在的质。量的阶段形式上重演了质的阶段的发展:首先是纯量:在量的领域中尚无具体规定的量。接着是定量:规定了的量。最后是量的关系:达到了自为存在的量。本质论和概念论的发展同样类似,首先是各自领域中的最纯粹亦即最抽象的概念或规定性,接着是这种纯粹概念得到了特殊或具体规定,最后是这一领域的规定性之达到了自在自为。比如,本质论阶段首先是纯粹的本质亦即最抽象的本质,这首先是纯同一,然后是与纯同一相关联的差异与对立这些纯粹本质。然后是规定了的本质,它们是诸有限的实存着的本质,这是现象阶段的诸本质;最后是自在自为的本质,此即具有现实性或实体性的本质。这就是《逻辑学》的三一体结构,大三一体之中是小三一体。《逻辑学》的这种结构并不是一种外在程式或形式主义,而是基于概念的本性,因为纯粹概念的发展是从抽象到具体,同时亦是肯定、否定和否定之否定这种运动。

【正文】〔说明〕(一)大小(Größe)这名词大都特别指特定的量而言,因此不适宜于用来表示量。(二)数学通常将大小定义为可增可减的东西。这个界说的缺点,在于将被界说者重复包含在内。但这亦足以表明大小这个范畴是显明地被认作可以改变的和无关轻重的,因此尽管大小的外延或内包有了增减或变化,但一个东西,例如一所房子或红色,房子却不失其为一所房子,红色却不失其为红色。

【解说】"大小(Größe)这名词大都特别指特定的量而言,因此不适宜于用来表示量。"这乃是说,大小(Größe)是指特定的量——亦即具体规定了的量,比如5、3平方米等——的一特定规定性,此即数目。但量的概念还有其他方面的规定性如单位、连续与间断等,所以说大小不适合用来表示量的概念本身。

把大小"定义为可增可减的东西",这个定义所以非法是因为,可增可减就是可大可小,就是大小,故这个定义是同义反复。又,"大小的外延或内包"中的"内包"一词译得不好,应改为内涵。大小的内涵指程度这种内涵量,比如红是一种质,但这个质之下还是有量的,此即内涵量,在这里就是红的程度。在一定限度内,内涵量的变化是不影响质的,如红的程度变化不影响红还是红。

【正文】(三)绝对是纯量。这个观点大体上与认物质为绝对的观点是相同的,在这个观点里,诚然仍有形式,但形式仅是一种无关轻重的规定。量也是构成绝对的基本规定,如果我们认绝对为一绝对的无差别,那末一切的区别就会只是量的区别。此外,如果我们认实在为无关轻重的空间充实或时间充实,则纯空间和时间等等,也都可以当作量的例子。

【解说】《逻辑学》是对纯粹真理的认识,而真理是绝对,故《逻辑学》的诸多概念都可看作是对绝对的认识或定义。在纯量这一概念这里相应的认识就是:真理是纯量,亦即绝对是纯量。"这个观点大体上与认物质为绝对的观点是相同的"。物质为绝对这种观点是如下两个观点的综合:绝对或真理是物质;物质的本质是量。认物质的本质是量或广延,这是近代的一种很有影响的观点,因为近代人近代科学对物质的认识基本局限在物质的量的方面,如物质东西的质量、重量、体积、速度、位置等。比如笛卡尔就认为物质的本质是广延。以牛顿力学为代表的近代人的机械的物质观自然观把自然东西区分为第一性的质和第二性的质,后者是直接的质亦即感性的质,如冷热明暗之类,前者是重量、体积、速度、位置等可以用量来规定的东西,并认为第二性的质应还原为第一性的质,第一性的质才是客观物质世界的本质。显然,这种物质观自然观就是认物质的本质是量。这种物质观自然观亦是一种世界观:机械唯物主义的世界观,这种世界观不仅认为自然的本质是广延或量,甚至认为一切精神东西(如认识)的本质是物质。比如,机械唯物主义的认识论就认为认识的本质是对其本质乃是广延的物质东西的如实反映,甚至认为人是机器,启蒙运动时期的法国唯物主义就是如此。列宁说认识是对物质东西的复写、摄影、反映，这种见解就来自机械唯物主义的认识论和世界观。这种世界观实际是认绝对是物质，同时又认物质的本质是量，故这种在近代甚有影响的世界观实际就是认为绝对是量，所以黑格尔说认绝对是量与近代的这种认物质是绝对的认识基本是一回事。

"在这个观点里，诚然仍有形式，但形式仅是一种无关轻重的规定。"这个观点就是认物质是绝对的观点。这里所说的形式意思是规定性或本质。这句话中对"形式"一词的这个用法是西方哲学的古老传统，最早是亚里士多德认为形式是本质，并把本质定义为在定义或判断中作为宾词的东西，形式（eidos）就是回答某物（的本质）是什么的那个"什么"，一个具体的本质或形式就是一具体规定了的"什么"，所以说本质或形式就是规定性。物质是绝对这一观点就是绝对是量这一观点，"绝对是量"这一定义直接看去是认真理或绝对的本质或形式是量，所以说"在这个观点里，诚然仍有形式"，亦即形式上看是有本质或规定性的。"但形式仅是一种无关轻重的规定"，因为绝对的这种形式或本质亦即其规定性是说绝对的本质是量，或者说绝对的规定性是量，而量是与质的规定性不相干的规定性，是一种无关轻重的规定，因为真理或绝对的本质规定性是质而不是量，所以说对绝对或真理的量的方面的规定对绝对的本质方面亦即质的方面来说是不相干的，无关轻重的。

"量也是构成绝对的基本规定，如果我们认绝对为一绝对的无差别，那末一切的区别就会只是量的区别。"量不是绝对或真理的本质规定，但也是真理或绝对所有的一基本规定性，因为稍微具体一点的东西都有量的方面，绝对作为大全，量当然是绝对中的一扬弃了的环节。"那末一切的区别就会只是量的区别。""认绝对为一绝对的无差别"是谢林的观点，谢林认为绝对是思维与存在的完全无差别的绝对同一。思维与存在是有质的差异的，绝对无差别意味着二者质的差异消失了，那么二者的差别就仅是形式上的，质的方面是没有差异的。没有质的差异的那种徒具形式的差异只能是量的差异，多和少的差异。事实上谢林一度正是这么看他的绝对无差别之下的思维与存在的差异的。谢林曾有过这样的说法："在主体与客体之间，不可能存在量的差别之外的任何差别。因为两方面都不可能设想存在着质的差别。"[①]故可知黑格尔的这句话是有批评谢林的意思的。

"如果我们认实在为无关轻重的空间充实或时间充实，则纯空间和时间等等，也都可以当作量的例子。""认实在为无关轻重的空间充实或时间充实"，这里所说的实在指物质，这句话说的就是近代机械唯物主义的那种认为物质的本质是广延

---

① 转引自《哲学史讲演录》第四卷第 358 页。

或量的物质观世界观。其实,不管空间和时间是否被物质充满,空间和时间都可看作是量的一种实存,当然是抽象的观念性存在,因为空间和时间本身是一种抽象。

【正文】附释:数学里通常将大小界说为可增可减之物的说法,初看起来较之本节所提出的对于这一概念的规定,似乎是更为明晰而较可赞许。但细加考察,在假定和表象的形式下,它包含有与仅用逻辑发展的方法所达到的量的概念相同的结论。换言之,当我们说大小的概念在于可增可减时,这就恰好说明大小(或正确点说,量)与质不同,它具有这样一种特性,即"量的变化"不会影响到特定事物的质或存在。

【解说】"数学里通常将大小界说为可增可减之物的说法,初看起来较之本节所提出的对于这一概念的规定,似乎是更为明晰而较可赞许。"这里说的"本节所提出的对于这一概念的规定"指黑格尔对量的那个界说:量是扬弃了的质。将量定义为可增可减之物,这个说法直接看去是较明白易懂,而黑格尔的那个界说就没有多少人懂。"但细加考察,在假定和表象的形式下,它包含有与仅用逻辑发展的方法所达到的量的概念相同的结论。"将量定义为可增可减之物,这种定义说的是量的表象而非量的概念。可增可减之物作为量的一种表象是直接呈现在意识中的,是未经证明的。这里所谓证明是指从量的概念中把这一表象推演出来,证明可增可减之物这一表象符合量的概念,否则这个表象就不能说是合法的,只能说是一种假设。下面黑格尔就说,依据量的概念对这种关于量的假定说法细加考察,就会知道这个说法是合乎量的概念的。"用逻辑发展的方法所达到的量的概念"指从自为存在向量的概念的推演或过渡。"当我们说大小的概念在于可增可减时,这就恰好说明大小(或正确点说,量)与质不同,它具有这样一种特性,即'量的变化'不会影响到特定事物的质或存在。"这几句话意思甚明,这里就不重复了。

【正文】至于上面所提及的通常关于量的界说的缺点,细加考察乃在于增减只是量的另一说法。这样一来,量就会只是一般的可变化者。但须知,质也是可变化的,而上面所说的量与质的区别,就在于量有增加或者减少。就是由于这种差别,无论量向增的一方面或向减的一方面变化,事情仍保持它原来那样的存在。

【解说】"增减只是量的另一说法"中的"量"应当改为"大小",因为原文是Größe而非Quantität。这段正文有些混乱。"细加考察乃在于增减只是大小的另一说法。这样一来,量就会只是一般的可变化者。"增减和大小都是量变,一般的可变化既可以是量变也可以是质变,量变与一般的可变化可不是一回事。下面的话倒是没问题,把量变与质变区别开了,但也就把上面那两句错误的话否定了。"但须知,质也是可变化的,而上面所说的量与质的区别,就在于量有增加或者减少。"这段正文属于附释,附释是学生的听课笔记,故有时会有问题。学生的笔记可能会记错,黑格尔课堂上的即兴讲解也可能会出错。

【正文】还有一点这里必须注意的,即在哲学里我们并不仅仅寻求表面上不错的界说,更不仅仅寻求由想象的意识直接感到可以赞许的界说,而是要寻求验证可靠的界说,这些界说的内容,不仅是假定为一种现成给予的东西,而且要认识到在自由思想中有其根据,因而同时是在其自身内有其根据的。

【解说】这段正文上半部分的翻译没有梁译本好。下面是梁译本的翻译:"在这里还必须指明,在哲学里研究的并不单纯是正确的定义,更不单纯是可信的定义,就是说,不是那种以自身的正确性对表象意识来说直接明了的定义,而是验证不爽的定义。"这段话的意思还是上面说过的,哲学思维不能从表象出发,只应从事情的概念出发。表象或表象所认的定义可以是正确的,但真理可不仅是正确,正如笛卡尔所说的清楚明白不是真理的标准一样。正确、清楚明白都属于主观的确定性,但两个正确的或清楚明白的说法却可以是矛盾的。比如,说量是连续的和说量是间断的都是正确的,但这两种正确认识却是矛盾的。所以说以认识真理为目的的哲学不能从表象出发而只应从概念出发。正确、可信、直接明了(大致就是清楚明白的意思)都只是表象的认识标准,不是真理的尺度。这里说真理的出发点是"验证不爽的定义",这里所谓"验证不爽"是指,这一定义应当能充分理解、解释与所定义的这一概念相关的一切正确表象。比如,对量的概念的定义应当能说明量为何既是连续的又是间断的。这种有真理性的定义当然不能从表象东西出发(未经概念证明的表象中的现成东西都是假设),只能从自由思想出发,这种自由思想就是所要考察的事情的概念,概念就是事情的本性,是真正的事情本身或自身,而事情的本性或概念根本上讲都是自己规定自己,所以说是自由思想。我们知道胡塞尔现象学的口号是回到事情本身,它其实也是黑格尔哲学的精神。康德认为理性无能认识客观的事情本身(他称之为物自身或自在之物),这对他自己的哲学完全成立,因为康德哲学是一种主观唯心主义。胡塞尔认为他的先验现象学达到了事情本身。由于胡塞尔现象学的立场和方法并未超出主观唯心主义,故可知回到事情本身对这种哲学来说仍只是口号和理想而非事实。黑格尔哲学的原则和精神亦可说是回到事情本身,黑格尔明确提出哲学应回到事情本身,且真的哲学能达到事情本身。在《逻辑学》导论中他有言:"假如思想也正是自在的事情本身,纯科学(即《逻辑学》。笔者注)便包含这思想,或者说,假如自在的事情本身也正是纯思想,纯科学也便包含这个自在的事情本身。"①在《小逻辑》

① 《逻辑学》上卷第 31 页。

导言中他亦有言,哲学的内容应当"以原始自由思维的意义,只按照事情本身的必然性发展出来。"①不同于胡塞尔的是,黑格尔哲学由于其立场和方法实现了这一理想②,证明了客观、绝对的事情本身就是思辨逻辑学所考察的纯粹概念。

【正文】现在试应用这一观点来讨论量的问题,无论数学里通常对于量的界说如何不错,如何直接自明,但它仍未能满足这样一种要求,即要求知道在何种限度内这一特殊思想(量的概念)是以普遍的思想为根据,因而具有必然性。此外尚另有一种困难,如果量的概念不是通过思想的中介得到的,只是直接从表象里接受过来的,则我们便易陷于夸张它的效用的范围,甚至于将它提高到绝对范畴的地位。

【解说】"现在试应用这一观点来讨论量的问题"。这一观点就是上面刚说过的,从自由思想本身亦即从事情本身的概念出发去考察量。"无论数学里通常对于量的界说如何不错,如何直接自明,但它仍未能满足这样一种要求,即要求知道在何种限度内这一特殊思想(量的概念)是以普遍的思想为根据,因而具有必然性。"数学只是一种表象水平的知性科学,数学并不考察数和量的概念,而只是以数和量的诸表象为对象。数学关于数、量的诸表象的定义、命题等当然是正确的,甚至是自明的,因为数学是表象领域中的一种先天科学,如康德所言,数学命题的基础是先天的纯感性直观,这种直观在表象中自然是一种纯粹的自明的东西。但数学无能满足也不可能满足"这样一种要求,即要求知道在何种限度内这一特殊思想(量的概念)是以普遍的思想为根据,因而具有必然性。"这里说的普遍思想就是上面所说的自由思想,就是事情本身的概念:自身规定的纯粹概念。这种要求是要求达到对数和量的最高最深刻的认识,此即:要认识到数学所考察的数和量的诸表象(如自然数、有理数、无理数、点线面体、关于数和量的诸命题等)源自量的概念,而量的概念源自自由的纯粹概念,在纯粹概念中有其根据,它是纯粹概念中的一个环节或阶段,故它在纯粹概念自由发展到一定阶段必然会产生,而在纯粹概念的更高阶段必然会被扬弃。如此,就绝对地证明了量的概念的合理性必然性,藉此亦能绝对地证明——至少原则上能设想这一点——数学关于数和量的诸多具体表象或命题的必然性(因为量的诸表象源于量的概念),同时也绝对地指出或证明了量这种东西的限度,因为在更高的纯粹概念中量就被扬弃了。对表象意

---

① 《小逻辑》第52页。
② 当然这仅是在古典理性主义范畴内而言。现代科学的发展有一些完全颠覆了包括黑格尔哲学在内的古典理性,量子力学就是如此。爱因斯坦的相对论并未超出传统理性主义的范畴,比如黑格尔自然哲学事实上就预言了广义相对论。但量子力学的某些东西颠覆了传统理性关于因与果、自然与精神的最基本认识,是黑格尔哲学都无能理解的。

识来说这一点的意义就是：数学的意义是有限的，数学的应用有其限度。在某些领域中，数学就完全没有意义；在另外一些领域中，数学则有可作为工具被利用的价值。在这两种情况下，量的概念都是被扬弃了的。比如，今天的自然科学大量运用数学，但自然科学不是数学，在几乎所有的自然领域量的概念都是被扬弃了的。化学生物学都大量运用数学，但数学在这里仅是作为工具，化学和生物学的概念大大超出了量的概念，量的概念在这里是被扬弃了的，当然亦是得到扬弃了的规定的。故可知，固然各门自然科学离开数学几乎就是寸步难行，但自然哲学的诸概念高于数学的概念亦即量的概念，自然科学是不能还原为数学的。自然科学与数学有本质差异，其本性或概念截然不同，这一点在表象中都表现得很明显。我们知道，自然科学形式上看是经验科学，各门自然科学都需要做实验，在自然科学中提出一个新认识新成果是不能仅凭相关的先天的数学证明没有问题就能了事的，还必须通过经验的实验检验，即便在数学性最强的各门力学中都是如此。

在各种自然领域中量的概念虽说被扬弃了，但毕竟还有重要价值，而在精神领域中，量的概念的意义就很小了。比如在道德、伦理、宗教领域，量的概念就完全没有意义。在美的艺术领域，量的概念的意义也很小，甚至完全没有。比如，在绘画和音乐艺术中，数和量的规定还有一定意义，比如绘画讲比例和透视，音乐讲音强、音高、音程及其比例。但在诗歌和戏剧中，数和量的规定基本就毫无意义了。数和量的规定在精神领域之所以意义很小，甚至是没有，缘由在于精神的本性或概念是自由，一切精神东西的本性都是达到了自由的概念的显现或实现，即便是那些不自由的精神（比如东方人的道德、法律和宗教），形式上看也是自由的，形式上看都是源于某些精神东西的自身规定。数和量的规定之所以在美的艺术领域还有一定价值，其缘由在美的概念上。美是理念（亦即自由精神）的感性显现，而数和量在感性领域中是有重要地位的，须知感性就是外在性，就是直接的存在，而数和量就是纯粹的外在性。但美的艺术毕竟首先和决定性地是一种自由精神，故数和量的规定在其中的意义自然是很有限的，远不能与诸自然领域相比。

如果不知道量的概念，不是通过思想的中介而知道量，那么人们所说所知的量就"只是直接从表象里接受过来的，则我们便易陷于夸张它的效用的范围，甚至于将它提高到绝对范畴的地位。"因为表象是没有思想的，而数和量的表象在表象世界中具有的那种先天的必然性和自明性使人"易陷于夸张它的效用的范围，甚至于将它提高到绝对范畴的地位。"所以近代以来不少人就接受了这样的观念：任何一门科学——即便是精神科学——如果不能成功运用数学，它就不是成熟的。马克思就是如此。马克思在相当程度上是一个实证主义者，而实证主义者除了迷信感觉经验外还迷信数学，故马克思在他的《资本论》中硬用了一点初等数学。我们知道在诺贝尔奖的诸奖项中,除了文学奖和和平奖外,其他奖项基本都是自然科学门类,唯一的例外是经济学奖。文学奖和和平奖是无法与数学搭上关系的。经济学奖是后来加的。在诸多社会科学和人文科学中独有经济学奖能跻身诺贝尔奖之列,原因在于近一个世纪来的经济学开始大量运用数学,这使得原来看去比较"软"的经济学变"硬"了,故获得了不少在相关领域有话语权的人的青睐。经济学的对象是经济活动,它属于黑格尔所说的客观精神领域,故真正的经济学应当是一门精神科学,数学在其中的地位应当是很有限的。配称得上是科学的经济学由其本性或概念决定它不应是一门实证科学,至少首先不应是实证科学。近现代的这种实证科学化和数学化的经济学不配称为科学。其实经济学的实证科学化从其诞生之日就是如此,洛克、休谟、斯密的经济学都是如此。黑格尔称赞过这种经济学①,但这种称赞只是对这种实证科学能把握一些经验性的规律的惊叹,而非对其科学性的承认。科学的真正基础和根据不是经验,而是自由的纯粹概念,即便是那些被认为是经验科学和实证科学的自然科学也是如此。一门科学直接看去可以具有经验科学或实证科学的形式,但其真正的基础和根据只能是那超越的纯粹概念,否则这门科学不可能有真正的客观性,其思维也不可能自由,须知真正的客观东西只能是以自身为根据的实体性东西,这种东西就是概念,就是能自己建立和规定自己、并使自己成为客观的实体性实存的纯粹的自由的思维。一门所谓科学如果仅停留在主观与客观的外在符合这一层面上,这样的主观认识就仅是对象的奴隶,这样的对象作为显现在主观表象中的直接东西就只是现象,这种所谓科学只能是杂多且变动不居的经验现象的奴隶,毫无自由和客观性而言,须知真正的科学只能是其内容具有客观性实体性的自由的思维,即便是那些直接看去停留在表象水平上的各门数学和自然科学亦是如此,如黑格尔所言,以牛顿力学为代表的近代这种数学化的自然科学其自在地所是的思维水平远超出它自以为所是的,它无思想地认为自己只是经验水平的东西②。稍有思维能力的人都不难知道,经济学从未达到上面所言的真正的科学水平,一直停留在靠种种主观假设去追随和描述经验现象成为其奴隶的可悲水平。所以说经济学一直很"软",这不是因为它没用数学或数学用得不好,而是因为其中没有概念,正如各门自然科学的"硬"不在于其中有大量的数学,而在于其中有足够充分的概念一样。

【正文】事实上实有陷于这种观点的情形,例如认为只有那些可以容许数学计

---

① 《法哲学原理》中译本第 204~205 页。商务印书馆,1961。
② 《哲学史讲演录》第四卷第 162 页。在这里黑格尔对牛顿既表扬又批评,表扬的是他事实上抓住了力学领域中的概念,批评的是他丝毫未意识到这一点,以为自己只是在追随经验。

算其对象的科学才是严密的科学的看法,就是这样。于是,前面(§98附释)所提到的那种以片面抽象的知性范畴代替具体理念的坏形而上学就又在这里出现了。如果类似自由、法律、道德,甚至上帝本身这样的对象,因为无法衡量,不可计算,不能用数学公式来表达,就都被认作非严密的知识所能达到,于是我们只好以模糊的表象为满足,而让它们的较详细特殊的内容,听任每一个人的高兴,加以任意的揣测或玄想,这对于我们的认识会有不少害处。这种理论对于实际生活的恶劣影响,也可以立即看出。

【解说】数学是一门表象水平的知性科学。诚然数学的对象属感性领域,但把属于数和量的诸先天的感性表象综合起来以得到数学命题,这种综合的原则及数学命题形式上看都属知性,属于抽象的同一性和外在关系的范畴,故可知说数学的诸表象和命题属于知性范畴是毫无问题的。显然,上面所说的那种由对量的概念及其限度无知而导致把量的概念绝对化,这种观念或做法就是一种前面说过的"以片面抽象的知性范畴代替具体理念的坏形而上学",须知具体的理念才是真理或绝对。"如果类似自由、法律、道德,甚至上帝本身这样的对象,因为无法衡量,不可计算,不能用数学公式来表达,就都被认作非严密的知识所能达到,于是我们只好以模糊的表象为满足,而让它们的较详细特殊的内容,听任每一个人的高兴,加以任意的揣测或玄想,这对于我们的认识会有不少害处。这种理论对于实际生活的恶劣影响,也可以立即看出。"自由、法律、道德、上帝都是自由的精神东西,对人的生活具有最重要的意义,其意义无限地超出数学和数学化的自然科学。但它们是不可量化的,不能问良心多少钱一斤,如同不能因为基督教的上帝不在空间时间中存在就说上帝不存在一样。数学和数学化的自然科学同一切可以量化的东西一样是无精神性的表象东西,依其概念是从属于精神的。但近现代的那种由于对量的概念无知而把量的概念绝对化的实证主义科学主义思潮却以此为理由而把这些最重要的精神东西贬为非科学甚至非理性,因为它所知道的所谓理性和科学只是可以量化的东西,这对社会生活不能不带来严重的恶劣后果。自由、法律、道德、上帝这些自由的精神东西是只有籍自由的概念思维才能把握的,而一般人没有概念思维能力。但大部分人对那些可以量化的东西却是熟知和感到亲切的,因为可以量化的东西都是最抽象最简单的表象,故实证主义科学主义思潮在近现代甚为风行。为这种思潮所俘虏的人们没有能力把握自由、法律、道德、上帝等自由的精神东西,因为它们不可量化,故世人在对这些最重要的精神东西的认识上"只好以模糊的表象为满足,而让它们的较详细特殊的内容,听任每一个人的高兴,加以任意的揣测或玄想",所以就有了人们不敢对数学物理学等所谓精密科学随便说话,却敢对美、道德、宗教信口胡扯这种可悲现象。

【正文】仔细看来,这里所说的极端的数学观点,将逻辑理念的一个特殊阶段,即量的概念,认作与逻辑理念本身为同一的东西,这种观点不是别的,正是唯物论的观点。这样的唯物论,在科学思想史里,特别在十八世纪中叶以来的法国,得到了充分的确认。在这种抽象的物质里,诚然是有形式的,不过形式只是一外在的、不相干的规定罢了。

【解说】18 世纪的法国唯物主义在历史上有一定进步作用,但作为一种哲学思想却是最肤浅的。这种唯物主义为何会迷信量,我们前面已经阐明,这里就不多说了。这里所谓抽象的物质指仅从量的方面来看待的物质,近代的机械力学及机械唯物主义的世界观只知道如此来看待物质。"在这种抽象的物质里,诚然是有形式的,不过形式只是一外在的、不相干的规定罢了。"对此前面亦已反复阐明,这里无须赘述。

【正文】这里所提出的说法,将会大大地被误解,如果有人以为这种说法,会损害数学的尊严,或由于指出量仅是一外在的不相干的范畴,便以为会使懒惰和肤浅的求知者得以妄自宽解,说我们对于量的规定可以置之不理,或我们至少用不着加以精密的研究。无论如何,量是理念的一个阶段,因此它也有它的正当地位,首先作为逻辑的范畴,其次在对象的世界里,在自然界以及精神界,均有其正当地位。

【解说】对量的范畴要知道其限度,对它不可迷信不可滥用。但量的概念的合理性及正当权利也不能忽视。量在自然及精神领域中都有正当的地位。关于量的范畴在精神领域中的必要地位,我们前面举了某些艺术领域为例。此外,量在认识领域也有其一定地位,比如,在儿童的学习中机械记忆是有其必要的,机械记忆就是量的重复。又,人人都知道熟能生巧,而要想达到熟只能靠同一动作的大量重复。

【正文】但这里也立即表现出一种区别,即量的概念在自然界的对象里与在精神界的对象里,并没有同等的重要性。在自然界里量是理念在它的"异在"和"外在"的形式中,因此比其在精神界或自由的内心界里,量也具有较大的重要性。我们诚然也用量的观点观察精神的内容,但立即可以明白看见,当我们说上帝是三位一体时,这里三这个数字比起我们考察空间的三度或三角形的三边,说三角形的基本特性是三条线所规定的片面具有远较低级的意义。

【解说】"在自然界里量是理念在它的'异在'和'外在'的形式中",这句话不用查原文就知道译错了。黑格尔关于自然的基本思想是:自然是绝对理念的他在,是处于他在形式中的理念。这句话梁译本译得对:"自然界是处于他在和外在形式中的理念"。所谓绝对理念的他在或作为他在的理念,是说绝对理念本身作为一为他的存在。这里的为他是为绝对理念自身,亦是为精神,这样的绝对理念就是自然。当然,我们在导论十四节中说过,这种自然不是作为人的认识对象的自然,而是作为绝对理念亦即上帝的认识对象的自然。作为人的认识对象的自然只是自然本身的现象,作为理念的他在作为上帝的认识对象的自然才是自然本身,所以说在自然中乃是上帝或绝对理念以祂自身为对象。"自然界是处于他在和外在形式中的理念",而量就是外在性本身,是纯粹的外在性,所以说与其在精神界或自由的内心界里相比,量在自然中"具有较大的重要性"。

"我们诚然也用量的观点观察精神的内容,但立即可以明白看见,当我们说上帝是三位一体时,这里三这个数字比起我们考察空间的三度或三角形的三边,说三角形的基本特性是三条线所规定的片面具有远较低级的意义。"说上帝是三位一体,这个"三"的意义与三角形或三维空间中的"三"的意义大为不同。三位一体这个说法说的是圣父圣子圣灵这三种最自由的精神东西的统一性乃至同一性,"三"在这里完全从属于"位"和"体",后两者是自由的精神东西,"三"的意义在这里可说是微不足道。但三维空间和三角形都属于纯粹的量,"三"在这里是这种纯粹的量的东西的具体规定性,在这里"三"所是的这一规定性与其所规定的空间或几何形这种抽象表象没有质的差异,就是说三维空间和三角形的"三"对三维空间、三角形这样的抽象表象来说具有实质性意义,所以说三位一体中的"三"与三维空间或三角形中的"三"相比"具有远较低级的意义"。

【正文】而且即使在自然界之内,量的概念也有较大或较小的重要性之别。在无机的自然里,较之在有机的自然里,量可以说是占据一较重要的地位。甚至在无机的自然之内,我们也可以区别机械的范围和狭义物理学的与化学的范围,而发现量在两者之间也有不同的重要性。力学乃公认为最不能缺少数学帮助的科学,在力学里如果没有数学的计算,真可说寸步不能行。因此,力学常被认为仅次于数学的最严密的科学。

【解说】这段正文的意思甚为简单明白。诚然各门自然科学都是考察物质对象的,但不同的科学所考察的物质东西的质的规定性是有差异的。力学所考察的物质东西其质的规定性最低级。电磁学、化学、生物学,其所考察的物质东西的质的规定性一个比一个高级。量的规定在各门自然科学中都是很重要的,但量的概念是纯粹的外在性,故当物质东西的质的规定性越来越高时,其中的量的规定的意义或重要性自然是越来越低,黑格尔《自然哲学》各篇各章从抽象到具体的发展同一地就是自然或物质东西的质的规定性从低级到高级的发展。

【正文】这种看法又使我们须得重新谨记着上面因唯物论与极端的数学观点相符合而提出的警告。总结上面所说的一切,为了寻求严密彻底的科学知识计,

299 第一部分 存在论(Die Lehre vom Sein)

我们必须指出,象经常出现的那种仅在量的规定里去寻求事物的一切区别和一切性质的办法,乃是一个最有害的成见。无疑地,关于量的规定性精神较多于自然,动物较多于植物,但是如果我们以求得这类较多或较少的量的知识为满足,不进而去掌握它们特有的规定性,这里首先是质的规定性,那么我们对于这些对象和其区别所在的了解,也就异常之少。

【解说】这里有一处错误,不是翻译错误而是原文错误。"关于量的规定性精神较多于自然,动物较多于植物",这句话显然是错误的,把该说的意思正好说反了。原文就是如此,估计是黑格尔课堂即兴讲授时的口误。理解认识一个对象,首先应当把握它的质的规定性,只有质的规定性才属于本质,更高更深刻的质的规定则属于概念,概念就是事情或对象的本性,对一种对象一个领域最深刻的认识就是把握它的概念,能否事实上把握一种对象或一个领域的概念,这是一门科学是否成熟的标志。只有那些没有思维能力的人才只关注对象的量的方面,这是一种无思想的偷懒方法;须知,各种力学这类数学化程度最高的科学其所以是成熟的科学也只是因为这类科学的质的方面,具体说来是这类科学事实上充分抓住了其研究对象的本性或概念所致。力学的研究对象是处于最抽象亦即最外在形式中的物质,这种物质形式其质的规定性从概念上讲必然是最为低级而量的规定性的意义最大。

§ 100

【正文】就量在它的直接自身联系中来说,或者就量为通过引力所设定的自身同一的规定来说,便是连续的量;就量所包含的一的另一规定来说,便是分离的量。但连续的量也同样是分离的,因为它只是多的连续;而分离的量也同样是连续的,因为它的连续性就是作为许多一的同一或统一的"一"。

【解说】这段正文说的是量的连续性与间断性,证明量的这两个环节是不可分离的。现在仍是在考察纯量,对纯量的所有认识或规定对后面要考察的定量都成立,因为定量不过是具体规定了的纯量。

"就量在它的直接自身联系中来说,或者就量为通过引力所设定的自身同一的规定来说,便是连续的量"。量的直接的自身联系是说,任何一个量都是一自身统一或同一的单纯的一,是这样的一个"一"的直接存在,量作为这种"一"就是量的连续性。这里说量的连续性是"通过引力所设定的自身同一的规定",是说在量中斥力是扬弃了的,被引力扬弃了(§98已言明了这一点),故量是由扬弃了斥力的引力所是或所建立的一种单纯的自身同一。任何量都是这样的一种自身同一,就此来说都是连续的。对量的连续性的这一认识与表象或常识观念的见解不同。常识意识认为一条直线是连续的,但自然数 5 不是。常识认为 5 是由 5 个 1 组成,每个 1 都是独立的,5 就是由这些离散或分离的 1 组成,所以认 5 是离散或间断的量而非连续的量。黑格尔则看到,5 固然由 5 个 1 组成,但这些 1 是同一个 1,彼此不仅在量上相等在质的方面也是毫无差异。由于组成自然数 5 的各部分在质的方面的同一性,所以说自然数 5 是一连续的量。显然,黑格尔所说的量的连续性是就量的质的方面说的。固然量是扬弃了的质,是无质的,但没有质形式上看也是一种质。量固然由各部分组成,但各部分在质的方面都是一样的无质的质,是完全同一的,所以说任何一个量在质上必然是无差异的齐一性或自身同一,这就是量的连续性。显然,量的连续性来自扬弃了斥力的引力这一环节,因为引力就是诸自为存在的同一性。在量中引力与斥力都是扬弃了的,但扬弃不是否弃,在量中被扬弃了的引力与斥力现在就只是抽象的观念性东西,量就是这种只是抽象的观念性东西的引力与斥力的统一,所以量本身只是一种抽象的观念性存在。量作为抽象的观念性的引力与斥力的统一,在这种统一中引力与斥力彼此扬弃,量既是扬弃了斥力的引力,也是扬弃了引力的斥力。就量是扬弃了斥力的引力而言它是连续的,就量是扬弃了引力的斥力而言它是离散或间断的。自然数 5 是由 5个部分组成,所以它亦是一离散的量,任何由各部分外在组成的东西都是离散的。一条线段是连续的,但它也是由各部分组成的多,所以它也是离散的量。任何一个量既是一个自身同一的一,也是一个由各部分组成的多,就前者来说量是连续的,就后者来说量是离散的,所以说任何量都既是离散的量又是连续的量,量就是离散与连续的统一。

　　明白了以上所言,下面的话就很好理解了。"就量所包含的一的另一规定来说,便是分离的量。"量所包含的一指任何一个量在质上的齐一性或自身同一,是量中的扬弃了斥力的引力这一环节。量所包含的一的另一规定指在量中被扬弃了的斥力这一环节,由于引力同样被斥力扬弃,故这一环节使得任何一个量都是多。引力与斥力是不可分离的,引力(一)必然包含或蕴含斥力(多),斥力(多)也一样必然包含或蕴含引力(一),故任何一个量都同时既是一又是多,所以说量也是离散的,因为它是由彼此外在的各部分组成的。"但连续的量也同样是分离的,因为它只是多的连续;而分离的量也同样是连续的,因为它的连续性就是作为许多一的同一或统一的'一'。"这两句话的意思前面已经说得很充分了。多的连续指组成量的各部分在质上的齐一性或同一性,就此而言量是连续的。作为许多一的同一或统一就是多的连续,许多一就是组成量的各部分,每个量都是由许多一组成的多。

【正文】〔说明〕(一)因此连续的和分离的大小必不可视作两种不同的大小,好象其一的规定并不属于其他似的;反之,两者的区别仅在于对同一个整体,我们有时从它的这一规定,有时又从它的另一规定去加以说明。

【解说】这段文字的意思前面已充分阐明,这里无须赘言。"连续的和分离的大小(Größe)"就是连续和分离的量(Quantität)。其实在这里用 Quantität 一词更好。不过 Größe 一词也有量的意思,放在这里也无不可。

【正文】(二)关于空间、时间、或物质的两种矛盾说法(Antinomie),认它们为可以无限分割,还是认它们为绝不可分割的"一"〔或单位〕所构成,这不过是有时持量为连续的,有时持量为分离的看法罢了。如果我们假设空间、时间等等仅具有连续的量的规定,它们便可以分割至无穷;如果我们假设它们仅具有分离的量的规定,它们本身便是已经分割了的,都是由不可分割的"一"〔或单位〕所构成的。两说都同样是片面的。

【解说】空间时间是量的两种纯粹表象,而关于物质是否无限可分的问题,也是仅从抽象的量的方面去看待物质。但这一问题也是可以从质的方面去说的,比如希腊原子论认为原子不可分割,是物质的最小单位,这实际是从质的方面亦即物质的物理性质方面说的。希腊原子论认为原子有大小和形状,这是原子的量的方面,仅从这方面讲原子是无限可分的,因为只有更小的量没有最小的量。希腊原子论认原子不可分割,这只能理解为认原子在物理上不可分割,这是相当有思想的天才假设。希腊原子论只是一种假设,现代科学的原子论可不是假设,原子在物理上的不可分割也早已被证实,比如把原子打碎,结果是原子核和电子,这二者与原子有质的差异,这证明原子在质上是不可分割的。现代物理学甚至发现,空间和时间也不是可以无限分割的,有不可再分的最小空间单位和时间单位。但量子力学的这一认识与黑格尔这里的认识并不矛盾。量子力学说有最小的不可再分的空间和时间单位,它这里所说的空间和时间不是与物质及其运动相割裂的仅作为抽象的量的一种空洞表象的空间和时间,而是指微观世界中与物质及其运动不可分离地统一在一起的空间和时间。《逻辑学》也考察与那种与物质相同一的空间和时间相关的纯粹概念,量的范畴中后面会出现的程度(内涵量)和量的关系(《小逻辑》贺译本译为比例,大逻辑中译本译为比率)都是这种纯粹概念。但在这里,黑格尔说的是与物质及其运动相割裂的仅作为最抽象的量的表象的空间和时间。最抽象的量就是完全无质的作为纯粹的或绝对的外在性的纯量,这种量及作为这种量的表象的抽象的空间和时间当然是可以无限分割的,仅从这种最抽象的量的方面来看待的物质也是可以无限分割的。

量的无限可分与量的连续性是一回事,因为与量的无限可分对立的是量的不可无限分割,这乃是说量是由不可分割或不可再分的各部分组成的,而这就是量的间断性。与量的间断性对立的是量的连续性,故可知量的无限可分作为与量的不可无限分割对立的东西与量的连续性是一回事。

有必要说的是,《小逻辑》说一切量都既是连续的量又是离散或间断的量,这里所说的"间断"与通常所说的量的间断性还是有区别的。按照黑格尔的说法,一条直线也是离散或间断的,因为它是由各部分组成的。但通常的说法是,一条直线是连续而非间断的,因为它的任何一部分都是无限可分的,亦即是连续的,这与《小逻辑》这里说的间断性是有区别的。常识表象认为间断和连续不能共存,这种说法当然是正确的。但还是那句话:正确与真理不是一回事。黑格尔当然知道表象意识所说的那种不可再分的间断性,但这种间断性只是对黑格尔所说的与连续性不可分离的那种间断性的某种具体规定。但这些具体规定由于是表象意识所为,故从概念上看常常是片面的,不充分不完全的。现在考察的只是未有任何具体规定的纯量,得到充分或完全规定的纯量就是数,数的规定性是单位与数目,单位可说是数的质的方面,数目是数的量的方面。显然单位是数的概念本身,数的质就是数的概念,数目是这一概念作为量的东西所有或所是的外在性方面。我们知道数有自然数有理数无理数之类的区别,这些区别属于数的质的方面亦即单位的质的差异。但自然数有理数无理数等的区别是表象水平的区别,这些关于数的表象水平的区别或规定是从概念上讲是不完全不充分的。这是什么意思呢? 我们来看这个问题:自然数是不是无限可分的? 如果我只知道自然数不知道有理数或分数,亦即我的数的概念——当然这里所谓概念只是表象意义上的——只是自然数,自然数就不是无限可分的,因为每个自然数的组成部分单位 1 是不可再分的,再分就会出现 1/2、1/3 等分数,对只知道自然数没有分数概念的人来说 1/2、1/3 等就不是数。某些古代民族就是如此。比如三千年前的埃及人就没有分数或有理数的概念,故他们处理实际涉及分数的算术运算时其算法就非常繁琐麻烦[1],须知,一切麻烦繁琐根本原因都源于其中没有概念,没有抓住事情的概念;表象的东西如果出自概念,必然是简单明白的。

希腊人对数的认识就远远超出了埃及人,这不仅表现为希腊人从毕达哥拉斯开始自觉到了数的概念,亦表现为,即便在表象层面上希腊人对数的认识亦超出了埃及人,因为希腊人知道有理数。但希腊人对数的表象认识也是有缺点的,他

---

① 对此可参阅〔美〕克莱因《古今数学思想》中译本第一册(上海科学技术出版社,2002)第 18~20 页的叙述。

们不理解不承认无理数①。黑格尔那时的西方人承认无理数,黑格尔之后的数学家还发现了传统有理数与无理数的划分所不能理解的新的数的划分:代数数与超越数。代数数是那些能成为其各项系数是有理数的代数方程的解的数,代数数之外的数是超越数。显然所有有理数及无限多的无理数都是代数数,比如$\sqrt{2}$就是一代数数。但不是所有无理数都是代数数,比如圆周率 π 这个无理数就不是代数数而是超越数,并且数学家已经证明超越数比代数数多得多。自然数、有理数、无理数、代数数、超越数都有无限多个,但数学家已经证明无理数的无限多远远多于有理数的无限多,超越数的无限多远远多于代数数的无限多。以上所言涉及到表象所说的数的无限这一表象的更具体的规定,黑格尔及那时的西方人还不知道这些规定,但黑格尔的过人之处在于,他关于量的连续性与间断性不可分离的认识经受住了在他之后的数学发展的考验,而表象意识关于数或量——数是一种量——的连续性与间断性的认识却常常被后来的数学发展所否定。比如,如果只承认自然数是数(如古埃及人),那么黑格尔所说的一切量都既是连续的量又是间断的量这一认识就不成立,因为自然数的最小单位 1 不可再分,这样自然数就只是间断的量而非连续的量。但我们应知,在这里黑格尔没错,而是只知道自然数是数的埃及人错了。埃及人的错误在于其对数的那一表象认识——即只有自然数是数——不符合数或量的概念。数的概念是彻底扬弃了质的充分规定了的量。这种量由于完全扬弃了质,故这种量是纯粹的绝对的外在性。诚然数的概念有单位与数目这两个环节,其中单位是数这种量的质的方面,属于自为存在,数目是这种量作为量的外在性方面,属于为他存在,但数是一种完全扬弃了一切自为的质的量,以至于单位作为数的质只是徒具形式,数的单位仍只是完全无质的纯然的量亦即纯然的外在性,以至于无论表象意识对数的单位做何种规定,数的单位事实上仍是无限可分的,因为无质的纯然外在性就意味着它对自身永远是外在的,数之类的无质的量就是绝对的外在性本身,就是只有量的规定而无质的规定,故在量上它是可以任意地无限地分割。显然,那只认自然数是数的认识不符合数的概念,这种认识只是对数的一种片面不真的主观表象,那认自然数只是离散或间断的量不是连续的量的见解就来自这一关于数的片面不真的主观认识。

希腊人只承认有理数是数,这也是一种对数的概念的片面不真的主观见解,因为还有无理数,并且无理数比有理数多得多,这意味着有理数根本上也只是离散而非连续的。证明这一点很简单。数与数轴上的点有一一对应的关系,一段

---

① 古代毕达哥拉斯派把那个证明正方形的对角线是不可公度的量(亦即是无理数)的人抛入大海的说法充分表明了这一点。

数轴上所有的点对应这一范围内全部的数。由于无理数比有理数多得多,这表明数轴上与这段范围内的全部有理数相对应的点远未充满这段数轴,这种点在这段数轴上实际是稀疏的,这表明如果如希腊人那样只承认有理数是数的话,数这种量就只是间断而非连续的,这与数这种完全扬弃了质的量的概念不符,这表明认数只是有理数这一认识也只是对数这种量的一种片面不真的表象,因为一切完全扬弃了质的量都既是连续的又是间断的。数学对数的认识只是一种表象,这种表象水平的认识永远是未完成不完善的。比如,现代数学对构成数及无理数的最大部分的超越数的认识就很可怜,超越数这一术语本身就只是一个负概念。黑格尔的数学知识当然不能和后来的数学家相比,但黑格尔关于完全扬弃了质的纯量——数是充分规定了的纯量——既是连续的又是离散的洞见经受住了在其之后的数学发展的考验,由此可见黑格尔的概念思维的威力,这种纯粹的概念思维能够一次性地充分把握量的简单概念,数或量的概念与其表象——数学知识就是这样的一种表象——的重大区别由此亦可见一斑。19世纪有数学家说,上帝创造了自然数,其余都是人造的[①]。这句话一则有错二则有漏。自然数有理数无理数代数数超越数等作为客观的东西在作为客观而绝对的纯粹思维的上帝那里是有充分根据的,就是说它们都是上帝的创造,人只是发现了它们罢了。这句话还有重大遗漏。上帝在创造各种数之前,首先创造了数或量的概念,这可是数学家不知道的。

黑格尔这里对量的连续性与间断性的思辨完全是从量的概念亦即量的充分的质的方面说的。连续与离散或间断最初是数学这种表象科学的术语,黑格尔洞见到这两个表象源于量的概念,连续源于同一个量的各部分的同质性亦即质的方面的同一性,间断源于任何一个量都可看作是由各部分组成的,这两方面就构成了量的概念,量的概念就是这二者的不可分离和同一。由以上所言可知,虽说量是连续性与间断性的不可分离或同一,但量的这两方面的意义是不同的,连续性是绝对的,间断性则是相对的,间断性无非指量是由各部分组成罢了。又,如果说有某种绝对意义的间断性的话,这种间断性就不纯然是量的意义的,而是与事情的质的方面相关。比如,现代科学证明原子不可分割,亦即原子的间断性是绝对的,但其意义是原子在物理上不可分割。又比如,在量子力学中间断性就有绝对的意义,但这种间断性是物理意义上的,不是纯粹的数或量意义上的间断性。

明白了以上所言,这段正文的意思就很明白了,这里就不多说了。

【正文】附释:量作为自为存在发展的最近结果,包含着自为存在发展过程的

---

① 〔美〕克莱因《古今数学思想》中译本第三册(上海科学技术出版社,2014)第153页。

两个方面,斥力和引力,作为它自身的两个观念性环节(原译是"理想环节",此译错误),因此量便既是连续的,又是分离的。两个环节中的每一环节都包含另一环节于自身内,因此既没有只是连续的量,也没有只是分离的量。我们也可以说两者是两种特殊的彼此互相反对的量;但这只是我们抽象反思的结果,我们的反思在观察特定的量时,对于那不可分的统一的量的概念,有时单看它所包含的这一成分,有时又单看它所包含的另一成分。譬如,我们可以说,这间屋子所占的空间为一连续的量,而集合在屋子内的一百人为分离的量。但那屋子的空间却同时是连续的又是分离的。因此我们可以说空间点,并且可以将空间加以区分,譬如,将它分成某种长度,若干尺若干寸等,这种做法只有在空间潜在地也是分离的这前提之下,才是可能的。在另一方面,同样,那由一百人构成的分离之量同时也是连续的,而其连续性乃基于人所共同的东西,即人的类性,这类性贯穿于所有的个人,并将他们彼此联系起来。

【解说】我们前面对从自为存在向量的过渡及量的连续性与间断或分离性说得已经很充分了,故这段正文很好理解。量的连续性与间断性来自在纯粹的自为存在那里的引力与斥力,连续性是扬弃了斥力的引力,但连续性所是的这个引力也已是扬弃了自己的能动性的返回自身从而安宁于自身的观念东西。量的间断性是扬弃了引力的斥力,这个斥力也是安宁于自身的观念性存在。引力与斥力现在是作为量的连续性与间断性这两个环节,后面在数那里则是作为数的单位与数目这两个环节。黑格尔这里以房间及其中的一百个人为例来解释量的连续性与间断性。"这间屋子所占的空间为一连续的量,而集合在屋子内的一百人为分离的量。但那屋子的空间却同时是连续的又是分离的。"这里说的一百个人指这一百个人每人所占的空间的量,这一百个体积的总和构成了这个房间的空间总量。但下面那一百个人的例子则不同。"在另一方面,同样,那由一百人构成的分离之量同时也是连续的,而其连续性乃基于人所共同的东西,即人的类性,这类性贯穿于所有的个人,并将他们彼此联系起来。"前面一百个人的例子所说的连续性是指量的连续性,但这里所说的一百个分离的人的连续性是指这一百个人的质的同一性,这个质不是作为量的概念的一个环节的质,而是人这种本质意义的类或属,就是人类的"类"这一本质东西,就是从形式来看的普遍人性。

第二节　定量(Quantum)

§ 101

【正文】量本质上具有排他的规定性,具有这种排他性的量就是定量,或有一定限度的量。

【解说】"有一定限度的量"这个翻译不好,原文是 begrenzte Quantität,意思是受限制或被规定的量,亦即具体规定了的量,梁译本译为"有界限的量"。前面是纯量,现在是定量。排他的量指不同的定量的区别,比如3和5是不同的量,这条线段和那条线段是不同的量。排他是指两个量的不同或区别。区别就是规定。斯宾诺莎说一切规定都是否定,而区别或不同就是一种否定:这个不是那个,自然数3不是自然数5。纯量是纯粹的量,这种纯粹是抽象,一切具体规定都被抽象掉的量,不同的量的区别同一地亦被抽象掉了,结果就是空无任何规定的纯量,这个量和那个量的区别在纯量那里是没有的。逻辑理念的发展是从抽象到具体,量的领域中纯粹思维的发展也是如此。

【正文】附释:定量是量中的定在,纯量则相当于存在,而下面即将讨论的程度(Grad)则相当于自为存在。

【解说】《逻辑学》存在论分为质、量、度三大阶段,质的阶段按照从抽象到具体的发展依次是纯存在、定在、自为存在。纯存在是无任何规定的存在,是与无相等同的质。纯存在的纯(粹)就是抽象的意思,纯存在就是一切质的规定性都被抽象掉的质或存在。定在是直接规定了的存在,亦即直接规定了的质(的存在)。定在的规定性是直接的质,这种质都是为他的质,故定在完全是为他存在,必然会过渡为另一定在,这在表象上就是感性的质的东西的变化。自为存在是质的东西达到了自为:自己规定自己的质的存在。量的领域的发展与此类似:纯量作为尚无任何规定的量就是量领域中的纯存在,定量是量领域中的定在,是具体规定了的量。一切规定都是区别,定量作为规定了的量必然同一地就是任意多个定量的建立,比如任意多个自然数。与定在相仿,定量的规定性是量领域中的直接的规定性,不同的定量作为规定了的直接的量都是仿佛能孤立存在的东西,彼此没有关联,比如自然数3和5就没有关系。量的下一阶段是达到了量领域中的自为存在的量。《小逻辑》量领域三阶段的标题是纯量、定量、程度,这种结构划分相当于认自为的量是从程度(Grad)开始的,这蕴含有认程度是一种自为的量的意思。但大逻辑的说法不同。大逻辑认自为的量是"量的关系"(Das quantitative Verhältnis)。大逻辑中译本把量的关系译为比率,《小逻辑》贺译本和梁译本译为比例,薛译本译为量的关系。笔者认为薛译本译得最好,这个概念译为比例或比率都不合适。按《小逻辑》的章节结构,量的关系放到了程度这一节中,但按《小逻辑》对具体内容的实际叙述来看,同大逻辑一样黑格尔认量的关系才是达到自为存在的量。程度(Grad)的意思是内涵量,即有质的意义的简单直接的量,如温度、重量之类,故可知程度或内涵量属于定量,未达到了量领域中的自为存在。《小逻辑》形式上的章节划分把程度放到依概念的逻辑进程来说应属于量的范畴的第三阶段:"量的关系"中,并称这一节的标题为程度,是不妥的。总结以上所言,《小逻辑》在这里有两点不妥,一是不应把程度亦即内涵量放到量的范畴的第三节中,二是不该把这一节称为程度。这两点不妥在大逻辑中都不存在。大逻辑把程度亦即内涵量放在量领域的第二阶段"定量"中,第三阶段称为"量的关系"(Das quantitative Verhältnis)(中译本译为量的比率),其内容也与标题相称,所以说大逻辑量这一章的章节结构及内容安排没有什么问题,《小逻辑》则问题不小。当然,《小逻辑》对量领域中的各阶段各环节具体内容的叙述是没问题的,问题出在形式上的结构划分上。黑格尔在1831年11月去世前不久完成了对大逻辑存在论部分的修订,未来得及对本质论和概念论进行修订就去世了,故黑格尔去世后出版的大逻辑第二版其存在论部分是1831年的修订版,而本质论与概念论则与1816年的第一版完全相同。大逻辑杨一之的中译本译的是第二版,故其存在论部分是1831年的最新修订。《小逻辑》贺译本和梁译本译的是《哲学全书》1830年第三版的逻辑学部分。显然,黑格尔在1831年修订大逻辑存在论部分时应是注意到了1830年版《哲学全书》逻辑学存在论量的范畴这部分在章节结构、标题等形式方面的不妥,在修订大逻辑存在论部分时做了改正。

【正文】由纯量进展到定量的详细步骤,是以这样的情形为根据,即在纯量里连续性与分离性的区别,最初只是潜在着的,反之,在定量里,两者的区别便明显地确立起来了。所以现在,量一般地是表现为有区别的或受限制的。但这样一来,定量也就同时分裂为许多数目不确定的单位的量或特定的量。每一特定的量,由于它与其他的特定的量有区别,各自形成一单位,但从另一方面来看,这种特定的量所形成的单位仍然是多。于是定量便被规定为数。

【解说】纯量是尚未得到任何规定的量,故连续性与离散性这两个环节的区别在纯量那里仅是潜存着,定量作为明确规定了的量,连续性与分离性这两个环节就区别开了,并得到了具体规定。纯量为何会超出自己发展为定量? 答案很简单:真理是具体的而不是抽象的,但真理又是一从抽象到具体的逻辑运动,故空无规定的抽象的纯量会超出自己而成为具体规定了的有限的量,此即定量,定量就是有区别的或受限制的量,这必然意味着有任意多个定量。这里有个翻译问题。"定量也就同时分裂为许多数目不确定的单位的量或特定的量",这句话的原文是:Hiermit zerfällt dann aber auch zugleich das Quantum in eine unbestimmte Menge von Quantis oder bestimmten Größen。贺译本把"eine unbestimmte Menge von Quantis oder bestimmten Größen"译为"许多数目不确定的单位的量或特定的量"。梁译本把这个结构复杂的短语译为"许多数目不确定的离散的量或特定的大小"。这两个译法都不对。德语 eine Menge von X 意为"许多 X"或"大量 X",而 eine unbestimmte Menge von X 的意思是:这大量 X 的具体数量或数目是未规定的。这个短语中的 X 不是一单个名词,而是用 oder(或)连起来的两个名词,从这句话的文意看,用 oder(或)连起来的两个名词 Quantis(量)和 bestimmten Größen(规定了的大小)指称的是一个东西,依上下文看这个东西只能是"规定了的大小或量",即明确规定了的定量,指其大小或数值确定了的定量。显然这句话的意思是:定量作为规定了的量必然意味着任意多个明确规定了的定量的建立,eine unbestimmte Menge von X 中的 unbestimmte(数量未规定的)意思只能是:数量上是任意多。综合以上所言,这句话应译为:"于是定量就分裂为任意多个确定的定量"。贺、梁二译本的这句话所以都未译对,原因恐怕不在语言方面,而在理解上:不理解定量的概念为何就意味着任意多个定量的建立。为何定量的概念必然意味着任意多个定量的建立?这在对本附释前面文字的解说中已说过了,这里不再赘述。

"每一特定的量,由于它与其他的特定的量有区别,各自形成一单位,但从另一方面看来,这种特定的量所形成的单位仍然是多。于是定量便被规定为数。"这里又有翻译问题。这一小段话原文是:Eine jede dieser bestimmten Größen, als unterschieden von der anderen, bildet eine Einheit, so wie dieselbe andererseits für sich allein betrachtet ein Vieles ist. So aber ist das Quantum als Zahl bestimmt. 贺译本把这里的 Einheit 译为"单位"是错误的,梁译本同样有这个错误。这句话意思是,彼此区别开的定量每个都是一个"一",但每个这样的"一"作为一规定了的量同时是多,这种具体规定了的既是一又是多的定量就是数。数的规定性是单位(Einheit)与数目(Anzahl),但这段话中的 Einheit 可不是作为数的概念的两环节之一的单位(Einheit)这种东西,而是指每个具体的定量都是一个自身统一或同一的东西,两个定量的区别就是这样的两个自身同一东西的区别,每个具体的定量作为一个如此自身同一的东西就是这样的一个"一"。每个定量所是的这个一同时又是多,因为任何一个定量都是任意可分的,亦即是由同质的诸多部分组成。每个定量所是的那个同时是多的一(Einheit)就是每个定量或数的规定性的全体。

数的规定性是单位与数目,作为数或定量的规定性的全体的这个一(Einheit)就是单位与数目的统一,数或定量所是的这个一就是本小节附释前的正文所说的 begrenzte Quantität,前面说过贺译本把它译为"限度"是很不妥的,梁译本译为"界限"是可行的。界限就是每个定量或数的规定性的全体,就是每个定量或数本身所是的那个一,数的单位(Einheit)所是的"一"只是界限所是的那个一(Einheit)中的一个环节。显然,贺、梁二译本此处的这一翻译错误同样不应是语言问题,而是理解不到位导致。

由以上所言可知,这一小段话的正确翻译应是:"每一定量就其与其他定量有别而言,各自是一个'一',但从另一方面看,这个定量所是的'一'同时是多。于是定量便被规定为数。"数就是明确规定了的定量,每个这样的定量或数是一个数或一个规定了的定量,所以说是一个"一",诸多这样的定量或数就是诸多不同的"一",每个这样的"一"作为一个明确规定了的数同时是一个多。

§102

【正文】在数里,定量达到它的发展和完善的(vollkommen)规定性。数包含着"一",作为它的要素,因而就包含着两个质的环节在自身内:从它的分离的环节来看为数目,从它的连续的环节来看为单位。

【解说】"数包含着'一',作为它的要素"。依上下文看,这个"一"不是指数的两环节之一的单位这种"一",而是§101附释说每个数本身就是一个"一"这句话所说的"一",这个"一"是数的规定性的全体,是数的概念的两环节:单位与数目的统一。数的概念是质的东西,一切可称为概念的东西都是充分意义的质,故单位与数目都是数的质的规定性。数当然是一种量,但仅仅被认作是一种单纯的量的东西的数只是数的一种表象,但思辨逻辑学考察的不是数的表象而是数的概念。从毕达哥拉斯派开始,西方哲学家就开始了对数的哲学思考,这种思考关心的、力图抓住的是数的质。数的质属于数的概念,数的概念是数的充分意义的质,这个"充分"就是这里所说的完善或完全(vollkommen)。柏拉图说数是不变的,说数是介于感性物和理念之间的东西,又说数是多不是一,还不是理念;亚里士多德说数不能独立存在,数只能是作为那能独立存在的本体或个体东西的抽象属性而存在,这些说法都是对数的质的方面的认识。古代哲学家对数的质的这些认识并不充分。充分意义的数的质就是数的概念,黑格尔才把握了数的概念。数的概念的内容并不仅限于这里所说的单位与数目。数是从自为的质的一发展而来,也会在尺度及更高的概念中被扬弃,这些也都属于数的概念。一般人包括大部分数学家对数的这种质的方面亦即数的概念一无所知,更不知道毕达哥拉斯、柏拉图、亚里士多德、黑格尔这些哲学家对数的哲学思考有何意义,乃至于蔑视这种思考,认为数学才是真东西,才是真理,哲学家对数的哲学思考是无意义的故弄玄虚。数学当然是一门值得尊重的严肃科学,但数学考察的只是数的某种表象,它对数的概念并无真正或充分自觉;常人,包括大部分数学家,都不知道数的表象来自数的概念,数学作为关于数的表象的一种先天或纯粹科学亦来自数的概念,不知道没有毕达哥拉斯、柏拉图等哲学家对数的哲学思考,数学这门科学是不可能产生的。纯数学这门科学之所以产生在古希腊,之所以其他古代民族没有产生这门科学,根本原因在于只有古希腊才有如毕达哥拉斯、柏拉图这种有能力对数做纯粹的哲学思考的哲学家,数学这门科学最初就产生于毕达哥拉斯对数的哲学思考。即便在数学高度发达的今天,对数的哲学思考也不是多余的,而是绝对有必要有价值的。微积分基础的建立和完善、实数理论的建立、集合论和数理逻辑的建立和发展,近现代这些重大的数学成就无一不伴随着那些有思想的数学家对数的哲学思考或争论,没有这种思考争论,不仅这些重大成就的意义晦暗不明,这些数学成就甚至不可能产生。比如,集合论的建立与集合论的创立者康托对无限的深入思考密切相关。之所以在数学之外有数学哲学,在数的表象——数学就是关于数的表象的先天科学——之外之上有数的概念,根本缘由在于有纯粹理性这种东西。经验和科学所涉及和所知的只是表象或知性水平的理性,它们只是纯粹理性的应用。表象层面的理性根本上是为他存在,它的根据不在它那里,而在在它之外之上的纯粹理性中。纯粹理性是以自身为对象和根据的理性。数学等各门科学只是表象水平的理性而非纯粹理性,思想深刻的人,理性意识强的人,对数学等科学中的理性是不会满意的,理性意识的穷根究底一定会超出表象水平的诸科学而到纯粹理性的哲学中去寻求理性意识的真正满足,所以永远需要有物理学哲学、数学哲学。在科学概念之外之上有纯粹理性的诸纯粹概念,在数的诸表象之外之上还有数的概念,数的概念就是纯粹理性的一个阶段或环节,思辨逻辑学考察的纯粹思维的运动现在就发展到了这一阶段。

说数是定量的发展之达到完善,说单位与数目是定量的完善或完全的规定性,这个完善或完全(vollkommen)是充分和完成的意思:数是定量的发展之达到完成,是定量的规定性的发展之达到充分和完全。但黑格尔在§104却说,定量的概念在程度中建立起来了。一个事情的概念是这个事情的充分的完全的质;说定量的概念在程度中建立起来了,无疑是说程度是定量的发展之达到完全或完成,这与数是定量的发展之达到完成或完善的说法是矛盾的。定量的概念在程度中建立起来了,类似的话我在大逻辑中没有找到,但大逻辑有数是定量的发展之达到完善或完成这种话①。我们上面说过，大逻辑杨一之译本存在论部分是黑格尔1831年修订的，《小逻辑》贺译本来自1830年版的《哲学全书》。黑格尔1831年修订大逻辑存在论部分时改正了《小逻辑》量领域的章节结构、标题等形式上的混乱。1831年修订过的大逻辑存在论量的部分没有"定量的概念在程度中建立起来了"之类的话，这实际是黑格尔在改正《小逻辑》的一不妥之处。程度亦即内涵量属于定量，但说定量的概念在程度中才达到完全或建立起来似有不妥，因为程度是有质的量，这表明从程度开始量不再是纯粹的量。从程度开始量不再是纯粹的量，这里"纯粹的量"中的纯粹不是在量领域开端处的纯量这一概念所是的那个纯粹。纯量这一概念所说的纯粹是指的一切规定性都被抽象掉了，但说从程度开始量不再是纯粹的量，这个"纯粹"是指量中完全没有质，纯粹的量是完全扬弃了质的量，这种量就是数，数是纯粹的定量，是完全扬弃了质的量之达到充分和完成，是纯粹的定量的完成，量的概念的发展在数之后就是程度，而程度已是有质的量而非纯粹的量，这才是本小节开始黑格尔言数是定量的发展之达到完善或完成这句话的意思。

　　但后面§104说定量的概念在程度中建立起来了，意思是定量的发展在程度中才达到完全或完成，这个说法也不是毫无道理。量的发展的三阶段是纯量、定量和"量的关系"，"量的关系"不仅仅是自为存在的量，这一阶段的量都是有质的量。但量具有质这一点在定量中就出现了，所以说有两种定量：包括数在内的完全无质的定量及开始有质的意义的定量：程度亦即内涵量，二者都是规定了的定量或直接的量，都不是处于量的关系中的量。程度作为开始具有质的意义的定量是从数这种无质的定量发展而来，就此来说它确乎是定量发展的最高阶段，是定量的完成。就概念是事情的质的规定性的完全或完成这一点来说，§104说定量的概念在程度中建立起来了，此说是能成立的。但就量不是质，真正的或纯粹的量是无质的这一点而言，就应当说数是真正的量或定量的完成，是定量的发展之达到充分或完全，是定量的概念的充分建立。1831年修订的大逻辑存在论部分虽然不提"定量的概念在程度中建立起来了"这个说法，但量这一章的结构安排明确表明，在定量中的内涵量是由数超越自身发展而来，这明显蕴含认定量概念的完成或完全是在程度中这个意思。以上讨论告诉我们，说完全无质的数是定量概念的完成或完全与说程度或内涵量是定量概念的完成或完全，这两个说法在概念中都有其根据，二者并不像直接看去的那样相互矛盾。以上所言启示我们，《逻辑学》的内容与语言是有难以调和的冲突的。内容是绝对而超越的纯粹理性，语词

---

①　《逻辑学》上卷第214、215页。

则取自自然语言。自然语言是感性和知性的表象语言,它不适于表述那绝对的超越的纯粹理性,并且就事情的本性或概念来说,没有任何语言——不管是自然语言还是人工语言——适于表达那超越而绝对的纯粹理性,这是我们在对§86正文的解说中已经阐明的。自然语言不适于表达超越而绝对的思辨理性,这一点的一个重要表现就是,形式逻辑不能用来评判其内容乃是超越的思辨理性的自然语言形式的东西,因为形式逻辑是表象思维的逻辑,这就是黑格尔经常说的,依形式逻辑来看思辨哲学的语言常常是陷入矛盾的,我们现在碰到的就是这样一种情况。

甚至是,如《小逻辑》所做的,把程度放入量的概念的发展的第三阶段(第一阶段是纯量,第二阶段是定量),把它同作为量中的自为存在的"量的关系"(正比关系、反比关系、方幂关系)放在一起,也是有合理性的,在概念中也是有根据的。诚然程度或内涵量是一种直接的定量,但与数这种定量不同,程度作为有质的定量它的质来自单位与数目的某种相关性,这种相关性是直接的单纯的数完全没有的,这种相关性是量超出自己在数那里的纯然外在性的最初努力的结果。数是纯然的外在性,这表现为在作为直接的定量的数那里,单位与数目完全不相干,亦表现为,数的单位完全是无质的。单位与数目是数的质的规定性,并且这两个环节是有质的差异的。但在单纯的数那里单位与数目的质的差异徒具形式,二者实则没有质的差异,二者的具体规定都仅是单纯的无质的数。比如,自然数3是数目3×单位1或数目1×单位3,这里单位与数目一则没有质的差异,二则这两者的具体规定1或3都仅是单纯的无质的数。程度或内涵量这种量其单位是有质的意义的(如温度、重量),这种质的东西来自量开始扬弃在单纯的数那里的纯然外在性,这意味着量开始了试图成为自为的量亦即与自身相关的量这种努力,就此而言程度可以被归入量的关系这一范畴,尽管直接看去程度属于直接的定量而非量的关系。此外,还有一个理由可以为《小逻辑》把量的关系放进程度一节这一做法辩护,这就是,量的关系作为不同内涵量的联系,其本身亦是一种内涵量或程度。以上讨论表明,恰如黑格尔所言,《逻辑学》的章节划分有难以避免的偶然性外在性[1],不必拘泥于它或过分看重它。章节划分所以有这种外在性是因为它本身属于表象和知性。表象或知性水平的东西根本上是外在的,各章各节的彼此外在性与它必然相一致。但完全以自身为根据的概念超越了属于表象或知性东西的外在性,外在形式的章节划分对它就不合适了,如同只适合知性或表象东西的形式逻辑被用来评判超越的完全自由的概念思维必然不合适一样。故黑格尔要求读

---

[1] 《逻辑学》上卷第37页。

他的《逻辑学》的人其思维要有一种"内在的伸缩性(immanent plastisch)"①,这种内在的伸缩性本身亦是一种必然性:超越一切表象思维的概念思维的必然性,由于它超出了表象意识所知的那种非此即彼的知性必然性等知性逻辑,故在表象意识看来《逻辑学》的内容就是不可理喻的,而读《逻辑学》的人其思维就必须有黑格尔要求的超越了知性必然性及外在的章节划分的自由,这就是黑格尔所说的内在的伸缩性。

说数是定量的发展之达到完全,是说定量的规定性在数这里达到了充分和完成,其表现有如下三点:一是,单位与数目作为数的概念的两个环节在这里被建立;二是,每个数的单位与数目这两个环节都是明确规定了的;比如自然数3就是数目3×单位1,这里的3和1分别是3这个自然数的数目与单位的具体规定。定量是规定了的量,量的概念或规定性有两个环节:连续性与间断性。这两个环节得到充分或完全的规定,结果就是单位(一)与数目(多)。数的概念"包含着两个质的环节在自身内:从它的分离的环节来看为数目,从它的连续的环节来看为单位。"数的分离性亦即间断性环节就是数的纯然量的方面。完全扬弃了质的量就是纯粹的外在性,量的外在性乃是外在于自身,这个抽象的无质的自身就是作为单位的一,这个一不是作为数或量的一,而是作为数的一种质的规定性的一,此即单位,这个一或单位作为数的质又是纯然为他纯粹外在的质,数就是这种质或一的纯然外在性,就是这个一或单位的多,这个多就是数目,多中的每个一的同一性就是这个质的一或单位本身,所以单位就是作为多的数的连续性环节,多作为单位或一的外在性就是数的离散性或间断性环节,数就是单位与数目的不可分离的统一,这个统一就是数的概念。

说数是定量的发展之达到完全,其第三个表现或意义是,在数这里,单位与数目这两个环节每一个都是连续性与间断性的统一或不可分离。数的单位是对量的连续性环节的明确具体的规定,数目是对量的间断性环节的明确具体的规定,但单位作为在数那里的具体规定了的量的连续性环节,其本身亦是离散或间断的,因为它永远还可以再分割,以至于它可看作是相应于更小单位的数目;数目是数中的具体规定了的量的间断性环节,但任何一个数目永远可以被看作是一个单位,所以说亦是连续的。比如,3是数目3×单位1,但这个单位1可看作是由5个1/5组成,这个单位1现在就是5个1/5,所以说是间断的,是一数目。同样,数目3可以看作是1个单位,因为组成这个3的3个1是同质的,所以说数目3是连续的,是一个单位,所以说数中的单位与数目这两个环节每一个都是连续性与间断

---

① 《逻辑学》上卷第18页。

性的统一或不可分离。显然,说数是定量的发展之达到完全,说单位与数目是定量的规定性之达到完全,其意义主要表现在这个第三点上。

【正文】〔说明〕在算术里各种计算方法常被引用来作为处理数的偶然方式。如果这些计算方法也具有必然性,且具有可理解的意义的话,则必须基于一个原则,而这原则只能在数的概念本身所含的规定中去寻求。兹试将此种原则略加揭示:数的概念的规定即是数目和单位,而数本身则是数目和单位二者的统一。但这种统一在被用于经验数时,仅仅是经验数的相等;所以各种计算方法的原则必须是将数置于单位与数目的关系中,求出这些规定的相等。

【解说】这段正文最后宋体字部分取自梁译本,因贺译本这里的翻译错误不止一处。

黑格尔试图阐明,加减乘除乘方开方这些算术运算在数的概念中有其充分根据,可以依据数的概念把它们推演出来,这种推演是对这些算术运算法则的必然性的绝对证明,这个证明就是指出它们在数的概念中有充分根据。黑格尔之后的数学试图证明,数——不管是有理数还是无理数或一般实数——及其算术运算可以从一些基本的数学概念中构造或推演出来,数及其运算可被还原到其上的这些基本的数学概念诸如群、域、环等是黑格尔及其前的西方人不知道的。由于数学知识有限笔者也不知道这种努力或成就具体是怎么回事,是否成功或成功到什么程度。但这种努力或这种成就属于数学本身,仍是一种表象水平知性水平的东西。认数及其加减乘除运算能从更基本的数学概念中推演或构造出来,这已经大大超出常识,常识表象认为自然数及其加减乘除运算是最初最基本的数学概念,难以理解竟然有比它们更基本的数学东西。但数学的这种努力或成就不管在常识意识看来如何难以理喻,它毕竟同那种常识观念一样仍属于表象意识,而黑格尔这里依据数的纯粹的思辨概念去推演那几种算术运算形式,证明其必然性,更是常识观念难以理解或认同的。一切经验表象都在超越的纯粹概念中有其根据,更不用说算术运算法则这种先天表象了,故可知黑格尔这里依据数的概念对算术运算形式的推演是有根据和意义的,不是可有可无,更不是矫揉造作或故弄玄虚。

"数的概念的规定即是数目和单位,而数本身则是数目和单位二者的统一。但这种统一在被用于经验数时,仅仅是经验数的相等;所以各种计算方法的原则必须是将数置于单位与数目的关系中,求出这些规定的相等。"这里所谓"经验数"就是具体的数。"这种统一在被用于经验数时,仅仅是经验数的相等"。"这种统一"是单位与数目的统一,数就是这种统一。这句话是说,在对具体数的计算过程自始至终须保持参与计算的诸具体数的总和相等。但数是单位与数目的统一,故计算求相等在质的意义上就是"将数置于单位与数目的关系中,求出这些规定的相等。"亦即在计算过程中保持单位与数目各自的同一性或相等,而加减乘除乘方开方这些运算的质的区别在于在这些运算中单位与数目的关系或规定的区别。

【正文】各个一或数是彼此漠不相干的,所以由各个数得出的统一一般表现为一种外在的集合。所以计算(Rechnen)实即是计数(Zählen)。各种不同的计算方法的区别,只在于所合计的数的性质不同,决定数的性质的原则就是单位和数目的规定。

【解说】这段文字中的宋体字取自梁译本,贺译本翻译有错。"各个一"就是所要计算的各个数,每个数都是一个有待参加计算的一,这个一是每个数本身所是的单位与数目的统一。算术运算所处理的数作为直接的简单的数彼此是没有关系各自孤立的,这种计算完全是外在集合,"所以计算实即是计数",因为计算是在保持计算过程中单位的同一性基础上计算数目的总和,况且单位这一环节在直接而单纯的数中其规定性亦只是一个数,所以说计算实即是计数。"各种不同的计算方法的区别,只在于所合计的数的性质不同,决定数的性质的原则就是单位和数目的规定。"这就是前面刚说的,加减乘除乘方开方这些运算的质的区别在于在这些运算中单位与数目的关系或规定的区别。

【正文】数数是形成一般的数的最初方法,就是把任意多的"一"合在一起。但作为一种计算方法却是把那些已经是数,而不再是单纯的"一"那样的东西合计在一起。

第一,数是直接的,和最初完全不确定的一般的数,因此一般是不相等的。这些数的合计或计数就是加法。

【解说】这段正文开始处的"数数"来自薛译本,贺、梁二译本译为"计数",笔者觉得薛译本的译法最准确。"数数是形成一般的数的最初方法,就是把任意多的一合在一起。"这里所说的"一"就是自然数1,数数就是看有多少个1,三个1结果就是3。这种数数就形成了最初的自然数。但一般所谓计算"却是把那些已经是数,而不再是单纯的一那样的东西合计在一起。"就是说一般计算是对3、5、11这些数进行计算,而非只是对诸多个1进行数数。

最初最直接的计算方法是加法,这种计算方法完全不关心各个数是否相等,而不能用乘法只能用加法来计算的数彼此间一定是不相等的,否则就能用乘法了。

【正文】第二,计数的另一种规定是:数一般都是相等的,因此它们便形成一个单位,于是我们便得到当前这些单位的数目;对于这种数加以计算便是乘法,在相乘的过程里,不论数目和单位的规定如何分配于两个数或两个因素,不论以哪一数为数目,或以哪一数为单位,其结果都是一样的。

【解说】这段话的意思很明白。5 个 2 相加,这就可以用乘法:5×2＝10。人们难以理解的是,这和单位与数目有何关系? 黑格尔用单位与数目这种东西来理解乘法是不是矫揉造作或故弄玄虚? 当然,单从表象层面的算术计算来看,可以没有乘法,一切乘法运算都可以用加法来完成,可以认为乘法与加法没有质的差异,乘法只是某些情况下加法的简化形式罢了,乘法完全可以还原为加法。这种理解在表象层面上毫无问题,但黑格尔这里对乘法的理解是在超越的纯粹思维或概念层面上,是在阐述乘法的质的意义,这种意义是超越的概念思维层面上的。说单位与数目是数的质的规定性,任何一个数都有单位与数目这两个环节,这都是站在超越的纯粹概念层面上来看待数,常人、数学家不关心这一点,不知道这一点,也不需要知道这一点。只有那些能意识到表象思维与概念思维的区别、知道一切表象都在超越的纯粹概念中有其根据的哲学家才能理解黑格尔这里之所言,知道有基本的理性的文明人所言所知所思的几乎一切东西都来自概念,知道表象意识无能摆脱的混乱、繁琐、麻烦等常常是因为相应的概念未曾被自觉或澄清,而表象或观念的简单明确清晰来自相应的概念已被自觉或澄清。古人做算术运算如此麻烦,今天的人做算术运算如此简单,缘由即在于今天的人关于数及其运算的表象或观念其后有在哲学上已被把握或澄清的相应概念在支持,而古人这方面的诸表象的繁琐累赘麻烦源于其后没有概念。

单位与数目作为数的质的规定性或概念,其意义在作为简单直接的定量的数这里尚彰显不出来,单位与数目的质的差异在这里甚至都消失了。但单位与数目作为数的质的规定性,作为数的概念不是黑格尔的主观臆造,它在事情的本性——在这里事情的本性就是量的概念——中有其根据。完全扬弃了质的数是从纯粹的自为存在发展来的,作为简单的直接的定量的无质的数也会被扬弃或超越,内涵量就是对完全无质的数的最初扬弃,单位与数目的质的差异在内涵量那里开始呈现。单位与数目作为数的质的规定性是对量的连续性与间断性的充分完全的规定,而后者则来自纯粹的自为存在那里的自为存在与为他存在这两个环节,所以说单位与数目作为数的简单概念中的两个环节,作为数的质的规定性,它们不是黑格尔的主观臆造或故弄玄虚。同样,黑格尔这里对乘法的说法说的是乘法的概念,是乘法的质的规定性,表象所熟知的、认其是不言而喻自在自明的乘法来自乘法的这一简单概念。正如在无质的直接的数这里单位与数目的质的差异已消失一样,在这种数的乘法中单位与数目的质的差异也是消失了的。但在乘法中单位与数目的形式差异呈现出来了,而在加法那里及简单直接的数中二者的形式差异都见不到。5×2＝10,可以认为 2 是单位 5 是数目,也可以认为 5 是单位 2 是数目,5 和 2 哪个是单位哪个是数目是无所谓的,但单位与数目的形式差异在这里呈现出来了。$5 \times 2 = 10$,这乃是彼此外在的5个2的总和,2是这5个彼此外在的东西或数的同一性,所以说是单位,5则表达了这一自身同一的抽象的自为存在的外在性或为他存在方面,所以说是数目,故黑格尔说乘法是单位×数目从概念上讲完全成立的。常人所以对单位与数目这两个简单规定性毫无意识,原因不仅在于它们属于超越了表象的概念,而常人对数的所知全是表象,亦在于单位与数目作为概念规定性是很抽象的。人们很难理解《逻辑学》开端的那个存在,就是因为它太抽象了。单位与数目的思维内涵当然比空洞的纯存在高,但仍是相当抽象,故想意识到它们理解它们确乎很不易。

在无质的单纯的数的乘法中单位与数目只有形式的区别,二者的质的差异没有呈现,就此来说乘法及其结果与单纯的数没有质的差异,须知任何一个简单直接的数都是数目×单位,并且二者只有形式差异没有质的差异,比如3 = 数目3 ×单位1。但把3表达为数目3×单位1是一种额外的工作,3作为一直接的数直接看去不具有这种形式,所以说在简单直接的数中单位与数目这两个环节连形式上的差异都见不到。乘法的进步在于它把数的这两个规定性的差异形式上呈现出来了。但乘法的意义绝非仅限于此,乘法就其概念来说是能把单位与数目的质的意义表达出来的。作为简单直接的数的一种算术运算形式的乘法没有表达出数的那两个质的规定性的质的差异,这不是乘法的无能,而是那单纯的直接的数的缺点,因为数的概念就是一种完全扬弃了质的纯然无质的量,一种无质的纯然外在性。乘法的概念是数目×单位,并且单位与数目就概念来说是有质的差异的,而两个有质的差异的量相乘,其结果不仅有量的意义亦有质的意义。比如,一个物体的质量=密度×体积,在这里密度是单位体积是数目,二者有质的差异,亦即二者的物理意义是不同的。这两者相乘,结果不仅是产生了一个新的数或量,这个数或量的质或物理意义亦是新的,这就是乘法的概念或逻辑意义:两个有不同的质的意义的量的东西的统一,这个统一既有量的意义又有质的意义,量的意义就是这两个数或量的乘积,质的意义乃是一个具有新的质的规定性东西的产生,这个新的质是原先那两个质的相乘。显然,乘法概念的这种质的意义在物理学等自然科学中具有重大意义,而在单纯的算术运算中乘法的概念或质的意义则是隐而未显的。

【正文】最后,计数的第三种规定性是数目和单位的相等。这样确定的数的合计就是自乘,首先是自乘到二次方。(求一个数的高次方,就是这个数的连续自乘,这种自乘是有公式的,可以重复进行到不定多的次数。)

【解说】第三种算术运算是乘方,乘方的形式同乘法一样亦是数目×单位,它与一般乘法的区别是,在这里数目与单位的数值是相等的,形式上看是一个数与自身相乘,就此看来似乎可以说乘方不过是乘法的一种特殊形式,似乎乘方可以还原为乘法。但就概念来说乘方不是乘法。同乘法一样,在单纯简单的数这里,乘方的质的意义是未彰显的。乘方是数目×单位,且二者的数值相等,并且在单纯直接的数这里乘方的这两环节的差异只是形式的,二者无质的差异,乘方运算的结果亦无质的意义。乘方的概念亦即质的意义在物理学及较高级一点的数学中都有显现。物理学上,一个有质的意义的量的自乘,结果是一个具有新的质的量,比如 2 米 × 2 米 = 4 平方米,米和平方米可不是一回事。在高等数学或微积分上,一个自变量的一次方、二次方、三次方其数学性质很不相同。比如,解析几何上自变量的一次方是直线,二次方是抛物线等曲线,三次方也是某种曲线,但其数学性质与二次方的曲线是不同的,这些数学性质就来自三次方超越二次方的那些质的方面。在微积分中二次方三次方的质的差异被明确表达出来了,这首先就是一个自变量的二次方的导数与三次方的导数的重大差异。前面说过,乘法的逻辑意义是两个有质的意义的量的统一,显然乘方的概念或逻辑意义是一个有质的意义的量与其自身的统一,亦即这个有质的量扬弃了自己作为单纯的量的外在性而回到自身。关于这一点我们后面在解说量的关系中的方幂关系时还会再谈。以上所言启示我们,如同乘法的概念或质的意义在单纯的算术运算中并未显示出来一样,乘方的概念或质的意义在单纯的算术运算中同样未显示出来,这两种算法的概念或质的意义在数学——注意数学不是算术——和物理学中才有真正的显现;并且,乘法和乘方的概念或质的意义构成了物理学和数学的统一性的某种超越的概念基础。比如,一个变量的乘方在解析几何上被称为抛物线,天体运动的轨道是椭圆,椭圆在数学上则是对两个变量的乘方之和的某种规定[①]。乘法和乘方的概念或质的意义构成了物理学和数学的统一性的某种超越的概念基础,这一点《小逻辑》基本未提,大逻辑在"定量的无限"及"量的关系"这两个概念或环节中有详细考察。

【正文】在这第三种规定里,既然达到了数的唯一现有区别的完全相等,亦即数目和单位的区别的完全相等,因此除了这三种计算方法外,更没有别的了。与数的合计相对应,按照数的同样的规定性,我们便得到数的分解。因此除了上面所提到的三种方法,也可称为肯定的计算方法以外,还有三种否定的计算方法。

【解说】加法、乘法和乘方是对简单的无质的数的求总和的三种计算方法,它们是肯定的方法,因为是求加总。有求总和的肯定的计算方法,自然也有求总和中的某个数的否定的计算方法:减法、除法和开方。每种否定的计算方法与相应

---

① 这从椭圆的代数方程是 $(x/a)^2 + (y/b)^2 = 1$ 即可看出。

的肯定的计算方法在概念上是完全同一的。算术运算只有这3种或6种形式吗？有人会说还有，比如无限级数求和、微分和积分运算等。无限级数求和，比如 $1 + 1/2 + 1/2^2 + \cdots + 1/2^n + \cdots$。微分运算形式上看是两个无穷小量的除法，积分运算形式上看是无穷多个无限小量之和。无限级数求和、微分和积分运算已经不属于算术运算了，算术运算的对象是有限且无质的数，无限级数求和、微分和积分运算处理的是无限的量，无限的量已经不是定量了，不是通常意义的数了，后者属于确切规定了的有限的量，算术运算处理的就是这种量。《小逻辑》对无限级数和微积分没有讨论，大逻辑在"定量的无限"及"量的关系"中的方幂关系中对它们有详细考察。又，无限级数求和及微积分处理的量不仅是无限的，还是有质的，这种质不是简单的内涵量所是的那种质。简单的内涵量是一种有质的量，但这种质作为单位这一规定性的质的意义与内涵量的量的方面亦即数目这一规定性没有关系，比如质量的1千克和10千克，千克是这种内涵量的质，这种质与这种内涵量的量的方面亦即数目规定方面不相干，因为1千克和10千克只有量的差异而无质的差异。显然，对同质的诸简单的内涵量，可以把它们看作是无质的数来做算术运算。但无限级数和微积分所处理的那些量其质的方面与其量的方面亦即数目方面的规定性不再是不相干，而是有某种关联。比如，曲线与直线的区别在于直线作为量其数目方面的规定性(此即直线的长度)与其质的方面的规定性(亦即直线的直)不相干，这表现为，直线的单位或质的方面(此即直线的直)对直线的长度没有任何影响。但曲线就不是如此，曲线的量的方面亦即数目方面的规定性(亦即曲线长度)与曲线的质的方面亦即单位这一环节的规定性(比如曲线的导数或曲率，并且一条曲线的导数或曲率还常是变化的)密切相关，这种相关甚至是，曲线的量的方面亦即数目方面的规定性(亦即曲线长度)完全由曲线的质的方面亦即单位这一环节的规定性(即曲线的导数或曲率)所决定，所以说曲线是一种无限的量，这种量的质与简单的内涵量的质完全不是一回事。说曲线是一种无限的量，这个"无限"不是单纯的量的意义的。一段曲线的长度就其单纯量的方面来说不是无限而是有限的，但就其质的方面来说是无限的。质的无限的意义是一种自身关系乃至是自身规定。我们知道，无限有两种意义：坏的无限和真无限，亦可说是消极的无限和积极的无限。单纯量的无限是消极的或坏的无限，如通常表象所说的无限大无限小之类，真无限或积极的无限乃是自己规定自己。无限是有限的对立面，有限是有规定性，这个规定性是有限的，因为是来自他物。无限从消极方面讲就是没有规定性，无限大无限小之类就属于这种没有确定的规定性的消极的无限。无限从积极方面讲，作为有限的否定它不是他物规定而是自身规定，故可知真无限是有规定性的，这个规定性来自它自身，是自由的规定性，所以说并不是在精神领域才有自由,精神中的自由是有意识和自我意识的自由,知道自己的自由的自由。无机自然,甚至是抽象的外在性如量的领域,形式上看都开始有自由了,只是这种自由不知道自己,仅是一种自在存在着的自由罢了,比如天体运动就是一种自己规定自己的自由运动,万有引力定律描述的就是这种自由,椭圆就是一种自己规定自己的自由的量,一种抽象的外在性领域中的自在存在着的自由。曲线的量或数目方面的规定(如曲线长度)与曲线的质或单位方面的规定(比如曲率或导数)密切相关,甚至是,曲线的量或数目方面的规定(即曲线长度)完全由曲线的质或单位方面的规定(比如曲率或导数)来决定,这乃是曲线这种量的自身相关乃至自身规定,是曲线的自己规定自己,这就是曲线的无限性,这种无限性是量的领域中的质的意义的无限,是一种自身规定的真无限,微积分处理的就是这种自己规定自己的自由或无限的量。算术运算处理的是简单直接的无质的有限的量,它不涉及无限,它所知道的无限也只是无限大无限小之类的坏的无限,这种无限由于没有确定的规定性,不再是有意义的量,这种不真实的东西无论是初等的算术运算还是高等的微积分都不会去考虑它。

微积分处理的是自由的自己规定自己的无限的量,这是简单直接的算术运算完全无能处理的。算术运算同样无能处理无穷级数求和这种问题。无穷级数形式上看由于是无限多个量相加,已是算术运算无能处理的。算术运算的对象是有限的数或量,这个有限既是参加运算的诸数和量本身的有限,亦是指这些数和量的个数的有限,须知"无限级数"这个词所说的"无限"是一坏的无限,这种无限不是任何真正的算术和数学运算的对象。但无限级数求和所以不是算术运算的对象,其根本原因不在这里,而是,无穷级数求和如果有意义的话,其所处理的对象只能是某种真无限的量,亦即自身相关乃至自身规定这种真无限。为何说无穷级数求和本质上已开始是这种自身相关的真无限?举个例子:$1 + 1/2 + 1/2^2 + \cdots + 1/2^n + \cdots$这一无限级数求和,这个序列的和亦即其数目是这样被规定的:这个序列和的每一次增长,所增长的量是上一次增长量的一半。序列和的每一次增长所增长的量是上一次增长量的一半,这就是这一序列和的质的方面亦即单位方面的规定性。显然,这一序列和本身亦即这一序列和的量或数目方面的规定是由其质亦即单位方面的规定决定的,所以说这一无限级数的和是一自身相关自身规定的真无限。无限级数求和涉及的是一种自由的无限的量,所以说它不是算术运算的对象,或者说无限级数求和所要求的那种求极限的运算不是算术运算。

"在这第三种规定里,既然达到了数的唯一现有区别的完全相等,亦即数目和单位的区别的完全相等,因此除了这三种计算方法外,更没有别的了。"所要计算的诸数如果不是全部相等,只能用加法。从数的概念来看,只能用加法的情况是,所要计算的诸数无论对它们可行的统一单位为何,它们的数目都不可能全部相等。比如,3+8,可以认为3的单位是1,如此3的数目就是3;也可以认为3的单位是3,那么3的数目就是1。算术运算过程须保持单位的同一或相等,故可知对8,由于它的单位不可能是3,只能认为它的单位是1,其数目是8,这样3和8这两个数的数目是不相等的,所以只能是加法。

算术运算过程须保持单位的同一或相等,在此前提下各个数的数目如果相等,那就可以用乘法。当然,单位同一数目又相等,这些数必然都是相等的;反过来亦是成立的:只有对那些彼此相等的数,才能满足且必然满足各个数的单位相等数目也相等,这种情况下的运算形式就是乘法。在这种情况下,可以把参加运算的每个数看作是一个单位,参加运算的数的个数看作是这一单位的数目,这样乘法公式就可表述为数目×单位。

在可用乘法的算术运算中,如果数目与单位的数值相等,这就是乘方。比如3个3相加或5个5相加,等等。数目与单位的数值不相等,就是乘法;在对诸数可行的统一单位下诸数的数目不等,这种情况只能是加法。从数的概念来看,算术运算中诸数的概念规定性的关系只有这三种可能,所以说只有这三种基本的算术运算形式,加上其相应的否定形式,就只有6种算术运算形式。

有一点要注意,黑格尔说数的概念规定性是单位与数目,这个数可不仅是自然数,也包括有理数,甚至包括部分无理数。由于在无质的单纯的数中单位与数目没有质的差异,并且单位是无限可分的,这源于数的连续性,任何一个数都是连续性与间断性的不可分离,这是前面早已阐明的,这就可以构造出任何有理数。比如,可以认为单位1是由3个相等的部分组成,每个部分就是原先这个单位的1/3,这个1/3的数目可以是任意的,如此2/3、7/3这些有理数就构造出来了,一切有理数都可以如此构造出来,并且那3种或6种算术运算形式对所有有理数都成立,这是不难证明的,这里就不多说了。但负数和无理数单凭这里所说的单位与数目还不足以理解,理解负数还需要本质论中的肯定与否定这对纯粹概念。黑格尔的量的概念及单位与数目这对概念规定性也可以理解某些无理数,但在这里还不行,因为这里所说的减法和开方是以加法和乘方为前提的,在这里它们只有作为已施行了的加法和乘方的逆运算才有意义。有人说我可以不通过对2进行开方运算得到$\sqrt{2}$这个无理数,可以通过毕达哥拉斯定理得到$\sqrt{2}$等很多无理数。但单凭这里所说的单纯简单的数及其算术运算是无能推演毕达哥拉斯定理的。依黑格尔的量的概念,毕达哥拉斯定理和无理数只能通过量的关系中的方幂关系才能在概念上得到理解,关于这一点我们后面在解说量的关系这种纯粹概念时会有一些讨论。

【正文】附释:数一般讲来既是有完善规定性的定量,所以我们不仅可以应用这个定量来规定所谓分离之量,而且也同样可以应用它来规定所谓连续的量。因此即使几何学,当它要指出空间的特定图形和它们的比例关系时,也须求助于数。

【解说】分离之量就是数本身,连续的量就是长度、面积、温度、重量之类。前面已经充分阐明,对任何的量,连续性与间断性是不可分离的,任何数都是连续的,因为作为它的单位的那个1总可以任意分割;任何连续的量都是间断的,因为它总是由若干部分组成的。数是有完善或完全规定性的量,亦即量的概念的两环节:单位与数目在数这里得到了充分完善的规定;这一完善充分表现为,单位与数目每一个也都是连续性与间断性的不可分离。数,由于它是间断的,可以用来规定间断的量,数的数目就是这个间断的量的数目规定,比如5是5个苹果的数目或个数。数由于又是连续的量,所以它能充分规定连续的量,比如5米、3平方米。它们的比例关系指两个连续的量的量的关系,比如5米比3米多2米,5平方米是2平方米的2.5倍,等等。当然,由于这里考察的只是无质的简单直接的数,故这里说数能用来规定两个连续量的关系,这两个连续量的单位必须是同质的。

第三节　程度(Grad)

§ 103

【正文】限度(Die Grenze)与定量本身的全体是同一的。限度自身作为多重的(vielfach),是外延的量,但限度自身作为简单的规定性,是内涵之量或程度。

【解说】Grenze应当译为界限,这在前面解说§101正文时已经说过。vielfach虽然是形容词,在这里译为"多"更好一些,这第二句话应当译为:"界限自身作为多是外延量"。这里是在讲内涵量,2千克、3米、5℃之类的量。这种量开始有了质。这种质不是本质(如柏拉图的理念及本质论阶段所说的诸本质),不是存在论第二阶段定在所是的那种直接的质(表象上就是感性的质),也不是纯粹的自为存在所是的那种纯粹的自为的质(亦即最抽象的物质),而是本身与量同一的质。这种质仍然是一种量,叫内涵量,其规定性仍是一种量的规定性,具体说来仍是单位与数目。但与单纯的数不同,单位与数目的区别在这里不再仅是形式的区别,二者开始有质的差异,但这种质仍然是直接的,作为质乃是单位的质的规定性,与数目似乎没有关系,比如10千克=10×1千克,千克这种质似乎仅属于单位而不属于数目,就是说数目对单位仍是不相干的。但每一个规定了的量都是数目×单位,既然在内涵量这里单位有了质的意义,故内涵量本身或者说内涵量的全体也就有了质的意义,或者说这种质的意义或规定是渗透或充满了内涵量的全体的,就此来说 10 千克与 1 千克就不能说只有量的区别,二者是有质的差异的,尽管这种质的差异的规定性似乎只是纯粹的量,比如,10 千克与 1 千克的质的差异不在千克上而在 10 与 1 这两个数目的差异上。10 千克与 1 千克质的意义不同,这种差异甚至能感觉到,这种质的意义就是内涵量所说的内涵,这个内涵渗透或充满了内涵量的全体。定量的全体是界限(Grenze),界限是定量的规定性的全体或统一,亦即是数目与单位的统一,所以说内涵量所是的那个内涵与内涵量本身或全体所是的那个界限相同一。内涵量所是的那个内涵是一全体,比如 10 千克这个内涵量的内涵就是 10 千克本身,这个内涵的量的方面与质的方面彼此浸透而为一简单的规定性,这就是界限所是的这一内涵量的全体,或者说界限作为这一简单的规定性就是内涵量本身。

界限作为一定量本身当然是多,每个定量都是一个多,内涵量就其本身或就其界限的这一数目方面来看是外延量,外延量是仅就数目这一环节而言的内涵量,因为一切量都既是连续的又是离散的,任何一内涵量作为一规定了的定量都可看作是离散或间断的量,是一个多,所以任何一内涵量都同时是外延量。这句话反过来当然也成立:任何一外延量都同时是内涵量,因为任何一个间断的量都同时是连续的,这一连续性在内涵量那里就是内涵量本身所是的内涵这一简单的规定性,就是内涵量本身。以上所言表明,量的离散性和连续性只是在内涵量那里才构成外延量和内涵量,就是说离散的量还不就是外延量,连续的量还不就是内涵量,因为并不是任何定量都是内涵量。连续性与间断性是一切定量所有的普遍规定性,而外延和内涵是只是内涵量才具有的规定。明白了这一点,就不能不提《小逻辑》这里的一重大遗漏:没有从定量的概念中把内涵量推演出来。不是任何定量都是内涵量,比如单纯的数就不是内涵量。既然内涵量是在数这一概念之后,就应当阐明内涵量作为无质的单纯的数的真理是从数的概念中发展出来的,这一发展乃是定量本身获得了质,不再是完全扬弃了质的纯然无质的数,而是本身具有了质的意义的内涵量。很遗憾不仅《小逻辑》有这个遗漏,大逻辑同样如此,《小逻辑》和大逻辑都只是直接阐明内涵量的概念,没有丝毫言及从数向内涵量的过渡。笔者不明白为何黑格尔会有这一重大遗漏。

数和内涵的概念都是较简单的,故从数向内涵量的过渡及其必然性不难阐明。数是规定了的纯粹的外在性,单位这一环节作为数中的自为存在方面完全是徒具形式,它的自为性完全是空的,在这里单位与数目没有质的差异,这种单位纯然是作为外在性的纯粹的量本身。真理不是纯然的外在性,真正的自为存在只能是与纯然的量区别开、并有能力将其扬弃的自为的质,这种能扬弃数的纯然外在性的自为的质就是数的真理。数超出自己的纯然外在性而过渡或飞跃为一种自为的质只能是一种否定之否定的运动。这一否定之否定是这样的:数作为纯然的外在性是数目与单位的漠不相干,其真理乃是数扬弃这种对自己漠不相干的纯然外在性而返回自身,具体说来这乃是从与单位漠不相干的数目那里返回到单位,由此把单位提高为或者说建立为一种自为的质。但这种自为的质仍是一种直接性。存在论阶段的直接性就是外在性,所以说数超出自身而建立的这种自为的质仍是一种外在性,这种外在性有两个方面或环节,这种自为的质就是这两个环节或两种外在性的统一和全体。这种自为的质的外在性首先是与质不相干的纯粹的外在性,这就是量,就是说作为数的真理的这种自为的质仍是一种量,自为的质本身是这种量的质,是这种量的单位这一环节的质的规定性或意义,自为的质的外在性作为单位的为他存在环节就是数目,这种自为的质所是的这种量就是这样一种单位与数目的统一,这种本身是一种量的自为的质就是内涵量。显然,内涵量作为量,乃是其所是的质的外在延续,这种外在延续既是质又是量,内涵量就是如此的本身是量的简单的质,或者说是具有简单的质的规定性或意义的量,是最初的有质的量。

内涵量所是的这种自为的质的外在性的另一环节是这种外在性的质的方面。内涵量是一种自为的质,这种自为的质必然有其为他存在的方面,须知自为存在与为他存在是不可分离的,所以说一切直接的自为存在都是排斥自身的,由此就建立了任意多的其他自为存在。内涵量仍是一种仿佛无中介的直接存在,故内涵量的概念所是的这种自为的质必然意味着任意多的这种自为的质的建立,故可知必然有任意多种内涵量,如同纯粹的自为存在必然是任意多个、任何一个数必然是任意多个一样。

纯粹思维的发展从质开始,发展为完全扬弃了质的量,发展到单纯的数这种完全无质的纯粹外在性,现在从内涵量或程度开始,质逐渐得到恢复,当然这重建或恢复的质是一种全新的质。质的恢复最初还是在量的领域中,这类质首先是量不是质,是有质的量,这类有质的量首先是这里的内涵量,然后是"量的关系"这种质的规定性更深刻的量:正比关系反比关系方幂关系这三种有质的量。再往后就是量的领域的被超越,进入了尺度这种质。尺度是质与量的统一;作为质,尺度是有量的质,作为量,尺度是有质的量。程度亦即内涵量和"量的关系"都是有质的量,尺度和它们的区别在于,尺度亦是有量的质,而程度和量的关系都仅是有质的量,不是有量的质。纯思再往后的发展是尺度这种直接的质的被超越,这乃是对逻辑理念的第一阶段:直接存在亦即存在论阶段本身的超越,进入了逻辑理念运动的第二阶段:本质论。本质论考察的全都是质,不是直接存在的质而是有中介的内在的本质这种质,最后的概念论考察的"概念"这种东西仍都是质,是比本质更高的绝对的质。显然,存在论阶段的纯思在单纯的数这里达到了一个转折点,这个转折点亦是存在论阶段的中转点,此前是由质开始发展为完全扬弃了质的量,数就是这样的量;从数开始往后的发展是质的逐渐恢复。

【正文】〔说明〕连续的量和分离的量区别于外延的量和内涵的量,这种区别就在于前者关涉到一般的量,后者则关涉到量的限度或量的规定性本身。外延的量和内涵的量同样也不是两种不同的量,其一决不包含其他的规定性;凡是外延的量也同样是内涵的量,凡是内涵的量也同样是外延的量。

【解说】这就是上面已经说过的,连续性与间断性是一切量的东西都有的,但只是在内涵量这里,连续性与间断性才表现为内涵量与外延量的区别,而并非所有的量都是内涵量。所以说外延量这个词不能用到并非内涵量的数上,5 这个自然数既不是内涵量也不是外延量。

【正文】附释:内涵的量或程度,就其本质而论,与外延的量或定量有别。因此象经常发生的那样,有人不承认这种区别,漫不加以考虑就将这两种形式的量等同起来,必须指出那是不能允许的。在物理学里,对此二者是不加区别的,例如,物理学解释比重的差别时说,一个物体如有两倍于另一物体的比重,则在同一空间内所包含的物质分子(或原子)的数目将会二倍于另一物体。在用热或光的粒子(或分子)数目较多或较少去解释不同程度的温度和亮度时同样的事情亦发生了。采取这种解释的物理学家,当他们的说法被指斥为没有根据时,无疑地常自己辩解说,这种说法并不是要对那些现象后面的(著名的不可知的)"自在"〔之物〕作出决定,他们之所以使用上面这些名词,纯粹是由于较为方便的缘故。所谓较为方便,系指较容易计算而言;但我们很难明白,为什么内涵的量既同样有其确定的数目,何以不会和外延的量一样地便于计算。如果目的纯在求方便的话,那末干脆就不要计算,也不要思考,那才是最方便不过了。

【解说】这段正文中宋体字的那部分是笔者自己译的。贺译本这句话译得不好,梁译本译得又太死板致使语义不畅。这里黑格尔要说的是,一切内涵量都同时是外延量,一切外延量都同时是内涵量,这并不意味着内涵和外延是一回事。内涵与外延的区别或许可类比于本质与现象的区别。本质与现象是不可分离的,真理是本质与现象的统一,但本质不是现象,不能还原为现象,事情的本质方面是在本质而非现象那里。内涵量不是如同数那样无质的量。在无质的数那里,单位作为数的自为存在亦即质的方面完全是空的,单位与数目并无质的差异,单纯的数并无区别于、高于其所是的量的质的方面。但内涵量不同。内涵量是有质的量,内涵是质,外延是这个质的量,这种质是不能还原为其量的方面的,所以说对一切内涵量,首要和本质的事情是认识把握其质的方面而非量的方面。黑格尔这里举例说,"物理学解释比重的差别时说,一个物体如有两倍于另一物体的比重,则在同一空间内所包含的物质分子(或原子)的数目将会二倍于另一物体。"物体的比重是一种内涵量,是有质的量,物理学对比重的认识首先应是对其内涵方面亦即质的方面的认识。黑格尔批评当时的物理学在对比重的认识上不懂内涵与外延的质的差异,用同一空间内所包含的物质分子(或原子)的数目是另一物体的两倍这一假设来解释这一物体的比重是另一物体的两倍这一事实,他指出这种解释就是不懂内涵与外延的质的差异,是把内涵还原为外延,用量的差异来解释质的差异。一个物体在同一空间内所包含的物质分子(或原子)的数目是另一物体的两倍,所以这个物体的比重就是另一物体的两倍,这种解释就是认为这两个物体的内部结构亦即质的方面没有差异,二者只有量的差异,故黑格尔的这一批评完全成立。注意,黑格尔这里不是说物理学在对比重的本质的认识上不应当用数学。黑格尔意识到,他那个时代的数学已经远远超出自然数有理数的加减乘除这种完全无质的纯粹的量这一状况,他认识到微积分考察的是自为存在的自由的量,这种量不仅有质,这种质的思想内涵还很高,他在大逻辑中的"定量的无限"及方幂关系这两个环节——二者其实是一回事——中对此做了非常深刻的考察。黑格尔下面说:"但我们很难明白,为什么内涵的量既同样有其确定的数目,何以不会和外延的量一样地便于计算。"这句话表明,黑格尔知道有能够处理有内涵的量的数学(这首先就是微积分),这种数学能够帮助人们理解内涵量的内涵亦即质的方面。我不知道现代物理学具体是如何理解固体物体的比重的,但有一点可以肯定,现代物理学在这方面已高度成熟,并且完全是用数学来帮助它理解物质的比重,这种数学在质的方面不会低于黑格尔那个时代的微积分,就是说现代物理学在对比重的认识上应是没有犯黑格尔这里指出的那一错误,正如黑格尔这里及先前对近代原子或分子学说的正确批评[①]对现代科学的原子和分子学说不成立一样,这不仅是因为现代科学的原子和分子理论早已不是假设,更是因为这种理论所运用的数学都是那种有能力处理种种复杂的内涵量的有深刻的质的意义的数学,这种数学是从近代的微积分开始的。

以上所言对黑格尔下面的话亦完全成立:"在用热或光的粒子(或分子)数目较多或较少去解释不同程度的温度和亮度时同样的事情亦发生了。"黑格尔时代

---

① 本书前面对§98说明及附释一这两部分的解说中对近代原子论的缺点及黑格尔对其的深刻批评有详细讨论。

的热力学和光学很不成熟,黑格尔完全清楚这一点。那个时代的科学家主要是用牛顿力学的原理来理解热现象,在热力学成熟后人们才意识到,把牛顿力学的原理用于理解热现象是有很大局限的。黑格尔那个时代及其前流行一种"热素说"(亦可译为"热质说"),这种学说认为热的本质是由一种类似物质微粒或原子的东西,称这种类似物质微粒的热的"微粒"为"热素",物体的冷热程度或温度高低由物体中含有的"热素"的个数亦即量的多少决定。黑格尔反对"热素说",指出其毫无思想,这与后来成熟的热力学完全一致。显然,"热素说"对不同温度差异的这种解释和黑格尔上面批评的那种对不同物体的比重差异的无思想的解释一样,犯了不懂得内涵与外延有质的差异、把内涵还原为外延、用量的差异来解释质的差异的同样错误。现代物理学认识到温度是分子平均运动动能的显现,并且用来表述分子平均运动动能的数学是那种有能力处理种种复杂的内涵量的有深刻的质的意义的数学(如各种微分方程),这表明现代热力学对温度这种内涵量的解释没有犯黑格尔这里指出的错误。

黑格尔时代的光学处于微粒说与波动说的争执中。牛顿持光的微粒说,黑格尔反对微粒说。那个时候的西方人已经意识到,光的微粒说与波动说各有优缺点,每一种都不能包打天下。光学在今天已经高度成熟,今天的光学已经证明波动说与微粒说——在今天已发展为光量子说——各有其合理性,也各有其局限,并且现代物理学迄今未能把光的微粒说与波动说真正统一起来。黑格尔这里批评当时某些物理学家以假设的光的微粒或分子数目的多少(外延量)来解释视觉上的光度或光感的强弱(内涵量),这种批评自然是完全成立。这种把质的差异还原为量的差异的无思想的假说可能是法国科学家马吕斯(1775~1812,光的偏振现象的发现者之一)提出的①。现代科学认识到视觉上的光度或光感的强弱其形成原因相当复杂,它不仅与作为纯粹的物理学的物理光学、辐射学相关,还与视觉生理学密切相关。不管近代的光的微粒说是否有合理性、有何种合理性,但用光的微粒数目的多少(外延量)来解释视觉上的光感强弱(内涵量)这一还原主义做法显然是无思想的,黑格尔对它的批评是完全成立的。

"采取这种解释的物理学家,当他们的说法被指斥为没有根据时,无疑地常自己辩解说,这种说法并不是要对那些现象后面的(著名的不可知的)'自在'〔之物〕作出决定,他们之所以使用上面这些名词,纯粹是由于较为方便的缘故。"二战后,由于计算机技术与应用数学的发展,纯粹应用性的模拟技术发展起来。这种模拟技术或方法称为"唯相说",在中长期天气预报、地质勘探、经济周期预测等领

---

① 《自然哲学》第 131 页、第 625 页注释 7。

域颇有应用价值。"唯相说"的"相"指现象,是说我不关心事情的客观本质是什么,只考虑采取何种假设能使得按照这一假设推演或计算出来的结果与观察到的现象吻合,在不牺牲与表面现象基本吻合的前提下,假设越简单计算起来越方便就越好,所以又称为"黑箱说",就是明白承认事情的内在本质对我就是个黑箱,我不关心它,兴趣不在于此。这种模拟技术知道自己不是研究事情的客观本质的严格意义的科学,其旨趣只在应用,故不仅无可非议,也颇有价值。其实传统中医的阴阳五行理论事实上就是一种"唯相说"或"黑箱说"。传统中医颇有价值,很多地方为西医所不及,但阴阳五行说作为它的理论基础却是相当失败的。传统中医主要是经验积累,其实用价值大大超出其他所有民族的传统经验医学。在我看来古代中医是不得已而借用中国哲学的阴阳五行说来作为自己的理论根据或基础的,二者完全可以分开。阴阳五行说是一种非常粗糙的感觉水平的思维。中国古人自觉的理性思维水平停留在感觉层面上,故其自觉的思维范畴都只是感觉水平的抽象表象,气、阴阳、五行等皆是如此。医学的对象是人这种最高级的生命,其思想内容是黑格尔所说的最高理念之一:生命理念,它是《逻辑学》概念论发展到临近结束时才达到的,粗糙的感觉水平的阴阳五行理论用来解释人的生命现象实在是勉为其难力不从心,古代中医借用它作为自己的理论根据也是没有办法的事,因为中国哲学的思维自觉水平就是如此。故可知,传统中医的阴阳五行理论事实上只是一种"唯相说"或"黑箱说",并且是相当失败的"唯相说""黑箱说"。

黑格尔这里对他那时的某些物理学家无思想地借用牛顿力学的微粒说来解释比重、比热、温度、光强之类现象的做法的批评是深刻的。这些科学家辩解说,采取这种解释"并不是要对那些现象后面的(著名的不可知的)'自在'〔之物〕作出决定",而"纯粹是由于较为方便的缘故"。这种辩解是不成立的,因为科学不是技术。技术只求实用,故可以是"唯相"的"黑箱"的,科学却是为了求知,只能是以事情的客观本质为对象,科学依其本性不能是"唯相"的"黑箱"的,停留在"唯相说""黑箱说"层次上的科学不配称为科学,不能超出假说水平的科学不配称为科学。牛顿力学的貌似原子论的微粒说是假说,但牛顿力学却是客观的成功的科学,后来的相对论力学对牛顿力学的超越完全可说是同一门科学的发展,只是这一发展具有革命性罢了。牛顿力学的客观性科学性不在于它那被证明是无价值无思想的微粒说等假说,而在于它事实上抓住了抽象的物质领域中的一些基本的客观概念,相对论力学对牛顿力学的超越性革命性就在于它对这些客观概念的认识比牛顿力学更深刻。固然在最深刻的哲学层面上讲,自然科学无论如何深刻如何成功,也仅是表象水平的科学,它的对象只是康德所说的作为现象的自然,那只是作为上帝亦即绝对理念的对象的自然本身是它注定达不到的,这是本书导论第十四节已阐明的。但只是一种表象思维的自然科学在康德黑格尔所说的表象层面上仍有其客观性,仍有它须考察的客观本质,如果它无能抓住这种客观本质,它就不配称为科学,至多只能算是不成熟不成功的科学。但如果科学甘于停留在假说、"唯相"或"黑箱"的水平上,自愿放弃对事情的客观本质的寻求,如西方经济学那样,那就太可悲太无思想了。

【正文】此外,还有一点足以反对刚才所提及的物理学家的辩解,即照他们那种解释,无论如何已经超越知觉和经验的范围,而涉及形而上学和思辩的范围了,而思辩有时被他们宣称是无聊的甚或危险的玄想。在经验中当然可以看到,如果两个装满了钱的钱袋,其中的一个钱袋比另一个钱袋重一倍,这情形必定因为一个钱袋中装有二百元,另一个仅装有一百元。这些钱币我们可以看得见,并可以用感官感得到。反之,原子和分子之类是在感官知觉的范围以外,只有思维才能决定它们是否可被接受,有何意义。

【解说】"刚才所提及的物理学家的辩解"就是上面所说的某些物理学家为自己借用牛顿力学的微粒说原子说来解释比重、比热、温度、光强之类现象这种做法的辩解,他们辩解说这种做法并不是想认识在现象之后的事情的客观本质,因为它(们)属于康德所谓不可知的自在之物。这种辩解事实上蕴含这样的思想:在经验现象之后的事情的客观本质是人的认识达不到的,它们作为康德所说的不可知的自在之物属于玄虚的形而上学思辩,是科学应该放弃的,科学不能也不应超越感觉经验的范围,超出感觉经验限度的形而上学思辩对科学是无用的和危险的。有一点是黑格尔这里没有说而笔者必须说的,此即,这些科学家对自己这种无思想的做法的辩解是对康德自在之物概念的无知和歪曲,须知表象思维水平的自然科学无能达到真正的绝对的本体或自在之物,这与科学有其客观性、科学与感觉经验不是一回事、科学不能停留在经验层面上等完全不是一回事。康德不可知的自在之物学说有很高的真理性,黑格尔哲学是对康德这一思想的继承和发展。黑格尔批评康德不可知的自在之物学说,不是批评康德认表象水平的经验科学无能认识自在之物这一点,而是批评康德不知道有超越了一切表象思维的客观的绝对的概念思维,对这种概念思维来说没有不可知的自在之物。

我们回到黑格尔的批评上。黑格尔这里指出,原子分子等表象是感觉达不到的,它们已是超感性的思想,故可知诉诸原子分子等表象事实上已经进入形而上学领域了,须知形而上学的最基本意思就是超感性的思维,而一切科学,即便是经验自然科学,其本质都已是超感性的思想。我们应知,古希腊原子论者是在接受、消化了巴门尼德那完全超越的存在概念的基础上才提出原子论这种自然科学思想或假说的,而中国古代之所以没有产生微粒说原子论这种自然哲学思想,根本原因在于中国古人的思维从未超出感觉经验层面,从未达到真正的形而上学层面。黑格尔不止一次说过,近代经验自然科学事实上所是的思维水平远远超出大部分科学家们自以为所是的,大部分近代科学家由于没有基本的哲学素养,误以为近代经验自然科学的思维只是停留在感觉经验的水平上。

【正文】但是(正如上面§98附释所提及的),抽象的理智把自为存在这一概念中所包含的复多这一环节,固定成原子的形态,并坚持作为最后的原则。同一抽象理智,在当前的问题中,与素朴的直观以及真实具体的思维有了矛盾,认外延之量是量的唯一形式,对于内涵的量不承认其特有的规定性,而根据一种本身不可靠的假设,力图用粗暴的方式,将内涵的量归结为外延的量。

【解说】§98附释中黑格尔对近代原子论之无思想性、不及古代原子论的批评我们前面已有详细解说,这里不再赘言。"同一抽象理智,在当前的问题中,与素朴的直观以及真实具体的思维有了矛盾"。抽象理智就是其自觉思维水平只是抽象的同一性的理智思维,所有没有哲学思维能力的人的思维都是这种抽象理智,科学家们也大都如此。抽象理智的一个缺点是不知道不同的表象或思想之间的质的差异,故经常陷入无思想的还原主义。这里素朴的直观指一种健康的本能意识或直观,这种直观知道质不是量,二者有质的差异,质不能还原为量。一切直接性都是有中介的,必须有相当的知识才可能有这种直观意识。真实具体的思维在这里指质与量的质的差异及二者的关系和过渡,质是内涵量所是的内涵,量是内涵量中的外在性亦即量这一环节。无思想的抽象理智既无健康的朴素直观能力也无洞见事情的客观本性的真实具体的思维能力,不知道内涵量的质的方面,"认外延之量是量的唯一形式",遂陷入还原主义的错误,"力图用粗暴的方式,将内涵的量归结为外延的量。"

【正文】对于近代哲学所提出的许多批判中,有一个比较最常听见的责难,即认为近代哲学将任何事物均归纳为同一。因此近代哲学便得到同一哲学的绰号。但这里所提出的讨论却在于指出,唯有哲学才坚持要将概念上和经验上有差别的事物加以区别,反之,那号称经验主义的人却把抽象的同一性提升为认识的最高原则。所以只有他们那种狭义的经验主义的哲学,才最恰当地可称为同一哲学。

【解说】这里黑格尔顺带批评了谢林。谢林的同一哲学当然没有黑格尔说得这么不堪,但谢林的某些无思想的门徒确乎把谢林的思维与存在绝对同一的思想无思想地庸俗化了。黑格尔这里指出,无论在概念上还是经验表象上,意识到不同事物的质的差异是非常重要的,因为内容首先意味着差异,如果不懂这一点,就会犯漠视不同事物的客观的质的差异的还原主义错误,认识就会陷入无实质内容的抽象或空虚中,所以说真正的科学或哲学必须"坚持要将概念上和经验上有差别的事物加以区别"。黑格尔还指出,经验主义也是一种抽象的同一哲学,因为经验主义者其自觉的思维水平只是抽象的同一律,故在他们那里,一则是看不到不同事物或表象的内在联系而让它们处于漠不相干的外在并列中,不知道去寻求它们内在的统一性,因为他们的自觉思维水平只是抽象的同一律,认为只要不自相矛盾一切都是可以设想可以接受的。二则是,同样由于其自觉思维水平只是抽象的同一律,经验主义者看不到不同事物或表象的质的差异而犯还原主义的错误,不同事物或表象的质的差异在这种还原主义中全都消失了,所以"那种狭义的经验主义的哲学,才最恰当地可称为同一哲学。"

【正文】此外,这个说法是十分正确的,即认为没有单纯的外延的量,也没有单纯的内涵的量,正如没有单纯的连续的量,也没有单纯的分离的量,并认为量的这两种规定并不是两种独立的彼此对立的量。每一内涵的量也是外延的,反之,每一外延的量也是内涵的。譬如,某种程度的温度是一内涵的量,有一个完全单纯的感觉与之相应。我们试看体温表,我们就可看见这温度的程度便有一水银柱的某种扩张与之相应。这种外延的量同时随温度或内涵的量的变化而变化。在心灵界内,也有同样的情形:一个有较大内涵的性格,其作用较之一个有较小内涵的性格也更能达到一较广阔的范围。

【解说】固然内涵不是外延,但内涵量和外延量又是不可分离的,如同本质不是现象,但二者事实上不可分离一样。一切内涵量都同时是外延量,一切外延量都同时是内涵量。黑格尔这里以温度和性格为例来说明这一点。温度计上的水银柱高度(这是外延量)的变化与人对温度高低的感觉(这是关于温度这种内涵量的一种表象)变化是一致的。同样,人的性格作为一种质或内涵也有其量的方面的表现。性格褊狭尖刻(内涵浅薄)的人,没几个人愿意与他交往,其交往范围(量的方面)就很有限。性格宽容温厚(内涵深厚)的人,人们都爱与他交往,其交往范围(量的方面)就很广。

§104

【正文】在程度里,定量的概念便设定起来了。定量就是自为中立而又简单的量,但这样一来,量之所以成为定量的规定性就完全在它的外面,在别的量里了。

【解说】这里黑格尔要说的是量的那种坏的无限:无限大无限多无限小之类。其实有限量的坏的无限也可以在完全无质的定量:数那里去说,但放到这里说确乎更合适,一则内涵量也是一种有限的量亦即定量,二则下面要考察的量的关系是量的真无限,并且这种量不是无质的数而是内涵量这种有质的量。"在程度里,定量的概念便设定起来了。"这句话的意思我们前面在解说§102正文时已经说过了，就是说在内涵量这里定量的概念达到完成。定量是有限的直接的量，都是一个个仿佛能独立存在的孤立的量，但这是一种假象。定量的真理乃是处于种种必然关系中的量，自然中的那些有本质意义的量都是这种量，这种量一则都是内涵量这种有质的量，二则它们都处于某种必然的彼此关联中，简单一些的，如一个物体的重量与这个物体滑动时所受到的摩擦力的关系；复杂的，如行星公转轨道的平均半径与其公转周期那一著名关系：前者的3次方与后者的2次方之比是个常数，这就是著名的万有引力常数，最早是刻卜勒发现的。内涵量这种定量的进一步发展就是处于必然的相互关系中的量，所以说内涵量这种定量是定量的概念的完成，量的概念的下一步发展就是量的关系而非直接的定量了。

"定量就是自为中立而又简单的量，但这样一来，量之所以成为定量的规定性就完全在它的外面，在别的量里了。"定量，即便是内涵量这种有质的量（如一个物体的质量），都是直接的简单的量，都是仿佛能独立存在的彼此不相干的孤立东西。说定量是自为中立的量，自为指的是每个定量都仿佛是能独立存在的东西，自为就是为自身，为自身的东西才是独立的东西。中立就是中立于质，与质的东西不相干。不管是5个苹果还是10个苹果，苹果的数目或量都不影响苹果之为苹果。即便是内涵量，其量与其质直接看去都是不相干的，不管是5℃还是10℃，温度的量的变化不影响温度之为温度，定量就是这种中立于质与质的存在不相干的简单而直接的有限的量。但定量作为一种有限的直接存在同时又是为他存在，是自为存在与为他存在的统一或不可分离，这就表现为在这个定量之外有另一个定量，或者说，定量可以且总是被迫超出自身成为另一个定量，另一更大更多的量，5之上还有10，10之上还有100，5℃之上还有10℃，10℃之上还有100℃，总有更大更多的量在否定现有的量，定量的这种不断被否定被超出是永无止境的，这就是定量的为他存在环节，它也是定量的一个规定性，定量就是一种自为存在与为他存在的统一或不可分离，定量的这一环节或规定性就在每一定量的外面作为另一个定量来否定它，所以说"量之所以成为定量的规定性就完全在它的外面，在别的量里了。"

【正文】这是一个矛盾，在这种矛盾里，那自为存在着的、中立的限度是绝对的外在性，无限的量的进展便设定起来了。——这是一个由直接性直接转变到它的反面、转变为间接性（即超出那个方才设定起来的定量）的过程，反之，这也是一个由间接性直接转变到它的反面，转变为直接性的过程。

【解说】每个量之外都有另一个量，每个量之上总有更大的量，这在常识意识看绝不是矛盾。常识意识所说所知的矛盾只是违反抽象的同一律，所以1=2是矛盾的,一个人既是男人又是女人是矛盾的。黑格尔的矛盾概念是超越了抽象理智和知性的思辨理性,这种超越的思辨理性知道理性是一不是多,真理是一不是多,彼此不相干地外在并列的多在超越的理性看来就是绝对的矛盾。并且超越的思辨理性还洞察到,客观的事情本身也是不能容忍这种外在并列不相干的多的,所以就有量的关系、规律这种本质东西去扬弃这些仿佛能独立存在仿佛彼此不相干的多,证明它们的各自独立互不相干其实是假象。柏拉图说诸多个别的感性物都向往着不变的唯一的理念,理念是感性物的真理,他说的也是同样的理性洞见。超越的思辨理性所以能与事情的客观进程相一致,是因为二者本来就是一回事,客观的事情不过是超越的思辨理性中的客观性这一环节罢了,须知超越的纯粹理性是主观与客观思维与存在的绝对统一或同一。

"在这种矛盾里,那自为存在着的、中立的限度(Die Grenze)是绝对的外在性,无限的量的进展便设定起来了。——这是一个由直接性直接转变到它的反面、转变为间接性(即超出那个方才设定起来的定量)的过程,反之,这也是一个由间接性直接转变到它的反面,转变为直接性的过程。"限度(Die Grenze)就是界限,就是每一定量的全体,是定量的规定性的全体。为他存在是定量的一必然环节,定量的界限亦即概念的这一环节决定了定量是绝对的外在性,这一外在性决定了每个定量都有在它之外的另一定量,都有比它更大的另一定量,这就是定量的不断地被迫超出自身,一种坏的无限的进展。每一定量都有在它之外的另一定量,这另一定量就构成了对原先那个定量的否定,原先那个定量就是现在这个定量的中介,就此说来一切定量都是有中介的,亦即是间接的。但每个定量又都是作为直接的仿佛无中介的东西呈现,本身又是一直接性,它的中介在这个直接性中自在地消失了,所以说定量的这种不断超出不断被否定的无限进展就是"一个由直接性直接转变到它的反面、转变为间接性(即超出那个方才设定起来的定量)的过程,反之,这也是一个由间接性直接转变到它的反面,转变为直接性的过程。"

【正文】〔说明〕数是思想,不过是作为一种完全自身外在存在着的思想。因为数是思想,所以它不属于直观,而是一个以直观的外在性作为其规定的思想。——因此不仅定量可以增加或减少到无限,而且定量本身由于它的概念就要向外不断地超出其自身。无限的量的进展正是同一个矛盾之无意义的重复,这种矛盾就是一般的定量,在其规定性中被建立起来时就是程度。至于说出这种无限进展形式的矛盾乃是多余的事。关于这点,亚里士多德所引芝诺的话说得好:"对于某物,只说一次,与永远说它,都是一样的。"

【解说】这段正文中的宋体字部分取自梁译本,贺译本翻译有问题。

数不是感觉的对象,不是感觉水平的表象,而是一种超感觉的思想。古代各文明民族中，只有希腊人充分意识到这一点。毕达哥拉斯对此有最初的意识，毕达哥拉斯哲学的内容就是对数的概念的初步自觉。后来的芝诺、柏拉图、亚里士多德对数的概念亦即作为超感觉的思想或存在的数的自觉则一个比一个深刻和充分。其他古代民族尤其是东方民族对数的认识皆未达到希腊人的水平，不知道数是感觉达不到的无限地高于感觉的思想，比如中国古人就认为数是一种感觉水平的东西，比如朱熹有言："气便是数……有是气，便有是数"、"数亦是天地间自然底物事"①。中国古人的理智思维对自然、万物的自觉没有超出感觉水平，朱熹这里所说的"自然"、"气"、"物事"在中国古人的自觉意识中皆是感觉水平的东西，故朱熹这里实乃是把数归结为感性的质，表现出对数乃是超感觉的自在不变的存在或思想这一点的完全无知。中国古人自觉的思维水平停留在感觉层面上，完全没有达到数或量的概念，所以说中国古代哲学就其自觉的思维水平来说停留在希腊的前毕达哥拉斯阶段。对数是超感觉的思想这一点没有自觉，就会不自觉认数像感觉水平的东西那样陷入坏的无限的生灭重复，乃至认为这种重复有意义，因为，对数的概念有自觉，就会意识到数是与质——不管这种质是感性的质还是超感性的本质——的东西不相干，质的东西无论重复多少次，都与事情的本质不相干，须知事情本身事情的本质在质不在量，这就是芝诺所说的："对于某物，只说一次，与永远说它，都是一样的。"②对数的概念没有自觉，自觉思维水平停留在感觉层面上，对以上所言必然无知，就会陷入认有限物的多次重复无限重复有意义这种迷信，这与其只是感觉水平的思维这一点是完全一致的。古代东方民族的经典中经常能见到对数的这种无知和迷信。比如，被称为五经之首的易经的 64 卦，每一卦由 6 个爻组成，但这 6 个爻只是阴、阳二爻的重复，这种重复组合共有 $2^6 = 64$ 个。显然，这种无聊的重复可以继续下去，这样就是 128 卦、256 卦，等等，这是永无止境的。8 卦也好，64 卦也好，其本质就只是阴阳这一感觉范畴，中国哲学的自觉思维水平就停留在生灭变易这一最抽象的感觉范畴上，这也是中国古人中国哲学迷信易经的根本原因。阴阳范畴的内容就是变。古人之所以不满足于一个简单的阴阳，不满足于对它重复 3 次的 8 卦，而要重复 6 次的 64 卦，就是上面说的那种无知在起作用。为什么不继续重复弄出 128 卦 256 卦，而是停留在 64 卦上，这纯然是技术性的因素在起作用。按中国古人感觉水平的思维，按其对数的感觉水平的迷信，是很想继续重复弄出 128 卦 256 卦的，但易经是用来算命的，128 卦乃

①　（宋）黎靖德编《朱子语类（四）》第 1609 及 1608 页。中华书局，1986。

②　据梁译小逻辑注释，这句话不是亚里士多德转述的，而是古代学者辛普里丘转述的。见梁译《逻辑学》（人民出版社，2002）第 396 页。

至更多的卦象在算卦的技术操作上会太复杂,故古人只好满足于 64 卦。如果没有这种技术因素的妨碍,以古人对数的这种无知和迷信他们会陷入对数目大得惊人的数的迷信,会使这些大得惊人的数也陷入坏的无限的重复。比如,北宋邵雍的宇宙论、佛教的宇宙论,都是如此,这里就不具体说了。

"数是思想,不过是作为一种完全自身外在存在着的思想。因为数是思想,所以它不属于直观,而是一个以直观的外在性作为其规定的思想。"数是一种纯粹的量,一种纯粹的外在性,所以说数是外在于自身的思想或存在。康德认为数是纯感性直观的对象,黑格尔这里却说数不属于直观。两人都没错。康德说的是作为一种纯粹表象的数,黑格尔说的是数的概念,概念是只有思维才能把握的,这种思维不是表象思维而是思辨的概念思维,前面对纯量、数等概念的考察都是对数的概念的思辨思维。直观是一种直接把握对象的表象方式,作为一种纯粹表象的数是纯感性直观的对象。数"是一个以直观的外在性作为其规定的思想",这句话严格说来是有问题的。前面刚区别开作为一种直观表象的数与作为概念或思想的数,这里却说数这一概念是以直观的外在性为其规定性。直观的外在性是一种表象,数的概念的规定性只能是概念不可能是表象,故这句话是错误的。三个中译本这里都是这个译法,原文就是如此,没有译错。这句话属于《小逻辑》正文的[说明]部分,这部分不属于黑格尔课堂的即兴讲授,是他生前出版的《哲学全书》里的正文。这句话只能是黑格尔一时疏忽所致的笔误。黑格尔这里想说的是:直观的外在性是对数的规定性的表象。

"无限的量的进展正是同一个矛盾之无意义的重复,这种矛盾就是一般的定量,在其规定性中被建立起来时就是程度。"定量的概念的矛盾致使定量必然陷入这种坏的无限的量的进展,是量的概念所是的那一矛盾的无休止无意义的重复。量的概念是纯粹的绝对的外在性,是自为存在与为他存在的抽象的观念性统一,这个统一同时是其矛盾的暴露,定量就是这个矛盾本身。由于程度是定量的概念或规定性的完成,故可以说这个矛盾在程度亦即内涵量这里才充分建立起来,才充分暴露出来,这就是"这种矛盾就是一般的定量,在其规定性中被建立起来时就是程度"这句话的意思。

【正文】附释一:如果我们依照上面(§99)所提出的数学对于量的通常界说,认量为可增可减的东西,谁也不能否认这界说所根据的看法的正确性,但问题仍在于我们如何去理解这种可增可减的东西。如果我们对于这问题的解答单是求助于经验,这却不能令人满意,因为除了在经验里我们对于量只能得到表象,而不能得到思想以外,量仅会被表明是一种可能性(可增可减的可能性),而我们对于量的变化的必然性就会缺乏真正的见解。反之,在逻辑发展的过程里,量不仅被认作自己规定着自己本身的思维过程的一个阶段，而且事实也表明，在量的概念里便包含有超出其自身的必然性，因此，我们这里所讨论的量的增减，不仅是可能的，而且是必然的了。

【解说】关于量的那一表象水平的定义：量是可增可减的东西，其缺点在§99中已经说过了。这里黑格尔指出了这一定义的另一缺点：这一定义只是来自人们对量这种东西的经验，就是说量的东西的可增可减只是人们在表象水平上经验到的，它因此缺乏那种只能来自超验或超越的概念的绝对必然性。举个例子，地球上的物体都有重量，在牛顿之前和之后的人们都同意这句话，但在牛顿之前这句话实则仅来自经验归纳，故"地球上的物体都有重量"这句话表述的只是一种经验事实，逻辑上不排除将来可能会发现某个没有重量的物体，故这句话实则只有或然性没有真正的必然性。但在牛顿力学建立后，尤其是在黑格尔这种有思维能力的人自觉到牛顿力学这种表面上的经验科学在超越的绝对的概念中有其充分根据后，这句话才具有超越的绝对必然性，而非仅是一种只具有经验的或然性或可能性的表象知识。人们不知道何谓超越的绝对概念，不知道在量的经验表象之上之外还有量的概念，不知道量的概念是一切关于数或量的表象的超越的充分的根据。只有把握量的概念，才会明白"量是可增可减的东西"这句话是有绝对必然性的，而非只有或然性的东西。量的概念决定了量必然是可增可减可大可小，决定了在每个定量之外总有另一定量，总有更大的定量，这是有概念上的绝对必然性的。量的概念与人们关于数或量的种种表象的莫大区别由此可见一斑，在概念上把握一个东西与在表象上认识或知道一个东西的莫大区别亦由此可见一斑。

【正文】附释二：量的无限进展每为反思的知性所坚持，用来讨论关于无限性的问题。但对于这种形式的无限进展，我们在前面讨论质的无限进展时所说过的话，也一样可以适用。我们曾说，这样的无限进展并不表述真的无限性，而只表述坏的无限性。它绝没有超出单纯的应当，因此实际上仍然停留在有限之中。这种无限进展的量的形式，斯宾诺莎曾很正确地称之为仅是一种想象的无限性。

【解说】知性所知道的量的无限就是无限大无限多无限小这种抽象的坏的无限，这种无限是有限东西的坏的无限的重复，这种消极的无限对客观的事情或事情本性没有任何改变或影响，因为实质性的东西是质不是量。不仅仅是单纯的数或量，任何一个有限东西都会陷入这种无聊的坏的无限。黑格尔这里提到了量之前的定在这种直接的质的东西所陷入的坏的无限，感觉东西的生灭无常就是这样的一种坏的无限。中国历史也是这种坏的无限的一个例子，中国历史两千多年来一治一乱的王朝更替就是这种本质上没有新东西出现的坏的无限，中国将来是否能走出这种可悲境况还未可知。一年四季亿万年来周而复始的循环也是这种无聊东西。还有,人们想象时间向前和向后都可以无限追溯,这种时间的无限就是抽象而无意义的坏的无限,这种看法来自仅把时间看作是一种单纯的量的东西,不知道这种抽象的量的时间只是对真实时间的一种抽象。真实的时间是与物质及其运动不可分离的。比如,现代物理学认为,宇宙产生于约 150 亿年前无中生有的一次大爆炸,空间、时间及其中的物质都来自这一大爆炸,所以说时间不能无限向后追溯,它只有不到 150 亿年的历史。如果只知道单纯量的意义的时间,是完全无能理解现代物理学的这一认识的。显然,说宇宙产生于约 150 亿年前无中生有的一次大爆炸,故时间只有不到 150 亿年的历史,这里所说的时间是真实的与物质运动不可分离的物理时间。

黑格尔这里关于斯宾诺莎之所言具体可见大逻辑的相关部分①。"想象的无限"不是斯宾诺莎的原话。斯宾诺莎原话的意思是:要区别两种量,一种是抽象的表面的量,这种量是想象的产物,是有限的可分的。还有一种与无限的实体相同一的量,这种量是理智的产物②。因与本书这里的主题无关,我们这里不谈斯宾诺莎所说的与无限实体相同一的理智的量是什么意思,该如何理解,但斯宾诺莎这里说的只是想象的产物的量就是通常所说的量,斯宾诺莎当然知道这种量的多或大可以是无限的,但他却称这种量只是想象的,只是有限的,这事实上表明,斯宾诺莎洞见到了量的坏的无限的虚妄不真,故黑格尔说斯宾诺莎把量的这种坏的无限称为"想象的无限",此言并不为过。

【正文】有许多诗人,如哈勒及克罗普斯托克常常利用这一表象来形象地描写自然的无限性,甚至描写上帝本身的无限性。例如,我们发现哈勒在一首著名的描写上帝的无限性的诗里,说道:

> 我们积累起庞大的数字,
> 一山又一山,一万又一万,
> 世界之上,我堆起世界,
> 时间之上,我加上时间,
> 当我从可怕的高峰,仰望着你,
> ——以眩晕的眼,
> 所有数的乘方,再乘以万千遍,
> 距你的一部分还是很远。

这里我们便首先遇着了量,特别是数,不断地超越其自身,这种超越,康德形

---

① 《逻辑学》上卷第 197 页。
② 斯宾诺莎《伦理学》中译本第 18 页。商务印书馆,1983。

容为"令人恐怖的"。其实真正令人恐怖之处只在于永远不断地规定界限,又永远不断地超出界限,而并未进展一步的厌倦性。上面所提到的那位诗人,在他描写坏的无限性之后,复加了一行结语:

> 我摆脱它们的纠缠,
>
> 你就整个儿呈现在我前面。

这意思是说,真的无限性不可视为一种纯粹在有限事物彼岸的东西,我们想获得对于真的无限的意识,就必须放弃那种无限进展。

【解说】这段正文的意思甚明无须多说。"真的无限性不可视为一种纯粹在有限事物彼岸的东西",真的无限本身亦是一种有限,真的量的无限或无限的量本身亦是一种有限的量,无限作为这种有限的量得以产生的中介运动——这种运动由于是一种否定之否定,所以说是无限——在这种有限的量中自在地隐去了,这种无限超越了简单直接的定量的有限的量就是下面要说的"量的关系"。

【正文】附释三:大家知道,毕泰哥拉斯曾经对于数加以哲学的思考,他认为数是万物的根本原则。这种看法对于普通意识初看起来似乎完全是矛盾可笑(paradox),甚至是胡言乱语。于是就发生了究竟什么是数这个问题。要答复这问题,我们首先必须记着,整个哲学的任务在于由事物追溯到思想,而且追溯到明确的思想。但数无疑是一思想,并且是最接近于感性物的思想,或较确切点说,就我们将感性物理解为彼此相外和复多之物而言,数就是感性物本身的思。

【解说】paradox 大概是个拉丁词,意思是"似非而是":表面看起来荒谬,其实颇有道理。毕达哥拉斯认数是万物的本原或本质,这就是一个似非而是的东西。一般人们是把毕达哥拉斯这个命题看作是胡言乱语,至少是不明白这个命题到底想说啥。"于是就发生了究竟什么是数这个问题。要答复这问题,我们首先必须记着,整个哲学的任务在于由事物追溯到思想,而且追溯到明确的思想。"由事物追溯到思想,这个事物属于经验表象。叔本华有本著名的书:《作为意志和表象的世界》,这本书是对康德关于现象与自在之物的区别这一思想的精彩发挥。作为表象的世界就是大家熟知的世界,也是近代科学所研究的世界,康德正确地称之为现象界,指出真理或真实的存在不是现象界的东西。我们所熟知的世界是表象世界;由事物的表象追溯到事物的思想,亦即事物的概念,在这里就是数的概念。黑格尔所说的概念就是康德说的本体或自在之物。叔本华的《作为意志和表象的世界》是对康德现象与自在之物学说的天才发挥,但叔本华没有超越康德,他说那超越现象或表象的真实存在或自在之物就是盲目冲动的意志,这个说法不能说错,甚至有一定的思想性,但远不是对康德自在之物概念的意义的积极充分的理解,作为《逻辑学》的对象的纯粹概念才是对康德自在之物概念的积极意义的充分认识。

"整个哲学的任务在于由事物追溯到思想,而且追溯到明确的思想。"哲学不是科学,更不是感觉经验。感觉经验是一种无意识的直接的表象,科学是一种为概念或思想中介了的自觉表象,哲学则以纯粹概念或思想本身为对象。感觉经验是每个人每个民族皆有的,但科学和真正的哲学在公元前的古代世界中只有希腊人才有。经验水平的理性各文明民族皆有,但古代只有希腊人才意识到纯粹理性这种东西。纯粹理性就是一切事情的概念,与之相比一切经验或表象东西都只是现象罢了。先是毕达哥拉斯后是巴门尼德最早抓住了概念,区别于科学的纯粹哲学自此诞生,而科学的成熟或上档次根本上亦有赖于考察纯粹概念的纯粹哲学。哲学不仅要由事物追溯到思想,而且还要追溯到明确的思想。明确的思想就是诸纯粹概念本身,追溯到明确的思想就是要求正面抓住诸纯粹概念,而不是仅意识到概念的诸表象或只是对概念有预感。比如,被认为是爱利亚派先驱的色诺芬尼所说的神就只是对存在概念的一种模糊表象和预感,赫拉克利特的逻各斯也只是对超越的纯粹概念本身的预感,毕达哥拉斯和巴门尼德就超越了他们,他们最早达到了某些明确的纯粹思想。

人人都有、各民族都有对数的诸多表象,人类很早就开始计算了,对数有很多表象,但就是没有思想,不知道数的概念。《小逻辑》§85 的附释二有这样的话,"人类诚然自始就在思想,因为只有思维才使人有以异于禽兽,但是经过不知若干千年,人类才进而认识到思维的纯粹性,并同时把纯思维理解为真正的客观对象。"人类诚然自始就在思想,但这些思想不是思想本身或概念,而仅是以感觉经验、神话、比喻、象征等形式显现出来的思想。常人的思维所以摆脱不了感觉经验的束缚,上古人类所以只能以神话、比喻、象征、诗歌等形式去思维,就是因为无能正面抓住纯粹的思想本身。《逻辑学》中的许多纯粹概念早就被各古代民族以种种表象的方式意识到了。比如,犹太人和基督教所说的上帝就是对《逻辑学》的最高概念:绝对理念的一种表象水平的自觉。又,希腊最早的米利都哲学所说的万物本原就可看作是对本质、根据、实体、原因等诸多纯粹思想的一种表象。还有,在先是笛卡尔后是康德意识到"我"的概念之前,人类说"我"说了几千年,但这只是对"我"这一纯粹概念的经验表象,而不是作为纯粹思想或概念的"我"。当然"我"只是一种主观意义的纯粹概念,故在《逻辑学》中没有这一概念,但表象之我与概念之我的重大区别是不能抹杀的,对后者的自觉确乎是哲学史上的划时代进步,笛卡尔哲学的革命性意义就系于此,康德哲学的一重要成就就是大大深化了对"我"的概念的认识。任何人,除非他能读懂一些先验哲学或黑格尔哲学,他就可说是只有我的表象不知道我的概念。自然科学在今天高度发达,但科学的表象思维本性决定了,它所知的只是自然的诸表象而非自然的概念。包括科学概念在内的一切表象或经验都以纯粹概念为前提,懂得这一点,以至于能在某些领域超越表象思维而做一些纯粹思维,这是一种绝对的精神教养,属于亚里士多德所说的神才能享有的幸福。

"但数无疑是一思想,并且是最接近于感性物的思想,或较确切点说,就我们将感性物理解为彼此相外和复多之物而言,数就是感性物本身的思。"柏拉图说数是介于感性物和理念之间的东西(《国家篇》510D～E),说的就是黑格尔这里所言。数就其是不变的存在而言属于思想,不是感性物,因为感性物是变动的。但真正的思想作为超感性的存在每一个都是唯一者,如柏拉图的理念:红本身、相等本身这些抽象共相每一个都是一个唯一,而数是多不是一,比如自然数1就有任意多个。数是多不是一,这在概念上就是数或量这一概念的纯然外在性这一环节,数就是纯粹的外在性,故可以说数是纯粹的感性物,是思想中的感性物或感性物中的思想,因为感性物的一基本规定就是相互外在,感性物之所以被表象为空间和时间中的存在其缘由即在于此,空间和时间就是纯粹外在性的表象,就是数或量的概念的一种纯粹表象,康德说空间和时间是一切感性直观的先天形式,说的就是这个意思,所以说数的概念"就是感性物本身的思"。一般说来感性物是一种表象东西,这种表象在概念中的一纯粹根据就是数或量的概念,所以说数是感性物中的思想,是思想中的感性物。

【正文】因此我们在将宇宙解释为数的尝试里,发现了到形而上学的第一步。毕泰哥拉斯在哲学史上,人人都知道,站在伊奥尼亚哲学家与爱利亚派哲学家之间。前者,有如亚里士多德所指出的,仍然停留在认事物的本质为物质的学说里,而后者,特别是巴门尼德,则已进展到以"存在"为"形式"的纯思阶段,所以正是毕泰哥拉斯哲学的原则,在感性物与超感性的东西之间,仿佛构成一座桥梁。

【解说】形而上学的基本意思就是超感性,不停留在感性表象中,超出感性东西的束缚而达到对超感性东西的认识。毕达哥拉斯数的哲学构成了理性思想摆脱感觉东西的束缚而上升到超感性的思想本身亦即理性本身或纯粹理性的一重要的过渡阶段。毕达哥拉斯之前的伊奥尼亚自然哲学是希腊哲学的开端,是希腊人摆脱了神话意识和直接的感觉而开始了理性思维。这里说亚里士多德指出,伊奥尼亚哲学"停留在认事物的本质为物质的学说里",这里所说的"物质"不是那作为一种理性范畴的物质,作为一理性思维的范畴的物质概念完全是超感性的思想,这是亚里士多德才达到的,此即他的质料范畴。伊奥尼亚自然哲学所说的作为万物本原的水、气这些东西都只是感觉水平的表象,与近代人说的物质或亚里士多德的质料不是一回事。思维开始摆脱感觉束缚,这是毕达哥拉斯才达到的;

思维彻底摆脱感觉表象的束缚,真正自觉到超感性的思想本身,这是巴门尼德及爱利亚派的成就。所谓巴门尼德"已进展到以存在为形式的纯思阶段",这个"形式"是指纯粹思想或思想本身,巴门尼德的"存在"就是希腊人把握到的第一个纯粹思想,爱利亚派所说的存在、非存在、一、多都是纯粹思想,都被黑格尔纳入其《逻辑学》中;自巴门尼德或爱利亚派开始,希腊哲学摆脱了感觉东西等感性表象的束缚,开始了纯粹的理性思考亦即纯粹思维,真正的形而上学开始了,哲学与感觉、及与仍属于表象思维经验思维的科学的区别被自觉和达到了,这是哲学史和人类认识史上的一无与伦比的伟大成就,须知其他文明民族从未跨出这一步,这使得真正的哲学和科学在古代只有希腊人才有,因为科学这种表象思维若想上档次,与感觉经验划清界限,也需要那作为纯粹思维的纯粹哲学或形而上学的帮助,古代各民族中只有希腊人有真正的科学,缘由即在于此。毕达哥拉斯哲学构成了哲学史上这一重要的过渡:介于未摆脱感觉表象束缚的伊奥尼亚自然哲学和作为第一家真正的形而上学或纯粹思维的爱利亚派哲学之间,所以毕达哥拉斯就抓住了数,认数是本质,是万物的本原,因为数这种东西就介于感觉东西和超感性的思想之间,是感性物中的思想或思想中的感性物。

【正文】由此我们可以知道何以有人会以为毕泰哥拉斯认数为事物的本质之说显然走得太远。他们承认我们诚然可以计数事物,但他们争辩道,事物却还有较多于数的东西。说事物具有较多于数的东西,当然谁都可以承认事物不仅是数,但问题只在于如何理解这种较多于数的东西是什么。普通感官意识按照自己的观点,毫不犹豫地指向感官的知觉方面,去求解答这里所提出的问题,因而说道:事物不仅是可计数的,而且还是可见的、可嗅的、可触的等等。用近代的语言来说,他们对于毕泰哥拉斯哲学的批评,可归结为一点,就是他的学说太偏于唯心。

【解说】这段文字意思甚明不需要多说。没有思维能力或学不懂哲学史的人对毕达哥拉斯哲学就有黑格尔这里指出的这种无知或误解,他们的自觉思维水平完全没有摆脱感觉束缚,没有达到毕达哥拉斯哲学的高度。毕达哥拉斯哲学已开始用思想或概念去理解把握事物,只是它所抓住的数这个思想——注意不是作为表象的数——还很抽象,还不是真正的思想本身。对毕达哥拉斯哲学有如此批评的人其自觉思维水平没有摆脱感觉束缚,对思想本身毫无自觉,故黑格尔正确地指出,"他们对于毕泰哥拉斯哲学的批评,可归结为一点,就是他的学说太偏于唯心。"

【正文】但根据我们刚才对于毕泰哥拉斯哲学在历史上的地位所作的评述,事实上恰好相反。我们必须承认事物不仅是数,但这话应理解为单纯数的思想尚不足以充分表示事物的概念或特定的本质。所以，与其说毕泰哥拉斯关于数的哲学走得太远了，毋宁反过来说他的哲学走得还不够远，直到爱利亚学派才进一步达到了纯思的哲学。

【解说】只有站在理性思想的立场去看待毕达哥拉斯哲学，才能意识到，毕达哥拉斯哲学的"唯心"得还不够，对真理或事情本身的认识走得还不够远，巴门尼德和爱利亚派才达到了对真理或事情本身的真正认识的开端，所以说理性思想的真正开端亦即逻辑开端不是毕达哥拉斯，而是巴门尼德。

【正文】此外，即使没有事物自身存在，也会有事物的情状和一般的自然现象存在，其规定性主要也建立在特定的数和数的关系上。声音的差别与音调的谐和的配合，特别具有数的规定性。大家都知道，据说毕泰哥拉斯之所以认数为事物的本质，是由于观察音调的现象所得到的启示。

【解说】这里黑格尔区别"事情本身"和"事物的情状和一般的自然现象"，前者属于康德所说的本体或自在之物，后者是康德所说的现象。康德现象与自在之物的区别的学说极其重要，是有真理性的。康德之后的费希特、谢林和黑格尔这几家哲学，黑格尔称费希特哲学是康德哲学的完成，他把康德哲学进一步抽象化形式化和系统化，但他抛弃了康德的不可知的自在之物，没有意识到这一概念的价值，这是其哲学的一失足之处。谢林和黑格尔哲学充分意识到康德自在之物概念的积极意义，这两家哲学完全可看作是对这一概念的积极意义的充分阐发。

"即使没有事物自身存在，也会有事物的情状和一般的自然现象存在"。这里黑格尔不但承认康德现象与自在之物的区别的合理性，还对那些否认康德所说的自在之物的人做了临时妥协：姑且承认没有自在之物，只有康德所说的籍表象思维可以认识的现象存在。现象界的一基本规定性就是数或量，以表象意义的自然为对象的科学所以是数学化的，缘由即在于此。"声音的差别与音调的谐和的配合，特别具有数的规定性。大家都知道，据说毕泰哥拉斯之所以认数为事物的本质，是由于观察音调的现象所得到的启示。"毕达哥拉斯真的"是由于观察音调的现象所得到的启示"而提出他的哲学的吗？否！毕达哥拉斯是由于对真理不是感觉水平的东西这一点有洞见，对感觉东西本能地不信任，才超越伊奥尼亚自然哲学而提出数是本质这种思想的。毕达哥拉斯所以能上述洞见，根本原因在哲学产生前即已基本成熟的希腊的民族精神上，这表现为，毕达哥拉斯是奥菲斯教的信徒，奥菲斯教相信灵魂不朽。奥菲斯教灵魂不朽信仰的意义为何？毕达哥拉斯的这一信仰与其哲学有何内在关联？拙著《思辨的希腊哲学史》第一卷的相关部分对此有详细考察，这里就不细说了。说毕达哥拉斯数的哲学得自由"观察音调的现象所得到的启示"，这是古希腊流传下来的传说，这个传说不必当真，认真看待这个传说的人都是没有思维能力的人。

【正文】虽说将音调的现象追溯到其所依据的特定的数,对于科学的研究极关重要,但也绝不可因此便容许将思想的规定性全认作仅仅是数的规定性。人们诚然最初有将思想最普遍的规定与最基本的几个数字相联系的趋势,因而说一是单纯直接的思想,二是代表思想的区别和间接性,三是二者的统一。但这种联系完全是外的,这些数的本身并没有什么性质足以表示这些特定的思想。人们愈是进一步采用这种傅会的方法,特定数目与特定思想的联系就愈会任性武断。譬如人们可以认4为1与3之合,也为这两种数的思想的联合,但4同样也可说是2的两倍。同样9也不仅是3的平方,而又是8与1、7与2等等的总和。认为某种数目或某种图形有特大的重要性,如近来许多秘密团体之所为,这一方面固然无妨作为消遣的玩艺,但另一方面也是思想薄弱的表征。人们固然可以说在这些数字及图形的后面,含有很深的意义,可以引起我们许多思想。但是在哲学里,问题不在于我们可以思维什么,而在于我们真正地(wirklich)思维什么。思想的真正要素不是在武断地选择的符号里,而是只须从思想本身去寻求。

【解说】数或量由于其抽象性,由于其是思想中的感性物和感性物中的思想,故是人们最熟知的思想,各民族打破感性和诗性的神话思维及努力想摆脱感觉束缚开始做理性思考时,必然都会意识到数,都会产生类似毕达哥拉斯这样的认数是本质是真理的思想。但有两点必须提出来,一是黑格尔这里没说的,毕达哥拉斯在所有认数是本质是真理的古人中其思想是最纯粹的,毕达哥拉斯数的哲学诚然没有完全摆脱感觉和想象的束缚,但与其他民族相比,毕达哥拉斯数的哲学受感觉、想象、传统神话等东西的影响是最小的。比如,中国的周易似乎也是一种认数是本质是真理的哲学,但它对数的认识完全束缚在感觉水平的表象中,这使得周易的本质完全是感觉水平的思维,它完全没有自觉到超感觉的作为思想的数,而毕达哥拉斯哲学却是开始摆脱感觉束缚开始意识到作为超感觉的思想的数,故严格说来,毕达哥拉斯哲学才可说是数的哲学,周易完全不是。

第二点就是黑格尔这里说的,由于没有能力自觉到比数更高的思想,很多人只能用数来比附或象征他们想表达的东西,这些东西的内容或概念是超出数的,比如老子的"道生一,一生二,二生三,三生万物"。老子想表达的是一种最高的理性思想:表象世界、宇宙万物来自一唯一的最高理念,他称之为"道"。这里的"一"、"二"、"三"只是对他无能正面把握的最高理念籍自身否定而建立现象世界的诸逻辑过程的比附或象征。另一个大家熟悉的例子是所谓"河图洛书",这是中国古代哲学由于思维能力薄弱而有的一重要迷信,今天仍然有不少人迷信它。古人由于理性思维不发达不成熟而不得不借助感性的形象的东西去比附或象征较有思想内涵的东西,今天的人若还停留在这上面就很可悲了。象征是哲学或科学等理性思想产生前古人思维的一重要手段,由于无能正面把握思想,它只能用感性的形象的东西来表述超感性的、无形的思想,所以说象征是无思想无思维能力的表现,故黑格尔有云:"谁把思想掩蔽在象征中,谁就没有思想"①。黑格尔这里特别提到了古代毕达哥拉斯派和柏拉图的一个思想:"一是单纯直接的思想,二是代表思想的区别和间接性,三是二者的统一。"毕达哥拉斯派的自觉思维水平停留在数上,故他们有这种用数去比附更高概念的东西的做法,这不奇怪。但柏拉图为何也会有这种东西。柏拉图的这种东西就是他晚年的所谓"不成文学说",他在晚年相当程度上似乎是回到了毕达哥拉斯派,这是一可悲的事情。柏拉图哲学的地位当然大大高于毕达哥拉斯。柏拉图哲学的一主要缺点是,他没有能力把超感性的普遍思想亦即理念与个别的感性物真正统一起来,就是说他未达到黑格尔所说的具体的普遍性亦即具体共相这个思辨理念。具体共相是感性与理性、个别性与普遍性的真实、具体的统一,只有籍具体共相才能在思想上真正理解和认识个别的感性物,达到普遍与个别或共相与殊相的统一。亚里士多德哲学的主要成就,也是他超出柏拉图的地方,就在于他初步达到了具体的普遍性,这就是他的本体、第一本体、种和属等概念。柏拉图无能达到具体共相,无能用思想去把握认识个别的感性物,在晚年只好回到了毕达哥拉斯派数的象征主义,这是柏拉图哲学的一失败之处。"在哲学里,问题不在于我们可以思维什么,而在于我们真正地(wirklich)思维什么。"一般人只关心可以思维什么,这关心的只是认识对象,但哲学同样应当关心、甚至是更应当关心我们真正能思维什么,即思维形式或范畴是否能把握思维对象,就是说真正的哲学或哲学思维的本质在于用思想的形式去把握内容或对象,做到形式与内容的相符,思辨哲学或纯粹思维就是最高最彻底的形式与内容的相符。

§105

【正文】定量在其自为存在着的规定性里是外在于它自己本身,它的这种外在存在便构成它的质。定量在它的外在存在里,正是它自己本身,并自己与自己相联系。在定量里,外在性(亦即量)和自为存在(亦即质)得到了联合。定量这样地在自身内建立起来,便是量的关系(quantitative Verhältnis)。

【解说】量或定量是一种抽象的观念性的自为存在,自为存在的最抽象意义就

①《哲学史讲演录》第一卷第87页。

是抽象的自身同一,在这一意义上讲,一切能保持住自身的抽象同一的东西都是自为存在。定量是外在于自身的东西,这种外在性就是定量的质的方面,亦即是定量概念的一基本环节。"定量在它的外在存在里,正是它自己本身,并自己与自己相联系。"这说的是定量概念的全体,定量就是对自己漠不相干,超出自身亦即在自身之外仍是自身的东西,比如 5 米之外还有 5 米,有任意多个彼此外在的 5 米,它们又是同一个 5 米。这句话还有这样的意思,5 米超出自身是 6 米,或者说 5 米之外有 6 米,但 5 米与 6 米没有质的差异,就此来说 5 米在 6 米那里仍是在自身中,这就是定量在自身外的自己与自己相联系或相同一。单纯的直接的定量自在地已经是这种在自身外的自身联系,但事情本身不会停留在仅仅自在存在上,直接的定量自在地所是的这种在自身外的自身关系也必然会明白地建立起来,"定量这样地在自身内建立起来,便是量的关系(quantitative Verhältnis)"。Verhältnis 既有比例之义又有关系之义。贺、梁二译本译为比例,大逻辑中译本译为比率,薛译本译为关系。笔者觉得译为关系更好,缘由下面会说。又,自此开始的原文中凡译为"比例"的地方一概改为"关系",不再单独说明。

【正文】这种规定性既是一直接的定量,关系的指数,作为中介过程,即某一定量与另一定量的联系,形成了关系的两个方面。同时,关系的这两个方面,并不是按照其直接[数]值计算的,而其[数]值只存在于这种关系中。

【解说】量的关系本身直接看去亦是一直接的定量,但它是有中介的,它是两个定量的关系,这两个定量构成了量的关系这一仿佛直接的定量或指数的两个方面。"关系的这两个方面,并不是按照其直接[数]值计算的,而其[数]值只存在于这种关系中。"这是说,构成量的关系的这两个定量的直接数值在这里并无意义,它们的意义或者说它们真正的数值是由它们构成的这一关系所限制或决定的。显然,在这里有中介的东西反倒是逻辑在先的,在这里在先的或本质的东西是关系或关系本身所是的那个指数,构成这一关系的这两个定量的具体数值倒是由这一关系限定或决定的,或者说它们倒是以这个关系为中介的。

《小逻辑》对量的关系的叙述极简略,要想知道这一概念到底是什么意思,有何意义,必须看大逻辑,大逻辑对这一概念的叙述讨论很详细具体。鉴于这一概念的重要,这里我们对量的关系就说具体一些。量的关系分为三个环节或阶段:正比关系、反比关系、方幂关系。这三者一个比一个深刻。首先是正比关系。正比关系的形式是 $k = A/B$,其中 k 是正比关系本身,其数值是一常量,A、B 是构成正比关系的两个定量,它们的数值变化有相当的自由度,但二者的比值只能是 k。反比关系的形式是 $k = A \times B$,其中 k 是不变的常量,A、B 这两个量的任意变化受二者的乘积 $= k$ 这一反比关系的限制。方幂关系的形式是 $k = A^2$,k 是常量,A^2 就是 A 的自乘。《小逻辑》没有说而这里必须说的是，构成量的关系的定量是内涵量，不是无质的单纯的数的正比反比乘方等关系，正比关系不是一般所说的分数，须知量的关系是从直接的定量的最高阶段：内涵量发展来的。由于构成量的关系的那两个定量都是内涵量，故这三种量的关系（此即 k）都是有质的量，其质的规定性比作为它（们）的环节的那两个定量要更高。黑格尔在后面的附释中用 3:6 =2:4 作为正比关系的例子，这个例子严格说来是错误的，可见"附释"有时之不靠谱（不知是学生笔记错误还是黑格尔即兴讲授时的漫不经心），让人误以为正比关系就是分数。前面在解说数的规定性单位与数目时已经阐明，分数亦即有理数的概念规定性就是无质的单纯的数（如自然数）的概念规定性：单位与数目，考察分数或有理数无须放到量的关系这里。以上所言启示我们，量的关系这一概念考察的是数学化的自然科学中的那些客观而基本的物理常数物理定律的纯粹内容，须知自然科学中的量皆是有质的意义的内涵量，物理常数和数学化的物理定律皆是那些直接的内涵量的关系，这些内涵量直接看去当然是变化的，这种变化直接看去是不受限制的，但它们其实是处于种种关系中，这种关系是恒定的，这种恒定的关系就是自然界的诸本质东西。这些关系中最简单的一类就是正比关系，如物质的比重、理想状况下的摩擦系数及弹性系数等，这都是正比关系的例子。

正比关系是最抽象最简单的物理常数，这种物理常数的普遍性最低。比如，对一种特定的物质，其比重是一常量，但物质的种类太多了，每种物质的比重都不同。符合反比关系的那些物理常数或规律其普遍性就上了一个档次。反比关系最著名的例子是量子力学中的海森堡测不准原理。这一原理是说，对任何一个微观粒子，对它的位置的测量精度要求与对它的速度或动量的测量精度要求是不能两全的，二者的具体关系：$\Delta A \Delta B \geqslant k$，其中 k 是一常数，$\Delta A$ 和 ΔB 分别是对这个粒子的位置与动量的测量误差。反比关系的一个意义是，它是诸多守恒定律的一超验（亦即超越）根据。比如动量守恒定律。动量守恒定律是牛顿力学的一个基本定律，它在现代物理学中也同样成立。现代物理学发现，即便在质量守恒定律和能量守恒定律已不成立的地方，动量守恒定律也是成立的。动量 = 质量 × 速度，这意味着在很多情况下物质的质量与其速度是成反比关系的，比如核裂变和聚变反应，靠牺牲质量获得巨大能量，质量和能量都不守恒了，但反应前后诸粒子质量与速度的乘积（之和）是不变的。简单的杠杆原理也是反比关系的一个例子。达到平衡的杠杆其支点两侧的力与力矩的乘积是相等的，在这一乘积不能改变的情况下，若想省力，可以通过加长其长度的方法达到此目的。

反比关系的普遍性已经很高了，但方幂关系的普遍性更高；正比关系和反比关系仍然是两个量的关系，方幂关系则是一个内涵量与其自身的关系，是一个量自由地规定自己。方幂关系最著名的例子就是天体运动。太阳系的行星运动就是一种自己规定自己的运动,行星运动就是一种自由地自身规定的量。这种量仍在运动或变化,但它的运动变化的原因完全在自身,来自自身,所以说这种运动是一种返回自身的运动。在量或抽象的物质领域,自己规定自己的返回自身的自由运动其运动轨道必然是圆或椭圆,这种运动总是周而复始地回到原来的起点。我们知道月球的公转轨道就很近似一个圆。月球轨道的近地点据地球约 36 万公理,远地点约 40 万公里,离心率仅仅 5% 多一点。解析几何中园的代数方程是 $X^2 + Y^2 = R^2$,其中 R 是这个圆的半径,是一常量(见下面的图一)。在这里似乎有两个在变化的量:X 和 Y,为何说圆是一个量的自由的自身规定? 其实 $X^2 + Y^2 = R^2$ 仅是对圆的一种表述形式,采取这种形式是为了方便某些数学处理。圆周运动是一种自身规定的自由运动,这一点改变一下数学表达形式即可看出。$X^2 + Y^2 = R^2$,R 是一常量,这就等价于 $R^2 = $ 一常量,比如说 1。R 是这个圆的半径。注意,不可把这个 $R^2 = 1$ 理解为无质的单纯的数的乘方,这个 R^2 是方幂关系。方幂关系的概念是:单位×数目 = 一常量,并且这个数目完全来自单位,完全由单位规定,致使从数值上看数目与单位是相等的,形式上就是 $R^2 = $ 一常量。圆周运动的本质是黑格尔说的一种方幂关系,它是最简单的自由的量的自身规定。圆的单位亦即圆的质是半径,这个半径就是这个圆上的任意一段曲线或弧线的曲率的倒数(曲率 =1/半径)。曲率是曲线的一种质,曲线的长度是曲线的量,但对简单的圆来讲,由于圆的周长与其半径成正比例,故可以说圆这种曲线的长度(数目)就是其半径(单位),故知从概念上讲,圆这种曲线的单纯量的方面:数目与其质的方面:单位在数值上是相等的,而这完全源于从概念上讲圆是一种自己规定自己的自由的量,其数目(比如圆的半径或周长)完全是由其单位(对圆来说就是半径)决定的,这就是一种方幂关系:$R^2 = $ 一常量(比如 1),此即:(作为单位的)R ×(作为数目的)R =1。

前面在解说数的简单概念时说过,无质的简单的数的概念不足以理解无理数和毕达哥拉斯定理。显然,毕达哥拉斯定理的概念就是圆的概念,这从下面的图一中即可看出,而圆的概念是最简单的一种方幂关系,所以说从概念上讲,毕达哥拉斯定理来自一种最简单的方幂关系。很多无理数从概念上讲也来自方幂关系。比如,$\sqrt{2}$ 就来自 $R^2 = 2$ 这一方幂关系。诚然作为方幂关系的 $R^2 = 2$ 首先是质的意义的,是(作为单位的)R ×(作为数目的)R = 2。但方幂关系同时亦有量的意义,$\sqrt{2}$ 就来自 $R^2 = 2$ 这一方幂关系的量的方面。又,前面对 §100[说明]的解说中我们说过代数数与超越数的区别。只有一部分无理数是代数数,大部分无理数是超越数。黑格尔的方幂关系这一概念原则上只能解释作为代数数的那部分无理数，不能解释属于超越数的那些无理数，虽说超越数的概念是 18 世纪数学的成就。指出这一点并不是批评黑格尔，须知在用纯粹哲学理解、消化科学和数学这方面，无人比黑格尔做得更好更多。

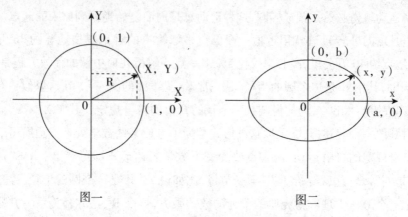

图一　　　　　　　　　　　　　　　图二

　　圆周运动的概念是一种自己规定自己的自由的量，椭圆也是如此。椭圆运动也是一种其终点是回到起点的运动，所以说也是抽象物质领域的一种自由运动，比如太阳系各大行星的公转轨道都是椭圆。椭圆的概念是一种自己规定自己的自由的量，数学上的简单证明如下：椭圆的代数方程是 $(x/a)^2 + (y/b)^2 = 1$（见图二）。对 $(x/a)^2 + (y/b)^2 = 1$ 作如下变换：令 $X = x/a$，$Y = y/b$，这一方程就成为 $X^2 + Y^2 = 1$（图一），而后者的概念就是 $R^2 = 1$ 这种简单的方幂关系。椭圆运动的概念是一种自己规定自己的自由的量，属于黑格尔所说的方幂关系，由此得到证明。

　　方幂关系是量的领域及抽象物质领域中普遍性最高的概念，正比关系和反比关系都从属于其下，亦即是被它自在地扬弃了的。比如，如果地球的公转轨道有变的话，地球上很多物理常数都会改变，比如，每种物质的比重（一种正比关系）都会变，重力加速度（正比关系与一种不完全的方幂关系的结合）也会变。有人说，方幂关系说的不就是万有引力定律吗？严格说来不是。黑格尔对万有引力定律是不以为然的[①]，他深刻意识到万有引力定律并不包含或蕴含抽象物质领域的自由运动（如天体运动），因为单有所谓的万有引力并不足以产生行星的公转运动。如果只有所谓万有引力的话，一切物质只会被吸引到太阳中，不可能有行星及其

---

① 黑格尔对万有引力定律的批评具体见《自然哲学》第一篇第三章，这一章集中考察刻卜勒和牛顿的天文学或天体力学。

公转运动,不可能有太阳系。牛顿知道这一点,所以他需要上帝的帮助,假设上帝对所有行星在其椭圆轨道的切线方向上做第一次也是唯一的一次推动。牛顿的(万有)引力概念的缺点是,他没有相应的斥力概念,不知道引力与斥力是不可分离的,更不知道无论是引力还是斥力都只是对抽象物质的概念(亦即自为存在概念)的一种抽象,二者只是自为存在概念中的抽象环节。方幂关系的概念乃是自由的自为存在概念在量的领域的恢复,是抽象的物质领域和量的领域的最高概念,是抽象物质亦即自为存在和量之达到了自己规定自己这种真正的自由,故亦是自为存在概念和量的概念的完成和终结。显然,万有引力及万有引力定律皆被扬弃在黑格尔的方幂关系这一概念中了。方幂关系就是自己规定自己的自由的量,这种量是有质的,就是与量相同一的运动不已的抽象物质,抽象的空间时间和力都只是这种自由的量的抽象环节,所以说黑格尔的方幂关系概念在充分的意义上完全预言了广义相对论。

　　正比关系、反比关系、方幂关系是三种在内涵量概念上发展起来的量的关系,在黑格尔看来一切可量化或数学化的物理常数物理定律不是这三种之一就是它们的某种结合或统一。比如,重力加速度 $g = 2S/T^2$,其中 S 是物体下落的距离,T 是下落所费的时间。显然,重力加速度这一物理常数乃是正比关系与某种不完全的方幂关系的结合。由以上讨论可知,黑格尔的量的关系概念较为成功地理解消化了他那个时代唯一成熟的科学:牛顿力学。但这一概念的意义并不限于此。黑格尔指出,微积分的纯粹内容就是对量的质的方面的洞见,特别是对方幂关系这种有质的量的规定[①],这种质概念上是单位与数目的密切相关,微积分发展出了处理这种量的数学方法。这种量是真正无限的量,因为真无限乃是自己规定自己,对量来说就是量的数目方面的规定与其质的方面亦即单位的规定性密切相关。我们知道,微积分的创立最初是为了计算某些曲线,比如曲线的长度或曲线围成的面积,且这些曲线都有物理意义,比如是自由落体运动、抛物运动、行星运动。黑格尔指出,这些轨迹或曲线的性质从哲学上看都属于这样的有质的量:质不是与数目不相干的抽象质或单位,而是密切相关。量的单位与数目相关,在黑格尔看来就是那两种情况:反比关系和方幂关系。对其质是反比关系(如 $y = 1/x$)或方幂关系(如椭圆或抛物线。抛物线的概念是一种不完全的方幂关系)的曲线或量只有微积分才能处理,比如导数就是对曲线的质的规定性的一种揭示。以上所言告诉我们,黑格尔为理解消化他那个时代的科学和数学作了惊人的努力,并取得了相当的成功。今天的哲学远落后于科学,纯粹理性在呼唤今天的黑格尔。

---

① 　黑格尔对微积分的认识具体见《逻辑学》上卷"定量"一章"定量的无限"小节。

对量的关系还有一重要方面这里不能不说，这一点亦能解释，为何对这一概念笔者赞同薛译本的翻译（译为"量的关系"），不赞同贺、梁二译本及大逻辑杨一之先生的翻译（译为比例或比率）。"量的关系（quantitative Verhältnis）"中的Verhältnis一词黑格尔也用于本质论阶段的概念中。本质论阶段的概念皆是成对的，每一对概念皆是相互映现的关系，黑格尔对这种关系也是用Verhältnis（关系）一词。但问题首先不在词语上，而在事情本身亦即概念上。量的关系的发展的三环节事实上是与本质论和概念论阶段的概念发展相呼应的，具体说来就是，量的关系的三个环节：正比关系、反比关系、方幂关系与本质论中的现象、现实及概念论所说的概念这三个阶段相呼应，前者不过是后者在量的关系领域中的预演罢了，或者说，正比关系、反比关系、方幂关系这三个环节分别是被本质论中的现象、现实及概念论所说的自身规定的自由概念自在地中介了的量，量的关系籍这三个环节在量的范围内经历了从本质到概念的发展。量的关系之前的直接定量（数及直接的内涵量）相当于量领域中的存在论，这表现为，数及直接的内涵量都是简单的直接存在。诚然数或直接的定量的规定性有单位与数目这两个环节，其中单位是自为存在，数目是为他存在，但在直接的定量中这两个环节要么是没有质的差异，二者的差异仅是形式的，这是在单纯的数那里的情况。要么是，单位有了质的意义，这使得单位与数目有了质的差异，但数目仍仅是单位的外在重复，数目的规定性与单位的规定性仍是不相干，直接的内涵量就是如此。但量的关系就不一样了。在量的关系中，单位与数目这两个环节不仅有了质的差异，二者的规定性开始有了关联，并且这种关联越来越深刻。下面我们就说一下，量的关系的三个环节为何说是纯思从本质论到概念论这一逻辑运动的预演，这一点是如何表现在单位与数目这两个环节的关联上的。

在正比关系中，单位与数目的关系与本质论中的现象阶段相似。在本质论的现象阶段，本质是自为存在，现象是为他存在。虽说现象和本质是相互映现的关系，现象是本质的反应或显现，本质是现象的本质，二者是不可分离地关联在一起，但这一阶段，现象作为本质的显现却显得是与本质不相干的仅仅外在的非本质的东西，无关紧要的东西，被认为与真理不相干。真理则被认为仅属于本质，本质显得是与现象不相干的仅仅内在的不变东西。由此可知，本质论现象阶段的缺点是，真理自在地所是与自为地所是这二者的分离。真理是全体，这在本质论阶段就是：真理是本质（自为存在）与现象（为他存在）的统一。但现象阶段的缺点是，在这里真理仅被认为是本质，现象则被认为是非本质的，无关紧要的，与真理不相干。显然，真理是全体，是本质与现象的统一，这一点在本质论的现象阶段并未实现。

正比关系其实是本质论现象阶段在量领域中的预演,本质论现象阶段的这一缺点亦是正比关系的缺点。正比关系是 k = A/B,其中 k 是正比关系本身,是一常量,A、B 是受这一常量 k 约束的两个可变的内涵量。我们现在把正比关系记为 A = k×B,这一似乎仅是形式的改变使正比关系与本质论现象阶段的同一性及其同样类似的缺点显明出来了。在正比关系中 k 是单位,B 是数目,A 是正比关系中的概念的全体,故应是真理,因为真理是全体,是自为存在与为他存在的统一,这在正比关系中就是 A = k×B。前面在讲乘法概念时说过,当相乘的两个量的质的意义不同时,乘法具有这两个质的环节的统一的意义。故可知在正比关系中真理亦即概念的全体乃是 A 这个内涵量,这表现为 A = k(作为自为存在的单位)×B(作为为他存在的数目),这与本质论阶段真理是本质与现象的统一这一点类似。为何说正比关系只相当于本质论的现象阶段? 因为前者的缺点与后者是一样的。在正比关系中真理被认为只属于 k 这个作为单位的不变本质或自为存在,B 作为数目亦即为他存在被认为是无关紧要的,与真理或本质不相干。至于另一个内涵量 A,它作为自为存在与为他存在的统一本应被认为是真理,在这里同样被认为是无关紧要的,与真理不相干的。正比关系的这一缺点充分证明它只是量的关系中的现象阶段。

如同本质论现象阶段的缺点在本质论的最高阶段:现实性中被克服一样,正比关系的缺点在反比关系中同样被扬弃或克服了。本质论现象阶段的缺点乃是,真理作为本质(自为存在)与现象(为他存在)的统一,这一点并未在现象阶段实现出来,在那里真理仅被认为只属于与现象对立的本质。但在本质论的最高阶段现实性中这一缺点被克服了。在这一阶段本质或真理被认为是充分实现在现象中,现象无论如何变化都被认为完全是本质的显现或实现,这表明真理是本质(自为存在)与现象(为他存在)的统一这一点在本质论的现实阶段实现或达到了。同样的事情或真理亦发生在反比关系中,因为反比关系不过是量领域中的现实性这种本质。反比关系的形式是 k = A×B,其中 k 是反比关系本身,是一常量,A 和 B 是两个内涵量,其变化受这一反比关系的约束。在反比关系 k = A×B 中,A 和 B 的质的意义或规定性乃是,一个是单位或自为存在,一个是数目亦即为他存在,至于二者中哪个算是单位那个算是数目是无所谓的。当然,在真正的现实性这种本质领域,作为自为存在的本质或实体与作为为他存在的现象这二者是不容混淆的,也是不可能混淆的。但在量的领域中,即便本质或实体与现象的质的差异及它们的统一会以某种量的形式预先显现或预演,由于量这种东西的抽象性,它并不适合表达真正的本质东西,故一些本质性的差异仍会牺牲掉,亦即被抽象掉,本应具有其质的差异不容混淆的某些东西就会仅具有形式的区别,在反比关系中就发生了这种情况。但尽管有这种牺牲,反比关系是现实性这种最高本质在量领域中的显现,这一点是无可置疑的,反比关系确乎在量的限度内把现实性这种最高的本质东西显现或实现出来了。在反比关系 $k = A \times B$ 中,k 作为反比关系被认为是真理,它也确乎是真理,因为它被认为是自为存在或本质(在这里是作为单位)与为他存在或现象(在这里是作为数目)的统一(在这里是作为乘积)。

但反比关系仍是有缺点的,它的缺点与它自在地所是的现实性这种本质东西的缺点是一样的。现实性这种本质东西的缺点是,虽说作为概念的全体的真理被它达到了,但在这里真理的形式不符合真理的概念。真理的概念亦即理想乃是:真理是绝对的一,这个一是自己规定自己的自由东西。真理作为自由的概念乃是在自身中建立区别,同时又完全扬弃了这个区别,因为它知道区别开的对方与自己是完全同一的,故真理是不是区别的区别,是它与其自身的统一。显然,现实性这种本质或真理不符合真理的概念,因为它形式上看仍是两个东西(本质与现象)的统一。这一缺点同样表现在反比关系中。反比关系 $k = A \times B$,A 和 B 是两个不同的量,反比关系被认为是两个不同的量的统一。

现实性这种本质东西或真理的缺点在自己规定自己的自由的概念中被克服了,这一点同样发生在量的关系中,这就是量的关系的最高环节:方幂关系。方幂关系的形式是 $k = A^2$,严格说来是 $k =$(作为单位或自为存在的)$A \times$(作为数目或为他存在的)A,其中 k 是一常量。方幂关系的概念亦即质的意义乃是:一个量(k)否定自己(此即量的运动),使自己成为区别开或对立的两个量(此即这一量的不断超出自己),但这一区别或对立在自身中同时又完全被扬弃了(此即超出和被超出彼此消失在对方中,证明超出和被超出的这两个量其实是同一个量),因为区别开的每一方在被对方否定时同时又完全是回到自身亦即肯定自身(此即超出自己成为自己的他物,同一地亦是回到自己),这证明这个量(k)是由自身否定所区别开的那两个量的同一性,亦即这两个量是同一个量。但作为自身否定所区别开的量又是有质的差异的两个量,须知没有质的差异的两个量彼此只是互为他物(比如一条直线的只是彼此外在的两部分),不可能来自自身否定,故可知这个量(k)是由自身否定而来的那既有质的差异又完全同一的两个量的统一。这两个量其实是同一个量(k)的两个有质的差异的环节,一个环节是不断地超出自身,此即数目或为他存在这一环节,一个环节是不断地回到自身,此即单位或自为存在这一环节,这个量 k 就是它的这两个环节的永恒的相互过渡,这一相互过渡证明这个量(k)的这两个环节是同一的,这个量本身(k)就是具有同一性的它的这两个环节(单位与数目)的统一,所以说这一统一的形式或概念就是:$k =$(作为单位或自为存在的)$A \times$(作为数目或为他存在的)A。显然,永恒地在返回自身的圆周运动和椭圆运动都是这种自由的量。由此我们证明了,方幂关系乃是量领域中的自由概念,是概念论阶段的自由概念在量或量的关系领域中的预演。又,以上所言已充分阐明,quantitative Verhältnis 这一概念中的 Verhältnis 译为"关系"要比译为"比例"或"比率"更合适。

以上对量的关系这一概念的详细考察充分显明了《逻辑学》所说的量与常识表象及科学所说的量的莫大差异,这个差异就是数或量的表象与量的概念的差异。以上所言充分阐明,常识及科学(物理学和数学)所说的量不过是《逻辑学》所说的作为一纯粹概念的量的显现,量的概念把常识及科学所说的极多不同的量统一或浓缩了,甚至把后者认其是不属于量的东西(比如运动着的物质)亦统一和消化在量的概念之下,显示了思辨逻辑学这种纯粹思维的巨大而惊人的威力。又,以上对量的关系概念的详细考察实际就是对定量的概念的那两个环节:单位与数目的考察,这一考察充分阐明了量的这两个概念环节的质的意义;量是有质的,量的概念就是量的充分的质的规定性。还有,以上对单位与数目这一对量的质的规定性的考察解说充分显露了黑格尔哲学语言的一个特点。黑格尔喜欢旧瓶装新酒,不喜欢造新词,而是尽可能对已有的旧词语赋予新的含义。我们或许可以批评黑格尔的这个做法有点过了,用单位与数目这两个表象熟知的无丝毫深刻意义的术语来表述如此深刻的思想。黑格尔哲学中的这种确乎过头的做法很多,比如《逻辑学》概念论所说的概念、判断和推理与常识表象(如形式逻辑)所说的概念、判断和推理完全不是一回事,黑格尔赋予这几个术语的意义与常识表象对其所熟知或公认的含义的差距比在单位与数目这对术语上的类似差异还要大。但笔者觉得旧瓶装新酒总比杜撰并无实质性新内容的新术语要好,因为后者是不懂装懂故弄玄虚,海德格尔哲学就有这种缺点。其实黑格尔哲学术语的这种旧瓶装新酒的做法是有不得已的客观原因的,这就是表象与概念的莫大差异。我们前面在对 § 86 正文的解说中已经阐明,《逻辑学》所说的纯粹概念由其本性所决定,其实是超越一切语言的,不管是自然语言还是人工语言,因为语言只是表象层面的东西,只适于用来表达表象水平的东西。人们熟知的诸科学、数学无论多么抽象深刻,从哲学上看都仅是表象水平的东西,故可以用语言(自然语言或人工语言)去表达。黑格尔哲学尤其是《逻辑学》的内容是绝对超越的上帝的思维,却不得不用人的表象语言形式去表述,这是无可奈何的事。由事情的本性决定,《逻辑学》的诸纯粹概念不管用何种语词表达,词不达意这一点根本上是不可避免的,所以说黑格尔哲学术语上的旧瓶装新酒的做法有不得已的客观原因,从事情的本性来说并无更好的做法。

【正文】附释:量的无穷进展最初似乎是数之不断地超出其自身。但细究起来,量却被表明在这一进展的过程里返回到它自己本身。因为从思想看来,量的无穷进展所包含的意义一般只是以数规定数的过程,而这种以数规定数的过程便得出量的关系。譬如以 2: 4 为例,这里我们便有两个数,我们所寻求的不是它们的直接的值,而只是这两个数彼此间相互的联系。但这两项的联系(关系的指数)本身即是一数,这数与关系中的两项的区别,在于此数(即指数)一变,则两项的关系即随之而变,反之,两项虽变,其关系却不受影响,而且只要指数不变,则两项的关系不变。因此我们可以用 3: 6 代替 2: 4,而不改变两者的关系,因为在两个例子中,指数 2 仍然是一样的。

【解说】这段正文的意思前面已经说得很充分了,这里无须赘言。又,用 3: 6 =2: 4 的例子来说明量的关系(这个例子说的是正比关系)是错误的,至少是极易误导人的,这也是前面说过的。同理,这里说量的关系是"以数规定数的过程",这个说法也是错误的,因为量的关系这一概念说的是两个内涵量的关系,不是两个单纯的数的关系。

§ 106

【正文】关系的两项仍然是直接的定量,并且质的规定和量的规定彼此仍然是外在的。但就质和量的真理性来说:量本身在它的外在性里即是和它自身相联系,或者说,自为存在与规定性的漠不相干是联合在一起的,——这就是尺度(ist es das *Maβ*)。

【解说】这段话中的宋体字部分取自梁译本,因为贺译本翻译有问题。最后加黑的那句话是笔者自己的翻译,因为三个译本在这里都有问题。

量的关系已有了不变的质的意义,但其本身仍是一种量,构成它的那两项更是直接的定量。量的关系是一种质与量的统一,但这种统一是直接的,这表现为量的关系中的量的规定性与质的规定性这两个环节仍是彼此外在。由于彼此外在的这两个环节又处于直接的统一中,故它们的彼此外在就是彼此限制,这就意味着,量的方面的变化会直接导致质的方面的变化。比如,重力加速度 g 是一种量的关系,其数值是一常量:9.8 米/秒^2。但它是可以变的。如果地球质量大一些,或地球的公转轨道有所改变,地球上的重力加速度肯定要变,比如变成了 15 米/秒^2。有人说这只是重力加速度的量的方面亦即数值变了,其质的方面亦即重力加速度的物理意义:米/秒^2 没有变。但要注意,量的关系仍是一种内涵量(这就是黑格尔在《小逻辑》中把量的关系放在程度亦即内涵量这一环节下的主要原因)。固然可以说在内涵量中量(亦即数目)与质(亦即单位)仍是不相干的,内涵量的质没有量的意义(比如重力加速度的米/秒^2),但内涵量的质的这种意义是不充分的。内涵量的质的充分意义是指内涵量的全体,是把量的环节统一在自身中的内涵本身,内涵量的全体就是这个内涵本身,就此说来9.8米/秒^{2}的重力加速度和15米/秒^{2}的重力加速度的差异就不仅仅是量的差异,而是重力加速度本身亦即重力加速度的内涵的差异。比如,如果地球上的重力加速度由9.8米/秒^{2}增大到15米/秒^2,这会导致地球上的几乎一切事情都要改变,这种改变是重力加速度这种内涵量本身所是的内涵或质的意义所蕴含的。这个生动例子表明,内涵量的内涵或质乃是内涵量的全体,地球的重力加速度g的质或内涵不只是米/秒^2,而是9.8米/秒^2。

显然,黑格尔这里所说的量的关系的缺点:在量的关系中"质的规定和量的规定彼此仍然是外在的",这也是内涵量的缺点,黑格尔这里说的是作为内涵量的量的关系的缺点。量的关系当然已不是直接的内涵量。直接的内涵量是变动不已的(比如空气温度的变化),量的关系这种内涵量作为对直接的内涵量的扬弃或超越已不是变动不已的,比如地球上的重力加速度为9.8米/秒^2,这是亿万年不变的。但量的关系只是扬弃了直接的内涵量,它并没有超越内涵量本身,它仍是一种内涵量,故它仍有内涵量依其概念所有的那个缺点,此即:内涵量只是质与量的直接的亦即外在的统一,在这种统一中量并没有被质充分扬弃或超越,内涵量所是的质可以直接由其量的变化而改变。

"但就质和量的真理性来说:量本身在它的外在性里即是和它自身相联系,或者说,自为存在与规定性的漠不相干是联合在一起的——这就是尺度。"真理是质不是量。量是外在性,即便是量的关系这种扬弃了直接的定量的具有仿佛是不变的质的量,这个质仍具有量的形式,是与量直接统一的质,其缺点就是上面说的,在这种质或这种统一中量并没有被质充分扬弃,量的关系作为内涵量其所是的质可以直接由其量的变化而改变。真理是质不是量,这个质是扬弃了量的质。这种质在充分彻底的意义上说是本质论所说的本质,但如果不关心质对量的扬弃是否充分彻底,那么尺度就是最初的扬弃了量的质。尺度乃是"量本身在它的外在性里即是和它自身相联系"。其实,"量本身在它的外在性里即是和它自身相联系"这句话对量的关系也成立,那样的话"它自身"亦即量自身就是量的关系。真正的哲学是考察事情本身的,哲学与常识、科学等表象思维的区别即在于哲学洞见到种种表象意识所说所研究的事情并不是真正的事情,亦即不是事情本身,真正的事情或事情本身是事情的概念,表象意识只知道事情的现象或表象,不知道事情的概念。但即便在纯粹概念领域,事情本身亦即事情的概念也有深刻不深刻、真理性高不高的区别。事情本身作为事情的概念应是事情的真理,但纯粹概念有其真理性高还是低的区别,纯粹思维所考察的诸量本身或量的概念有其真理性高低区别。量的关系作为直接的定量的真理可说是一种量本身或定量本身,定量在量的关系这里可说是在作为其真理的自身中。但量的关系的真理性仍不够高,有比量的关系的真理性更高的量本身,只不过这种"量本身"作为量或量的关系的真理已不再是量领域的东西,而是扬弃了量的质,这种质首先就是尺度。"量本身在它的外在性里即是和它自身相联系",量在不断超出自身的外在性中所回到的自身就是尺度,比如水的温度从5℃升到10℃,5℃在10℃那里是超出自身了,但同时亦在自身中,仍是回到自身,这个自身就是作为尺度的液态水,液态水才是水的温度的真正的自身。作为尺度的液态水就是量——这个量是温度——在它的外在性中仍是与它自身相联系的那个自身,这个自身是温度这一内涵量在超出自身时同时是返回自身所是的这一返回自身的运动建立的,原来的量亦即温度在这一运动中被扬弃了,亦即在作为尺度的液态水中其量的方面亦即温度被扬弃了。

尺度还是"自为存在与规定性的漠不相干的联合"。这句话所说的规定性是量的规定性,自为存在是指与量的规定性不相干的自为存在,尺度就是这种自为存在。尺度中是有量的,但这个量是扬弃了的,以至于尺度作为质很多时候不受这个量的变化的影响,这就叫自为存在(此即尺度)与规定性(此即量及其变化)的漠不相干的联合,比如水温是液态水的量的规定性,但水温的变化大部分时候不影响液态水之为液态水,液态水之为液态水与水温是不相干的,这样的质与量的统一就是尺度。由上述讨论可知,尺度作为质与量的一种统一,量在这一统一中开始被扬弃了,这使得尺度开始是扬弃了量的质。但尺度还不是完全扬弃了量的本质,量在尺度中还不是充分彻底地被扬弃,这使得量仍是尺度中的一规定性,尺度仍是一种质与量的统一,这种统一甚至仍有某种直接性,故可知严格说来尺度这种质是有量的质。尺度还不是本质,但已超出了量的领域,所以说它是一种质;但量在这里还没有被充分扬弃,尺度作为质与量的统一,这种统一还有某种直接性,所以尺度甚至仍可说是一种量。尺度既是质又是量;作为质,尺度是有量的质,作为量,尺度是有质的量。内涵量和量的关系则仅是有质的量。存在论阶段纯思的运动首先是由质到量,在数这种纯粹的完全的定量中质完全扬弃了。但从内涵量开始,质在量中开始恢复或重建,在量的关系中质的意义就更高了。但内涵量和量的关系——量的关系是质的内涵更高的内涵量——仍是一种量,质在这里完全是从属于量的。但尺度就不同了。质在量中的恢复在尺度这里发生了质变,以至于可以说量在某种程度上被扬弃了,现在量是从属于质了,尺度有量的质(当然亦是有质的量)。由上面所言可知,由量向尺度的过渡其实可以不在量的关系之后,也可以在直接的程度亦即内涵量之后,因为本小节所说的量的关系的缺点及尺度作为对这一缺点的克服,这个缺点是量的关系作为内涵量而有的缺点。其实量的关系已经是对内涵量的这一缺点的某种克服,只是这种克服不充分,因为量的关系也只是更深刻的内涵量罢了。显然,直接的定量或内涵量的缺点是逐渐被克服或扬弃的,尺度不过是这一扬弃或克服较为充分罢了。

【正文】附释:通过前面所考察了的量的各环节的辩证运动,就证明了量返回到质。我们看见,量的概念最初是扬弃了的质,这就是说,与"存在"不同一的质,而且是与"存在"不相干的,只是外在的规定性。对于量的这个概念,如象前面所说过的,乃是通常数学对于量的界说,即认量为可增可减的东西这一看法的基础。初看起来,这个界说似乎是说,量只是一般地可变化的东西(因为可增可减只是量的另一说法),因而也许会使量与定在(质的第二阶段,就其本质而言,也同样可认作可变化者)没有区别。所以对量的界说的内容可加以补充说,在量里我们有一个可变化之物,这物虽经过变化,却仍然是同样的东西。量的这种概念因此便包含有一内在的矛盾。而这一矛盾就构成了量的辩证法。但量的辩证法的结果却并不是单纯返回到质,好象是认质为真而认量为妄的概念似的,而是进展到质与量两者的统一和真理,进展到有质的量,或尺度。

【解说】量是扬弃了的质,我们在以前的解说中将其理解为,直接的质(亦即其表象乃是感觉水平的质)在量中被扬弃了,故量最初是无质的。但从这段正文看,量是扬弃了的质这句话还可以理解为:量本身是一种质,因为量是一种规定性,因为这里明显是把"质"与"规定性"相等同。如此,量是扬弃了的质这句话是说,量是这样的一种质或规定性,这种质或规定性是由量之前的定在所是的那种直接的质之被扬弃而来:直接的质被扬弃了,结果是量这种规定性或质。量是"与'存在'不同一的质,而且是与'存在'不相干的,只是外在的规定性。"这里所说的"存在"是指直接的质的存在。量本身亦是一种直接存在,只是这种直接存在是扬弃了直接的质的,是与直接的质的东西不相干的存在或规定性。

"对量的界说的内容可加以补充说,在量里我们有一个可变化之物,这物虽经过变化,却仍然是同样的东西。量的这种概念因此便包含有一内在的矛盾。而这一矛盾就构成了量的辩证法。"量是可增可减的东西,可增可减形式上看是一种变化,故"量是可增可减的东西"这一说法就蕴含有这样的意思:量这种东西虽说可以变化,但不影响它仍是量。这当然是一矛盾,因为变化前和变化后不应还是同一个东西,所以说量包含有一种内在矛盾,量是一种自相矛盾的辩证东西。"但量的辩证法的结果却并不是单纯返回到质,好象是认质为真而认量为妄的概念似的,而是进展到质与量两者的统一和真理,进展到有质的量,或尺度。"量由于包含一种自相矛盾,故似乎可以说量是虚假不真的东西,量因此就被取消了,我们就倒退回量之前的定在或直接的质那里了。但量并不是虚假不真的东西,量中的矛盾并不会取消量的存在,须知矛盾是内在于一切真实存在中的,没有矛盾的东西倒是不真实的。真理乃是:矛盾是事情发展的动力,量的这一矛盾使量超出自身,进展到尺度这种质与量的统一,一种有质的量。但尺度作为质与量的统一既是量又是质;作为量,尺度是有质的量,作为质,尺度是有量的质。黑格尔这里却仅说尺度是有质的量,不提尺度亦是有量的质。不仅《小逻辑》是这个说法,大逻辑也是如此。大逻辑说尺度是有质的量,这与大逻辑对尺度的具体论述是一致的;《小逻辑》说尺度是有质的量,这与《小逻辑》后面对尺度的具体论述——这些论述主要在"附释"中——不一致,这些具体论述明显是说,尺度是有量的质。《小逻辑》为何会有这种事实上的自相矛盾?大逻辑对尺度的论述为何与《小逻辑》有如此大的区别?下面我们就具体说一下。

《小逻辑》的贺、梁二译本依据的都是 1830 年《哲学全书》第三版中的逻辑学部分。大逻辑杨一之中译本的存在论部分——此即中译本《逻辑学》上卷——依据的是黑格尔去世前完成的对《逻辑学》存在论部分的修订,所以说汉译大逻辑存在论部分反映了黑格尔对逻辑学第一部分存在论的最新认识。从《小逻辑》贺、梁二译本的内容看,黑格尔在海德堡大学和柏林大学历年讲授《哲学全书》的逻辑学部分亦即《小逻辑》时,其对尺度概念的讲授与 1831 年修订的大逻辑存在论的尺度部分有重大区别。黑格尔在课堂讲授《小逻辑》时,事实上主要把尺度理解为有量的质,尽管这种理解与《小逻辑》正文关于尺度概念的那一简单的概括性表述矛盾,至少是不一致。这一矛盾的缘由首先与黑格尔企图用传统的尺度概念来理解近代数学化的自然科学这一点密切相关。

黑格尔那一时代只有牛顿力学是成熟的,化学及研究光、电、磁的诸物理科学皆不成熟,但都进入了严格的受控实验和精确的定量研究阶段。在黑格尔看来,这些研究证明了他关于尺度的那个一般概念:尺度是质与量的统一。但日趋精确日趋定量化的物理学化学的新成就明显在昭示:质在相当程度上可以被还原为量;不仅机械力学是数学化的,化学及研究光、电、磁和物质结构的诸物理科学在相当程度上也是数学化的;尤其是,一切物理和化学规律都是数学化的。就自然科学的这一明确启示与传统的尺度概念的可能关系来说,这里就有一个问题:传统的尺度概念是否能充分理解消化近代的数学化的自然科学?对此黑格尔是肯定的,在大逻辑第二版尺度一章中黑格尔竭力运用尺度概念去理解消化当时的化学等科学的定量化研究成果。笔者无能充分评判黑格尔的这一努力。但若想评判黑格尔的这一努力,我们需首先明白如下两点:一,自然规律的数学化与一门自然科学是否能充分地数学化不是一回事;二是,机械力学之外的以化学为代表的大部分科学并不能充分数学化。近现代科学是数学化的,这一说法主要是说,各门科学所认识的诸规律定律是数学化的;如果某个科学定律或规律未能充分数学化,这只能表明科学家对这一规律的认识还不够成熟深刻。但自然规律是数学化的,这并不意味着任何一门自然科学在充分意义上都是或应是数学化的。黑格尔的时代只有牛顿力学是充分数学化的。现代科学中,作为牛顿力学的深化和革命性发展的相对论力学是充分数学化的,电磁学、量子力学亦是充分数学化的。一门科学是否是充分数学化的,主要是看这门科学是否有一个数学化的普遍规律,该科学领域中的一切特殊东西都是被这一普遍规律所统摄和超越了的。牛顿力学中的万有引力定律、电磁学中的麦克斯韦方程、相对论力学中的爱因斯坦引力场方程、量子力学中的薛定谔方程等都是这种普遍规律。相反,在化学、材料科学等领域,尽管有诸多数学化的定律,但这些科学都没有类似于电磁学中的麦克斯韦方程、量子力学中的薛定谔方程这种最高的普遍规律,这表明,这些科学不能说是充分数学化的。

明白了以上所言,我们就可以理解黑格尔在第二版大逻辑尺度一章中努力用尺度概念来理解消化当时的化学等科学的定量化研究成果这一做法的合理性了。就数学化的自然规律本身而言,它们的纯粹内容就是量的关系,大逻辑所说的正比关系、反比关系、方幂关系是黑格尔对他那个时代数学化的自然规律(主要是牛顿力学的诸规律)的纯粹内容的理解,这三种量的关系在黑格尔看来是量的关系最抽象最纯粹的形式,具体的某个数学化的自然律及与其相一致相对应的物理常数其纯粹内容要么是这三种量的关系中的一种,要么是它们的某种综合,比如重力加速度(对应自由落体定律)、引力常数(对应万有引力定律或开普勒第三定律)等就是后一种情况。黑格尔之后的数学发展及其在自然科学中的应用远远超出黑格尔的时代,大逻辑所说的那三种量的关系自然是远不足以理解把握它们,但原则上我们可以假设或同意,若对量的关系这一概念做更深的理解或发展,黑格尔之后才被发现或证明的那些数学化的自然规律,其纯粹内容或许仍可用量的关系这一概念去把握。但一门科学中的诸自然规律是数学化的,这并不意味着这门科学就是充分数学化的,它们不是一回事。显然,思辨逻辑学所说的量的关系这一概念是无能理解这种未能或无能充分数学化的科学的,这就意味着,在充分的意义上就不能说在这门科学中质可以充分地还原为量或量的关系。用存在论阶段的诸概念去看待理解这门科学,这门科学的纯粹内容就是尺度,而不仅是量的关系。显然,从量的关系向尺度的过渡就具有从那些能充分数学化的科学向那些不能充分数学化的科学过渡这一自然哲学意义。尺度是质与量的统一,这个统一仍有某种直接性,这种直接性就意味着质和量的关系的外在性，这种外在性就表现为，很多时候，或者说在充分的意义上，质不能还原为量（这种量当然是有质的意义的内涵量），尽管这种质是有量的质。不仅黑格尔时代的化学是这种未能充分数学化的科学，今天的化学仍是如此，诸材料科学等都是如此。

以上所言表明，黑格尔在第二版大逻辑的尺度一章努力用尺度概念来理解消化当时的化学等科学的定量化研究成果，这一做法是有基本的合理性的。但令人不解的是，在第二版大逻辑中黑格尔只说尺度是有质的量，不提尺度亦是有量的质，第二版大逻辑关于尺度的具体论述是处处强调前一方面，几乎不提后一方面。如果尺度仅是有质的量，尺度与量的关系就没有区别了，尺度构成逻辑学存在论部分的这三大阶段之一，这一点就难以成立了。化学这种不能充分数学化的科学的纯粹内容属于尺度，而尺度仅是有质的量，那么化学与那些能充分地数学化的科学如电磁学等就没有本质区别了。

在第二版大逻辑的尺度一章中黑格尔关于尺度概念的那一简单说法尽管很片面，它倒是与如下事实相一致：黑格尔在那里关心的主要是用尺度概念来理解近代那些尚不成熟或无能充分数学化的诸科学比如化学。但黑格尔不仅在第二版大逻辑关于尺度概念的一般说法中有这种难以理解的片面性，在小逻辑中亦是如此。黑格尔关于尺度概念的这一片面说法早就有了，至少在纽伦堡时期就开始了①。黑格尔为何对尺度概念是这种片面说法？这种片面说法在他那里为何是持之以恒从未改变？笔者对此只找到一个并不充分的解释：黑格尔对近代科学的数学化印象深刻，并坚信传统的尺度概念能够充分理解近代数学化的自然科学。或许是这种深刻印象和坚定信念使得黑格尔在一般性地表述尺度的简单概念时，有意无意地忽视了尺度亦是有量的质这一为传统的尺度概念事实上所强调的方面。尺度概念是从希腊传下来的，黑格尔用这一概念来理解消化近代的那些未能或无能充分数学化的科学如化学，这一做法的合理性我们上面已言。尺度的一般概念是：尺度是质与量的统一，在这里质不能充分还原为量，尽管这种质是有量的质。在那些不能或未能充分数学化的科学如化学中，这种不能还原为量的有量的质大量存在，所以说黑格尔用传统的尺度概念来理解消化近代的那些未能或无能充分数学化的科学如化学，这一做法是有基本的合理性的。

尽管在《小逻辑》正文中黑格尔只说尺度是有质的量不说尺度亦是有量的质，但在课堂讲授《小逻辑》时，他事实上主要讲的是作为有量的质的尺度，因为在那里黑格尔关心的是尺度的最一般概念，这个概念是从希腊传下来的。希腊人的尺

---

① 《黑格尔全集》第 10 卷第 151、203 页。张东辉、户晓辉译，梁志学、李理校，商务印书馆，2012。

度概念是与一些著名悖论如秃头悖论谷堆悖论相关联的,这种尺度概念突出或强调的是:尺度是有量的质。尺度也是有质的量这方面是传统的尺度概念未能深入挖掘的,在这方面的深入应该说是近代科学的事。黑格尔课堂讲授只是哲学全书体系一部分的思辨逻辑学,对其中任何一个概念都不可能如何地深入具体,只能以阐明它的一般概念为满足,而这个一般概念是希腊人传下来的,这就是为何黑格尔课堂讲授尺度概念时事实上主要是讲尺度是有量的质这一点的根本原因。以上对《小逻辑》及大逻辑中黑格尔关于尺度的说法的片面、不一致乃至矛盾的讨论表明,无论在大逻辑还是《小逻辑》中,黑格尔都没有把尺度是有质的量与尺度是有量的质这两方面很好地统一起来。

【正文】这里我们还可以说,当我们观察客观世界时,我们是运用量的范畴。事实上我们这种观察在心目中具有的目标,总在于获得关于尺度的知识。这点即在我们日常的语言里也常常暗示到,当我们要确知事物的量的性质和关系时,我们便称之为衡量(Messen)。例如,我们衡量振动中的不同的弦的长度时,是着眼于知道由各弦的振动所引起的与弦的长度相对应的音调之质的差别。同样,在化学里我们设法去确知所用的各种物质相化合的量,借以求出制约这些化合物的尺度,这就是说,去认识那些产生特定的质的量。又如在统计学里,研究所用的数字之所以重要,只是由于受这些数字所制约的质的结果。反之,如果只是些数字的堆集,没有这里所提及的指导观点,那末就可以有理由算作无聊的玩艺儿,既不能满足理论的兴趣,也不能满足实际的要求。

【解说】德语“衡量”(Messen)一词和“尺度”(Maβ)一词基本可说是同一个词的动词形式和名词形式的区别。从中可看出,确乎如黑格尔所言,德语具有较高的思想性。语言只是一种表象,是对精神的一种普遍的纯粹的表象,故语言不是真正的思想,真正的思想是纯粹的客观概念。但人的思维只能籍语言来进行,即便是客观而绝对的纯粹思维,人若想通达它进入其中,也只能籍语言来进行,故一种语言是否具有思想性或具有多高的思想性,这对只能籍语言来进行纯粹思维的人来说就很重要了。如果诸纯粹思想的联系也能在语言的外在形式上有所表现,就可以说这种语言天然就具有较高的思想性。古代的希腊语和近代的德语就可说是两种思想性较高的语言。古代哲学是希腊哲学,近代哲学主要是德国哲学,这一事实显然与古希腊语和德语的这种情况密切相关。但语言与思维毕竟是两回事,我们不可迷信语言,掌握古希腊语或德语与学懂希腊哲学、德国哲学不是一回事。黑格尔有言,“如果一个人用外语来表达或意想那与他最高的兴趣相关的东西,那么这个最初的形式就会是一个破碎的生疏的形式。……在这方面,这种在有关自己的事务中做自己的主宰、这种用自己的语言说话和思维的权利,同样是一种自由的形式。……如果缺少这个形式，不以自己的语言去思维，那么主观的自由就不会存在。"①黑格尔这番话是在评论路德把圣经译成德语这一事情的意义时说的，但它对我们学习研究德国古典哲学、希腊哲学等亦完全成立，因为希腊哲学、德国古典哲学同《圣经》一样同属绝对精神，具有最高的精神性。哲学和宗教不同于科学和数学，后者没有精神性，这从科学和数学语言基本都是人工语言这一点即可看出。宗教和哲学具有精神性，并且是最高的精神性，而精神的东西只有籍自然语言才有其定在，才是现实的东西。所以说，信仰一个宗教或学习研究一种哲学，如果不是做做样子，不是为了饭碗、名利（比如评职称）等功利目的，而是完全出于自己的内在需要，出于最内在最自由的精神要求，那么即便这一宗教或哲学是外来的，这种信仰或研究根本上必须用母语进行，因为只有如此才能表明他的信仰或哲学研究不是出于功利目的而是源于内在的精神要求，须知只有用母语来思维才可能是自由的思维。我们当然不能排除有极少数人既有哲学思维的天才又有语言天才，比如唐代高僧玄奘，但须知，中国人是在学习印度佛教600年之后才产生了一个玄奘。中国人在对西方哲学的学习研究上至今还没有产生玄奘这种人，这不奇怪，因为国人学习西方哲学的历史也就百年罢了，因为语言能力和哲学思维能力在很大程度上是对立的。语言属感性的精神，哲学思维则属于超越的纯粹理性精神。在这方面，又表现出科学数学与哲学的不同。有国人在西方大学做科学或数学教授，甚至获诺贝尔奖，但尚无一人能在西方大学给西方人讲希腊哲学德国哲学，这同尚无一个西方人能在中国大学用汉语给中国人讲孔孟老庄是一个道理，其原因就是上面说的，科学、数学没有精神性②，故它们与语言的关系是机械的外在的，哲学由于其精神性，其与语言的关系则是既同一又对立。对立是因为，哲学是纯粹理性的精神而语言是感性的精神；同一是因为，语言是精神的纯粹定在，哲学则是纯粹精神本身。

黑格尔这里举了3个例子来解释尺度及它与自身中量的环节的关系，其实前两个例子都不太合适。首先是音乐。音乐的和谐或美是一种质，乐器的各个弦的弦长属于量，它们的某些比例关系会产生音乐的和谐或美，改变这种比例关系，音乐的和谐或美要么就消失了，要么就是另一种美或和谐。但把乐器作为尺度的例子严格说来并不妥当。音乐美的本质就其感性的方面来说属于比例（量的关系）而不是尺度。在尺度中量开始被扬弃，这表现为在一定范围内量的变化不影响尺

---

① 《哲学史讲演录》第三卷第379~380页。

② 但产生自由的科学或数学这种东西则需要很高的自由精神，纯粹科学或数学不过是表现在与自然的关系这一领域中的自由精神罢了。古代只有希腊产生了自由的科学，近代科学则只诞生在近代西方，原因就在这里。

度,比如液态水的温度从10℃变为40℃,作为尺度的液态水完全不受影响。但音乐的美就其感性规定的方面说就不是这样。乐器的各个弦的长度、松紧度必须严格符合相应的比例关系,这个比例是正比例或正比关系,差一点都不合格,差一点的话弹出来就不是乐音了,就不美了,所以需要有调琴师,演奏家在演奏前常常要微调一下弦的松紧度,因为差一点都不行,所以希腊人说美是比例。当然也可以说美是尺度,希腊人也有这句话。美是尺度这句话严格说来对音乐、乐器不成立,但对绘画、雕塑在一定程度上成立,比如画布上这一小片绿色绿的程度如何? 这片绿色的区域可不可以大一些? 这都是有灵活度的;绿的程度浅一些、绿色的区域大一些,对整个画的美可能没什么影响,这种情况下就可以说美是尺度。虽说美是尺度对某些艺术门类在一定程度上成立,但在美的艺术中美是比例这一点似乎更基本更重要。人们之所以既说美是比例又说美是尺度,原因主要是,很多时候人们并不严格区分比例和尺度,黑格尔恐怕都是如此。我们上面说过,黑格尔并没有把尺度既是有质的量又是有量的质这两方面很好地统一起来,很多时候他只强调前者,这样的话尺度与量的关系或比例就很难说有什么区别了,黑格尔这里就是如此,他把属于量的关系中的正比关系的乐器的弦长比例关系看作是一种尺度。不过,如果不强调在尺量中量开始被质扬弃,仅就尺度是质与量的统一这一点来说,说美是尺度,这对无论是音乐还是绘画等造型艺术来说都是成立的。艺术品的美是一种质,这种质是以作品的量的方面的诸比例关子为前提的,所以说艺术品的美之质与量的一种统一,是一种尺度。但就尺度的较严格的概念来说,很多时候说美是尺度就不合适。尺度的严格概念乃是量变在一定范围内不影响质,即量的方面开始被质扬弃。显然很多艺术或艺术品的美是不符合这一严格的尺度概念的,这是上面已经说过的,所以说,严格说来,说美是比例比说美是尺度就更合适。

第二个例子是化学反应。黑格尔那个时代化学尚不成熟,但也进入了严格的受控实验和精确的定量研究阶段,黑格尔对此是熟悉的。化学反应若想达到目的,产生这种而非那种化合物,反应的诸多条件、参加反应的各种化合物的量必须严格符合相应的量的要求,差一点都不行。黑格尔对这个例子的说法有同样的缺点,它同样首先是属于比例(量的关系),至于它是否属于尺度,那就要看人们是否要区别比例(量的关系)与尺度及如何区别它们了。

第三个例子是统计,这个例子是恰当的。人们做统计的目的是为了了解事情的质的方面,之所以做统计是因为事情的量的方面对质的方面会有影响,量变会引起质变。比如经济学所说的基尼系数,它衡量的是一个国家的收入分配差距,亦即贫富差距。经过大量采样统计计算出一个国家在某个时候的基尼系数,根据这个系数可以判断这个国家的贫富差距有多大,收入分配公正不公正、公正或不公正的程度有多大。这里就有量变引起质变的问题。基尼系数小于0.4,可以说收入分配基本是公正的,大于0.4就不公正了,0.4就是量变引起质变的那个转折点。

第三章 尺度(Das Maβ)

§107

【正文】尺度是有质的定量,尺度最初作为一个直接性的东西,就是定量,是具有特定存在(Dasein)或质的定量。

【解说】前面已经说过,在《小逻辑》的正文(不包括附释)中,黑格尔只提尺度是有质的量,不提尺度亦是有量的质。但这里关于尺度的定义其实已把尺度亦是有量的质这一点包括进去了。尺度"最初作为一个直接性的东西,……是具有特定存在(Dasein)或质的定量。"说尺度是一直接东西,这还看不出它是质的东西还是量的东西,因为无论是质的东西还是量的东西都是直接的东西。但尺度这种直接东西"是具有特定存在(Dasein)或质的定量。""特定存在(Dasein)"就是定在:直接的质的存在,故这一关于尺度的说法是说尺度这种量的东西同时是一种直接的质的存在。一种直接的质的存在,同时有某种特定的量的规定,亦即是直接的质的东西与量的规定的统一,这就是尺度。举个例子:正常大气压下0℃和100℃之间的液态水就是一种尺度,在这里正常大气压(76cm水银柱)和0到100℃这两个量是这种尺度的量的规定性,液态水是这种尺度的质的规定性。如果不提正常大气压(76cm水银柱)和0至100℃这两个量的规定,单说液态水,那么液态水可以是直接的质的存在,亦即一种定在,籍感觉把握的直接存在;它也可以是不变的本质性东西,这就是H_2O这一分子结构及物理学化学关于液态水的诸物理化学性质等东西。但作为尺度的液态水是与正常大气压(76cm水银柱)和0至100℃这两个量的具体规定紧密相联相提并论的,如果不提后者,或者意识不到后者,说的就只是作为一简单的直接定在的液态水或作为一种不变的本质东西的液态水。作为一简单的直接定在的液态水靠感觉就能达到,作为一种不变的本质东西的液态水是感性意识完全达不到的,是只有靠知性思维才能把握的,亦即要靠学习物理学化学才会知道。作为尺度的液态水还不是不变的本质,因为它会变:0℃以下或100℃以上它的质的规定性就变了,不是液态而是固体或气态了。仅靠感觉当然无能把握作为尺度的液态水,比如温度这种东西就是感觉达不到的。康德所说的对空间时间及单纯的量的东西的纯感性直观也不足以把握尺度这种东西，因为尺度还有质的规定性（如液态）。但把握液态水也无须物理化学知识，就是说作为尺度的液态水还不是知性思维的对象。故可知，大体说来，尺度概念的相应表象仍属于感性意识的对象，但这种感性意识超出了人们熟知的感觉和感性直观。对属于尺度概念的相应表象这种东西的认识能力其恰当的称呼或许可以说是感性知觉。但不管对这种认识能力该如何称呼，这种认识只是一种表象，而这里说的却是尺度的概念。

【正文】附释：尺度既是质与量的统一，因而也同时是完成了的存在。当我们最初说到存在时，它显得是完全抽象而无规定性的东西；但存在本质上即在于规定其自己本身，它是在尺度中达到其完成的规定性的。尺度，正如其他各阶段的存在，也可被认作对于"绝对"的一个定义。因此有人便说，上帝是万物之尺度。这种直观也是构成许多古代希伯来颂诗的基调，这些颂诗大体上认为上帝的光荣即在于他能赋予一切事物以尺度——赋予海洋与大陆、河流与山岳，以及各式各样的植物与动物以尺度。

【解说】尺度是存在论的完成。存在论阶段的概念都是直接的存在，这种存在有质、量、尺度这三类或三个阶段，尺度作为质与量的统一是内涵最高的直接存在，所以说是（直接）存在的完成。纯思的进一步发展就超出了直接存在的范围，进入了有中介的间接性领域，此即本质论阶段的纯思。存在最初"显得是完全抽象而无规定性的东西；但存在本质上即在于规定其自己本身，它是在尺度中达到其完成的规定性的。"存在论的开端是抽象的无任何具体规定的空洞的纯存在，但它却是自由而绝对的纯思的开端，作为自由的自己规定自己的纯思它必定会超出自己的这一空虚的开端而赋予自己内容，只是在存在论阶段，纯思只是直接性或直接存在，纯思自己规定自己的运动是发生在诸直接存在的直接性之后的，并且只是自在地发生，对此只有站在远高于直接存在的概念立场才能意识到，才能如黑格尔这般叙述存在论阶段纯思的运动。尺度的概念或规定性是前两个阶段：质与量的统一，直接性的纯思在尺度中回到了直接存在的开端。开端是质，现在回到了质，须知尺度作为有量的质已开始是扬弃了量的质，这样尺度就是直接存在领域纯思的完成。

"尺度，正如其他各阶段的存在，也可被认作对于'绝对'的一个定义。因此有人便说，上帝是万物之尺度。"思辨逻辑学考察的是纯粹而绝对的思想，故思辨逻辑学的诸多概念都可看作是对绝对或上帝的认识。思维未超出尺度概念的人，其对上帝或绝对的认识就是：上帝是尺度。古代犹太人和希腊人的宗教都有这种思想。"这种直观也是构成许多古代希伯来颂诗的基调，这些颂诗大体上认为上帝的光荣即在于他能赋予一切事物以尺度——赋予海洋与大陆、河流与山岳,以及各式各样的植物与动物以尺度。"这说的是旧约中的一些诗句。梁译本在此有个注释说《诗篇》74、104篇有这样的诗句:

"地的一切疆界是你所立的"(《诗》74:17)

"诸山升上,诸谷沉下,

归你为它所安定之地。

你定了界限,使水不能过去,

不再转回遮盖地面。"(《诗》104:8～9)

"你安置月亮为定节令,日头自知沉落。"(《诗》104:19)。

有学生告诉笔者,《约伯记》28、38两章也有这样的诗句:

"神明白智慧的道路,晓得智慧的所在,

因祂鉴察直到地级,遍观普天之下。

要为风定轻重,又度量诸水。

祂为雨露定命令,为雷电定道路。"(《伯》28:23～26)

"你若晓得就说,是谁定地的尺度?

是谁把准绳拉在其上?"(《伯》38:5)。

"海水冲出,如出胎胞,

那时谁将它关闭呢?

是我用云彩当海的衣服,

用幽暗当包裹它的布,

为它定界限,又安门和栓,

说:'你只可到这里,不可越过;

你狂傲的浪要到此止住。'"(《伯》38:8～11)。

《约伯记》还有一些诗句有赞美上帝立万物的尺度的意思。如果不知道尺度概念的基本意思,不知道万物皆有尺度及其意义,是读不懂上面的诗句的。尺度的基本意思是,万物都有量的方面的限制,超出了这个限制,事情或事物就不再是人们熟知的或它们所应是的那个样子了,宇宙万物就会丧失起码的秩序。"你安置月亮为定节令,日头自知沉落。"(《诗》104:19)。月亮的节令来自月亮的公转周期28天,日头的沉落来自地球的自转周期24小时。从抽象的逻辑讲,从物理学上讲,月亮可以10小时公转一圈,地球可以10小时自转一次,据说地球和月球刚形成时就是如此。但这样的话月亮和地球就不是人们熟知或它们所应是的那个样子了,月亮和地球就丧失了某些基本秩序或尺度,地球上的一切都会乱套,没有生命能够存活,更不用说人类了。《创世纪》启示说上帝对祂完成的每一件创造事工都"看着是好的"(《创》1:4,10,12,19,21,25),"神看着一切所造的都甚好。"(《创》1:31)这个"好"有两个意思,第一是合乎尺度,第二是合乎目的。上帝所造的一切都是有尺度的,万物是井然有序的,并且宇宙万物的如此安排是有目的的,这个目的首先是为了人,根本是为了上帝旨意的实现。人是有限的精神,上帝是绝对精神,就是说自然万物的井然有序有尺度是精神的安排,是为了精神,精神的纯粹的绝对的内容就是思辨逻辑学所说的自由的概念或理念。当然很多人不赞成这种对尺度、对自然秩序的目的论解释,认为目的论是违反科学的。说这种话的人对科学的理解是比较肤浅的,那些思想深刻或有哲学头脑的科学家可不是这样看待科学的。关于科学的一个基本事实是,那些最基本的物理定律物理常数无法进一步解释,科学家只是发现了它们,不得不接受它们罢了,比如引力常数、普朗克常数,比如动量守恒定律。为了解释那些在物理学中无法进一步解释的最基本的物理常数为什么是这样而不是那样,物理学哲学上有个说法叫"人择原理",说最基本的那些物理常数之所以是这样不是那样,是为了人这种智慧生命的出现,因为一些物理学家发现,那些最基本的物理常数如果稍有变动,轻则人类这种智慧生命无法存活,重则宇宙的状况、秩序会大变,比如很多重元素就不会存在,那些基本的物理定律都会改变。"人择原理"这一思想表明,说近现代科学是反对目的论的,这个说法太没有思想了。

【正文】在希腊人的宗教意识里,尺度的神圣性,特别是社会伦理方面的神圣性,便被想象为同一个司公正复仇之纳美西斯(Nemesis)女神相联系。在这个观念里包含有一个一般的信念,即举凡一切人世间的事物——财富、荣誉、权力、甚至快乐痛苦等——皆有其一定的尺度,超越这尺度就会招致沉沦和毁灭。

【解说】命运是希腊神话、史诗、悲剧的一个重要主题。古希腊人的命运观念的内涵并非只是尺度,比如,希腊人精神的自由是形成希腊人独特的命运观念的最重要因素,对此可参阅拙著《思辨的希腊哲学史》第一卷 173 ~ 174 页的论述。但尺度确乎是希腊人命运观念的一基本内容。希腊人命运观念的这一方面主要是伦理意义的,希腊人先是在宗教后是在哲学中意识到了尺度概念的伦理意义:人的行为得有度,人追求财富、荣誉、权力、快乐的行为要有节制,否则事情会不以人的意志为转移而走向其反面,所以说人的行为是有客观尺度的制约的。人的行为之有尺度这一点被理性意识产生前的希腊人籍想象力而人格化了。希腊神话中的命运之神有好几个,纳美西斯(Nemesis)女神只是其中之一,其他的还有命运三女神等。

关于与尺度相联系的希腊神话中的命运之神我们应知道下面两点:一是,人的行为有尺度,逾越尺度就会恰得其反,这仅是一精神领域的客观力量,这种力量不是人格,因为人格首先是主观的精神,是意识和自我意识。所以说人格化的命运诸如命运女神就只是希腊人想象力的创造,希腊宗教所有的神形式上看都是想象力的创造,不是真实的人格,经不起理性反思,所以希腊哲学和科学起来后这种宗教就会逐渐衰落,在这一点上希腊人的神和犹太人基督教的神就大为不同,后者就不能说是人的想象力的产物,祂是理性反思很难触及和动摇的。第二,说伦理行为有尺度,逾越尺度就会恰得其反,这是精神领域的一客观法则,这一点对不同民族是不一样的。一件违反道德底线的恶行,在一个民族中很快会遭到惩罚或报应,在另一个民族却可能没什么后果,尽管这个民族也知道这是违反道德底线的。显然,区别不在于道德上而在于伦理或精神上,在于这两个民族精神的区别上,具体说来是这两个民族在最内在的精神中对人性、对人的本质之认识的区别上。如果一个民族在内在精神中认为人的本质属于自然,人的生命是一种自然生命,人权首先是生存权,好死不如赖活着,那么违反道德或人性底线的恶行常常会没什么后果,这表明这个民族在伦理精神领域几乎没有什么客观尺度,或者是尺度或标准很低。另一个民族在内在精神中认为人的本质高于自然,人的生命首先是超自然的不朽的精神生命,那么那些违反道德底线的恶行就很难逃脱报应或惩罚。所以说伦理行为中的客观尺度在不同民族中常常是很不一样的,因为尺度毕竟是一种抽象的感性范畴,它受更高的概念支配或规定,亦即受一个民族内在的精神支配或规定。

在希腊宗教之后,希腊哲学也意识到了伦理行为的尺度方面,亚里士多德伦理学的"中道"概念明确表达了这一点。中道就是行为的有度或节制,不要过,也不要不及。中国哲学也意识到了这一点,这就是儒家的中庸。儒家的中庸与亚氏的中道基本是一个意思,都是从尺度这一感性方面看待理解人的行为。又,我们应知,仅从尺度方面来看待理解人的行为是远远不够的。尺度只是一比数或量高一些的感性范畴,中道或中庸只是、只知道从外在的感性方面来理解看待人的行为,这是远远不够的。古代伦理学,无论是希腊还是中国的,就其理性自觉水平而言,基本未超出从尺度这一感性方面来理解看待人的行为这一局限,希腊人和中国古人都不知道人的心灵的自由亦即自由意志这种东西。人的行为是受其精神支配的,自由意志的概念就是精神的概念。真正的伦理学属于精神哲学,只有从精神的概念亦即自己规定自己的理念出发才能充分理解人的行为。但希腊哲学对尺度的认识并没有停留在伦理学层面上,希腊哲学基本意识到尺度概念的普遍意义,亦即意识到万物皆有尺度。比如,赫拉克利特哲学的一个方面就是对万物皆有尺度这一点的自觉,对此可参阅拙著《思辨的希腊哲学史》第一卷 136～137页的论述。中国和印度哲学都没有意识到尺度概念的普遍意义,亦即未意识到万物皆有尺度。希腊哲学是自由的纯粹思维,故它能较纯粹地自觉到尺度概念是不奇怪的,正如它同样自觉到数的纯粹概念一样。

基于事情的本性,尺度概念在艺术、诗歌等领域的表现特别值得一提,在这方面我们亦能看出希腊人的卓越。希腊艺术达到了美的理想或理念。美的理想或理念乃是:美是理念亦即自由精神的感性显现,是以感性形式表现出来的自由精神。由于尺度是最高的感性概念,故尺度概念对理解美的艺术尤为重要,所以希腊人就有美是尺度的说法,这个说法不是说合乎尺度的就美,而是说美的东西一定合乎尺度,并且有理想的或美的尺度这种东西。在古代各民族中唯有希腊艺术达到了美的理想,这一点在感性的尺度方面就表现为,严格说来只有希腊艺术才合乎美的尺度。就造型艺术来讲,中国寺庙里的菩萨、罗汉塑像与希腊雕塑相比就不能说美。当然你可以说不同民族不同宗教美的标准或尺度不一样,但正如不同宗教不能等量齐观而有精神层次的高低不同一样,美的尺度或标准也是有高低不同的,因为美同宗教一样都属于精神和绝对精神,所以说中国寺庙里的罗汉像没有希腊的雕塑美,这一点是绝对的。艺术想象中更可悲的情况还不是我这种艺术的美的尺度与你不同之类,而是完全丧失尺度,丧失了起码的确定性,想象力沦入无任何尺度或确定性的野蛮放肆中。比如《山海经》的那些幻想,还有印度神话的很多幻想,这些幻想一则不美,甚至丑陋,因为不合乎美的尺度,须知美的尺度是有客观性的,希腊艺术所以美不是因为它是希腊艺术,且全世界后来都接受了希腊艺术的审美观,而是因为唯有希腊艺术达到了客观的美的理想或美的尺度,如同在古代只有希腊科学是真正客观的科学一样。二则是,《山海经》之类的原始民族的幻想、印度神话的很多幻想丧失了——严格说来是未达到——任何尺度或确定性,以至于人们无法判断这个形象是动物还是人、是蛇还是鸟、是男人还是女人。万物皆有尺度,这个尺度是客观的,或者说万物皆有尺度是表象若想有起码的客观性就必须满足的起码要求。表象或形象的客观性的本质乃是客观思想,我们可以从一个民族的表象——如想象——是否符合客观思想、在何种程度上符合客观思想、是否知道表象或形象应当有起码的客观性等方面来评判这个民族自在地所是或所达到的理智发展水平。希腊神话是进入国家阶段前的希腊人想象力的创造,这种幻想或创造达到了美的理想,达到了美的客观尺度,完全符合感性阶段的客观思想。故可知,即便是作为未进入国家阶段的一原始民族的希腊人,其文明水准自在地所达到的理智发展水平已远远超出很多进入了国家阶段的民族。

尺度作为存在论阶段的最高概念,其表象属感性意识所能达到的最高阶段,是感性表象中最具体的东西。人们经常说要理智要客观,这种说法如果有客观意义的话,那么这种客观理智稍具体一点的话就是尺度。量之前的定在是能区别开的两个东西的最起码区别,但理智不会停留在如此抽象的阶段,感性意识感性表象也不会停留在如此抽象的阶段,对有区别的感性物感性实在的表象或认识稍具体一点,尺度就会在这种表象或认识中起作用。尺度是纯粹思想中最易理解的,因为与它相应的表象仍是感性的,却是感性表象感性意识中最具体的东西,故是常识理智最易接近的思想。尺度之前的诸纯粹概念太抽象,故那缺乏抽象思维训练的常识理智很难把握。尺度之后的纯粹思想又回到了抽象,因为本质论阶段的纯思又是从抽象开始,故亦是常识理智难以理解的。

虽说尺度仍属感性范畴,但人的自觉理智意识到尺度这个东西,意识到一切皆有尺度,这对古人来说仍是不容易的,严格说来只有古希腊人独立达到了这种自觉,其他古代民族尤其是东方民族皆未达到这种自觉。前面说了,古希腊人的艺术形象或想象是有尺度的,并且是理想的美的尺度,但传统中国人的艺术形象或想象就缺乏尺度,严格说来未达到尺度,或者说那在传统中国人的艺术想象艺术创作中自在地起作用的理智思想未达到尺度,仅停留在与定在范畴大致相当的感性的质这一阶段。比如中国传统戏剧,还有中国传统的人物画,都停留在象征艺术阶段。所谓象征是指用一些直接的感性的质的东西去表达内容,它必然是一种脸谱化的东西,比如京剧的生旦净末丑,还有民间的大头娃娃。奸臣是什么样、忠臣什么样、武将什么样、文官又是什么样,京剧都有不变的固定的感性形式去表现,也仅用这种僵死的形式去表现,这种感性形式的逻辑内容就是感性的质,一种脸谱就是一些感性的质的东西的组合,这种组合只是凭想象而非依据事物的真实尺度,所以说脸谱的逻辑内容仅是感性的质。

不仅中国的传统戏剧和人物画是象征主义或脸谱化的,所有落后民族的艺术想象都是如此,这与这些民族的理智思维水平很低这一点是一致的,故是必然的,比如中国哲学的自觉思维水平完全未摆脱感觉束缚,停留在感性的质这一阶段,这与中国传统艺术在很大程度上是脸谱化的象征艺术这一点完全一致。象征艺术对人物等具体东西的表达或表现不仅远未达到个性,也未达到起码的客观性。艺术形象艺术表现若达到了个性,这是艺术就形式而言所能达到的最高发展阶段①。个性是与个别性或个体性相统一的特殊性,而这种个别性是普遍的个别性,属理性思维最高阶段的范畴,故能描绘或表现人物个性的艺术,在这种艺术中自在地起作用的理性思维水平是很高的。能描绘或表现人物个性的艺术又叫写实艺术,或现实主义艺术,古希腊的史诗和 19 世纪西方现实主义小说都是这种形式

---

①　西方现代艺术同后现代哲学一样是自觉放弃理性,自甘堕落,已经远离了艺术的理想,不配称为艺术了。

的艺术。直接看去希腊史诗与19世纪西方现实主义文学差异很大，但就其自在地所达到或表现出的理性思维水平来讲，它们基本是一样的。写实艺术或现实主义艺术的理想来自古希腊，就是因为希腊人的思维是自由的，这种自由的思维对自己的纯粹自觉就是哲学，作为对自然的认识就是科学，神话、艺术、民主政治等也都是这种自由的思维表现自己实现自己的形式。真正的现实或客观乃是自由的思维的客观化，写实主义或现实主义艺术的理想产生在古希腊，缘由在此。真正的客观性或现实性来自自由的理性思维，而尺度是这种具有客观性或现实性的思维的一基本环节，最起码的环节。人的表象、认识或意识若想具有起码的客观性，他的自觉或不自觉的理智思维水平就不能低于尺度，而在古代，只有希腊人、犹太人及继承了希腊文化的罗马人的精神达到了这一阶段。尺度仍是一种感性范畴，但它已经是思想或思维，是存在论阶段的最高思想，故人的精神能意识到它仍是不容易的。

【正文】即在客观世界里也有尺度可寻。在自然界里我们首先看见许多存在，其主要的内容都是尺度构成。例如太阳系即是如此，太阳系我们一般地可以看成是有自由尺度的世界。

【解说】太阳系诸天体的运动是一种自己规定自己的运动，行星运动的椭圆轨道表明了这一点。椭圆轨道运动的本质是一种最高级的量的关系：方幂关系，方幂关系就是自己规定自己的自由的量的最抽象内容，这是我们前面已阐明的。这里所谓自由尺度就是自己规定自己的自由的量，这种量是内涵量，其表象就是机械力学所说的物质及其运动，所谓自由尺度就是这种最高级的量的关系。我们上面说过，黑格尔并没有很好地区别比例（量的关系）与尺度，故他时常把属于量的关系（亦即比例）的东西称为尺度，这里就是如此。

【正文】如果我们进一步去观察无机的自然，在这里尺度便似乎退到背后去了，因为我们时常看到无机物的质的规定性与量的规定性，彼此显得好象互不相干。例如一块崖石或一条河流，它的质与一定的量并没有联系。但即就这些无机物而论，若细加考察，也不是完全没有尺度的。因为河里的水和构成崖石的各个组成部分，若加以化学的分析，便可以看出，它们的质是受它们所包含的原素之量的比例所制约的。

【解说】万物皆有尺度，再抽象的自然东西比如一粒沙子、一朵云彩都有尺度，违反了这个尺度，它就不再是沙子或云彩了。比如，一粒沙子的体积和重量都是有上限的，超出了这个上限，它就不是一粒沙子而是一块砾石了。还有，沙子的形状也是有尺度的，比如，沙子形状的长度与其宽度之比一定有个上限，超出这个上限，它就不是沙子了，我们不能想象形状——这里不是说形状的大小——如一根木棍似的沙子。一朵云彩也有它的不能违反的尺度。按照这里对沙子的尺度之所言,我们不难知道在体积或形状方面云彩的尺度具体为何。这里说的水或岩石的成分比例,这两个例子作为尺度是很好理解的。比如,河水的泥沙含量就有一个上限,超出这个上限,就不是河水而是泥浆了。河水中的杂质含量也是有下限的,低于这个下限,就不是河水而是实验室产生的蒸馏水了。

【正文】而在有机的自然里,尺度就更为显著,可为吾人所直接察觉到。不同类的植物和动物,就全体而论,并就其各部分而论,皆有某种尺度,不过尚须注意,即那些比较不完全的或比较接近无机物的有机产物,由于它们的尺度不大分明,与较高级的有机物也有部分的差别。譬如,在化石中我们发现有所谓帆螺壳,其尺度之分明,只有用显微镜才可认识,而许多别的化石,其尺度之大有如一车轮。同样的尺度不分明的现象,也表现在许多处于有机物形成的低级阶段的植物中,例如凤凰草。

【解说】自然界的东西等级愈高尺度愈明显,这方面一般说来动物高于植物,植物高于无机物。人就其自然方面说是一种动物,作为最高级的动物,人具有最发达最美的尺度。无机物的尺度就不明显了,比如沙子,如果对尺度概念没有一定理解的话,人们甚至不知道沙子也是有尺度的。

§108

【正文】就尺度只是质与量的直接的统一而言,两者间的差别也同样表现为直接形式。于是质与量的关系便有两种可能。第一种可能的关系就是:那特殊的定量只是一单纯的定量,而那特殊的定在虽是能增减的,而不致因此便取消了尺度,尺度在这里即是一种规则。第二种可能的关系则是:定量的变化也是质的变化。

【解说】尺度是质与量的统一,这种统一仍具有某种直接性。当然也有完全扬弃了直接性的质与量的统一,比如人这个种或概念。人作为尺度,是质与量的一种直接统一,在这里量首先就是人的各器官各部分的量的规定,比如人只能是一个脑袋一个躯体两只胳膊两条腿,即脑袋躯体胳膊腿的数目比例是1:1:2:2。人作为尺度是质与量的直接统一,质就是不违反包括这一比例在内的诸多量的关系的作为某种感性的质的东西的人,作为这种有量的限度的质的人就是作为尺度的人。但作为种的人是一种自己规定自己的概念,是一种自己规定自己的普遍性,人的量的部分如人体各部分的比例在这里完全扬弃了。我们当然可以说作为种或概念的人也是一种质和量的统一,这个"质"就是人的概念,而"量"比如人的各器官的数目比例在这里则完全被扬弃了,这种所谓质和量的统一就不是尺度了,作为尺度的质和量的统一,这种统一是有某种直接性亦即外在性的。

尺度是质与量的某种直接统一。作为质与量的一种统一,量在这里首先是扬弃了的,这表现为,"那特殊的定量只是一单纯的定量,而那特殊的定在虽是能增减的,而不致因此便取消了尺度,尺度在这里即是一种规则。"那特殊的定量就是尺度的量的方面,这方面当然是能增减的,但这种量的增减并不"因此便取消了尺度",亦即尺度的质的方面未受影响没有改变,比如液态水的温度从 10℃ 升到 40℃,这不影响液态水仍是液态水。"尺度在这里即是一种规则",这种规则就是:事情的量的方面的变化若保持在一定限度内,就不会影响事情的质的方面。但这种统一又是一种直接的统一,直接性就是外在性,有外在性的东西却是统一在一起的,那么这种统一必然会受其外在方面——这首先就是量的方面,因为量就是纯粹的外在性——的限制或影响,这意味着,这种统一的量的方面的变化若超出一定限度,就会使这种统一丧失,亦即引起事情的质的方面的变化,这就是辩证法的量变质变规律。

【正文】附释:尺度中出现的质与量的同一,最初只是潜在的,还没有被建立起来。这就是说,这两个在尺度中统一起来的范畴,每一个都各要求其独立的效用。因此一方面定在的量的规定可以改变,而不致影响它的质,但同时另一方面这种不影响质的量之增减也有其限度,一超出其限度,就会引起质的改变。例如:水的温度最初是不影响水的液体性的。但液体性的水的温度之增加或减少,就会达到这样的一个点,在这一点上,这水的聚合状态就会发生质的变化,这水一方面会变成蒸气,另一方面会变成冰。当量的变化发生时,最初好象是完全无足重轻似的,但后面却潜藏着别的东西,这表面上无足重轻的量的变化,好象是一种机巧,凭借这种机巧去抓住质〔引起质的变化〕。

【解说】这段正文中的宋体字取自梁译本,贺译本这里的翻译不太准确。

"尺度中出现的质与量的同一,最初只是潜在的,还没有被建立起来。"质和量的同一就是质和量的统一,须知一切统一都是某种同一。潜在的就是自在的。尺度所是的质和量的统一是一种直接的统一,而直接性就是自在存在,故可知说尺度所是的"质与量的同一,最初只是潜在的,"这和说尺度是质与量的一种直接统一是一回事。说尺度所是的质与量的统一"还没有被建立起来",这里所说的"被建立起来"是指充分意义的被建立起来。我们前面在对§88[说明](4)的解说中已经说过,《逻辑学》所说的"被建立起来"其意义是有程度不等的区别的,最抽象意义的"被建立起来"仅指一个东西有中介罢了,在这个意义上尺度所是的质与量的统一或同一当然是被建立起来的。充分意义的"被建立起来"是指,这个被建立起来的东西把在它之中或之下的诸环节充分扬弃了。充分意义的"被建立起来"

是一种否定之否定的运动,但一切被建立起来的东西都可说是经过了一种否定之否定运动的。充分意义的"被建立起来"与并非充分意义的"被建立起来"的区别就在于,作为中介的那个否定之否定是否足够充分或彻底,足够充分或彻底,则在这一否定之否定的运动所建立起来的东西中,那些在这一运动中被否定或扬弃的东西是被充分地扬弃了,以至于它们的规定性的任何变化都不会对由这一运动所建立起来的东西有实质性影响。

举个例子。H_2O 这一水的分子结构可说是水的真正本质,我们可以把它视为质与量的统一,在这里量是水的温度,从零下 100℃ 到零上 200℃ 都可以,质则是水的固体、气态、液态这三种直接的质的规定性。H_2O 这种水的本质作为这种质和量的统一或同一,质和量在它们的这种统一中是被充分扬弃了,这表现为,无论量的方面即水温如何变化,无论质的方面即水的直接的质的规定性如何变化,对作为它们的统一或同一的 H_2O 这种水的本质都毫无触动,这样的统一或同一就可说是充分建立起来的。尺度这种质与量的统一则不然,它只是二者的某种直接统一,真正的充分的统一或同一——在水的例子中就是 H_2O 这种水的本质——在这里只是潜在着,未实现出来,所以说尺度这种质与量的统一或同一在充分意义上就不能说是建立起来的,这表现为,质和量"这两个在尺度中统一起来的范畴,每一个都各要求其独立的效用。因此一方面定在的量的规定可以改变,而不致影响它的质,但同时另一方面这种不影响质的量之增减也有其限度,一超出其限度,就会引起质的改变。"在尺度中质和量的统一是直接的,直接的就是外在的,外在性的一个方面就是相互独立,故直接看去在这种统一中质和量似乎彼此不相干,量的改变不影响质。但二者又是统一的,这种统一的直接性或外在性就又表现为,这种统一有外在东西的限制,这种统一的外在方面——这首先就是其量的方面——的变化若超出这一限制,这种统一就会丧失,亦即会"引起质的改变"。

【正文】这里包含的尺度的两种矛盾说法,古希腊哲学家已在不同形式下加以说明了。例如,问一粒麦是否可以形成一堆麦,又如问从马尾上拔去一根毛,是否可以形成一秃的马尾? 当我们最初想到量的性质,以量为存在的外在的不相干的规定性时,我们自会倾向于对这两个问题予以否定的答复。但是我们也须承认,这种看来好象不相干的量的增减也有其限度,只要最后一达到这极点,则继续再加一粒麦就可形成一堆麦,继续再拔一根毛,就可产生一秃的马尾。这些例子和一个农民的故事颇有相同处:据说有一农夫,当他看见他的驴子拖着东西愉快地行走时,他继续一两一两地不断增加它的负担,直到后来,这驴子担负不起这重量而倒下了。如果我们只是把这些例子轻易地解释为学究式的玩笑,那就会陷于严重的错误,因为它们事实上涉及到思想,而且对于思想的性质有所认识,于实际生活,特别是对伦理关系也异常重要。例如,就用钱而论,在某种范围内,多用或少用,并不关紧要。但是由于每当在特殊情况下所规定的应该用钱的尺度,一经超过,用得太多,或用得太少,就会引起质的改变,(有如上面例子中所说的由于水的不同的温度而引起的质的变化一样。)而原来可以认作节俭的行为,就会变成奢侈或吝啬了。同样的原则也可应用到政治方面。在某种限度内,一个国家的宪法可以认为既独立于又依赖于领土的大小,居民的多少,以及其他量的规定。譬如,当我们讨论一个具有一万平方英里领土及四百万人口的国家时,我们无庸迟疑即可承认几平方英里的领土或几千人口的增减,对于这个国家的宪法决不会有重大的影响。但反之,我们必不可忘记,当国家的面积或人口不断地增加或减少,达到某一点时,除开别的情形不论,只是由于这种量的变化,就会使得宪法的质不能不改变。瑞士一小邦的宪法决不适宜于一个大帝国,同样罗马帝国的宪法如果移置于德国一小城,也不会适合。

【解说】"这里包含的尺度的两种矛盾说法,古希腊哲学家已在不同形式下加以说明了。"关于"尺度的两种矛盾说法"指上面说的尺度概念的两个方面:"一方面定在的量的规定可以改变,而不致影响它的质,但同时另一方面这种不影响质的量之增减也有其限度,一超出其限度,就会引起质的改变。"下面所说的例子意思甚为简单明白,不用多说。

§109

【正文】就质与量的第二种可能的关系而言,所谓"无尺度",就是一个尺度〔质量统一体〕由于其量的性质而超出其质的规定性。不过这第二种量的关系,与第一种质量统一体的关系相比,虽说是无尺度,但仍然是具有质的,因此无尺度仍然同样是一种尺度〔或质量统一体〕。这两种过渡,由质过渡到定量,由定量复过渡到质,可以表象为无限进展,表象为尺度扬弃其自身为无尺度,而又恢复其自身为尺度的无限进展过程。

【解说】"质与量的第二种可能的关系"就是量变引起质变,即原先的尺度消失了,事物的新的质产生了。"无尺度"是指原有尺度的被否定。但原有尺度的被否定作为"无尺度"本身又是一新的尺度,一种新的质与量的统一。比如冰的温度上升到一定程度,作为一种尺度的冰就被否定了,结果是液态水这种新的质,它本身是一种新的尺度。"这两种过渡,由质过渡到定量,由定量复过渡到质,可以表象为无限进展,表象为尺度扬弃其自身为无尺度,而又恢复其自身为尺度的无限进展过程。"所谓"质过渡到定量",是指原先的尺度作为一种质被否定,产生了新的质,这种质亦是一种尺度,这种尺度有其自己的量的方面。"由定量复过渡到质"就是量变超出限度引起质变。量过渡为质,质过渡为量,原有的尺度被否定,成为无尺度,而无尺度本身又是一种新的尺度,这种变化是一种坏的无限进展。

这里有一点黑格尔没说但笔者认为有必要说的是,尺度→无尺度→尺度……,这种坏的无限与直接的质和单纯的量所陷入的坏的无限还是有区别的,后者陷入的坏的无限确乎可以无休止的进行下去,比如感性的质的变化是无休止的,数或单纯的量的无限超出无限增大也是无止境的,但尺度所陷入的这种坏的无限却不是可以无休止的进行下去的,比如降低水温到一定程度会引起质变:液态水变成了固体冰,但温度的降低却不能无限进行下去,因为物理学已经证明温度有不可逾越的绝对下限。物理学亦已证明,温度的上升亦有其不可逾越的上限。这意味着,改变温度而引起物质的质的方面的变化,这种质变在温度变化的两个方向——上升和下降——上其发生次数必然都是有限的。在单纯否定所导致的坏的无限上尺度和直接的质或单纯无质的数或量所以有这个区别,原因是,尺度及尺度中的质和量这两个环节都是较具体的东西。尺度所是的质是较具体的,比如液态、气态、固体等,尺度中的量也是较具体的,是有质的内涵量,比如温度,故在尺度那里的质变和量变都是较具体的。具体意味着与其他诸多客观事物的联系,这种联系是一种制约,这种制约使得尺度的单纯否定客观上不会陷入那直接的感性质或单纯的数或量这种抽象的观念性东西所必然会陷入的那种抽象的无休止的坏的无限。观念上当然可以想象尺度的单纯否定亦会陷入一种无休止的坏的无限,如直接的质或单纯无质的量那样,但尺度已不是抽象的观念性东西,它的具体性使得它避免了后者会陷入的那种无休止的坏的无限。

【正文】附释:有如我们曾经看见过的那样,量不仅是能够变化的,即能够增减的,而且一般又是一个不断地超出其自身的倾向。量的这种超出自身的倾向,甚至在尺度中,也同样保持着。但如果某一质量统一体或尺度中的量超出了某种界限,则和它相应的质也就随之被扬弃了。但这里所否定的并不是一般的质,而只是这种特定的质,这一特定的质立刻就被另一特定的质所代替。质量统一体〔尺度〕的这种变化的过程,即不断地交替着先由单纯的量变,然后由量变转化为质变的过程,我们可以用交错线(Knotenlinie)作为比喻来帮助了解。象这样的交错线,我们首先可以在自然里看见,它具有不同的形式。前面已经提到水由于温度的增减而表现出质的不同的聚合状态。金属的氧化程度不同,也表现出同样的情形。音调(Tön)的差别也可认为是在尺度〔质量统一体〕变化过程中发生的,由最初单纯的量变到质变的转化过程的一个例证。

【解说】由量变质变导致的原有的尺度被否定,产生新的尺度,新的尺度有它的量的限度,由此会发生又一次量变质变,这一过程可形象地比喻为交错线,如下图所示:事物的质的规定最初是 A,其量的限度为不超出 Q_1。量变超出 Q_1 导致质变,原先的质 A 被否定,产生了新的质 B。B 作为新的尺度的质的方面也有其量的限制,量变超出这个限制,就会产生新的质 C,等等。

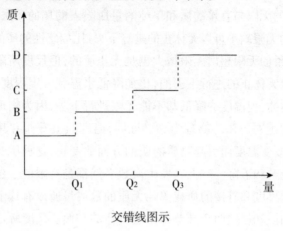

交错线图示

　　"前面已经提到水由于温度的增减而表现出质的不同的聚合状态。金属的氧化程度不同,也表现出同样的情形。"水的量变质变人们是很熟悉的。黑格尔这里还提到了金属的氧化反应。氧化反应最常见的例子是烧煤,碳不充分燃烧,产生的是一氧化碳;让氧气量或氧气浓度增加,增加到一定程度,量变引起质变,产生的就不是一氧化碳而是二氧化碳。金属的氧化反应不少也是这种情况,比如铁的氧化反应。铁生锈就是铁氧化,参加反应的氧气少一点,或空气稀薄一点,产生的是三氧化二铁;氧气充足一点,氧气量或浓度增加到一定程度,量变引起质变,产生就是四氧化三铁。最后举的音乐的例子。笔者是个乐盲,故把这句话拿给学过哲学又懂音乐的人看,他说这句话中的 Tön 未必是音调的意思,说这句话说的太简单,不足以确定这里说的量变质变到底是指音乐中的什么事情或规律。这个音乐的例子笔者无能理解,只能期待有识者的帮助了。

§110

　　【正文】事实上这里所发生的,只是仍然属于尺度本身的直接性被扬弃的过程。在尺度里,质和量本身最初只是直接的,而尺度只是它们的相对的同一性。但在"无尺度"里,尺度显得是被扬弃了;然而无尺度虽说是尺度的否定,其本身却仍然是质量的统一体,所以即在无尺度里,尺度仍然只是和它自身相结合。

【解说】尺度是存在论阶段的最高思想。存在论中的思想皆是直接的存在,故尺度亦是一直接的存在,是质和量的直接统一,这种直接性正是尺度的缺点。由于其直接性,尺度所是的质与量的直接统一或同一只是相对的亦即有条件的统一或同一,制约这个统一或同一的条件就是这个统一的量的方面,就是量的方面的变化不能超出一定限度。超出这个限度,量变引起质变,尺度被否定成为无尺度,但这个无尺度仍是质与量的一种直接统一,仍是一种尺度,故黑格尔说,在尺度被否定的"无尺度里,尺度仍然只是和它自身相结合。"即无尺度仍是一种尺度,是尺度本身的恢复。

§111

【正文】无限,作为否定之否定的肯定,除了包含"有"与"无"、某物与别物等抽象的方面而外,现在是以质与量为其两个方面。而质与量(a)首先由质过渡到量(§98),其次由量过渡到质(§105),因此两者都被表明为否定的东西。(b)但在两者的统一(亦即尺度)里,它们最初(zunächst)是有区别的,这一方面只是以另一方面为中介才可区别开的。

【解说】"作为否定之否定的肯定"的无限指否定之否定的产物是一肯定的积极的东西,这个东西对否定之否定的运动所扬弃的那一有限物来说是一无限物,这一无限物作为一肯定的东西是一真无限。在尺度概念之前否定之否定的运动早已发生多次了,黑格尔这里举了逻辑学开端的"纯存在"和"无"向定在的过渡,及作为定在的某物与他物向自为存在的过渡这两个例子,这两个过渡都是否定之否定。在前一个过渡中被扬弃的两个抽象环节是"纯存在"和"无",在后一过渡中被扬弃的两个抽象环节是作为定在的某物与他物。

下面黑格尔说,由否定之否定的运动产生的真无限"现在是以质与量为其两个方面"。联系到下面黑格尔说的"质过渡到量(§98,亦即由自为存在向量的过渡。笔者注),其次由量过渡到质(§105,亦即由量向量的关系的过渡。笔者注)",黑格尔这里明显是对量的关系所是的那种质与量之前的定在亦即直接的质不加区别,统称为质。黑格尔这里的论述明显是说,整个存在论是一大的否定之否定,尺度是这一否定之否定的最后阶段。这一否定之否定从直接的质开始,直接的质被否定(这个否定本身已是一否定之否定),产生了量,量被否定(这个否定亦是一否定之否定),又回到或重建了质。这里有两个问题要注意:一是,量被否定,结果是回到或重建了质,这是在什么地方开始的? 黑格尔说在§105,亦即由(内涵)量向量的关系过渡的地方。量的关系不是无质的单纯的数,而是一种其质的规定性比直接的内涵量还要高的内涵量,说在这里量被扬弃质被恢复当然是可以的,但由于直接的内涵量已是有质的量,说在直接的内涵量那里量被扬弃质被恢复也是可以的。但把由量过渡为质的节点放到量的关系向尺度过渡这个地方似乎更合适,因为在那里才是质的充分恢复。其实,由量向质的过渡是一个经历了好几个环节的过程,这个过程从单纯的数向内涵量的过渡开始,在量的关系向尺度过渡这个地方才结束,故可知,黑格尔说由量过渡到质是在§105,亦即由量向量的关系过渡的地方,这个说法并不严密。

尺度是整个存在论所是的那一大的否定之否定运动的最后阶段,故尺度是质与量的统一,质和量这二者在这里都被扬弃了,这一说法就带来了第二个问题:尺度作为存在论本身所是的那一大的否定之否定的最后阶段,它本身是从量向质的恢复的完成,就是说尺度是一种质,那么尺度本身所是的这个"质"与尺度是质与量的统一这个说法中的"质"是不是同一个质? 如果不是,二者的区别与联系何在? 尺度由于是从量向质的恢复的完成,故尺度是一种质。尺度作为质与量的直接统一既是有质的量又是有量的质,但很明显尺度首先是有量的质,首先是质不是量①。尺度本身所是的这个"质"与尺度是质与量的统一这个说法中的"质"自然不是一回事,后一个"质"是指存在论第一阶段所是的"质"。尺度是从量向质的恢复的完成,从量返回到质作为一否定之否定的运动,这一返回一则是唤醒或恢复了先前的质,即存在论第一阶段的质,二则是,这一返回运动建立尺度这种新的质,所唤醒的原先的直接的质则扬弃在尺度之下,尺度这种新建立的质就成为质——这个质是原先的直接的质——与量的统一。比如,作为尺度的液态水包含了关于液态水的诸多直接的质的规定,如湿的、易渗的、向下流动的等。所以黑格尔说尺度这个真无限以"质与量为其两个方面",并且这"两者都被表明为否定的东西",亦即是扬弃了的东西。

以上讨论启示我们,对这段正文的第一句话:"无限,作为否定之否定的肯定,除了包含'有'与'无'、某物与别物等抽象的方面而外,现在是以质与量为其两个方面。"也可以做另一种理解。尺度这种由否定之否定所建立的肯定的无限"以质与量为其两个方面",是质和量的统一,它同样亦是一种"有"与"无"的统一,也是一种某物与别物的统一,因为后两种统一是包含在作为质和量的统一的尺度中的。尺度是质与量的统一,在这里质是一种"有"或存在,量作为这种"有"的否定方面可说是一种"无"。质是一种规定了的存在,可说是一种"某物",量作为这个

---

① 所以说黑格尔在《小逻辑》和大逻辑中基本只说尺度是有质的量,不提尺度亦是有量的质,这是令人费解的。

"某物"的否定方面可说是一种"他物"。当然,"有"与"无"的统一、某物与别物的统一都只是尺度的抽象环节,尺度不仅仅是"有"与"无"的统一、某物与别物的统一,更是、首先是质与量的统一。

"(b)但在两者的统一(亦即尺度)里,它们最初(zunächst)是有区别的,这一方面只是以另一方面为中介才可区别开的。"这里有个翻译问题,三个中译本在这里都未译对:zunächst在这里应当译成"首先"而非"最初"。在尺度中质与量始终是有区别的,不是最初有区别后来就没有区别。

"这一方面只是以另一方面为中介才可区别开的。"这是说在尺度中质和量所以有区别只是因为二者是互为中介。尺度中的质是有量的质,尺度中的量是有质的量,尺度是二者的统一或同一,质和量只是因为它们的这种统一或同一性才是有区别的。黑格尔这里想说的是,一切明白地呈现或实现出来的区别,区别的两方面都是有某种统一或同一性的,或者说是有某种明确的联系的;若缺乏这种联系或同一性,区别就仅仅是自在的,未表现或实现出来,这种仅仅自在的区别就只是在我们的反思看来是有区别的。比如,在存在论第一阶段:质那里,质和量就是没有区别的,因为量还不存在。但我们这些读逻辑学存在论的人在读量之前的质这一概念的时候,我们是知道量的,知道质和量是有区别的,但我们的这种意识或知只是我们在事情本身之外的额外反思,事情本身则是:现在只有质,量还不存在,故质和量的区别尚不存在。在存在论第二阶段量中,质消失了,故质与量的区别仍是不存在,亦即这种区别只存在于我们这些读存在论第二阶段量的概念的人的意识中。在第三阶段尺度中,质和量的区别呈现出来或建立起来了,因为二者的某种统一或同一性建立起来了,在前两个阶段质和量的统一或同一性是未建立的,亦即还不存在,所以只是在尺度中质和量才第一次有了区别,亦即质和量的区别才第一次实现或表现出来。在本质论中,我们将见到大量的这种建立起来或实现出来的区别,因为本质论阶段的概念都是成对的,如同一与差异、原因与结果等。本质论中的这些成对的概念彼此是处于明确的相互映现亦即相互联系中的,这种映现或联系就是它们的统一或同一性,二者的差异只是在这种同一性中才得到规定,才是有差异的,才是明确实现出来或建立起来的区别。

【正文】(c)在这种统一体的直接性被扬弃了之后,它的潜在性就发挥出来作为简单的自身联系,而这种联系就包含着被扬弃了的整个(überhaupt)存在及其各个形式在自身内。——存在或直接性,通过自身否定,以自身为中介和自己与自己本身相联系,因而正是经历了中介过程,在这一过程里,存在和直接性复扬弃其自身而回复到自身联系或直接性,这就是本质。

【解说】这段正文中的宋体字取自梁译本,贺译本这里译的不准确。

尺度只是质和量的一种直接统一,这种统一的缺点就是直接性。直接的统一是外在的统一,而真理不会停留在直接性或外在性中,故尺度这种统一的直接性必然会被扬弃,这一扬弃同一地是尺度潜在地所是的东西被明确地建立起来,成为现实。这个作为尺度的真理、是尺度潜在地所是的东西是一种简单的自身联系,这就是本质,一切本质都是一种简单的自身联系。简单的自身联系就是自身同一,一切本质都是一种自身同一的东西,如同一切直接的东西都(是)存在一样。"而这种联系就包含着被扬弃了的整个存在及其各个形式在自身内。"这种联系就是本质;"整个存在及其各个形式"是存在论阶段的所有概念或直接存在,它们的形式是直接性或直接存在,"整个存在及其各个形式"在本质那里就扬弃为现象。我们知道本质论阶段的概念是成对的,每一对这样的概念都是一种本质与现象的相互映现关系,比如原因与结果,原因是本质,结果是现象,存在论阶段的所有概念或直接存在在本质论中都是被扬弃的,被扬弃地规定为现象中的东西。

"存在或直接性,通过自身否定,以自身为中介和自己与自己本身相联系,因而正是经历了中介过程,在这一过程里,存在和直接性复扬弃其自身而回复到自身联系或直接性,这就是本质。"这是在说整个存在论所是的那一否定之否定的运动及其最后结果。存在论阶段从直接的质开始的那一运动达到最后或完成时其真理或真实的所是才显露出来,原来这一发展是一否定之否定的运动,是一种自身否定,这一运动最后发现这一运动是回到自身,存在论阶段概念的运动原来是自身中介的运动,否定或被否定原来是自身否定。这一返回自身的运动当然是"存在和直接性"亦即诸直接存在的返回自身,这一返回自身不仅把这一运动的开端的直接性扬弃了,存在论阶段的一切直接存在连同其直接性都被扬弃了,这证明存在论阶段的概念运动是一种自身否定自身中介,故是一种简单的自身关系,这就是本质,本质是直接存在的真理,是直接的质、量、尺度这些直接存在自在地所是的东西,是它们的真正自身。本质作为简单的自身关系亦是一种直接性,这种直接性不是无中介的直接存在,而是自身中介自身关系之作为一简单东西的简单性或单纯性。

【正文】附释:尺度的进程并不仅是无穷进展的坏的无限无止境地采取由质过渡到量,由量过渡到质的形式,而是同时又在其对方里与自身结合的真无限。质与量在尺度里最初是作为某物与别物而处于互相对立的地位。但质潜在地就是量,反之,量潜在地也即是质。所以当两者在尺度的发展过程里互相过渡到对方时,这两个规定的每一个都只是回复到它已经潜在地是那样的东西。于是我们现在便得到其规定被否定了的、整个(überhaupt)被扬弃了的存在,这就是本质。在尺度中潜在地已经包含本质;尺度的发展过程只在于将它所包含的潜在的东西实现出来。——普通意识认为事物是存在着的,并且依据质、量和尺度等范畴去考察事物。但这些直接的范畴证实其自身并不是固定的,而在过渡中的,本质就是它们辩证进展(Dialektik)的结果。

【解说】尺度本身由于量变质变,直接看去会陷入"由质过渡到量,由量过渡到质"这一无穷进展的坏的无限,但在这一坏的无限进展中自在地却发生了尺度超出这一消极的无限进展而回到自身、把自身提高为单纯自身中介的本质这一飞跃。这一否定之否定或飞跃由于是自在地发生的,故我们只能看到诸本质东西在诸直接存在的东西之旁或之内现成存在着,这一扬弃尺度上升到本质的否定之否定或飞跃是表象中见不到的。原有尺度的不断被否定所是的那种"由质过渡到量,由量过渡到质"的运动,其真理乃是:这一过渡同时又是"在其对方里与自身结合的真无限。"质与量在尺度里最初是有区别且相对立的关系,如同某物与别物的对立那样。"但质潜在地就是量,反之,量潜在地也即是质。所以当两者在尺度的发展过程里互相过渡到对方时,这两个规定的每一个都只是回复到它已经潜在地是那样的东西。"尺度超出自身的那一坏的无限,这一超出意味着这一坏的无限所是的"由质过渡到量,由量过渡到质",这一过渡其实是"在其对方里与自身结合",就是说"质潜在地就是量,反之,量潜在地也即是质",质与量就其自在地所是而言是同一的,"所以当两者在尺度的发展过程里互相过渡到对方时,这两个规定的每一个都只是回复到它已经潜在地是那样的东西。"质和量潜在或自在地所是亦即它们真正的自身就是作为自身中介自身联系的本质这种东西,本质既是质的真理又是量的真理。本质是一切直接存在的真理,本质作为这种东西是内在于一切直接的存在中的。所谓透过现象看本质,无非是说现象只是本质的显现,现象本身并不真实,亦即现象自身并不是真正的自身,现象的真正自身是本质。但现象的内容就是存在论阶段的诸直接存在,所以说质、量、尺度这些直接存在的真正自身是本质,它们在本质中才真正是在自身中,质和量在本质中才是回到自身,本质就是质和量潜在或自在地所是的东西。

"于是我们现在便得到其规定被否定了的、整个(überhaupt)被扬弃了的存在,这就是本质。"这句话中的宋体字来自梁译本,贺译本这里译的不准确。存在论阶段的概念或直接存在的规定性是质、量、尺度这三种,它们是直接存在的规定性,这些规定性连同其直接性完全、充分地被扬弃,其结果就是本质。本质亦是一种存在,这种存在来自存在论阶段全部的直接存在完全充分地被否定或扬弃。

"在尺度中潜在地已经包含本质;尺度的发展过程只在于将它所包含的潜在的东西实现出来。"本质是一切直接存在真正的自身,是一切直接存在自在或潜在地所是的东西,当然亦是尺度自在地所是的东西。在存在论阶段的诸直接存在中,尺度是最接近本质的。尺度所陷入的那一坏的无限,其真理乃是尺度回到自身,这是尺度真正的自身,此即本质。尺度的发展过程不是由于量变质变而陷入的那个坏的无限,坏的无限不是发展,因为发展必须是有实质性的新东西产生,所以说尺度的发展只能是尺度超出这个坏无限的那一否定之否定的运动或飞跃,尺度籍这一发展或飞跃而回到真正的自身,成为本质。

"普通意识认为事物是存在着的,并且依据质、量和尺度等范畴去考察事物。但这些直接的范畴证实其自身并不是固定的,而在过渡中的,本质就是它们辩证进展(Dialektik)的结果。"常识理智认为事物都是直接存在的,是凭感性意识感性直观就可把握的。感性意识把握事物的范畴就是存在论阶段的质、量、尺度诸概念。但常识理智、感性意识都是不真的表象,对直接存在的事物、对质、量、尺度这些作为直接存在的诸范畴的真知是只有客观的纯粹思维才能达到的,这种纯思认识到这些直接的纯粹存在或范畴并不像它们直接看去的那样是孤立的固定的,彼此不相干的,而是在过渡或运动中的,这种过渡或运动是只有纯粹思维才能把握的。这些范畴的辩证运动的最后结果就是它们的完全被扬弃,结果就是本质。

【正文】在本质里,各范畴已不复过渡,而只是相互联系。在存在里,联系的形式只是我们的反思;反之,在本质阶段里,联系则是本质自己特有的规定。在存在的范围里,当某物成为别物时,从而某物便消逝了。但在本质里,却不是如此。在这里,我们没有真正的别物或对方,而只有差异,一个东西与它的对方的联系。所以本质的过渡同时并不是过渡。因为在由差异的东西过渡到差异的东西里,差异的东西并未消逝,而是仍然停留在它们的联系里。譬如,当我们说有与无时,"有"是独立的,而"无"也同样是独立的。但肯定与否定的关系便完全与此不同。诚然,它们具有"有"和"无"的特性。但单就肯定自身而言,实毫无意义;它是完全和否定相对待、相联系的。否定的性质也是这样。在存在的范围里,各范畴之间的联系只是潜在的,反之,在本质里,各范畴之间的联系便明显地建立起来了。一般说来,这就是存在的形式与本质的形式的区别。在存在里,一切都是直接的,反之,在本质里,一切都是相对的。

【解说】存在论阶段诸范畴的关系是过渡:一个消失在另一个之中,因为存在论阶段的范畴都是直接的存在,不同范畴彼此间的联系只有研究者的额外反思才能达到,没有这种反思,思辨逻辑学存在论部分就是不可能的。本质论阶段各范畴的关系不是一个消失于另一个之中的过渡,而是相互联系或映现:每一个都在自身中反映着对方,彼此互为中介,这种互为中介或彼此反映的关系就是本质论中诸概念的特有的内容或规定性。

"在存在的范围里,当某物成为别物时,从而某物便消逝了。但在本质里,却不是如此。在这里,我们没有真正的别物或对方,而只有差异,一个东西与它的对方的联系。"这里所谓真正的别物或对方,是指与某物或对方只是对立以至于彼此不相容这种东西,本质论阶段没有这种东西,本质论中的相互对立的东西也是相互联系彼此依赖的。这种彼此有关联的东西的区别才是真正的区别或差异。前面说过,彼此没有某种联系或同一性的东西,是谈不上有真正的差异的,真正的差异乃是能表现或实现出来的差异,这种差异同时是"与它的对方的联系"。"所以本质的过渡同时并不是过渡。因为在由差异的东西过渡到差异的东西里,差异的东西并未消逝,而是仍然停留在它们的联系里。"这里所谓本质的过渡是指本质论阶段一个概念向另一个概念的运动或过渡,这种过渡与存在论阶段的过渡完全不同,一个并不消失于另一个的出现中。有差异的两个概念一个过渡到另一个,原先的那个并未消失,而是在它们的联系中与那个新的概念同时存在。

"譬如,当我们说有与无时,'有'是独立的,而'无'也同样是独立的。但肯定与否定的关系便完全与此不同。诚然,它们具有'有'和'无'的特性。但单就肯定自身而言,实毫无意义;它是完全和否定相对待、相联系的。否定的性质也是这样。"存在论阶段的"有"和"无"亦即"存在"和"非存在"显得是彼此独立的两个概念,它们之间的联系并不显现或表现在它们之中,这种联系只有在它们之上之外的额外反思才能达到。本质论阶段的"肯定"与"否定"这对概念的关系则完全不同。诚然,肯定是一种"有"或存在,否定是一种"无"或非存在,"但单就肯定自身而言,实毫无意义,"就是说肯定这一概念并不能孤立存在,它只能存在于与否定这一概念的联系中,或者说,肯定与否定这两个概念的不可分离是明确地呈现在这两个概念的规定性中的,本质论中所有彼此对立的概念总是处于明确的相互联系中的。"否定的性质也是这样",即以上对肯定这一概念之所言对与它相对立的否定概念亦完全成立。

"在存在的范围里,各范畴之间的联系只是潜在的,反之,在本质里,各范畴之间的联系便明显地建立起来了。"这就是前面说过的,存在论阶段的诸概念不是彼此没有联系,而是,这种联系在这些概念中并没有表现或实现出来,而只是潜在的,是只有籍额外的反思才能达到的。本质论的概念则相反,"在本质里,各范畴之间的联系便明显地建立起来了。"(宋体字是笔者自己的翻译)亦即本质论阶段诸概念的关联是明白地建立起来的,这表现为,诸概念的联系是明确地呈现在诸概念的规定性中的。

"一般说来,这就是存在的形式与本质的形式的区别。在存在里,一切都是直接的,反之,在本质里,一切都是相对的。""存在的形式与本质的形式"就是存在论阶段和本质论阶段诸概念的各自形式,具体说来是,存在论阶段概念的形式是仿佛无中介的直接性,本质论阶段概念的形式则是相互中介,亦即相互联系。这两种形式的差异表现为:"在存在里,一切都是直接的,反之,在本质里,一切都是相对的。"相对的,就是彼此处于关系或联系中;直接的,就是不同的概念显得彼此没有关联,仿佛能孤立或独立存在。

后　记

　　本书的基础是讲课的录音稿。事情的缘起有些偶然。2010 年春季学期开学前,我接到原毕业于黑大哲学学院的史宏飞先生的电话,他说邓老师(我的导师邓晓芒教授)在逐词逐句地讲《精神现象学》,他建议我也如此地讲《小逻辑》,我答应考虑考虑。此前我讲过一点《小逻辑》,都是一学期又一学期地反复讲《小逻辑》的两篇导言。由于学时有限,再考虑到学生的理解力和自己的学力,从未讲过正文,也不敢贸然去讲。记得有位学者说过,大部分人包括大部分哲学学者读黑格尔哲学,基本都停留在序言和导论上,很难进入正文。我虽研读黑格尔哲学有 20 年,也不敢说超出了这种不幸状况有多远。黑格尔有言,读哲学书如果只停留在序言和导论的水平上,那根本就没有进入哲学(贺译《精神现象学》上卷第 48 页)。所以讲《小逻辑》却不讲正文,我是心有不甘的,故在接到这个电话后,我就有些动心了。

　　众所周知,《小逻辑》(或《逻辑学》)同《精神现象学》一样是黑格尔最难懂的天书,同属黑格尔最重要也是最困难的著作之列,它也是西方哲学史上最著名和最难懂的著作之一,逐词逐句地把《小逻辑》从头到尾讲下来,其难度之大可想而知。我的专长之一是黑格尔哲学,20 年来我不敢说每天、但也几乎是每星期都会翻阅《小逻辑》或《逻辑学》,不能说不熟。但黑格尔有句名言:熟知非真知。即便读《小逻辑》有 20 年的历史,我对这本书仍不敢说有多少真知。20 年前我拿起《小逻辑》并被其深深吸引时,我就梦想有一天能写一本详细解读《小逻辑》的书。众所周知,国内外都有一些解读《小逻辑》或《逻辑学》的书,但大都是部分解读;对《小逻辑》的全部正文进行逐词逐句解读,这种书至少在国内还未见到。遗憾的是 20 年过去了,我自忖仍无实力来写这种书,但我是不甘心的。放下电话后我考虑了一下。我是年近 50 的人了,已有一定的学术积累,思维能力正处于一个人文学者的巅峰状态,且身体很好,此事现在不做更待何时?我决定冒一下险,这学期就讲。考虑到我已多次讲过《小逻辑》的两篇导言,以后讲它们的机会还有的是,所以我决定这学期利用研究生课的机会从存在论开始逐词逐句地讲《小逻辑》正文。这学期讲到哪是哪，下学期再找机会接着讲，不管要讲几学期，讲完为止。

这个决定是不折不扣的冒险。对《小逻辑》的两篇导言我没什么障碍，但逐词逐句讲正文却感到无太大把握。我自忖对《小逻辑》正文至少有1/3是不懂的。我在第一次课时就对学生说，这门课和以前讲过的所有课都不同，以前我是一桶水给你们一碗水，比较从容，这次却是用我的碗去量黑格尔的大海，是力不从心的；这门课说不定什么地方就卡住了，讲不下去了，不过这不算丢脸，被黑格尔难倒不是丢脸的事。讲课及备课过程确实困难重重，不止一次发生这样的事情：在这次课上宣布上次课没讲明白，作废，这次课重讲。甚至还发生过这样的事：由于本次课要讲的东西还未搞懂的不止一两处，我只好在邻近上课时通知学生，这次课放了，以后补。

尽管困难重重，事情还是比预想的顺利，许多我事先认为难以克服的地方大都能在上课前攻克或者基本攻克。有时还发生这样的事：备课时没搞懂的地方讲课时却不知不觉地讲明白了。这种事情我多次经历过，这也是我这次敢不自量力决定冒一下险的一原因。这种事情用黑格尔哲学是可以解释的：当讲课者忘我地投入所讲授的内容时，只要它是真的内容，是客观的事情本身，讲课者忘我的投入就会使事情本身的逻辑起作用，统治支配授课者的主观思维，这就使得在讲课者的主观意识未能完全融入客观的事情本身时所遇到的困难自然就消失了。我喜爱讲课，这些年来讲课一直给我以很大的满足和乐趣。我认为，除了极个别情况外，一个学者如果不爱讲课，那就有充分理由怀疑他是否是真正的学者。真正的学者一定是爱讲课的，只要所讲的是他心爱的且确有所得的学术。

我原来预计要不少于2年才能讲完，谁知只讲了两个半学期，最后卡在概念论的判断和推理部分。这也是我起初就预料到的。在我看来，判断和推理——尤其是推理——是《逻辑学》最难的地方，也是创造性最大的地方，亦是受后人质疑最多的地方，可能亦是《逻辑学》的一薄弱之处。此前我一直读不大懂，想利用这次讲课的机会突破一下，结果还是失败。对主观概念后面的部分我还是能讲一些的，但在如此重要的地方被卡住，再加上其他一些原因，我的此次冒险就被迫结束了。

这门课一开始就有不少学生录音，有的学生还主动把录音整理成文字稿，于是我就让学生自己组织分工，把全部录音都整理成文字稿。由于有不少同学参与，几年前大部分录音就都整理完了，下面就是编辑整理文字稿准备出书的事了。但我却迟迟不动笔，即便与出版社签了合同后还是迟迟不动。我是宁缺毋滥的人，自己不满意的东西我是不会拿出手的。黑格尔《逻辑学》是一种全体在部分之先、全体决定部分的有灵魂有生命的东西，并且其进展是同一个东西从抽象到具体的发展，这就决定了后面若有不懂的地方，前面必然就有讲不透的地方。讲课遇到这种情况有时还可以对付过去,但对出书我可不愿意对付。但既然已经签了合同,事情不可能无限期拖下去,最终决定动笔,先把存在论和本质论这两部分整理出来出版。又,当初听了这门课并参加录音稿整理的同学可能会发现,本书与当初的课堂讲授已有重大区别,很多地方与当初的讲课相比已深入了很多,因为这几年对《逻辑学》的理解认识还是有进步的。还有,撰写本书时我有意识地对一些在大逻辑中有详细阐述而《小逻辑》未加详细考察的概念——比如单位与数目、量的关系(《小逻辑》贺译本和大逻辑中译本译为比例或比率)等——做了较具体的解读,并对《小逻辑》与大逻辑的一些重要差异做了一些解释,希望能对那些敢去啃大逻辑的人有一些额外启发或帮助。虽然尽了最大努力,鉴于本人的学力,鉴于本书内容的困难和艰深,本书的不如意乃至错误之处是难以避免的。神明般的黑格尔也曾为其《逻辑学》的不如意之处而请求原谅(《逻辑学》中译本下卷第237页),更何况我等凡俗之辈了。

本书原计划是两卷,但在撰写的过程中很快发现两卷的篇幅根本不够,就决定改为三卷,存在论本质论概念论各一卷。第一卷有个地方需要说一下。《小逻辑》实际有两篇导言,一篇是整个哲学全书的导言,另一篇很长的绪言叫“逻辑学概念的初步规定”才是《小逻辑》的导言。这两篇导言都很重要,我都多次讲过,讲它们没什么困难,但对第二导言的讲解本书就不收录了,这一则是因为本书的篇幅限制;二则是,这两篇导言的内容大量重复,讲解《小逻辑》的书没必要跟着重复;三是,第二导言中有不少其实与《逻辑学》正文没多大关系的东西,故我决定只把对较短的第一导言的讲解放入本书中。

尽管《小逻辑》的两篇导言都很重要,但它们对帮助人们进入《小逻辑》正文还是远远不够。不仅这两篇导言是如此。我们知道《精神现象学》和大逻辑都有很精彩很重要的长篇序言和导言,但它们对帮助人们进入黑格尔哲学、进入《逻辑学》的正文同样是远远不够。甚至是,《精神现象学》整本书作为黑格尔哲学体系的一独特的导言,它对人们进入《逻辑学》其帮助也是相当有限的,这一独特导言在这方面的帮助其实仅是告诉我们,有纯粹的绝对知识这种东西罢了。《小逻辑》或《逻辑学》的内容浓缩了全部西方哲学史,也超出了黑格尔之前全部哲学史的总和;并且,由于缺乏宗教等相应的文化背景,中国学者在读《逻辑学》时会遇到比西方学者更多的困难,所以我觉得有必要根据自己多年研读黑格尔哲学尤其是《逻辑学》的体会,针对当代学者尤其是中国学者读《逻辑学》会遇到的困难,自己写一个关于《逻辑学》的长篇导论,希望它对国内学者和哲学爱好者跨越从常识立场到黑格尔《逻辑学》的莫大鸿沟、正面进入《逻辑学》能有所帮助。

《小逻辑》已有三个中译本,我用的主要是贺麟译本,这首先是因为贺译本影响最大，并且我多年来读的都是贺译本，同时也经常参考梁志学和薛华两位先生的译本。在这几个译本不一致的地方，以及读不懂或感到有问题的地方，就不得不查阅原文。经过这次讲课及本书的撰写，我觉得这三个译本都相当好，都相当忠实。相比之下，贺译本最大的优点是雅，贺译本文句非常流畅甚至优美，老一辈学者深厚的文字功底让人钦佩；但梁、薛二位先生的译本在一些地方要比贺译本准确。这三个译本都不错，相当程度上优势互补，故我觉得如果三个译本对照读的话，需要查阅原文的地方是不多的。

在我至今为止的学术生涯中，父母是我对之欠债最多最需要感恩的人。我是一个书生气十足混世能力很差的人，这不能不给父母带来很大拖累。这一拖累很多时候是由我母亲一人以坚强的意志和无限的爱承受着，令我羞愧并无限感恩。同时也感谢我的妻子对我的书生气及诸多不随从世俗的行为的理解，这种理解由于不是出自无利害关系的旁观者，它与它所理解的那些行为一样是要付出代价的。更要感谢的是拣选了我的那无限的神圣的超越者，祂决定性地改变了我的生活态度，亦使我懂得只记人的恩不计人的过的道理。当然做到这一点很难，但对真理无论是知还是行，哪有容易的事！

感谢贺麟、杨一之、王玖兴、王太庆、杨祖陶、张世英、梁志学、薛华等诸位前辈，他们对德国古典哲学高质量的翻译和研究为后学深入这一理性的最高殿堂奠定了坚实的基础。

感谢北大哲学系的靳希平教授，多年前他把一张从德国带回的《黑格尔全集》光盘赠予了我，这对我的讲课及本书的撰写起了很大帮助。

感谢黑龙江大学历届校长对教师出版学术著作的决策支持，感谢哲学学院院长罗跃军教授、书记孙庆斌教授对本书出版的关心。

我的同事管小其博士本着对学术和真理的热爱，主动为我联系、落实了本书的一切出版事宜，免去了我的许多繁难，这里特向管先生表示衷心感谢。

邢延文、侯杰、张帅、黄伟、徐广垠、张勤富、习超群、李志科、薛钢、罗晨、于江云、李强、熊健、何明欣、谷永新、陈宪武等同学不仅是我的课堂——不仅仅是《小逻辑》课——的热心听众，更承担了把逾百万字的录音整理成文字稿的繁重工作，这里谨向上述同学表示衷心感谢。此外，还要感谢邢延文同学的一特别帮助，本书"量的关系"和尺度这两处的三个图是他绘制的。

人民日报出版社和宋娜女士热情接受本书选题，并对我缓慢的写作进度予以极大的耐心和谅解，在此谨对人民日报出版社及宋女士表示衷心感谢。

2016 年圣诞节于哈尔滨